国家出版基金项目
NATIONAL PUBLICATION FOUNDATION

民机飞行控制技术系列

主 编 李 明

民机导航系统

Civil Aircraft Navigation Systems

程 农 李四海 编著

上海交通大学出版社
SHANGHAI JIAO TONG UNIVERSITY PRESS

内容提要

本书全面地描述了民用航空机载导航系统的基本概念、工作原理和发展历程,系统地介绍了民机导航系统的基础知识和机载设备的功能、组成及性能,深入浅出地说明了现代民用飞机综合导航系统的体系架构、导航需求及具体应用,详细阐述了各导航子系统的基本性能和特点,结合新航行体系相关规范,从基于性能的导航(PBR)的角度描述了未来民机导航系统的基本架构配置,并分析了未来的发展趋势。本书对从事全新民用航空机载导航系统技术研究和民机导航设备及系统设计与开发的工程技术人员、工程管理人员和航空院校导航领域的学生均有良好的参考价值。

图书在版编目(CIP)数据

民机导航系统/程农,李四海编著. —上海:上海交通大学出版社,2015

(大飞机出版工程)

ISBN 978 - 7 - 313 - 14178 - 1

Ⅰ.①民… Ⅱ.①程…②李… Ⅲ.①民用飞机—导航系统 Ⅳ.①V241.61

中国版本图书馆 CIP 数据核字(2015)第 288836 号

民机导航系统

编　　著:程　农　李四海

出版发行:上海交通大学出版社　　　　地　　址:上海市番禺路 951 号

邮政编码:200030　　　　　　　　　　电　　话:021 - 64071208

出 版 人:韩建民

印　　制:上海天地海设计印刷有限公司　　经　　销:全国新华书店

开　　本:787mm×1092mm　1/16　　　印　　张:22.25

字　　数:434 千字

版　　次:2015 年 12 月第 1 版　　　　印　　次:2015 年 12 月第 1 次印刷

书　　号:ISBN 978 - 7 - 313 - 14178 - 1/V

定　　价:98.00 元

大飞机出版工程

丛书编委会

总主编

顾诵芬（中国航空工业集团公司科技委副主任、中国科学院和中国工程院院士）

副总主编

金壮龙（中国商用飞机有限责任公司董事长）

马德秀（上海交通大学原党委书记、教授）

编　委（按姓氏笔画排序）

王礼恒（中国航天科技集团公司科技委主任、中国工程院院士）

王宗光（上海交通大学原党委书记、教授）

刘　洪（上海交通大学航空航天学院副院长、教授）

许金泉（上海交通大学船舶海洋与建筑工程学院教授）

杨育中（中国航空工业集团公司原副总经理、研究员）

吴光辉（中国商用飞机有限责任公司副总经理、总设计师、研究员）

汪　海（上海市航空材料与结构检测中心主任、研究员）

沈元康（中国民用航空局原副局长、研究员）

陈　刚（上海交通大学原副校长、教授）

陈迎春（中国商用飞机有限责任公司常务副总设计师、研究员）

林忠钦（上海交通大学常务副校长、中国工程院院士）

金兴明（上海市政府副秘书长、研究员）

金德琨（中国航空工业集团公司科技委委员、研究员）

崔德刚（中国航空工业集团公司科技委委员、研究员）

敬忠良（上海交通大学航空航天学院常务副院长、教授）

傅　山（上海交通大学电子信息与电气工程学院研究员）

民机飞行控制技术系列

编 委 会

主　编

李　明（中航工业沈阳飞机设计研究所科技委委员、中国工程院院士）

副主编

陈宗基（北京航空航天大学自动化科学与电气工程学院教授）

张汝麟（中航工业西安飞行自动控制研究所原副总工程师、研究员）

张文军（上海交通大学原副校长、教授）

编　委（按姓氏笔画排序）

王少萍（北京航空航天大学自动化科学与电气工程学院副院长、教授）

车　军（中航工业西安飞行自动控制研究所研究员）

朱　江（中航工业第一飞机设计研究院研究员）

朱建设（中国航空工业集团公司研究员）

江　驹（南京航空航天大学研究生院常务副院长、教授）

杨　晖（中航工业航空动力控制系统研究所所长、研究员）

杨朝旭（中航工业成都飞机设计研究所副总工程师、研究员）

张　平（北京航空航天大学自动化科学与电气工程学院教授）

张翔伦（中航工业西安飞行自动控制研究所研究员）

宋科璞（中航工业西安飞行自动控制研究所所长、研究员）

范彦铭（中航工业沈阳飞机设计研究所副总设计师、研究员）

周元钧（北京航空航天大学自动化科学与电气工程学院教授）

赵京洲（中国商飞上海飞机设计研究院副总设计师、研究员）

胡士强（上海交通大学航空航天学院副院长、教授）

高亚奎（中航工业第一飞机设计研究院副总设计师、研究员）

章卫国（西北工业大学自动化学院党委书记、教授）

敬忠良（上海交通大学航空航天学院常务副院长、教授）

程　农（清华大学自动化系导航与控制研究中心主任、研究员）

戴树岭（北京航空航天大学自动化科学与电气工程学院教授）

总　序

　　国务院在 2007 年 2 月底批准了大型飞机研制重大科技专项正式立项,得到全国上下各方面的关注。"大型飞机"工程项目作为创新型国家的标志工程重新燃起我们国家和人民共同承载着"航空报国梦"的巨大热情。对于所有从事航空事业的工作者,这是历史赋予的使命和挑战。

　　1903 年 12 月 17 日,美国莱特兄弟制作的世界第一架有动力、可操纵、比重大于空气的载人飞行器试飞成功,标志着人类飞行的梦想变成了现实。飞机作为 20 世纪最重大的科技成果之一,是人类科技创新能力与工业化生产形式相结合的产物,也是现代科学技术的集大成者。军事和民生对飞机的需求促进了飞机迅速而不间断的发展和应用,体现了当代科学技术的最新成果;而航空领域的持续探索和不断创新,为诸多学科的发展和相关技术的突破提供了强劲动力。航空工业已经成为知识密集、技术密集、高附加值、低消耗的产业。

　　从大型飞机工程项目开始论证到确定为《国家中长期科学和技术发展规划纲要》的十六个重大专项之一,直至立项通过,不仅使全国上下重视起我国自主航空事业,而且使我们的人民、政府理解了我国航空事业半个世纪发展的艰辛和成绩。大型飞机重大专项正式立项和启动使我们的民用航空进入新纪元。经过 50 多年的风雨历程,当今中国的航空工业已经步入了科学、理性的发展轨道。大型客机项目其产业链长、辐射面宽、对国家综合实力带动性强,在国民经济发展和科学技术进步中发挥着重要作用,我国的航空工业迎来了新的发展机遇。

　　大型飞机的研制承载着中国几代航空人的梦想,在 2016 年造出与波音 B737 和空客 A320 改进型一样先进的"国产大飞机"已经成为每个航空人心中奋斗的目标。然而,大型飞机覆盖了机械、电子、材料、冶金、仪器仪表、化工等几乎所有工业门类,集成了数学、空气动力学、材料学、人机工程学、自动控制学等多种学科,是一个复杂的科技创新系统。为了迎接新形势下理论、技术和工程等方面的严峻挑战,迫切需要引入、借鉴国外的优秀出版物和数据资料,总结、巩固我们的经验和成果,编著一套以"大飞机"为主题的丛书,借以推动服务"大型飞机"作为推动服务整个航空科学的切入点,同时对于促进我国航空事业的发展和加快航空紧缺人才的培养,具有十分重要的现实意义和深远的历史意义。

2008 年 5 月,中国商用飞机有限公司成立之初,上海交通大学出版社就开始酝酿"大飞机出版工程",这是一项非常适合"大飞机"研制工作时宜的事业。新中国第一位飞机设计宗师——徐舜寿同志在领导我们研制中国第一架喷气式歼击教练机——歼教 1 时,亲自撰写了《飞机性能及算法》,及时编译了第一部《英汉航空工程名词字典》,翻译出版了《飞机构造学》《飞机强度学》,从理论上保证了我们飞机研制工作。我本人作为航空事业发展 50 年的见证人,欣然接受了上海交通大学出版社的邀请担任该丛书的主编,希望为我国的"大型飞机"研制发展出一份力。出版社同时也邀请了王礼恒院士、金德琨研究员、吴光辉总设计师、陈迎春副总设计师等航空领域专家撰写专著、精选书目,承担翻译、审校等工作,以确保这套"大飞机"丛书具有高品质和重大的社会价值,为我国的大飞机研制以及学科发展提供参考和智力支持。

编著这套丛书,一是总结整理 50 多年来航空科学技术的重要成果及宝贵经验;二是优化航空专业技术教材体系,为飞机设计技术人员培养提供一套系统、全面的教科书,满足人才培养对教材的迫切需求;三是为大飞机研制提供有力的技术保障;四是将许多专家、教授、学者广博的学识见解和丰富的实践经验总结继承下来,旨在从系统性、完整性和实用性角度出发,把丰富的实践经验进一步理论化、科学化,形成具有我国特色的"大飞机"理论与实践相结合的知识体系。

"大飞机"丛书主要涵盖了总体气动、航空发动机、结构强度、航电、制造等专业方向,知识领域覆盖我国国产大飞机的关键技术。图书类别分为译著、专著、教材、工具书等几个模块;其内容既包括领域内专家们最先进的理论方法和技术成果,也包括来自飞机设计第一线的理论和实践成果。如：2009 年出版的荷兰原福克飞机公司总师撰写的 *Aerodynamic Design of Transport Aircraft*（《运输类飞机的空气动力设计》），由美国堪萨斯大学 2008 年出版的 *Aircraft Propulsion*（《飞机推进》）等国外最新科技的结晶；国内《民用飞机总体设计》等总体阐述之作和《涡量动力学》《民用飞机气动设计》等专业细分的著作；也有《民机设计 1000 问》《英汉航空双向词典》等工具类图书。

　　该套图书得到国家出版基金资助，体现了国家对"大型飞机项目"以及"大飞机出版工程"这套丛书的高度重视。这套丛书承担着记载与弘扬科技成就、积累和传播科技知识的使命，凝结了国内外航空领域专业人士的智慧和成果，具有较强的系统性、完整性、实用性和技术前瞻性，既可作为实际工作指导用书，亦可作为相关专业人员的学习参考用书。期望这套丛书能够有益于航空领域里人才的培养，有益于航空工业的发展，有益于大飞机的成功研制。同时，希望能为大飞机工程吸引更多的读者来关心航空、支持航空和热爱航空，并投身于中国航空事业做出一点贡献。

2009 年 12 月 15 日

民机飞行控制技术系列

序

大飞机工程是我国推进创新型国家建设的重要标志性工程。为了配合大飞机的研制,在国家出版基金的资助下,上海交通大学出版社成功策划出版了"大飞机出版工程",旨在为大飞机研制提供智力支持。"民机飞行控制技术系列"是"大飞机出版工程"系列图书之一。

现代飞行控制技术是现代军机、民机的主要关键技术之一。以电传操纵技术为核心的现代飞行控制系统是现代飞机的飞行安全关键系统,是现代飞机上体现信息化与机械化深度融合的典型标志。飞行控制技术也是大型民机确保安全性、突出经济性、提高可靠性、改善舒适性和强调环保性的重要技术。

1903年,莱特兄弟在前人研究的基础上,重点解决了飞机三轴可控问题,实现了动力飞机的首次飞行。此后的60年,驾驶员利用机械操纵系统来控制稳定飞机飞行,形成了经典的飞行控制系统。飞机机械操纵系统在自动控制技术的辅助下,解决了对飞机性能和任务能力需求不断增长所遇到的一些重大问题——稳定性,稳定性与操纵性的矛盾,精确、安全的航迹控制,以及驾驶员工作负荷等问题。20世纪60年代至70年代初发展起来的主动控制技术和电传飞行控制系统对飞机发展具有划时代的意义,改变了传统的飞机设计理念和方法论,使飞机的性能和执行任务的能力上了一个新台阶。这两项技术已成为第三代军机和先进民机的典型标志,同时也为第四代军机控制功能综合以及控制与管理综合建立了支撑平台。在人们对飞机飞行性能的不断追求和实现的过程中,飞行控制系统发挥着越来越重要的作用,飞行控制系统的创新研究、优化设计和有效工程实现对现代飞机的功能和性能的提高起着至关重要的作用。

我国的军机飞行控制系统经过五十多年的研究、设计、试验、试飞、生产和使用的实践,已积累了丰富的经验,并取得了大量的成果,在各型军机上得到了广泛的应用,但民机飞行控制系统的研发经验仍相对薄弱。总结现代军机飞行控制系统研发经验,分析和借鉴世界先进民机飞行控制系统新技术,对助力我国大型民机的自主研发是十分必要且意义重大的。

本系列丛书编著目标是:总结我国军/民领域的飞行控制技术的理论研究成果和工程经验,介绍国外最先进的民机飞行控制技术的理念、理论和方法,助力我国科研人员以国际先进水平为起点,开展我国民机飞行控制技术的自主研究、开发和原始创新。本系列丛书编著的指导思想和原则是:内容应覆盖民机飞行控制技术的各重要专业;要介绍当今重要的、成功的型号项目,如波音系列和空客系列的飞行控制技术,也要重视方向性的探索和研究;要简明介绍技术与方法的理论依据,以便读者知其然,也知其所以然;要概述民机飞行控制技术的各主要专业领域的基本情况,使读者有全面的、清晰的了解;要重视编著的准确性以及全系列丛书的一致性。

本系列丛书包括《飞行控制系统设计和实现中的问题》《民机液压系统》《民机飞行控制系统设计的理论与方法》《民机传感器系统》等专著。其中王少萍教授的专著《民机液压系统》(英文版),已经输出版权至爱思唯尔(Elsevier)出版集团,增强了我国民机飞控技术的国际影响力。

在我国飞行控制领域的资深专家李明院士、陈宗基教授和张汝麟研究员的主持下,这套丛书的编委会由北京航空航天大学、清华大学、西北工业大学、南京航空航天大学、中航工业西安飞行自动控制研究所、中航工业沈阳飞机设计研究所、中航工业成都飞机设计研究所、中航第一飞机设计研究院、中航工业航空动力控制系统研究所、中国航空工业集团公司、中国商用飞机有限责任公司等航空院所和公司的飞控专家、学者组建而成。他们在飞行控制领域有着突出的贡献、渊博的学识和丰富的实践经验,他们对于本系列图书内容的确定和把关、大纲的审定和完善都发挥了不可替代的重要作用。

上海交通大学出版社"大飞机出版工程"项目组以他们成熟的管理制度和保障体系,组织和调动了丛书编委会和丛书作者的积极性和创作热情。在大家的不懈努力下,这套图书终于完整地呈现在读者的面前。

本系列图书得到国家出版基金的资助,充分体现了国家对"大飞机工程"的高度重视,希望该套图书的出版能够达到本系列丛书预期的编著目标。我们衷心感谢参与本系列图书编撰工作的所有编著者,以及所有直接或间接参与本系列图书审校工作的专家、学者的辛勤工作,希望本系列图书能为民机飞行控制技术现代化和国产化发展做出应有的贡献!

民机飞行控制技术系列编委会
2015 年 3 月

作者简介

程农，清华大学自动化系研究员。从事航空飞行器导航技术研究与工程开发三十多年。

在中航工业自控所工作期间主持研制和开发了捷联惯性导航系统和基于捷联惯性系统的组合导航系统，负责多个捷联惯性/卫星组合导航系统预研及工程型号项目研制，并形成批量装备。是我国航空飞行器捷联惯性导航系统及基于惯性导航的多种导航组合系统技术开发和工程研制团队的主要技术负责人及专业学科带头人之一。曾获国家科技进步二等奖、教育部科技成果一等奖、国防科技进步二等奖及航空部多项科技进步奖。

在清华大学自动化系工作期间参加了我国民用大型客机联合工程队，并承担飞行管理系统技术的关键技术攻关课题研究，为C919飞机综合导航系统的研制提供建模与仿真环境技术支持。并受聘为总参陆航装备部"十二五"装备预先研究咨询组专家；清华大学"未来航空"兴趣团队项目指导教师。

李四海，西北工业大学自动化学院教授，从事惯性及组合导航技术研究工作三十年，2000年9月前在中航工业自控所惯性导航研究部工作；2000年10月—2008年5月就职于西安晨曦航空科技有限责任公司任总工程师；2008年5月至今供现职。

主要研究方向为惯性导航系统的对准、导航与标定技术，组合导航与导航综合系统的信息融合及应用，民机导航系统等。目前担任国家安全重大基础研究（国防973）某项目课题负责人，主持过为多种型号配套的挠性捷联惯性及组合导航系统、为863某重大项目配套的激光惯导系统、为总参某型无人机配套的光纤捷联惯性组合导航系统、某型舰载直升机捷联惯性系统的研制工作，参与了C919航电导航系统的前期论证工作。

前　　言

导航曾经只是由在海上或空间远航的人们才需要使用和掌握的技术,可随着科学技术的飞速发展,特别是 21 世纪的今天,随着信息技术的普适应用,导航技术不仅进入了千家万户的的汽车,而且进入了成千上万的个人移动终端,任何人都能够利用定位和导航手段随时随地确定自己所在的位置,并能够以同样方便的办法查询和找到所要到达的目的地的位置,还能在数字地图的帮助下规划出合理的出行路线,因此,今天的导航技术已不是当初那样属特定应用领域的专用技术,越来越成为广普技术而服务于人类。

尽管导航的基本原理都是通过定义空间与地理中的参考坐标系,从而确定当前所处位置和目标位置及其之间的关系,以规划行进的合理线路,但是导航技术本身的原理和方式却有许多种特征和实现形式。如以卫星导航系统为代表的全球导航定位系统(GPS/GLONASS/北斗等)和陆基无线电导航都属于非自主导航技术,因为任何运载器在使用这些系统时都需要与外界有信息的交换(必须具有发射和接收信息的装置),而以惯性导航为代表的导航技术,使用者无需与外界有任何信息交换(基于牛顿力学原理的自主推算)。所以对于飞机来说,特别是对于跨越多种地理和空间区域、多种气候和气象环境飞行的民航飞机,就必须装备多种导航设备才能适应各种使用环境下安全准确的飞行需要。

如果说导航曾经只是单纯用于飞行器和运载器的导航与定位的目的,那么随着使用要求和技术本身的不断演进,今天的导航技术已经与控制技术综合实现航路规划、四维制导和飞行管理,与交通管制系统综合实现精确进场和自动着陆,以大幅提高交通管理的秩序和效率,无论是在陆地、海上还是在空中,这种给予导航、定位、控制、通信、网络等多重技术的综合而解决城市交通、海上和空中及机场交通管理已成为当前及未来的重要发展领域,并已经显现出越来越显著的运行效率和前景。

在民用航空领域,基于各种导航技术的机载设备和地面设备也正在极大的改变着飞机的飞行控制、飞行管理、空中交通管理的传统方式,并在持续地与卫星导航与通信、机载自相关监视(ADS-B)等多种技术融合而形成新一代的空中交通管理系统,并将极大地改善当前民航飞机的流量控制,特别是在终端进场着陆阶段的密集交通管理。

导航的关键是确定飞机的瞬时位置,导航系统是确定飞机位置并引导飞机按预定航线飞行的核心技术。民机导航系统将地面导航台或空间导航卫星的无线电导航和与姿态系统相结合的惯性导航等技术综合起来,构成高性能、完备的飞行导航系统,这是当代导航技术的发展方向,追求的不仅是从 A 地安全到达 B 地,更要追求燃料的高效利用以及紧凑有序的航班安排和飞行管理。

大型飞机为完成从起飞、航路、进场到着陆全过程的全天候、长航时、高安全性的使命,对导航系统有很高的要求:

● 为适应全天候起降,必须具有全天候自主导航能力;

● 为实现长航时飞行,要求导航系统能持续保持长航时导航精度;

● 为满足对未来导航系统的自由飞行要求,必须实现精确飞行,要求导航系统提供精确的位置、速度、姿态和航向等信息;

● 为满足民机的安全飞行及经济性,要求导航系统高可靠工作,且配置经济、合理,省维护且维护快捷、方便。

以上对导航系统的要求,任何一种导航技术或单一的导航设备,由于受各自赖以工作的物理规律的限制,都难以保证飞行使命的完成。因此,对航空系统而言,导航信息应该是多源的,如多套惯性导航信息、卫星导航信息、无线电导航信息和大气数据信息等。导航系统应该有能力将这些导航信息进行融合处理,输出最终的综合导航信息,以保证导航的高可靠性和高精度要求。

由于惯性导航系统提供的航向姿态、加速度和角速率等信息是飞行控制系统的关键信息,因此惯性导航系统的冗余设计成为大型飞机导航系统的核心技术之一。从未来新航行系统的发展趋势来看,最终的导航模式应该是卫星导航、惯性导航和大气数据系统的综合导航,同时通过多种导航手段的合理配置,运用信息融合技术,形成当一个重要子系统故障时导航系统仍能正常工作、两个重要子系统故障时仍能保证飞行安全即故障/故障/工作或安全的综合导航系统,以确保大型飞机任务使命的完成。

本书在第1章介绍了导航系统概述以及民用飞机导航系统架构,第2章重点介绍自主导航系统,对惯性导航技术进行了详细描述。第3章对正在使用的陆基无线电导航系统进行了介绍。第4章介绍全球卫星导航系统,主要描述了GPS的组成、工作原理及差分GPS的应用,包括广域和局域增强系统的完好性信息处理。随着航空机载设备能力的提高以及卫星导航等先进技术的不断发展,国际民航组织(ICAO)提出了"基于性能的导航(performance based navigation,PBN)"概念。PBN的引入体现了航行方式从基于传感器导航到基于性能导航的转变。第5章重点介绍基于性能的导航,详细论述了区域导航(RNAV)、所需导航性能(RNP)以及实际导航性能(ANP)的定义以及飞机性能对导航性能的影响评估,并对导航综合与管理进行了详细介绍。

本书第1、3、5章由程农负责编著,第2、4章由李四海负责编著,同时李四海对第1章和第5章的内容进行了修改和补充完善。清华大学程朋对本书的第3章内容进行了修改和补充,西北工业大学付强文、刘洋、刘荣荣等参与了本书的编写。

由于作者水平有限,书中的缺点和错误恳请广大读者给予批评指正。

编著者

2015 年 12 月

于清华大学

目　　录

1 概　　述

1.1 引言

　　将飞机安全准确地沿所选路线从起始点引导到目的地的技术或方法称为导航。导航所需的基本信息有：即时位置、速度、航向、姿态和时间等，利用这些基本信息可以实时计算确定飞机当前相对预定所选航路的相对方位及态势信息，如偏航距、应飞航迹角、偏流角、待飞距、待飞时等，持续引导飞机安全、可靠、精确、准时地飞向目的地。

　　导航信息由导航系统提供，通常导航系统由若干导航子系统或设备组成。由机载装置独自提供导航信息的称为自主导航设备，如惯性导航系统(INS)、多普勒导航系统(DVS)、大气数据系统(ADS)、雷达高度表(RA)、磁罗盘(MS)等；通过电磁波覆盖、依靠地面导航台协同工作产生导航信息的称为陆基无线电导航系统，如无线电罗盘(DF 或 ADF)、伏尔/测距仪(VOR/DME)、仪表着陆系统(ILS)、微波着陆系统(MLS)等；依靠地面导航台和空间卫星协同工作产生导航信息的称为卫星导航系统，如全球定位卫星(GPS)、Glonass、Galileo、BD 等，它与陆基无线电导航系统又可统称为无线电导航系统，因此无线电导航属于非自主导航系统。

　　导航随人类政治、经济、文化和军事活动范围的扩展而不断从低级向高级发展。早期飞机的导航主要依靠磁罗盘、无线电罗盘、速度表、高度表、地平仪和时钟等航空仪表来保障飞行状态，并尽可能在可视条件下通过对地形、地标的目视观察来确保飞行路径的正确性，此时的导航是一种以航向信息为主的较为粗放的导航方式。随着地球村概念的普及、科学技术和航空交通运输业的快速发展，一定空域内的飞机数量快速上升，尤其是在机场周围的空域，正在起飞或在等待起飞的，正在着陆或等待着陆的，如何提高飞行的效率以确保民用飞机的安全性、经济性和准时性，迫使天空被精细划分为连接各个机场的一条条具有一定宽度和高度的航路，越接近机场，飞机的密度越高，航路也变得越窄。一般一条空中航线包括航路/终端区和进近/着陆两个航行阶段，航路/终端区阶段又区分为越洋航路、边远区、本土航路、终端区和四千多英尺(ft)以下低高度飞行区 5 个分阶段；进近/着陆阶段又以非精密进近/着陆和精密进近/着陆两种方式区分。不同飞行阶段对导航系统的性能要求也不同,反之,航路宽度的制订受导航系统的性能制约,其最终目的是保证飞机在规定的时间内不得超越规定的航路飞行。由此,为飞机提供全天候、精确的实时位置和航向信息是不可或缺的。

根据国际民航组织(ICAO)最新颁布的要求,对导航系统的性能要求体现在导航精度、完好性和连续性等几个方面。以航路/终端区飞行阶段为例,其具体的导航性能要求如下:

导航精度(95%):海洋与边远陆地导航精度满足 4 n mile(海里),其他航路巡航阶段满足 1~2 n mile,起飞、下降及终端区域满足 0.3~1.0 n mile,进近阶段满足 0.1~0.3 n mile;

完好性:导航精度超过上述规定的容值两倍而不能被检测的概率小于 10^{-5}/h(飞行小时);

连续性:飞行过程导航精度超出规定的容值两倍,即出现丧失规定的导航能力的概率应小于 10^{-4}/h(飞行小时)。

显而易见,要全天候满足上述导航性能要求,任何一种单一的导航设施都难以做到。迄今为止,在 ICAO 主持下,经各国共同努力,已经建立起符合统一技术和运行标准的完备的陆基无线电导航台网络,与自主导航系统相互补充辅助,为空中航行提供可靠的保障。然而陆基导航系统所能提供的导航信息覆盖范围和其导航定位精度由于受高频信号传输特点及地球表面曲率形状等诸多因素的影响,两者常常不可兼得。要完成一定定位精度的大范围覆盖,则毗邻需布局大量的地面导航台,况且在跨洋或边远地区由于难以建台,仍无法做到信号覆盖。卫星导航的应用使覆盖范围和导航精度这两者不可调和的矛盾有了解决的可能,以惯性/卫星组合导航为主,辅以陆基无线电导航的导航方式成为当今民用导航技术的重要应用方向,而以惯性为主的自主导航和卫星导航相结合的组合导航技术成为未来导航技术的主要发展方向。

1.2 地球几何形状与重力场

导航系统的任务是要确定飞机相对地球的位置、航向及姿态。既然在地球表面导航以地球作为参照体,那么有必要了解地球的几何形状及力学特性。

1.2.1 地球的几何形状

地球是一个不规则球体,内部是熔岩,由于自转的影响,地球呈扁圆状,沿赤道方向凸出,南极稍微凹进。地球表面除了大片的海洋外,还有高山、盆地,它的真实形状很不规则,无法用准确的数学模型表达,常采用 3 种几何模型对地球作近似描述(见图 1-1)。

(1) 大地水准体:海洋中各处的海平面垂直于该处的重力矢量,设想地球全部被海洋包围,则各处海平面所形成的地球形状称为大地水准体,它在各处的局部表面称为大地水准面。

（2）圆球：球心位于地心，半径 $R = 6371\,\text{km}$。

（3）参考旋转椭球体：中心位于地心，分别以 R_e 和 R_p 为半长轴和半短轴的椭圆绕地球自转轴旋转 $180°$ 所形成的椭球体，其中 R_e 和 R_p 通过大地测量确定，如表 1-1 所示。

表 1-1　常用参考旋转椭球体参数

名称	半长轴 R_e/m	半短轴 R_p/m	扁率 $e = \dfrac{R_e - R_p}{R_e}$	适用地区
克拉索夫斯基（1940 年）	6 378 254	6 356 803	$\dfrac{1}{298.3}$	俄、中
海福德（1910 年）	6 378 389	6 356 912	$\dfrac{1}{297.0}$	欧洲、北美
1975 年国际推荐	6 378 140	6 356 755	$\dfrac{1}{298.257}$	
克拉克（1866 年）	6 378 206	6 356 584	$\dfrac{1}{295.0}$	北美
WGS-84（1984 年）	6 378 137	6 356 752	$\dfrac{1}{298.257}$	全球

由于地球表面大部分是海洋，所以 3 种模型中，大地水准体对地球的近似度最好，而参考旋转椭球体与大地水准体非常接近，在垂直方向的最大误差约为 $150\,\text{m}$，垂线偏离真垂线（大地水准面的法线）最大误差为 $3''$，因此导航系统中常用旋转椭球作为地球的模型描述，圆球偏离大地水准体的误差最大，一般在近似分析中（如导航误差分析）采用。

1.2.2　地垂线、纬度和高度

地球表面某点常用的垂线、纬度和高度有以下几种（见图 1-1）。

设 P 为地球表面某一点，过 P 点作大地水准面、旋转椭球面及圆球面的法线，依次得到的交点为 P_1，P_0 和 P_2，则定义

（1）真垂线和天文纬度：大地水准面的法线 PP_1 为 P 点的真垂线（或天文垂线），天文垂线与赤道平面的夹角 L_g 为 P 点的天文纬度。

（2）地理垂线和地理纬度：旋转椭球面的法线 PP_0 为 P 点的地理垂线，地理垂线与赤道平面的夹角 L 为 P 点的地理纬度。在本书以后的叙述中，除非特别说明，所述纬度就是地理纬度。

（3）地心垂线和地心纬度：圆球的法线 PP_2 为 P 点的地心垂线，地心垂线与赤道平面的夹角 L_c 为 P 点的地心纬度。

（4）飞行高度：PP_0 为飞机在 P 点处的飞行高度，即椭球高度。

（5）海拔高度：PP_1 为飞机在 P 点处的海拔高度，或称绝对高度。

（6）气压高度：P 点大气压力相对于标准大气压力面的垂直距离。

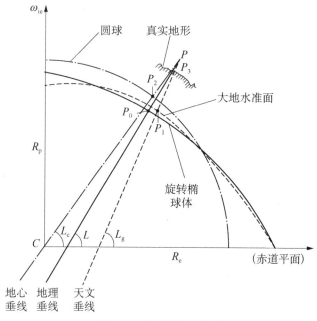

图 1-1　地球的几何形状

（7）相对高度：PP_3 为飞机在 P 点处的相对高度，也即无线电雷达高度，其中 P_3 为 P 点处的地理垂线与真实地形的交点。

地理纬度和地心纬度对应着不同的垂线定义，两者的差异实质上反映了地理垂线和地心垂线间的偏差。

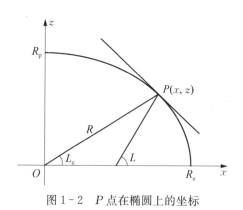

图 1-2　P 点在椭圆上的坐标

设 P 为旋转椭球面上的一点，记该点的地理纬度和地心纬度分别为 L 和 L_c，图 1-2 为过 P 点和对称轴的旋转椭球的剖面图。设 P 点的坐标为 (x, z)，则坐标满足椭圆方程：

$$\frac{x^2}{R_e^2} + \frac{z^2}{R_p^2} = 1 \qquad (1-1)$$

上式两边对 z 求导，得

$$\frac{\mathrm{d}x}{\mathrm{d}z} = -\frac{R_e^2}{R_p^2}\frac{z}{x} \qquad (1-2)$$

因为 P 点切线的斜率为 $\dfrac{\mathrm{d}z}{\mathrm{d}x}$，$P$ 点法线的斜率为 $\tan L$，两者互为负倒数，所以

$$\tan L = -\frac{1}{\dfrac{\mathrm{d}z}{\mathrm{d}x}} = -\frac{\mathrm{d}x}{\mathrm{d}z} = \frac{R_e^2}{R_p^2}\frac{z}{x} \qquad (1-3)$$

而
$$\tan L_{c} = \frac{z}{x} \tag{1-4}$$

令 $\Delta L = L - L_{c}$，而 $x = R\cos L_{c}$，$z = R\sin L_{c}$，所以

$$\tan \Delta L = \frac{R_{e}^{2} - R_{p}^{2}}{2R_{e}^{2}R_{p}^{2}} R^{2} \sin 2L_{c} = \frac{R_{e} - R_{p}}{R_{e}} \cdot \frac{R_{e} + R_{p}}{2R_{p}} \cdot \frac{R^{2}}{R_{e}R_{p}} \sin 2L_{c} \tag{1-5}$$

由于 $\dfrac{R_{e} - R_{p}}{R_{e}} = e$，$\dfrac{R_{e} + R_{p}}{2R_{p}} \approx 1$，$\dfrac{R^{2}}{R_{e}R_{p}} \approx 1$，$L_{c} \approx L$，$\Delta L$ 是小量，所以

$$\tan \Delta L \approx \Delta L \approx e\sin 2L \tag{1-6}$$

可见地理垂线和地心垂线的最大偏差发生在纬度为 $45°$ 的地方，约为 $11'$，而地理垂线与真垂线的最大偏差角约为几角秒，所以用地理垂线近似真垂线有足够高的精度。

1.2.3　参考旋转椭球体的曲率半径

曲面上某动点运动方向的曲率是描述曲面沿该方向的弯曲程度。平面曲线的曲率就是曲线上某个点的切线方向角对弧长的转动率，表明曲线偏离直线的程度。曲率越大，表示曲线的弯曲程度越大。曲率 $k = ($转过的角度 $de/$对应的弧长 $ds)$，当角度和弧长同时趋近于 0 时，就是关于任意形状的光滑曲线的曲率。曲率的倒数就是曲率半径。因此曲率半径 R 也是描述该动点速度 v 与角速度 ω 之间关系的参数，即

$$v = R\omega \tag{1-7}$$

式中：$v = ds/dt$，$\omega = d\theta/dt$。

导航中经常需要从飞机相对地球的位移或速度求取飞机所处的经纬度位置或相对地球的角速度，故必须掌握参考椭球表面各方向的曲率半径。

1.2.3.1　主曲率半径

圆球面上任意点沿任何方向的曲率半径都是相等的，但旋转椭球面同一点沿不同方向的曲率半径是不相等的。图 1-3 为地球的椭球模型，P 点处沿子午圈 mPm（南北方向）的曲率半径 R_{M} 和沿卯酉圈 rPr（东西方向，它所在平面与子午面垂直）的曲率半径 R_{N} 称为旋转椭球面在 P 点处的主曲率半径。

设 P 点为旋转椭球面上的某一点，n 为 P 点处的法线，NS 为椭球

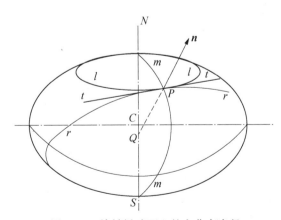

图 1-3　旋转椭球面上的主曲率半径

面的对称轴。过 P 作 NS 的垂直平面,截椭球面所得的平面曲线 lPl 称为 P 点处的纬圈;过 P 点和直线 NS 作平面截椭球面所得的平面曲线 mPm 称为 P 点处的经圈(子午圈);过 P 点作纬圈 lPl 的切线 tPt,用 tPt 和法线 n 形成的平面截椭球面所得的平面曲线 rPr 称为 P 点处的卯酉圈。P 点处沿子午圈 mPm 的曲率半径 R_M 和沿卯酉圈 rPr 的曲率半径 R_N 称为旋转椭球面在 P 点处的主曲率半径。

设 P 点的地心纬度和地理纬度分别为 L_c 和 L。

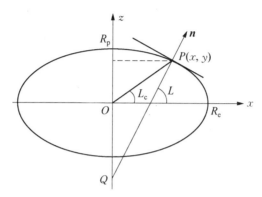

图 1-4 过 P 点和对称轴的旋转椭球剖面

图 1-4 为过 P 点和对称轴的旋转椭球的剖面。由椭圆参数方程:

$$x = R_e \cos L_c \tag{1-8}$$

$$z = R_p \sin L_c = R_e(1-e) \sin L_c \tag{1-9}$$

上两式对 L_c 求导,得

$$\frac{\mathrm{d}x}{\mathrm{d}L_c} = -R_e \sin L_c \tag{1-10}$$

$$\frac{\mathrm{d}z}{\mathrm{d}L_c} = R_e(1-e) \cos L_c \tag{1-11}$$

由于法线 n 的斜率与 P 点切线的斜率互为负倒数,所以有

$$\tan L = -\frac{1}{\dfrac{\mathrm{d}z}{\mathrm{d}x}} = -\frac{\mathrm{d}x}{\mathrm{d}z} = -\frac{\dfrac{\mathrm{d}x}{\mathrm{d}L_c}}{\dfrac{\mathrm{d}z}{\mathrm{d}L_c}} = \frac{1}{1-e} \tan L_c \tag{1-12}$$

弧微分 $\mathrm{d}s$ 和 $\mathrm{d}x$ 及 $\mathrm{d}z$ 的关系为

$$\begin{aligned}
\mathrm{d}s^2 &= \mathrm{d}x^2 + \mathrm{d}z^2 \\
&= (-R_e \sin L_c \mathrm{d}L_c)^2 + [R_e(1-e) \cos L_c \mathrm{d}L_c]^2 \\
&= R_e^2 [\sin^2 L_c + (1-e)^2 \cos^2 L_c] \mathrm{d}L_c^2
\end{aligned} \tag{1-13}$$

根据三角关系式和式(1-12),得

$$\sin^2 L_c = \frac{\tan^2 L_c}{1 + \tan^2 L_c} = \frac{(1-e)^2 \tan^2 L}{1 + (1-e)^2 \tan^2 L} \qquad (1-14a)$$

$$\cos^2 L_c = \frac{1}{1 + \tan^2 L_c} = \frac{1}{1 + (1-e)^2 \tan^2 L} \qquad (1-14b)$$

对式(1-12)求微分,得

$$\frac{1}{\cos^2 L} dL = \frac{1}{1-e} \cdot \frac{1}{\cos^2 L_c} dL_c$$

$$dL_c = \frac{(1-e)\cos^2 L_c}{\cos^2 L} dL = \frac{1-e}{1 + (1-e)^2 \tan^2 L} \cdot \frac{1}{\cos^2 L_c} dL \qquad (1-14c)$$

将式(1-14)代入式(1-13),得

$$ds = R_e \left[\frac{(1-e)^2 \tan^2 L}{1 + (1-e)^2 \tan^2 L} + (1-e)^2 \frac{1}{1 + (1-e)^2 \tan^2 L} \right]^{\frac{1}{2}} \frac{1-e}{1 + (1-e)^2 \tan^2 L} \cdot \frac{1}{\cos^2 L} dL$$

$$= R_e \sqrt{\frac{(1-e)^2 (1 + \tan^2 L)\cos^2 L}{[1 + (1-e)^2 \tan^2 L]\cos^2 L}} \cdot \frac{1-e}{1 + (1-e)^2 \tan^2 L} \cdot \frac{1}{\cos^2 L} dL$$

$$= \frac{R_e (1-e)^2}{[\cos^2 L + (1-e)^2 \sin^2 L]^{\frac{3}{2}}} dL$$

所以沿子午圈的曲率半径为

$$R_M = \frac{ds}{dL} = \frac{R_e (1-e)^2}{[\cos^2 L + (1-e)^2 \sin^2 L]^{\frac{3}{2}}} = R_e (1-e)^2 [1 - (2-e)e\sin^2 L]^{-\frac{3}{2}}$$

$$(1-15)$$

根据图1-3,沿卯酉圈的曲率半径为 $R_N = PQ$。由图1-3得

$$x = PQ\cos L = R_N \cos L$$

又由椭圆的参数方程(1-8):

$$x = R_e \cos L_c$$

所以

$$R_N = R_e \frac{\cos L_c}{\cos L}$$

式(1-14b)代入,得

$$R_N = \frac{R_e}{\sqrt{1 + (1-e)^2 \tan^2 L} \cdot \cos L} = \frac{R_e}{\sqrt{\cos L^2 + (1-e)^2 \sin^2 L}} \qquad (1-16)$$

$$= R_e [1 - (2-e)e\sin^2 L]^{-\frac{1}{2}}$$

采用麦克劳林级数展开式(1-15)和式(1-16),可得

$$R_{\mathrm{M}} = R_{\mathrm{e}}(1-e)^2\left[1+\frac{3}{2}(2-e)e\sin^2 L + \cdots\right]$$

$$= R_{\mathrm{e}}(1-2e+e^2)(1+3e\sin^2 L - \frac{3}{2}e^2\sin^2 L + \cdots)$$

$$= R_{\mathrm{e}}\left[1+3e\sin^2 L - 2e + e^2\left(1-\frac{15}{2}\sin^2 L\right)+\cdots\right]$$

$$R_{\mathrm{N}} = R_{\mathrm{e}}\left[1+\frac{1}{2}(2-e)e\sin^2 L + \cdots\right]$$

$$= R_{\mathrm{e}}\left(1+e\sin^2 L - \frac{1}{2}e^2\sin^2 L + \cdots\right)$$

略去关于 e 的二阶以上微量,则

$$R_{\mathrm{M}} = R_{\mathrm{e}}(1-2e+3e\sin^2 L) \tag{1-17}$$

$$R_{\mathrm{N}} = R_{\mathrm{e}}(1+e\sin^2 L) \tag{1-18}$$

对应的曲率为

$$\frac{1}{R_{\mathrm{M}}} = \left[R_{\mathrm{e}}(1-2e+3e\sin^2 L)\right]^{-1} \approx \frac{1}{R_{\mathrm{e}}}(1+2e-3e\sin^2 L) \tag{1-19}$$

$$\frac{1}{R_{\mathrm{N}}} = \left[R_{\mathrm{e}}(1+e\sin^2 L)\right]^{-1} \approx \frac{1}{R_{\mathrm{e}}}(1-e\sin^2 L) \tag{1-20}$$

1.2.3.2　沿任意方向的曲率半径

上一节给出了导航坐标系为地理坐标系下的曲率半径表示方式,那么在导航坐标系为游移方位坐标系 $Pxyz$ 下,其任意曲率半径又如何表达呢(x 和 y 为水平轴,z 轴位于垂线方向与地理坐标系的 Z 轴重合)?设 x 轴和 y 轴分别偏离东向和北向的夹角为 α,如图 1-5 所示。飞机的飞行速度沿 x 方向和 y 方向的分量分别为 v_x 和 v_y。要保持 xPy 平面始终跟踪当地水平面,必须使该平面绕水平轴旋转,旋转角速度为

$$\begin{bmatrix} \omega_x \\ \omega_y \end{bmatrix} = \begin{bmatrix} \cos\alpha & \sin\alpha \\ -\sin\alpha & \cos\alpha \end{bmatrix}\left(\begin{bmatrix} \omega_{\mathrm{E}} \\ \omega_{\mathrm{N}} \end{bmatrix} + \begin{bmatrix} 0 \\ \Omega_{\mathrm{N}} \end{bmatrix}\right) \tag{1-21}$$

式中:Ω_{N} 是地球自转角速度的北向分量(东向分量为零)。

$$\begin{bmatrix} \omega_{\mathrm{E}} \\ \omega_{\mathrm{N}} \end{bmatrix} = \begin{bmatrix} -\dfrac{v_{\mathrm{N}}}{R_{\mathrm{M}}} \\ \dfrac{v_{\mathrm{E}}}{R_{\mathrm{N}}} \end{bmatrix} = \begin{bmatrix} 0 & -\dfrac{1}{R_{\mathrm{M}}} \\ \dfrac{1}{R_{\mathrm{N}}} & 0 \end{bmatrix}\begin{bmatrix} v_{\mathrm{E}} \\ v_{\mathrm{N}} \end{bmatrix} \tag{1-22}$$

而

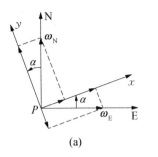 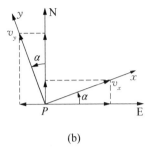

(a)　　　　　　　　　　　　(b)

图 1-5　x、y 轴与东、北向之间的关系

$$\begin{bmatrix} v_{\mathrm{E}} \\ v_{\mathrm{N}} \end{bmatrix} = \begin{bmatrix} \cos\alpha & -\sin\alpha \\ \sin\alpha & \cos\alpha \end{bmatrix} \begin{bmatrix} v_x \\ v_y \end{bmatrix}$$

所以

$$\begin{bmatrix} \omega_x \\ \omega_y \end{bmatrix} = \begin{bmatrix} \cos\alpha & \sin\alpha \\ -\sin\alpha & \cos\alpha \end{bmatrix} \begin{bmatrix} 0 & -\dfrac{1}{R_{\mathrm{M}}} \\ \dfrac{1}{R_{\mathrm{N}}} & 0 \end{bmatrix} \begin{bmatrix} \cos\alpha & -\sin\alpha \\ \sin\alpha & \cos\alpha \end{bmatrix} \begin{bmatrix} v_x \\ v_y \end{bmatrix} + \begin{bmatrix} \Omega_{\mathrm{N}}\sin\alpha \\ \Omega_{\mathrm{N}}\cos\alpha \end{bmatrix}$$

$$= \begin{bmatrix} \left(\dfrac{1}{R_{\mathrm{N}}} - \dfrac{1}{R_{\mathrm{M}}}\right)\sin\alpha\cos\alpha & -\left(\dfrac{\sin^2\alpha}{R_{\mathrm{N}}} + \dfrac{\cos^2\alpha}{R_{\mathrm{M}}}\right) \\ \dfrac{\cos^2\alpha}{R_{\mathrm{N}}} + \dfrac{\sin^2\alpha}{R_{\mathrm{M}}} & \left(-\dfrac{1}{R_{\mathrm{N}}} + \dfrac{1}{R_{\mathrm{M}}}\right)\sin\alpha\cos\alpha \end{bmatrix} \begin{bmatrix} v_x \\ v_y \end{bmatrix} + \begin{bmatrix} \Omega_{\mathrm{N}}\sin\alpha \\ \Omega_{\mathrm{N}}\cos\alpha \end{bmatrix}$$

$$(1-23)$$

记

$$\frac{1}{R_x} = \frac{\cos^2\alpha}{R_{\mathrm{N}}} + \frac{\sin^2\alpha}{R_{\mathrm{M}}} \qquad (1-24\text{a})$$

$$\frac{1}{R_y} = \frac{\sin^2\alpha}{R_{\mathrm{N}}} + \frac{\cos^2\alpha}{R_{\mathrm{M}}} \qquad (1-24\text{b})$$

$$\frac{1}{\tau_{\mathrm{a}}} = \left(\frac{1}{R_{\mathrm{M}}} - \frac{1}{R_{\mathrm{N}}}\right)\sin\alpha\cos\alpha \qquad (1-24\text{c})$$

则

$$\begin{bmatrix} \omega_x \\ \omega_y \end{bmatrix} = \begin{bmatrix} -\dfrac{1}{\tau_{\mathrm{a}}} & -\dfrac{1}{R_y} \\ \dfrac{1}{R_x} & \dfrac{1}{\tau_{\mathrm{a}}} \end{bmatrix} \begin{bmatrix} v_x \\ v_y \end{bmatrix} + \begin{bmatrix} \Omega_{\mathrm{N}}\sin\alpha \\ \Omega_{\mathrm{N}}\cos\alpha \end{bmatrix}$$

即

$$\omega_x = -\frac{v_y}{R_y} - \frac{v_x}{\tau_a} + \Omega_N \sin \alpha \qquad (1-25a)$$

$$\omega_y = \frac{v_x}{R_x} + \frac{v_y}{\tau_a} + \Omega_N \cos \alpha \qquad (1-25b)$$

式(1-25)说明,当导航坐标系的 x 轴、y 轴分别与当地的东向、北向存在夹角 α 时,x 方向的速度不但引起水平面绕 y 轴的旋转,而且还引起绕 x 轴的旋转,y 方向的速度也具有相同的影响。沿一个轴的飞行速度引起水平面绕同一轴的旋转反映了水平面的扭曲旋转,所以将式(1-24c)确定的 $1/\tau_a$ 称为椭球面在 P 点处的扭曲率,而将式(1-24a)和式(1-24b)确定的 $1/R_x$ 和 $1/R_y$ 分别称为椭球面在 P 点处沿 x 方向的曲率和沿 y 方向的曲率,R_x 和 R_y 为沿相应方向的曲率半径。从式(1-24)可看出,椭球面上同一点沿不同方向的曲率半径和扭曲率是不同的。当 $\alpha = 0$,即 x 轴、y 轴分别指向东和北时,

$$R_x = R_N$$
$$R_y = R_M$$
$$\frac{1}{\tau_a} = 0$$

此时,x 方向的速度(即东向速度)只引起水平面绕 y 轴(北向轴)的旋转,y 方向的速度(即北向速度)只引起水平面绕 x 轴(东向轴)的旋转,水平面不存在扭曲旋转,两个方向的运动是解耦的,所以将 R_M 和 R_N 称为主曲率半径。

1.2.4　重力矢量

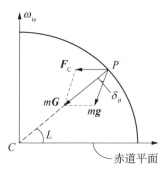

图 1-6　重力、引力、向心力的关系

设 P 为地球上某一点,该点纬度为 L,P 点处自由地放置着质量 m,如图 1-6 所示。则质量 m 受到地球的万有引力 mG 的作用,该力指向地心,同时维持质量 m 跟随地球旋转需要有外力提供向心力 F_c,所以向心力实质上是万有引力的一个分量,用于维持质量 m 跟随地球旋转,重力 mg 是万有引力的另一个分量,因此有

$$mG = mg + F_c$$

即
$$G = g + a_c \qquad (1-26)$$

其中,$a_c = F_c/m = (\omega_{ie} \times \omega_{ie} \times R)$ 为 P 点处地球旋转引起的向心加速度。由于向心加速度随纬度而变,所以重力加速度 g 与引力加速度 G 间的夹角 δ_θ 也随纬度而变,在 $L = 45°$ 处 δ_θ 达到最大值约为 $10'$。重力加速度的大小随纬度的变化规律可近似为

$$g(L) = g_0(1 + 0.0052884 \sin^2 L - 0.0000059 \sin^2 2L) \qquad (1-27)$$

其中，$g_0 = 978.049\,\text{cm/s}^2$；或

$$g(L) = g_0(1 - 0.002\,637\,3\cos 2L + 0.000\,005\,9\cos^2 2L) \tag{1-28}$$

其中，$g_0 = 980.616\,\text{cm/s}^2$，式(1-28)称为朗伯方程。

在 WGS-84 全球大地坐标系体系中，选用的重力加速度模型为

$$g(L) = \frac{g_e(1 + k\sin^2 L)}{\sqrt{1 - e_1^2\sin^2 L}} \tag{1-29}$$

式中：$k = \dfrac{R_p g_p}{R_e g_e} - 1$，$e_1 = \dfrac{\sqrt{R_e^2 - R_p^2}}{R_e}$；$g_e$，$g_p$ 分别为赤道上的理论重力和两极处的理论重力加速度；e_1 为第一偏心率。将 WGS-84 的具体数据代入，得

$$g(L) = 978.032\,677\,14 \times \frac{1 + 0.001\,931\,851\,386\,39\sin^2 L}{\sqrt{1 - 0.006\,694\,379\,990\,13\sin^2 L}} \tag{1-30}$$

重力加速度随高度的变化规律为

$$g(h) = g(L)\frac{R_e^2}{(R_e + h)^2} \approx g(L)\left(1 - \frac{2h}{R_e}\right) \tag{1-31}$$

由于地球形状的不规则和质量分布的不均匀，地球表面某点的实测重力加速度与理论值有差异，称为重力异常。此外，实测的重力加速度方向（大地水准面的法线方向）与该点参考椭球面的法线方向也不重合，通常称为垂线偏差。重力异常一般在 10^{-5} 重力加速度范围内，垂线偏差在角秒量级，最大不超过约 $30''$。

1.3　地球导航定位方法

飞机的地球导航定位方法除了短距离航行、滑跑起飞和着陆等某些特殊场合采用相对地面某点的相对定位方法外，一般都以地球中心为原点，采用与地球固连的坐标系作为参考的定位方法。常用的有地球直角坐标系的定位方法和地球球面坐标系的经纬高定位方法。

1.3.1　地球直角坐标系定位方法

地球直角坐标系的原点位于旋转椭球体中心，z 轴与地球自转轴重合，正向沿地球自转方向，x 和 y 轴位于赤道平面内，x 轴穿过本初子午线，y 轴穿过东经 $90°$ 子午线。P 点的位置用 P 点在该坐标系内的坐标 (x, y, z) 来表示（见图 1-7）。地球直角坐标系在某些长距离无线电导航和卫星导航中使用。

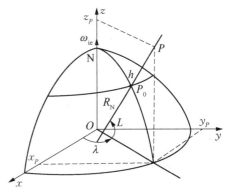

图 1-7　地球直角坐标系和地球球面坐标系

1.3.2 地球球面坐标系的定位方法

地球球面坐标系的原点位于旋转椭球中心，P 点的位置用 P 点的经度、纬度和高度（简称经纬高）来表示（见图 1-7）。

1.3.3 两类定位方法的参数变换

导航定位中经常需要将两种定位方法的定位参数进行相互变换。设 P 点在地球直角坐标系内的坐标为 (x, y, z)，在地球球面坐标系内的坐标为 (λ, L, h)，如图 1-7 所示。

1.3.3.1 球面坐标至直角坐标的转换

由图 1-7 得，从经纬高球面坐标变换为直角坐标的变换关系为

$$x = (R_N + h)\cos L \cos \lambda \qquad (1-32a)$$

$$y = (R_N + h)\cos L \sin \lambda \qquad (1-32b)$$

由式 (1-8)、式 (1-9) 和式 (1-12)，得

$$z = [R_N(1-e)^2 + h]\sin L \qquad (1-32c)$$

1.3.3.2 直角坐标至球面坐标的转换

已知直角坐标，求球面坐标的变换关系。

当 $h = 0$ 时，由式 (1-32)，得

$$\lambda = \arctan \frac{y}{x} \qquad (1-33a)$$

$$L = \arctan \left[\frac{1}{(1-e)^2} \cdot \frac{z}{\sqrt{x^2+y^2}} \right] = \arctan \left[\frac{R_e^2}{R_p^2} \cdot \frac{z}{\sqrt{x^2+y^2}} \right] \qquad (1-33b)$$

当 h 已知，且 h 不大时，可以用近似式求得纬度

$$L = \arctan \left[\left(\frac{R_e + h}{R_p + h} \right)^2 \cdot \frac{z}{\sqrt{x^2+y^2}} \right] \qquad (1-33c)$$

当高度为 10 km、纬度为 45° 时，由上式求得的纬度误差约为 0.003 5″，即相当于南北方向的距离误差为 10 cm。因此对地球表面的飞机导航来说，如高度已知，则可用近似式 (1-33c) 求取纬度。

当 $h \neq 0$，且 h 未知时，则可用迭代法先求纬度 L，然后再求高度 h。即

$$(R_N + h)_{i+1} = \frac{x}{\cos L_i \cos \lambda} \qquad (1-34a)$$

$$(R_N)_{i+1} = \frac{R_e}{\sqrt{\cos^2 L_i + (1-e_1^2)\sin^2 L_i}} \qquad (1-34b)$$

$$L_{i+1} = \arctan\left[\frac{(R_N + h)_{i+1}}{(R_N + h)_{i+1} - (R_N)_i e_1^2} \cdot \frac{z}{\sqrt{x^2 + y^2}}\right] \qquad (1-34c)$$

式中：$e_1 = \dfrac{\sqrt{R_e^2 - R_p^2}}{R_e}$ 为椭球第一偏心率，L_0 可从式(1-33b)求得。经 k 次迭代达到精度要求，则

$$h = (R_N + h)_k - (R_N)_k \qquad (1-34d)$$

1.3.3.3　不同参考椭球定位参数的转换

以上介绍了采用直角坐标和球面坐标在参考椭球上的定位方法。旋转椭球体是对地球的近似描述，椭球体的参数是通过大地测量获得的，即根据对地球的某一局部地区的测量值求解出椭球参数，所以确定出的椭球对该地区的定位拟合精度最好，但对其他地区精度就差些。由于各国大地测量的范围有限及方便使用等原因，各国对地球质量中心的确定都不尽相同，采用的参考椭球也不尽相同，即与参考椭球固连的直角坐标系相对地球的位置也不尽相同，这种差异使得采用地球直角坐标的定位结果尤其是经纬度的定位结果有所不同。WGS-84 是根据外层空间对地球的观测值确定出的，该椭球参数全面反映了地球的几何特征，所以此处以 WGS-84 作为基准，其他参考椭球与之比较来讨论不同参考椭球定位参数之间存在的差异，表 1-2 列出了比较结果。从表 1-2 中可看出，其差异还是很明显的。

表 1-2　不同参考椭球定位参数的比较

参考椭球名称	测量原点	适用地区	原点差异 Δx, Δy, Δz/m
1975 年国际推荐		中国	
克拉索夫斯基	59°46′18.55″N 30°19′42.09″E	俄国	
克拉克	39°13′26.666″N 98°32′30.506″W	北美	−22，+157，+180.5
贝塞尔	35°39′57.51″N 139°44′40.50″E	日本及我国台湾省	−140，+576，+677.5
海福德	52°22′51.455″N 13°03′58.928″E	欧洲、北美及中近东	−84，−103，−122.5
WGS-84	地心	全球	0，0，0

假设直角坐标系 1 和 2 的相应轴互相平行，坐标系 2 的原点偏离坐标系 1 的原点偏离值为 Δx，Δy，Δz，P 点在坐标系 1 内的坐标为 (λ_1, L_1, h_1)，则 P 点在坐标系 2 内的坐标为

$$\lambda_2 = \lambda_1 + \Delta\lambda$$
$$L_2 = L_1 + \Delta L$$

$$h_2 = h_1 + \Delta h$$

其中

$$\Delta\lambda = \frac{\sec \lambda_1}{R_{\mathrm{N}}}(-\sin \lambda_1 \Delta x + \cos \lambda_1 \Delta y) \tag{1-35a}$$

$$\Delta L = \frac{1}{R_{\mathrm{M}}}\left\{ \begin{array}{l} -\sin L_1 \cos \lambda_1 \Delta x - \sin L_1 \sin \lambda_1 \Delta y + \cos L_1 \Delta z + \\ \dfrac{R_{\mathrm{N}}}{R_{\mathrm{e}}}e(2-e)\sin L_1 \cos L_1 \Delta R_{\mathrm{e}} + \left[\dfrac{R_{\mathrm{M}}}{1-e} + R_{\mathrm{N}}(1-e) \right]\sin L_1 \cos L_1 \Delta e \end{array} \right\} \tag{1-35b}$$

$$\Delta h = \cos L_1 \cos \lambda_1 \Delta x + \cos L_1 \sin \lambda_1 \Delta y + \sin L \Delta z - \\ \frac{R_{\mathrm{e}}}{R_{\mathrm{N}}}\Delta R_{\mathrm{e}} + (1-e)R_{\mathrm{N}}\sin^2 L_1 \Delta e \tag{1-35c}$$

式中，$\Delta e = e_2 - e_1$，$\Delta R_{\mathrm{e}} = R_{e_2} - R_{e_1}$，$R_{\mathrm{e}}$ 和 e 两个椭球参数可任意选用一种。

式(1-35)说明，对于地球上某位置点的定位参数，如果直角坐标系的原点和参考椭球体的参数稍有变化，则经纬高也有相应的变化。

1.4 导航用坐标系

1.4.1 坐标系的定义

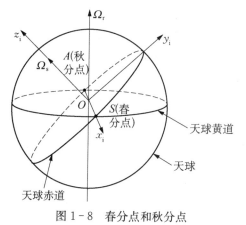

图 1-8 春分点和秋分点

Ω_{s}—地球自转角速度；Ω_{r}—地球公转角速度

坐标系在导航中起着十分重要的作用，它是导航系统实现导航计算的基础。为此，在导航计算之前，必须先引入并建立合适的坐标系。以地心为球心，半径无穷大的球体称为天球。地球赤道平面无限延伸后截天球所得的圆称为天球赤道；地球公转平面无限延伸后截天球所得的圆称为天球黄道。天球赤道和天球黄道在天球上相交于两点，称为春分点和秋分点，如图 1-8 所示。

(1) 地心惯性坐标系 i：原点 O 取为地心，坐标轴相对恒星无转动。轴向定义为：Ox_{i} 轴由地心指向春分点；Oz_{i} 轴与地球极轴方向一致（假定极轴方向保持不变）；Ox_{i}，Oy_{i}，Oz_{i} 构成右手正交坐标系。惯性器件（陀螺和加速度计）的测量均是以地心惯性坐标系为参考基准的。

(2) 地球坐标系 e：原点 O 位于地心，坐标轴与地球固连，坐标系跟随地球一起在惯性空间中转动。Ox_{e} 轴沿格林尼治子午面和地球赤道平面的交线，指向零度经线；Oy_{e} 轴沿地球极轴方向；Ox_{e}，Oy_{e}，Oz_{e} 一起构成右手正交坐标系。e 系相对于 i 系以角速度 $\omega_{\mathrm{ie}} = 7.292\,115\,8 \times 10^{-5}$ rad/s 绕着 Oz_{e} 轴旋转，如图 1-9 所示。

（3）地理坐标系 g：原点位于飞机所处位置 P 点，坐标轴指向东、北和当地垂线方向（向上），构成右手正交坐标系。地理坐标系相对于地球坐标系的旋转角速率 ω_{eg}^{g} 取决于 P 点相对于地球的运动，称为转移速率。转移速率在地理系中可以表示为

$$\boldsymbol{\omega}_{eg}^{g} = \begin{bmatrix} -\dot{L} \\ \dot{\lambda}\cos L \\ \dot{\lambda}\sin L \end{bmatrix} = \begin{bmatrix} -\dfrac{v_N}{R_M + h} \\ \dfrac{v_E}{R_N + h} \\ \dfrac{v_E}{R_N + h}\tan L \end{bmatrix} \tag{1-36}$$

式中：λ，L 分别为 P 点的经纬度；v_E，v_N 分别为载体沿东向和北向的速度；R_M，R_N 分别为 P 点子午圈和卯酉圈的曲率半径；h 为 P 点海拔高度。

地理坐标系 g 相对于惯性系 i 的旋转角速度记为 $\boldsymbol{\omega}_{ig}^{g}$，可以表示为

$$\boldsymbol{\omega}_{ig}^{g} = \boldsymbol{\omega}_{ie}^{g} + \boldsymbol{\omega}_{eg}^{g} = \begin{bmatrix} 0 \\ \omega_{ie}\cos L \\ \omega_{ie}\sin L \end{bmatrix} + \begin{bmatrix} -\dot{L} \\ \dot{\lambda}\cos L \\ \dot{\lambda}\sin L \end{bmatrix} = \begin{bmatrix} -\dfrac{v_N}{R_M + h} \\ \omega_{ie}\cos L + \dfrac{v_E}{R_N + h} \\ \omega_{ie}\sin L + \dfrac{v_E}{R_N + h}\tan L \end{bmatrix}$$

$$\tag{1-37}$$

（4）机体坐标系 b：原点位于飞机重心，坐标轴 x、y、z 分别指向飞机横轴向右、纵轴向前和立轴向上。机体系相对于地理系的角位置关系称为飞机的姿态角和航向角。

（5）游移方位坐标系 w：导航系统在导航定位或导航计算过程中需要用到的与地理坐标系仅在水平面内相差一个角度（常称为游移方位角 α）的坐标系，其坐标原点和方位轴与地理坐标系重合，游移方位角 α 以逆时针偏离东向或北向为正。

（6）格网坐标系（G 系）：用 $Ox_G y_G z_G$ 表示，原点位于载体质心。以载体所在 P 点处平行于格林威治子午面的平面作为格网平面，以载体所在地的水平面作为切平面，格网平面与切平面的交线定义为格网北向（Oy_G 轴）。格网北向同真北方向的夹角为 σ（格网方位角）。格网天向（Oz_G 轴）同地理天向（Oz_g 轴）重合。格网东向（Ox_G 轴）在切平面内且与格网北向垂直构成右手直角坐标系。3 个轴向的单位向量集记为（e_{GE}，e_{GN}，e_{GU}），其与地球、地理、游移方位坐标系单位向量间的相互空间关系如图 1-9 所示。

在全球导航方案设计中，游移方位坐标系 w 和格网坐标系 G 是解决极区导航问题的主要参考坐标系。

（7）导航坐标系 n：它是导航系统在求解导航参数时所采用的参考坐标系，导航

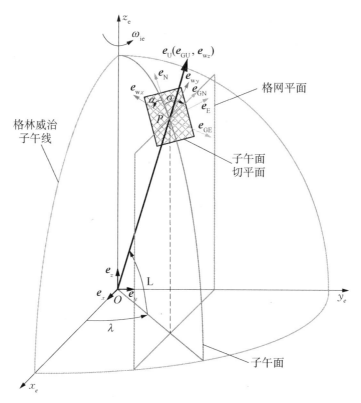

图 1-9 地球、地理、游移和格网坐标系单位向量

坐标系可以选惯性坐标系，或地心坐标系，或地理坐标系，或游移方位坐标系，或格网坐标系等。

（8）计算坐标系 c：坐标原点为导航系统利用自身计算的位置来描述导航坐标系，由于导航系统位置误差的存在，因此计算坐标系与理想的导航坐标系之间存在偏差角。一般它在推导或描述惯性导航的误差方程时应用。

1.4.2　坐标系之间的变换关系

1）机体坐标系与地理坐标系之间的关系——姿态矩阵

姿态角和航向角定义如下。

俯仰角：机体纵轴与纵向水平轴之间的夹角，用 θ 表示，规定以纵向水平轴为起点，向上为正，向下为负，定义域 $-90 \sim 90°$。

横滚角：机体纵向对称面与纵向铅垂面之间的夹角，用 γ 表示，规定从铅垂面算起，右倾为正，左倾为负，定义域 $-180 \sim 180°$。

航向角：机体纵轴在水平面的投影与地理子午线之间的夹角，用 ψ 表示，规定以地理北向为起点，偏东方向为正，定义域 $0 \sim 360°$。

根据上述机体姿态角的定义，机体坐标系 $(Ox_b y_b z_b)$ 可由地理坐标系 $(Ox_g y_g z_g)$

绕负 z_g 轴旋转 ψ 角,绕 x_1 轴旋转 θ 角,再绕 y_2 轴旋转 γ 角而得到。机体坐标系与地理坐标系之间的空间关系如图 1-10 所示(图中所示导航坐标系所选为地理坐标系)。

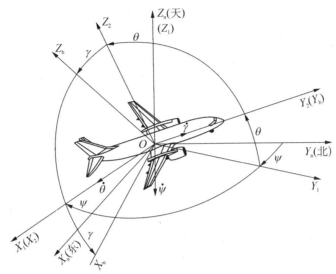

图 1-10　机体坐标系与地理坐标系之间的方位关系

图中, ψ 为载体航向角, θ 为俯仰角, γ 为横滚角。

于是,地理坐标系与机体坐标系之间的变换矩阵 $\boldsymbol{C}_n^b$ 为

$$
\begin{aligned}
\boldsymbol{C}_n^b &= \boldsymbol{C}_\gamma \boldsymbol{C}_\theta \boldsymbol{C}_\psi \\
&= \begin{bmatrix} \cos\gamma & 0 & -\sin\gamma \\ 0 & 1 & 0 \\ \sin\gamma & 0 & \cos\gamma \end{bmatrix} \begin{bmatrix} 1 & 0 & 0 \\ 0 & \cos\theta & \sin\theta \\ 0 & -\sin\theta & \cos\theta \end{bmatrix} \begin{bmatrix} \cos\psi & -\sin\psi & 0 \\ \sin\psi & \cos\psi & 0 \\ 0 & 0 & 1 \end{bmatrix} \\
&= \begin{bmatrix} \cos\psi\cos\gamma+\sin\psi\sin\theta\sin\gamma & -\sin\psi\cos\gamma+\cos\psi\sin\theta\sin\gamma & -\cos\theta\sin\gamma \\ \sin\psi\cos\theta & \cos\psi\cos\theta & \sin\theta \\ \cos\psi\sin\gamma-\sin\psi\sin\theta\cos\gamma & -\sin\psi\sin\gamma-\cos\psi\sin\theta\cos\gamma & \cos\theta\cos\gamma \end{bmatrix}
\end{aligned}
$$

$$(1-38)$$

则有姿态矩阵 $\boldsymbol{C}_b^n$ 为

$$
\boldsymbol{C}_b^n = (\boldsymbol{C}_n^b)^T
\tag{1-39}
$$

该矩阵即为姿态矩阵,由姿态矩阵提取姿态角和航向角如下:
设

$$
\boldsymbol{C}_b^n = \begin{bmatrix} C_{11} & C_{12} & C_{13} \\ C_{21} & C_{22} & C_{23} \\ C_{31} & C_{32} & C_{33} \end{bmatrix}
\tag{1-40}
$$

则有

$$\theta = \arcsin(C_{32})$$
$$\gamma = -\arctan(C_{31}/C_{33})$$
$$\psi = \arctan(C_{12}/C_{22})$$

(1-41)

求得横滚角和航向角主值后可由真值表 1-3 查得它们的真值[34]。

表 1-3　ψ, γ 真值的选取

航向角 ψ 真值				横滚角 γ 真值		
$\psi_{主}$	C_{22}	ψ	$\gamma_{主}$	C_{33}	γ
+	+	$\psi_{主}$	+	+	$\gamma_{主}$
—	—	$180° + \psi_{主}$	—	+	$\gamma_{主}$
+	—	$180° + \psi_{主}$	—	—	$180° + \gamma_{主}$
—	+	$360° + \psi_{主}$	+	—	$-180° + \gamma_{主}$

2）地理坐标系与地球坐标系之间的关系——位置矩阵

设 A 为地球表面的一点，A 的经、纬度分别为 λ 和 L，则 A 点处的地球坐标系和地理坐标系之间的方位关系如图 1-11 所示，它们之间的变换矩阵即载体位置矩阵 C_e^g 为

$$C_e^g = \begin{bmatrix} -\sin\lambda & \cos\lambda & 0 \\ -\sin L\cos\lambda & -\sin L\sin\lambda & \cos L \\ \cos L\cos\lambda & \cos L\sin\lambda & \sin L \end{bmatrix}$$

(1-42)

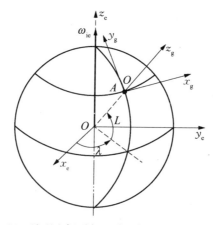

图 1-11　地理坐标系与地球坐标系之间的方位关系

设

$$\boldsymbol{C}_e^g = \begin{bmatrix} C_{11} & C_{12} & C_{13} \\ C_{21} & C_{22} & C_{23} \\ C_{31} & C_{32} & C_{33} \end{bmatrix} \tag{1-43}$$

则有

$$\begin{cases} \lambda = -\arcsin(C_{11}) \\ L = \arcsin(C_{33}) \end{cases} \tag{1-44}$$

3) 游移方位坐标系与地球坐标系之间的关系

游移方位坐标系(w 系)与地球坐标系(e 系)的相互关系如图 1-9 所示。即

$$\boldsymbol{C}_e^w = \boldsymbol{C}_g^w \boldsymbol{C}_e^g \tag{1-45}$$

其中:

$$\boldsymbol{C}_g^w = \begin{bmatrix} \cos\alpha & \sin\alpha & 0 \\ -\sin\alpha & \cos\alpha & 0 \\ 0 & 0 & 1 \end{bmatrix} \tag{1-46}$$

将式(1-46)和式(1-42)代入式(1-45),则有

$$\boldsymbol{C}_e^w = \begin{bmatrix} -\cos\lambda - \sin\alpha\sin L\cos\lambda & \cos\alpha\cos\lambda - \sin\alpha\sin L\sin\lambda & \sin\alpha\cos L \\ \sin\alpha\sin\lambda - \cos\alpha\sin L\cos\lambda & -\sin\alpha\cos\lambda - \cos\alpha\sin L\sin\lambda & \cos\alpha\cos L \\ \cos L\cos\lambda & \cos L\sin\lambda & \sin L \end{bmatrix} \tag{1-47}$$

令

$$\boldsymbol{C}_e^w = \begin{bmatrix} C_{11} & C_{12} & C_{13} \\ C_{21} & C_{22} & C_{23} \\ C_{31} & C_{32} & C_{33} \end{bmatrix} \tag{1-48}$$

则由式(1-48),可得经、纬度和游移角:

$$\begin{cases} \lambda = \arctan(C_{32}/C_{31}) \\ L = \arcsin(C_{33}) \\ \alpha = \arctan(C_{13}/C_{23}) \end{cases} \tag{1-49}$$

4) 格网坐标系与地球坐标系之间的关系

格网坐标系(G 系)与地球坐标系(e 系)的相互关系如图 1-9 所示。即

$$\boldsymbol{C}_e^G = \boldsymbol{C}_g^G \boldsymbol{C}_e^g \tag{1-50}$$

式中:$\boldsymbol{C}_g^G$ 为地理坐标系 g 到格网坐标系 G 的变换矩阵,且

$$C_g^G = \begin{bmatrix} \cos\sigma & -\sin\sigma & 0 \\ \sin\sigma & \cos\sigma & 0 \\ 0 & 0 & 1 \end{bmatrix} \qquad (1-51)$$

式中，

$$\sin\sigma = \frac{\sin\lambda\sin L}{\sqrt{1-\cos^2 L\sin^2\lambda}} \qquad (1-52\text{a})$$

$$\cos\sigma = \frac{\cos\lambda}{\sqrt{1-\cos^2 L\sin^2\lambda}} \qquad (1-52\text{b})$$

将式(1-52)、式(1-51)和式(1-42)代入式(1-50)，则可得地球坐标系 e 到格网坐标系 G 的变换矩阵，其计算公式为

$$C_e^G = \begin{bmatrix} \dfrac{-\cos^2 L\sin\lambda\cos\lambda}{\sqrt{1-\cos^2 L\sin^2\lambda}} & \sqrt{1-\cos^2 L\sin^2\lambda} & \dfrac{\sin\lambda\sin L\cos L}{\sqrt{1-\cos^2 L\sin^2\lambda}} \\ \dfrac{-\sin L}{\sqrt{1-\cos^2 L\sin^2\lambda}} & 0 & \dfrac{\cos\lambda\cos L}{\sqrt{1-\cos^2 L\sin^2\lambda}} \\ \cos\lambda\cos L & \sin\lambda\cos L & \sin L \end{bmatrix} \qquad (1-53)$$

1.5 民用飞机导航系统架构

1.5.1 民机导航系统发展现状及趋势

随着导航技术的持续进步与发展，新的导航系统不断出现并应用。为保障空中交通安全并高效运行，在全球范围内，民用航空正向通信、导航、监视/空中交通管理(CNS/ATM)空域体系结构发展。CNS/ATM 的显著特点是地空、空空数据链通信能力强，导航由航路导航改变为区域导航，监视由地面雷达监视过渡到自动相关监视，即飞机通过数据链自动向地面航管中心和周围飞机报告其当前位置等信息，使其具有监视周围空情的能力，为未来的自由飞行打下基础。导航系统是 CNS/ATM 的核心系统，它引导飞机沿规定的航线，安全、按时、准确地从一点飞到另一点。为此，导航系统必须在任何飞行时间和各种飞行环境下具有下述功能：

（1）给出高精度的定位信息(时间，经度、纬度、高度)。

（2）获得必要的导航要素如速度、姿态、航向、风速/风向及周围空情态势等。

（3）引导飞机按预定计划飞行。

（4）所需导航性能(RNP)和实际导航性能(ANP)估计。

此外，为满足民机的安全飞行及经济性，要求导航系统工作可靠，配置经济、合理，少维护且维护方便、快捷。

除了对导航系统的功能要求外，还有性能要求。根据国际民航组织(ICAO)最新颁布的要求，对导航系统的性能要求体现在导航精度、完好性、连续性和可用性等几个方面。以航路/终端区飞行阶段的导航性能要求为例，其导航精度(95%)要求：

海洋与边远陆地导航精度满足 4 n mile,其他航路巡航阶段满足 1~2 n mile,起飞、下降及终端区域满足 0.3~1.0 n mile,进近阶段满足 0.1~0.3 n mile;完好性要求:导航精度超过上述规定的容值两倍而被检测的概率小于 10^{-5}/h(飞行小时);连续性要求:飞行过程导航精度超出规定的容值两倍,即出现丧失规定的导航能力的概率应小于 10^{-4}/h(飞行小时)。

表 1-4 列出了现代民用客机常用的导航设备及其功能、性能特点。

表 1-4 常用导航设备及其功能和性能

序号	设备名称	功能描述	主要性能
1	大气数据系统(ADS)	感受飞机飞行环境条件和飞行使用数据	
2	惯性基准系统(INS 或 IRS)、姿态航向系统(AHRS)	利用磁力、重力、惯性力感测飞机加速度、角速度、姿态、航向、速度、经纬度等信息	AHRS 航向:2.0°,横滚、俯仰:0.5°;INS 位置:0.8 n mile/h,速度:1 m/s
3	仪表着陆系统(ILS)、微波着陆系统(MLS)、GPS 着陆系统(GLS)、多模接收机(MMR)即上述 3 种系统的三合一接收机	进场、着陆和滑跑期间向飞机提供导引信息	MLS 角精度:0.017°,分辨率:0.005°;GLS 定位精度优于 1 m
4	自动定向仪(ADF)、甚高频全向信标(VOR)、测距仪(DME)、无线电高度表(RA)、指点信标(MKR)	提供飞机相对导航台的方位、距离信息,确定飞机位置	ADF:优于 0.9°;VOR:±2°;DME:3%;RA:±0.3 m 或 2%
5	飞行管理系统(FMS)	导航数据综合、实际性能评估、航路规划与管理	
6	电子飞行仪表系统(EFIS)	显示飞行指引、导航和系统咨询信息	
7	空中交通告警和防撞系统(TCAS)、气象雷达(XWR)、近地告警系统(GPWS)	提供飞机周围空情态势感知、回避与报警	

显而易见,要全天候、全程满足上述导航功能和性能要求,任何一种单一的导航设施都难以做到。因此,对民机导航系统而言,无论是其功能的实现,还是其导航性能的保障,导航信息应该是多源的。从功能实现的角度,导航系统应由惯性系统、大气数据系统、无线电导航系统、气象雷达、着陆引导系统、雷达高度表、显示指引系统等构成,而从保障导航性能的角度,为确保导航信息的完好性与连续性,各导航分系统需双套甚至多套配置。

由于惯性系统提供的航向姿态、加速度和角速率等信息是飞行控制系统的关键信息,因此惯性导航系统的冗余设计成为大型飞机导航系统的核心技术之一。从未来新航行系统的发展趋势来看,最终的导航模式是卫星导航、惯性导航和大气数据系统的综合导航,同时兼顾已经建立起符合统一技术和运行标准的完备的陆基无线电导航台网络,通过多种导航手段的合理配置,以大气惯性/卫星组合导航为主,辅以陆基无线电导航,形成当一个重要子系统故障时,导航系统仍能正常工作,两个重要子系统故障时,仍能保证飞行安全,即故障/故障/工作或安全的综合导航系统,以确保大型飞机任务使命的完成。图1-12展示了当前国内外大型民用客机导航系统的常规配置方案。

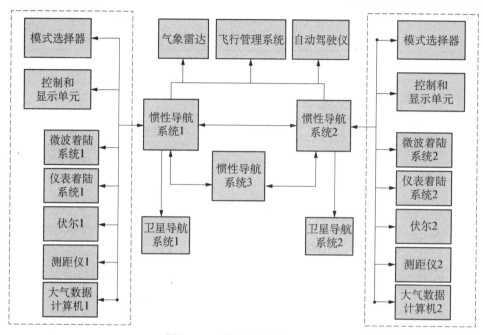

图1-12 导航系统常规配置

1.5.2 典型民机导航系统架构

为保证国际通航,ICAO制定了民机导航系统的架构种类和统一的性能规范,典型民机导航系统一般采用双套配置架构,如图1-12所示。随着电子技术的飞速发展,导航系统局部的小型化、综合化也得以体现。以美国Northrop Grumman (Litton)公司和Honeywell公司为代表的将惯性系统/大气数据模块/GPS集成到一起,提高综合化程度,构成一个载机中心信息源,不仅完成导航功能,同时可以替代原来独立的陀螺、加速度计等传感器组件,为飞行控制系统和飞行管理系统提供完整信息。此外通过惯性器件余度结构配置或系统级的余度配置技术及多种导航手段的信息融合技术,达到系统容错工作,推迟系统维间间隔,提高飞机出勤率和装备的效/费比。

冗余惯性技术的发展始于20世纪60年代。惯导系统的余度设计方案根据冗余的范围可分为整系统冗余和单表冗余。整系统冗余是指实现冗余的部件本身构成了系统,可以独立完成系统的工作任务。对于捷联惯导系统,除上述的系统级冗余配置方式之外,还可以通过采用多个敏感元件,并对它们实现最佳配置来构成元件级冗余系统。如,霍尼韦尔公司为波音B777飞机研制的6个陀螺综合大气数据的捷联惯性基准系统中,采用了 6 个斜置的 GG1320 小型激光陀螺,其容错能力与 4 套常规惯性基准系统相当,而体积只比一套常规系统稍大一些。系统中的加速度计也做同样的配置。该系统的冗余管理模块通过传感器输出数据构造奇偶向量来诊断并隔离所有的软故障和硬故障。

冗余惯性导航系统的应用范围主要集中于航天和航空等可靠性极高的领域。在航天领域阿波罗 13 宇宙飞船采用了捷联系统 LM/ASA 作备份。在平台惯导失效的情况下,通过捷联惯导进行导航,使飞船得以平安地返回地球。美国的航天飞机采用了 3 套常用的四环平台惯导实现系统级冗余。

冗余惯性导航系统在航空领域的应用更为广泛。目前国际航线上使用的空客和波音公司的民用飞机惯导系统,均采用了两套或三套惯导系统来提高其可靠性。

1.5.2.1 A320 机型

A320 的导航系统采用双套陆基无线电导航和 3 套惯性/大气数据/GPS 的配置架构。惯性导航系统采用 Northrop Grumman 的 LTN - 101 FLAGSHIP 无抖动激光陀螺惯性/大气数据/GPS,具有 GPS 自主完好性监控外推技术(AIME),在全球范围内一天 24 h 提供 0.3 n mile 的导航精度。导航系统构成如图 1 - 13 所示。

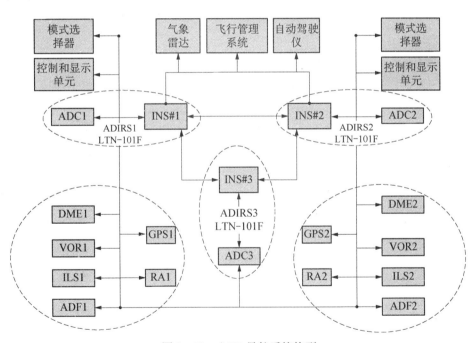

图 1 - 13　A320 导航系统构型

LIT - 101F 的主要性能指标如下。

体积与重量:

大气数据惯性基准装置(ADIRU):4 MCU　　　　　　　　　　　　　12.3 kg(3);

　　　　　　　　　　　(LTN - 2001)GPSSU:2 MCU　　3.6 kg(2);

ADM：145 mm×97 mm×53 mm　2.4 kg(8)；

性能(with AIME)：精度 100 m(95％的时间)，可靠性＞15 000 无故障工作时 MTBF。

1.5.2.2　B737NG 机型

B737NG 导航系统的配置基本同 A320，其中惯性系统采用了 3 套(同一个机箱)Honeywell 的以激光惯性参照系(laser inertial reference system)(激光陀螺腔长 34 cm)为特征的大气数据和惯性基准系统(ADIRS)，向显示和自动飞行控制系统提供姿态、线加速度、速度、角速率、磁航向等导航信息。其主要技术性能指标如下。

体积：4 MCU 或 10 MCU；

重量：(4 MCU)12.24 kg，(10 MCU)19.5 kg，体积 322.6 mm×322.6 mm×193 mm；

功耗：44 W　86 W；

精度[10 h(飞行小时)，95％圆概率误差(CEP)]：位置 2 n mile/h，速度 12 kt；

自测试：BIT(初始＋连续)95％(95％置信度)；

可靠性：＞5 000 H MTBF(实际达到 20 000 H)。

导航系统配置构成如图 1-14 所示。

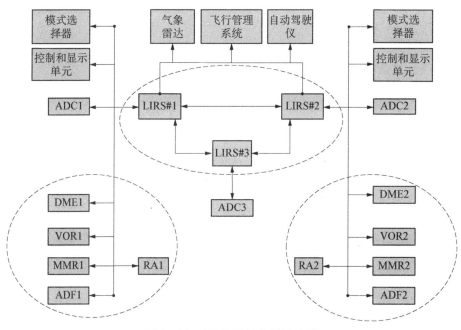

图 1-14　B737NG 导航系统构型

1.5.2.3　A380 机型

A380 采用 Northrop Grumman 公司的三套 LTN-101E(GNADIRU)光纤陀螺微机械加速度计惯性系统/大气数据模块/GPS，该系统与 LTN-101 FLAGSHIP(激光)兼容，同样采用 GPS 的自主完好性监控外推技术，在全球范围全天候提供

0.1 n mile 的导航精度，满足 RNP 的导航与进场要求。此外，该系统可靠性提高 4 倍，MTBF 达到 50 000 小时，重量与功耗也显著降低。此外构成导航系统的有两套多模接收机 MMR、两套 VOR/DME、三套 RA，两个综合备份仪表（航向、姿态、大气数据），如图 1 - 15 所示。

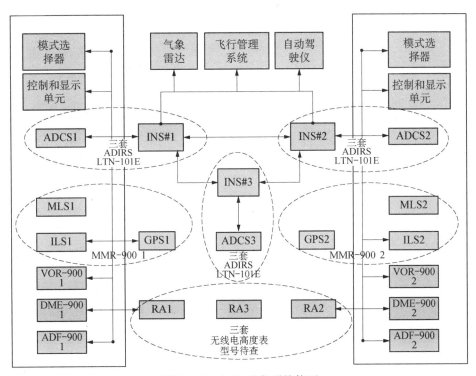

图 1 - 15　A380 导航系统构型

LTN - 101E 主要参数。

体积与重量：4 MCU　7.7 kg；

性能（with AIME）：精度 15 m（95% of the time with AIME），有效性 100%（24 颗星），可靠性＞50 000 工作小时 MTBF，对准时间＜10 min。

1.5.2.4　B787 机型

作为 B787 标准化飞机设计的一部分，B787 驾驶舱装配了一整套先进的导航与通信无线电设备及航空电子设备。在没有地面助航设备的情况下，B787 能够通过点到点的方式着陆到跑道的任何一端。B787 驾驶舱中集成了开放式构架设计，能够轻松地升级。B787 的驾驶舱设计，能轻松地融合未来的管制要求与通信、导航、系统与空中交通管理等领域的先进技术。

B787 导航系统有两套 Honeywell 公司的 CIMS/MMS（包含两套激光陀螺大气惯性参考系统 ADIRS、ADF、VOR/DME、MMR），两套光纤航姿（AHRS）作为激光惯性参考系统的备份，两套无线电高度表，其配置如图 1 - 16 所示。

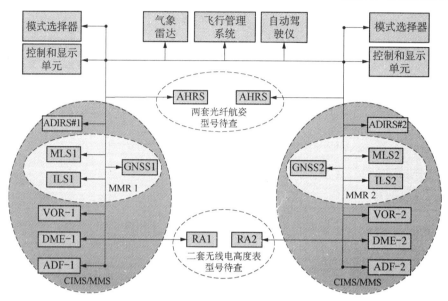

图 1-16 B787 导航系统构型

1.5.2.5 ARJ21 飞机

国内民机领域中主要是以采购国外产品为主,如新舟 60 配置了 AHRS(如 Rockwell Collins 的 AHS-3000A 或 AHRS-85)和 GPS 的导航系统。ARJ21 飞机导航系统的构成如图 1-17 所示,图中惯性系统配置方案是双套 AHRS 航姿系统或双套 IRS 惯性基准系统。

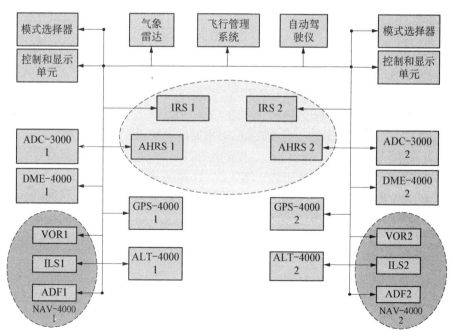

图 1-17 ARJ21 导航系统构型

2 自主导航系统

现代民机使用的自主导航设备主要有惯性系统、大气数据系统和磁传感器等。惯性导航技术是一门集机电、数学、力学、光学、控制及计算机等多学科交叉的尖端技术。惯性导航是利用惯性传感器、陀螺仪和加速度计测量载体在惯性空间的线运动和角运动,实时解算载体的位置、速度、航向与姿态等信息。由于惯性是物体的基本属性,因此建立在惯性原理基础上的惯性导航不需要与外界发生任何光、电、磁等信息联系,是一种完全自主的、能全天候、全球进行实时、连续测姿定位且信息完备的导航系统。正是这一独特的优势,使惯性导航成为航空、航天、航海和陆地备受推崇且广泛应用的核心导航装置。

惯性导航分为平台式惯性导航系统和捷联式惯性导航系统。平台式惯性导航系统具有由陀螺仪及其伺服机构构建的惯性物理平台,用于跟踪指定的坐标系,为加速度计提供测量基准,其最具代表性的是 20 世纪 70 年代美国 Litton 公司(现为 Northrop Grumman)的 LTN - 72 系列中等精度航空标准惯导系统(导航精度 1 n mile/h),当时几乎占有了世界民航飞机标准惯导的全部市场;捷联式惯性导航系统省略了复杂的伺服机构,陀螺仪和加速度计直接与载体固联,通过对惯性传感器输出信号的采样、解算获得包含载体航向、姿态信息的姿态矩阵,依此建立类似物理平台功能的数学平台。自 20 世纪 80 年代中后期,随着适合捷联系统使用的无转子光学陀螺技术的成熟及计算机技术的快速发展,捷联式惯性导航系统逐步替代平台式惯性导航系统,20 世纪 90 年代,作为平台式惯导 LTN - 72 的换代产品,LTN - 92 激光捷联式惯导系统被广泛应用于波音和空客飞机。

本章主要阐述自主导航系统的基本工作原理,重点介绍惯性传感器及系统的基础理论、发展概况及其工作特性。

2.1 惯性传感器原理及发展概况

惯性导航系统发展依靠 3 个方面科学技术发展的支撑:新概念测量原理的发现和新型惯性传感器的发明;先进制造工艺;计算机技术。

惯性传感器包含陀螺仪和加速度计。陀螺仪是敏感角运动的装置,是惯性导航系统中最重要、技术含量最高的仪器。陀螺仪的精度是惯性导航系统精度的决定因素,陀螺仪的更新换代促进了惯性导航技术的迅速发展。

传统意义上的陀螺仪是用动量矩(由转子自转产生)敏感壳体相对惯性空间绕正交于自转轴的一个或两个轴的角运动的装置。陀螺仪具有稳定性和进动性。随着科学技术的发展,光学、微机电系统(MEMS)等技术被引入陀螺仪的研制过程,新型陀螺仪大量出现。新型陀螺仪虽然已经没有高速旋转的转子,但是仍然可以利用其他物理效应来测量物体相对惯性空间的角运动,因此人们亦把陀螺仪这一名称扩展到没有刚体转子而功能与经典陀螺仪等同的传感器。

加速度计是用来测量载体相对惯性空间运动加速度的装置。各种加速度计虽然工作形式不同,但其工作原理都是以牛顿经典力学为基础的,所以加速度计也是惯性传感器。从整个系统的角度看,加速度计是惯性导航系统中确定载体速度、位置等导航参数的核心传感器。同时,加速度计测得的加速度信号是实现惯性(数学)平台初始对准和姿态矩阵精确解算的不可缺少的一部分,加速度计的精度对惯性导航系统的精度同样有着直接的,重要的影响。

陀螺仪发展至今,可以分为框架式转子陀螺仪(含液浮、气浮、磁浮支撑的陀螺仪)、挠性陀螺、静电陀螺、激光陀螺、光纤陀螺、MEMS 陀螺等几个阶段;加速度计可以分为摆式加速度计、压电加速度计、光纤加速度计、MEMS 加速度计等几个阶段。20 世纪 60 年代,在液浮陀螺臻至完善的同时,挠性陀螺的研究逐渐起步。挠性陀螺有两种支承形式:细颈支承和平衡环挠性接头支承。采用后一种支承的陀螺称为动力调谐陀螺,当陀螺转子达到设计转速时,平衡环扭摆产生的惯性力矩正好抵消挠性接头产生的弹性力矩,即陀螺正常工作时处于动力调谐状态。相对液浮陀螺,动力调谐陀螺结构简单,易于制造,成本较低,因而得到了广泛的应用。经过不断改进和完善,用于平台式惯导的动力调谐陀螺的漂移已达到了 $0.01°/h$,精度最高的可达到 $0.001°/h$。最具代表性的用动力调谐陀螺构造的中等精度平台式惯性导航系统是美国的 LTN - 72 系列惯导系统。

另一类新概念支承陀螺是静电陀螺,静电支承原理是由美国伊利诺依大学诺特西克教授在 1952 年率先提出的[9],20 世纪 70 年代,美国 Honeywell 和 Rockwell Collins 公司研制出了静电陀螺监控器。该型陀螺经过不断改进和完善,漂移误差一般都小于 $1×10^{-4}°/h$,更高精度可达到 $1×10^{-6} \sim 1×10^{-7}°/h$,在人造卫星的失重和真空环境条件下,最高精度甚至达到了 $1×10^{-9} \sim 1×10^{-11}°/h$。据称,该类陀螺曾在人造卫星上做过对爱因斯坦相对论的验证试验。

与静电支承相似的支承还有磁悬浮支承和气浮支承。由于这些支承存在易受环境条件干扰、制造工艺复杂等缺陷,精度远不如静电陀螺,所以应用范围都很有限,并未形成主流性的惯性器件。激光陀螺和光纤陀螺的出现是惯性技术的一场大革命,这类光学陀螺与传统的机械转子陀螺的工作原理有本质的区别,后者服从解释宏观世界的牛顿力学,而前者服从解释微观世界的量子力学。1962 年,世界上第一台氦氖激光器问世,经过近 20 年的不懈努力,美国的 Litton(现为 Northrop Grumman)和 Honeywell 公司相继于 80 年代初批量生产抖动型激光陀螺,精度等级大致为 $10^{-2} \sim 10^{-3} °/h$,是构造航空标准惯导的理想惯性器件,LTN‑90、LTN‑92、LTN‑101、H‑764 等系列激光捷联惯导被认定为美国民航飞机、政府运输和行政飞机的必备导航系统。

光纤陀螺是比激光陀螺稍晚出现的另一类光学陀螺,与激光陀螺相比,光纤陀螺的结构更加紧凑,功耗更低,是一种实实在在的全固态陀螺,更便于批量生产,已广泛应用于中低精度领域的民机捷联航姿系统中。随着光纤制造技术和集成光学器件性能的不断完善,其潜在的优势将进一步显露出来。

20 世纪 80 年代,随着制作集成电路的硅半导体工艺的成熟和完善,开始出现了微型机械、微型传感器和微型执行器的微机电系统(MEMS)技术。MEMS 技术在惯性技术领域中的成果体现的是硅微陀螺和硅微加速度计。90 年代初,麻省理工学院 Drape 实验室成功研制出微型惯性测量组合,使陀螺漂移精度优于 $10°/h$。MEMS 惯性器件不仅体积小、重量轻、功耗低、耐冲击、可靠性高,而且可以实现大批量生产,在生产成本上具有绝对优势,已应用于民机的独立备份仪表。

随着科学技术的发展,新型的惯性传感器不断出现。目前,惯性传感器的研究主要在以下方面:①使用新的材料和工艺,选用硅片、石英或光电材料等新型材料;②采用新原理、新结构,如以量子技术为特征原子惯性器件;③小型化、微型化和低功耗。其中,小型化 MEMS 惯性器件、采用集成光学的光纤传感器以及原子惯性器件是当前惯性传感器领域的研究热点。

2.1.1 双自由度陀螺仪的基本特性

转子式陀螺仪的基本特征是转子绕自转轴高速旋转而具有动量矩,正是由于陀螺仪具有动量矩,使它的运动规律与一般刚体有明显的不同,通常称为陀螺特性。刚体转子陀螺仪按照自转轴相对支撑体具有转动自由度的数目,分为单自由度陀螺仪和双自由度陀螺仪。双自由度陀螺仪是将陀螺转子支承在由内外环构成的万向环架中,如图 2‑1 所示。

图中:S 为信号器,用于测量陀螺输出角;T 为力矩器,用于控制转子绕 x 轴和 y 轴转动。

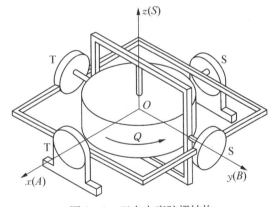

图 2‑1 双自由度陀螺结构

为便于分析陀螺运动的基本特性和影响陀螺特性的主要因素,假设陀螺仪是一种理想化的陀螺模型,即陀螺符合下列条件:

（1）陀螺转子为一理想的轴对称旋转体，自转过程转子的对称轴和自转轴完全重合。

（2）转子的自转角速度高且保持常值，所形成的自转角动量远大于非自转角动量。

（3）陀螺转子及万向支架结构刚度大，且内、外环的转动惯量与转子相比可忽略不计。

（4）陀螺的自转轴，内、外环轴相互垂直，三轴汇交于一点，陀螺质心与支点重合，不会产生相对支点的重力力矩和惯性力矩。

（5）万向支架支撑不存在摩擦力矩和其他干扰力矩。

此时，陀螺转子为绕支点作定点转动的刚体，根据动量矩定理

$$\frac{\mathrm{d}\boldsymbol{H}}{\mathrm{d}t}\bigg|_{\mathrm{i}} = \boldsymbol{M} \qquad\qquad (2-1)$$

式中：$\boldsymbol{H}$ 为陀螺转子的角动量；$\boldsymbol{M}$ 为绕支点作用的外力矩。

2.1.1.1　定轴性和表观运动

当 $\boldsymbol{M} = \boldsymbol{0}$ 时，式（2-1）表明，相对惯性空间 $\boldsymbol{H}$，即转子自转轴指向保持恒定不变，这就是陀螺的定轴性。

根据哥氏定理

$$\frac{\mathrm{d}\boldsymbol{H}}{\mathrm{d}t}\bigg|_{\mathrm{i}} = \frac{\mathrm{d}\boldsymbol{H}}{\mathrm{d}t}\bigg|_{\mathrm{e}} + \boldsymbol{\omega}_{\mathrm{ie}} \times \boldsymbol{H} \qquad\qquad (2-2)$$

式中：e 为与地球固连的地球坐标系。

当 $\boldsymbol{M} = \boldsymbol{0}$ 时，

$$\frac{\mathrm{d}\boldsymbol{H}}{\mathrm{d}t}\bigg|_{\mathrm{e}} = \boldsymbol{H} \times \boldsymbol{\omega}_{\mathrm{ie}} \qquad\qquad (2-3)$$

式中：$\dfrac{\mathrm{d}\boldsymbol{H}}{\mathrm{d}t}\bigg|_{\mathrm{e}}$ 是角动量 $\boldsymbol{H}$ 的矢端在地球上观察到的速度。当自由陀螺的角动量与地球自转角速度间的夹角 $\theta \neq 0$ 时，地球上的观察者所看到的陀螺自转轴以 $-\boldsymbol{\omega}_{\mathrm{ie}}$ 为角速度作旋转，旋转所形成的曲面为一圆锥面，对称轴平行于地轴，半锥角为 θ，陀螺的这种运动称为表观运动。

在地球任意纬度处放置一个高精度的二自由度陀螺仪，并使其自转轴处于当地垂线位置，如图 2-2 所示。这时在地球表面将会看到，陀螺自转轴逐渐偏离当地垂线，而相对地球做圆锥面轨迹的表观

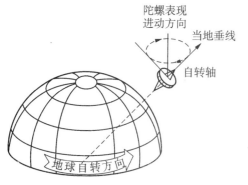

图 2-2　陀螺仪的表观运动

进动,每 24 h 转动一周。在任意纬度处陀螺仪的表观进动是由于当地垂线和当地子午线均随地球一起做相对惯性空间转动,并随载体的运动在惯性空间中不断改变方向,因此,欲利用陀螺仪在载体上建立当地垂线和子午线作为姿态的测量基准,就必须对陀螺仪施加一定的控制力矩或修正力矩,利用进动性使其自转轴始终跟踪当地垂线或当地子午线在惯性空间中的方位变化。

2.1.1.2 进动性

式(2-1),当 $M \neq 0$ 时,根据动量矩定理

$$\frac{\mathrm{d}H}{\mathrm{d}t}\bigg|_{\mathrm{i}} = M$$

其中,$\dfrac{\mathrm{d}H}{\mathrm{d}t}\bigg|_{\mathrm{i}}$ 是角动量 H 的矢端速度,即

$$V = M$$

上式说明角动量的矢端速度大小等于 $|M|$,方向平行于 M。由于有矢端速度存在,所以 H 绕支点旋转,即转子绕支点作旋转运动,陀螺发生进动。

设陀螺的进动角速度为 ω,由图 2-3,得

$$|\omega| = \frac{|V|}{|H|} = \frac{M}{H}$$

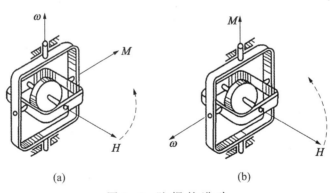

(a)　　　　　　　　　(b)

图 2-3　陀螺的进动

由于 ω 是由矢端以速度 V 运动引起的,ω 垂直于 H 和 V 所在的平面,所以 ω 位于 $H \times M$ 的方向上,即

$$\omega \times H = M \tag{2-4}$$

式(2-4)为陀螺的进动方程。该式说明,当双自由度陀螺在某一环架轴上有作用力矩 M 时,陀螺绕另一环架轴以 ω 作进动。角动量 H 以最短路径倒向外力矩 M,由此确定进动角速度的方向;进动角速度的大小由式(2-5)确定:

$$|\boldsymbol{\omega}| = \frac{M}{H} \qquad (2-5)$$

式(2-5)还说明，一旦存在外力矩，就马上出现进动角速度，所以陀螺进动是一种无惯性运动。

2.1.1.3 陀螺力矩

在陀螺的进动方程式(2-4)中，M 是加到陀螺转子上的外力矩，根据牛顿第三定律描述的作用和反作用关系，转子一定会有反作用力矩 M_G，该反作用力矩与 M 大小相等、方向相反，即

$$M_G = -M$$

M_G 为陀螺力矩。由于转子支承在内环中，所以陀螺力矩 M_G 由转子作用在内环上，M 和 M_G 作用在两个不同的对象上，不能互相抵消。由式(2-4)可得陀螺力矩的计算公式为

$$M_G = H \times \boldsymbol{\omega} \qquad (2-6)$$

式中：H 和 $\boldsymbol{\omega}$ 分别是转子的角动量和角速度。某些直接式陀螺稳定平台中正是利用这一陀螺力矩实现其载体的稳定。

2.1.2 动力调谐陀螺仪

2.1.2.1 动力调谐陀螺仪的原理与结构

前面介绍的双自由度陀螺仪采用了转子内装式结构，即支承转子的万向环架处于转子的外部，所以这种支承方式也称为外支承，陀螺常称为框架式陀螺。这种陀螺由于环架轴承存在干摩擦力矩而引起陀螺漂移，致使精度不高，为消除这种干摩擦，于是液浮、气浮、磁浮及其混合浮和静电的支承方式相继出现，相应称为液浮陀螺、气浮陀螺、静电陀螺等。此外，由于是外支承结构，使得该类陀螺制造与装配工艺复杂，且体积、重量相对较大。动力调谐陀螺的出现克服了外支承陀螺的上述不足。

动力调谐陀螺的原理如图 2-4 所示。陀螺转子通过一对外扭杆与平衡环连接，平衡环通过一对内扭杆与电机驱动轴连接。内外扭杆具有很大的抗弯刚度和很小的抗扭刚度，所以电机的驱动力可通过内、外扭杆传给转子，并带动其一起高速旋转，而转子可绕内、外扭杆轴线转动，具有两个旋转自由度，所以动力调谐陀螺也是一种双自由度陀螺仪。

在陀螺壳体上安装了位置中心对称的两对信号器和两对力矩器，一轴上的电气对称轴与另一轴上的电气对称轴相互正交，同轴上的力矩器和信号器的电气对称轴相重合。转子镶有径向充磁的磁钢，当给固定在壳体上的力矩器线圈加以施矩电流时，在径向磁场的作用下，转子受到沿转子自转轴方向的电磁作用力，同轴上的力矩器工作在推挽状态，产生的电磁作用力对另一轴形成力偶，从而实现对陀螺施矩使

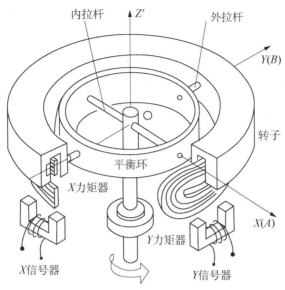

图 2-4 动力调谐陀螺仪的原理

转子进动。信号器用来测量转子赤道平面相对壳体基准面(由电气对称轴确定的平面)的偏转角,同轴上的信号器输出接成差动形式。

由于转子与电机驱动轴通过内、外扭杆连接,转子相对支承体的运动仅引起扭转角变形,而不存在干摩擦。此外,这种内支承方式更易实现相对紧凑的结构。动力调谐陀螺的另一个优点是能实现平衡环扭摆产生的惯性力矩正好抵消掉扭杆的扭转弹性变形产生的弹性恢复力矩,即动力调谐,使转子成为"无支承"的自由陀螺。

2.1.2.2 动力调谐陀螺的漂移数学模型

1) 静态漂移数学模型

设陀螺工作在动力调谐状态,输出角 $\alpha = 0$,$\beta = 0$,作用在 A 轴和 B 轴上的干扰力矩分别为 M_{dA} 和 M_{dB},由于陀螺处于动力调谐状态,转子成为自由陀螺,则根据进动方程引起的陀螺漂移为

$$\omega_{dA} = -\frac{M_{dB}}{H} \qquad (2-7a)$$

$$\omega_{dB} = \frac{M_{dA}}{H} \qquad (2-7b)$$

设转子质量为 m,质心相对支承中心(内外扭杆轴交点)沿 A 轴、B 轴的偏差分别为 l_A 和 l_B,由运载体运动引起的单位质量惯性力为 $\boldsymbol{F}^C = [F_A \quad F_B \quad F_S]^T$,如图 2-5 所示。由静态偏心引起的沿 A 轴 B 轴的干扰力矩为

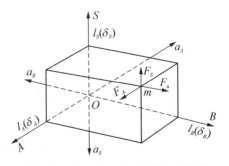

图 2-5 静态偏心和动态偏心引起的干扰力矩

$$M_{dA1} = mF_S l_B - mF_B l_S \tag{2-8a}$$

$$M_{dB1} = mF_A l_S - mF_S l_A \tag{2-8b}$$

设陀螺支撑系统(由内外扭杆及平衡环构成)的柔度张量为

$$\begin{bmatrix} C_{AA} & C_{AB} & C_{AS} \\ C_{BA} & C_{BB} & C_{BS} \\ C_{SA} & C_{SB} & C_{SS} \end{bmatrix}$$

则转子的动态偏心为

$$\begin{bmatrix} \delta_A \\ \delta_B \\ \delta_S \end{bmatrix} = m \begin{bmatrix} C_{AA} & C_{AB} & C_{AS} \\ C_{BA} & C_{BB} & C_{BS} \\ C_{SA} & C_{SB} & C_{SS} \end{bmatrix} \begin{bmatrix} F_A \\ F_B \\ F_S \end{bmatrix} = \begin{bmatrix} m(C_{AA}F_A + C_{AB}F_B + C_{AS}F_S) \\ m(C_{BA}F_A + C_{BB}F_B + C_{BS}F_S) \\ m(C_{SA}F_A + C_{SB}F_B + C_{SS}F_S) \end{bmatrix}$$

在惯性力作用下所产生的干扰力矩为

$$\begin{aligned} M_{dA2} &= mF_S \delta_B - mF_B \delta_S \\ &= m^2(C_{BA}F_A F_S + C_{BB}F_B F_S + C_{BS}F_S^2) - m^2(C_{SA}F_A F_B + C_{SB}F_B^2 + C_{SS}F_S F_B) \end{aligned} \tag{2-9a}$$

$$\begin{aligned} M_{dB2} &= mF_A \delta_S - mF_S \delta_A \\ &= m^2(C_{SA}F_A^2 + C_{SB}F_B F_A + C_{SS}F_S F_A) - m^2(C_{AA}F_A F_S + C_{AB}F_B F_S + C_{AS}F_S^2) \end{aligned} \tag{2-9b}$$

根据式(2-7),干扰力矩引起的漂移为

$$\omega_{dA} = -\frac{M_{dB0}}{H} - \frac{M_{dB1}}{H} - \frac{M_{dB2}}{H}$$

$$\omega_{dB} = \frac{M_{dA0}}{H} + \frac{M_{dA1}}{H} + \frac{M_{dA2}}{H} \tag{2-10}$$

式中:M_{dA0} 和 M_{dB0} 是与运动无关的干扰力矩,如力矩器的零位误差等。将式(2-8)和式(2-9)代入式(2-10),并记

$$D_F(A) = -\frac{M_{dB0}}{H}, \quad D_A(A) = -\frac{ml_S}{H}, \quad D_S(A) = \frac{ml_A}{H}$$

$$D_{AB}(A) = -\frac{m^2 C_{SB}}{H}, \quad D_{BS}(A) = \frac{m^2 C_{AB}}{H}, \quad D_{AS}(A) = -\frac{m^2(C_{SS} - C_{AA})}{H}$$

$$D_{AA}(A) = -\frac{m^2 C_{SA}}{H}, \quad D_{SS}(A) = \frac{m^2 C_{AS}}{H}$$

$$D_F(B) = \frac{M_{dA0}}{H}, \quad D_B(B) = -\frac{ml_S}{H}, \quad D_S(B) = \frac{ml_B}{H}$$

$$D_{AB}(B) = -\frac{m^2 C_{SA}}{H}, \quad D_{AS}(B) = \frac{m^2 C_{BA}}{H}, \quad D_{BS}(B) = \frac{m^2(C_{BB} - C_{SS})}{H}$$

$$D_{BB}(B) = -\frac{m^2 C_{SB}}{H}, \ D_{SS}(B) = \frac{m^2 C_{BS}}{H}$$

则陀螺的静态漂移数学模型为

$$\omega_{dA} = D_F(A) + D_A(A)F_A + D_B(A)F_B + D_S(A)F_S + D_{AB}(A)F_A F_B +$$
$$D_{AS}(A)F_A F_S + D_{BS}(A)F_B F_S + D_{AA}(A)F_A^2 + D_{BB}(A)F_B^2 + D_{SS}(A)F_S^2$$
$$\tag{2-11a}$$

$$\omega_{dB} = D_F(B) + D_A(B)F_A + D_B(B)F_B + D_S(B)F_S + D_{AB}(B)F_A F_B +$$
$$D_{AS}(B)F_A F_S + D_{BS}(B)F_B F_S + D_{AA}(B)F_A^2 + D_{BB}(B)F_B^2 + D_{SS}(B)F_S^2$$
$$\tag{2-11b}$$

式中：$D_B(A)F_B$，$D_{BB}(A)F_B^2$，$D_A(B)F_A$，$D_{AA}(B)F_A^2$ 是根据对称关系增补的漂移项，由于其系数是通过测试确定的，是否存在由建模过程的系数显著性确定，所以增补后并不影响模型的真实性。

2）动态漂移数学模型

设陀螺壳体相对惯性空间的角速度为 $\boldsymbol{\omega}_{iC}^C = \begin{bmatrix} \omega_A & \omega_B & \omega_S \end{bmatrix}^T$，则动力调谐陀螺的动态漂移数学模型为

$$\begin{bmatrix} \delta\omega_A \\ \delta\omega_B \end{bmatrix} = \frac{A}{H}\begin{bmatrix} -\dot{\omega}_B \\ \dot{\omega}_A \end{bmatrix} + \frac{C-A}{H}\begin{bmatrix} \omega_A \omega_S \\ \omega_B \omega_S \end{bmatrix} + \frac{C-A}{k}\begin{bmatrix} \omega_B \omega_S^2 - \dot{\omega}_S \omega_A \\ -\omega_A \omega_S^2 - \dot{\omega}_S \omega_B \end{bmatrix} +$$
$$\frac{H}{k}\begin{bmatrix} \omega_B \omega_S \\ -\omega_A \omega_S \end{bmatrix} + \frac{\delta\Omega}{\Omega}\begin{bmatrix} \omega_A \\ \omega_B \end{bmatrix} + \frac{2\delta\Omega\sqrt{K\left(a-\frac{c}{2}\right)}}{k}\begin{bmatrix} \omega_B \\ -\omega_A \end{bmatrix}$$
$$\tag{2-12}$$

式中：A、C 和 a、c 分别为转子和平衡环的赤道转动惯量和极转动惯量；k 为陀螺再平衡回路（或力反馈回路）的增益；Ω 和 $\delta\Omega$ 分别为调谐角速度和失调角速率。式(2-12)右侧第一项为角加速度误差，第二项为不等惯性误差，第三项为不等惯性耦合误差，第四项为交叉耦合误差，第五项为失调转速误差，第六项为失调转速耦合误差。由于制造偏差和 $\delta\Omega$ 无法准确确定，工程上常在实验室条件下采用测试的方法确定出综合系数，而不必确定出每个物理参数，因此动态漂移数学模型采用式(2-13)形式

$$\delta\omega_A = K_{Bd}(A)\dot{\omega}_B + K_A(A)\omega_A + K_B(A)\omega_B + K_{AS}(A)\omega_A \omega_S + K_{BS}(A)\omega_B \omega_S +$$
$$K_{BSS}(A)\omega_B \omega_S^2 + K_{ASd}(A)\omega_A \dot{\omega}_S$$
$$\tag{2-13a}$$

$$\delta\omega_B = K_{Ad}(B)\dot{\omega}_A + K_A(B)\omega_A + K_B(B)\omega_B + K_{AS}(B)\omega_A \omega_S + K_{BS}(B)\omega_B \omega_S +$$
$$K_{ASS}(B)\omega_A \omega_S^2 + K_{BSd}(B)\omega_B \dot{\omega}_S$$
$$\tag{2-13b}$$

其中主要误差有 3 项：角加速度误差，不等惯性误差和交叉耦合误差，工程上常将其作为简化模型。

$$\delta\omega_A = K_{Bd}(A)\dot{\omega}_B + K_{AS}(A)\omega_A\omega_S + K_{BS}(A)\omega_B\omega_S \qquad (2-14a)$$

$$\delta\omega_B = K_{Ad}(B)\dot{\omega}_A + K_{AS}(B)\omega_A\omega_S + K_{BS}(B)\omega_B\omega_S \qquad (2-14b)$$

2.1.3　激光陀螺(RLG)

机械式转子陀螺的特征是具有角动量。角动量由机械旋转产生,机械旋转必须依靠支承,所以支承技术是机械式转子陀螺的关键技术,陀螺的性能指标越高,支承技术就越复杂,成本也就越高,这就是机械式转子陀螺的局限性。激光陀螺是建立在解释微观世界的量子力学基础上利用 Sagnac 效应发展起来的新一代光电惯性传感器,其工作原理与转子陀螺有着本质区别,原理上,这种陀螺是固体的,无须机电陀螺所必需的高速转子,是一种没有自旋质量的陀螺,与机电陀螺相比,具有如下突出优点:

(1) 由于无转子,故不存在支承问题,因此省去了复杂的支承结构。

(2) 动态测量范围宽。原理上几乎没有测量上限,仅受光电探测器及其信号处理电路的带宽限制。

(3) 性能稳定性好,精度受动态环境的影响小。由于无支承、无转子,因此不存在机电陀螺中的非等惯性、非等弹性及支承产生的摩擦力矩等误差源。

(4) 起动快,能瞬时起动,而转子陀螺达到稳态时需要数分钟。

(5) 天然的数字信号输出,无须模数转换。

(6) 结构简单,工作可靠,寿命长。

正是激光陀螺上述特点,使其特别适用于构建捷联惯导系统。

2.1.3.1　Sagnac 干涉仪

1913 年,法国科学家 Sagnac 研制出了一种光学干涉仪,用于验证用无运动部件的光学系统同样可以检测出相对惯性空间的旋转运动。光学干涉仪中有两条光束在同一条封闭的环路里反向传播,通过检测两束光的光程差得出旋转速率。

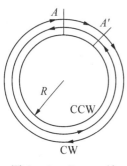

图 2-6　Sagnac 效应示意图

假设有一个理想的静止环形干涉仪,光束限定在半径为 R 的圆周上传播,如图 2-6 所示。光束从 A 点进入环路,在该点处设有一分束器,引导两光束在环路中以相反方向(CW 和 CCW)传播,当闭合光回路静止时,两束光波回到 A 点所花费的时间一样,光程差为 0。当闭合光回路以角速度 ω(沿顺时针方向)转动时,两束光再回到 A 点所花费的时间不同,有

$$t_{CW} = \frac{2\pi R}{c - R\omega}$$

$$t_{CCW} = \frac{2\pi R}{c + R\omega} \qquad (2-15)$$

两束光波的传输时间差为

$$\Delta t = t_{CW} - t_{CCW} \approx \frac{4\pi R^2}{c^2}\omega = \frac{4S}{c^2}\omega \qquad (2-16)$$

式中：S 为光路所包围的面积。

则光程差为

$$\Delta L = c \cdot \Delta t = \frac{4S}{c}\omega \qquad (2-17)$$

若以 Michelson 矩型光学陀螺（其所围的面积为 $300 \times 600\,\mathrm{m}^2$）来测量地球旋转角速度（约为 $15°/h$）为例，由式（2-17）可计算得光程差仅为 $0.174\,\mu m$，相当于光源波长 $\lambda = 0.7\,\mu m$ 的 1/4，即干涉条纹仅移动了 1/4 的条纹间距，故这种干涉仪的测量灵敏度和精度都非常低。但是，这种基于 Sagnac 干涉仪的光学测量原理为惯性技术的发展开辟了一个全新的领域。

2.1.3.2 激光陀螺工作原理

1961 年，氦-氖激光器问世，为激光陀螺的实现奠定了技术基础。相对 Sagnac 干涉仪，激光陀螺做了如下两点关键改进：

（1）采用具有优良相干性的激光作为光源和稳腔长控制（或称稳频）技术，使正反方向运行的两束光在陀螺腔体内形成谐振。

（2）改测量光程差（即相位差）为测量两束光的频率差，即拍频，这显著提高了陀螺的测量灵敏度。

激光陀螺仪的基本元件是环形激光器，环形激光器由三角形或正方形的石英材料制成的闭合光路组成，内有一个或几个装有混合气体（氦氖气体）的管子，若干不透明的反射镜和一个半透明镜。用高频电源或直流电源激发混合气体，产生单色激光。为维持回路谐振，回路的周长应为光波波长的整数倍。用半透明镜将激光导出回路，经反射镜使两束相反传输的激光干涉，通过光电探测器和电路输出与角度或角速率成比例的数字信号。激光陀螺的工作原理如图 2-7 所示。

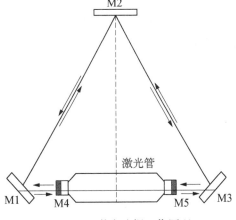

图 2-7　激光陀螺工作原理

图 2-7 中，激光陀螺采用 3 个反射镜组成环形谐振腔，即闭合光路。激光管沿光轴传播的光子向两侧经过透镜 M4 和 M5 射出，再分别由 M1→M2→M3→和 M3→M2→M1 从另一端反射回来，于是回路中有传播方向相反的两路光束。谐振腔形成谐振的条件是光路的周长应该为激光波长的整数倍，即

$$L = q\lambda \qquad (2-18)$$

式中:L 为谐振腔长度,即一圈光程;λ 为波长;q 为正整数。

当激光陀螺绕垂直于光路平面的输入轴、以角速度 ω 顺时针方向转动时,沿相反方向传播的两束激光将产生一个具有符号与转动方向有关的光程差 ΔL。由 Sagnanc 效应可知,光程差 ΔL 与转动角速度 ω 成正比,且满足式(2 - 17),即

$$\Delta L = L_{CW} - L_{CCW} = \frac{4A}{c}\omega$$

根据光束 a 和光束 b 的谐振条件及波长、频率与光速间的关系,可得两束光的频率差(拍频)为

$$\Delta f = f_{CCW} - f_{CW} \approx \frac{\Delta L}{L}f = \frac{4A}{\lambda L}\omega = K\omega \qquad (2 - 19)$$

或

$$\omega = \frac{L\lambda}{4A}\Delta f = \frac{\Delta f}{K} \qquad (2 - 20)$$

$$K = \frac{4A}{L\lambda} \qquad (2 - 21)$$

式中:L 为谐振腔光程;λ 为激光源波长;A 为谐振腔光路所围的面积;Δf 为正反方向行进的两束光的频率差,即拍频,单位为 Hz;K 为陀螺刻度系数,单位为 1/rad。

式(2 - 19)表明,理想情况下,激光陀螺输出的频差 Δf 和转动角速率 ω 成正比。由物理学知,具有频率差的两束光的干涉条纹以一定的速度向某一个方向不断地移动,只要对单位时间内移过的条纹数作计数,就能求得拍频 Δf,从而按式(2 - 20)计算出基座的角速度 ω。

若用氦-氖激光器作为光源,光波的波长 $\lambda = 0.6328\,\mu m$,陀螺谐振腔光程 $L = 40\,cm$,用来测量地球的自转角速度 $\omega_{ie}=15°/h$,则根据式(2 - 19)可计算得拍频为 8.87 Hz,而目前的光电读出电路可分辨出 0.005 Hz 甚至更低的拍频,所以与 Sagnac 干涉仪相比,激光陀螺具有很高的灵敏度和精度。以 Honeywell 的 GG1389 激光陀螺为例,该陀螺的零偏稳定性达到 0.000 15°/h(1σ),随机游走系数 0.000 04°/h,是目前见诸报道的精度最高的激光陀螺。

2.1.3.3　激光陀螺的基本误差

1) 闭锁效应

由式(2 - 19)知,激光陀螺的拍频输出与输入角速度成线性关系,其理想的输入/输出关系应是一条通过零点的直线,直线的斜率即为激光陀螺的刻度系数。但事实上,当输入角速度小到一定值时,陀螺的拍频输出为零,如图 2 - 8 所示。这种在

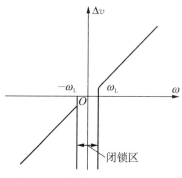

图 2 - 8　激光陀螺的闭锁效应

小角速度输入下陀螺无输出的现象称为激光陀螺的闭锁效应,闭锁效应使陀螺在测量中出现死区,其大小一般在几十度/小时到几百度/小时。

产生闭锁效应的主要原因是光路的各种非均匀因素,如反射镜及透镜各点的非均匀损耗与散射,谐振腔内的尘埃微粒,散射使正反方向传播的两束光互相耦合,发生频率牵引,使两束光趋向同步,频率差消失。

在激光陀螺的诸多误差源中,影响最大的莫过于锁区,闭锁效应是激光陀螺走向工程应用必须解决的问题,可以说,如何有效克服闭锁效应的努力一直紧密伴随并推动着激光陀螺的发展历程。解决闭锁效应的途径是偏频,偏频的方法主要有抖动偏频法、速率偏频法和法拉第(或称磁镜)偏频法,以抖动偏频技术较为流行且成熟,除了 Northrop Grumman 于 20 世纪 90 年代研制成功的以法拉第偏频为基础的非共面谐振腔全固态零锁区激光陀螺(ZLG)外,其他以 Honeywell 公司为代表的(包括 Northrop Grumman 公司前期的)激光陀螺大都采用了抖动偏频技术。

抖振偏频法就是将压电陶瓷抖动轮安装在激光陀螺腔体的几何中心位置,抖动轮辐轴固定在基座上,在压电陶瓷的伸缩推挽作用使轮毂相对轮轴作微辐往复角运动,带动陀螺绕输入轴作角抖动,抖动频率约 400 Hz,幅度数角度分。

设陀螺的闭锁阀值为 ω_L,需要测量的角速度 $\omega_i < \omega_L$,所加抖动角速度为 $\omega_A \sin \dfrac{2\pi}{T_d} t$,如图 2-9 所示。沿陀螺敏感轴的角速度为

$$\omega = \omega_i + \omega_A \sin \frac{2\pi}{T_d} t$$

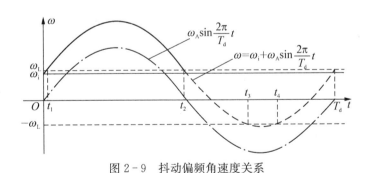

图 2-9　抖动偏频角速度关系

由于 ω_A 远远大于 ω_L,穿越闭锁区的时间非常短,在一个抖振周期内的角增量输出为

$$\Delta\theta = \int_0^{T_d} (\omega_i + \omega_A \sin \frac{2\pi}{T_d} t) \mathrm{d}t \approx \int_0^{T_d} \omega_i \mathrm{d}t$$

这样就有效克服了小角速度输入下陀螺无输出的闭锁效应问题。

2) 随机游走误差

设激光陀螺的闭锁阈值为 ω_L，角速率抖动峰值为 ω_A，陀螺的测试时间为 T，在 T 内陀螺的角增量测量误差为 $\Delta\Phi$。

$$\sigma_{\Delta\Phi} = \frac{1}{2\pi K}\sigma_{\Delta\psi} = \omega_L\sqrt{\frac{T}{2\pi K\omega_A}} \qquad (2-22)$$

式中：$K = \dfrac{4A}{L\lambda}$，说明在 $[0, T]$ 内角增量测量误差的方差与 T 成正比，常用游走系数来描述其统计特性。

$$\sqrt{Q_w} = \frac{\sigma_{\Delta\Phi}}{\sqrt{T}} = \frac{\omega_L}{\sqrt{2\pi K\omega_A}} \qquad (2-23)$$

由于随机游走是白噪声的积分，而角增量是角速度的积分，所以反映在角增量输出中的随机游走误差与陀螺漂移中的白噪声本质上是同一种误差。式（2-23）表明，机抖激光陀螺的随机游走大小与陀螺的品质，即锁区大小成正比，与抖动幅值及频率的平方根成反比。

3）陀螺漂移的零偏重复性误差（逐次漂移）

影响激光陀螺零偏的因素有反射镜光轴的稳定性和反射镜表面的粗糙程度，谐振腔内朗缪尔流动及杂质气体的含量，随温度等环境变化引起的石英材料的膨胀、收缩和弯曲变形产生的光路变化，维持激光谐振的控制电流存在误差等。与机械式转子陀螺相同，激光陀螺漂移也具有可以补偿的确定偏置量。但每次起动测得的陀螺偏置量都不尽相同，其均值可补偿，故逐次漂移是零均值的随机常数。

$$\dot{\varepsilon}_b = 0 \qquad (2-24)$$

4）陀螺漂移的零偏稳定性误差

除了用上述随机常数描述的分量之外，还有随时间变化的分量，该分量反映了陀螺零偏的一次启动稳定性，常用相关模型如一阶马尔柯夫过程描述：

$$\dot{\varepsilon}_r = -\frac{1}{\tau}\varepsilon_r + W \qquad (2-25)$$

5）磁致漂移误差

磁场能引起线偏振光的畸变，而激光陀螺工作环境中的磁场有地磁场、仪器仪表及磁性物质产生的磁场。因此，激光陀螺必须采用磁屏蔽技术。无磁屏蔽陀螺的磁致漂移可达 $0.04°/(h \cdot G)$，适当屏蔽后可降到原来的 $1/60$。

6）刻度系数误差

产生刻度系数误差的原因有谐振腔腔长的变化和环路面积的变化等。激光陀螺的刻度系数即为脉冲当量，即一个脉冲输出对应的角增量。刻度系数误差视陀螺质量高低从数个百万分之一至数十个百万分之一不等。

2.1.4 光纤陀螺

20 世纪 70 年代，美国犹太州立大学的 Vali 和 Shorthill 在电信应用的低损耗光纤、固态半导体光源和探测器的研发取得了巨大成就的基础上，用多匝光纤线圈循环来增强 Sagnac 效应的干涉式光纤陀螺样机获得了成功[28]。之后经过二十多年的努力，干涉式光纤陀螺已形成了从 $0.01°/h$ 至 $10°/h$ 甚至更高精度覆盖面较宽的系列产品，特别是中低精度($0.1\sim10°/h$)的产品，以其成本低、MTBF 高、体积重量小、功耗低等独特的优势，在民机导航系统备份应用中具有重要地位。

2.1.4.1 光纤陀螺的工作原理

干涉式光纤陀螺就其工作原理，实质上是单模光纤环构成的 Saganc 干涉仪，为精确测量 Sagnac 相移，必须排除其他干扰因素，使正反方向运行的两束光之间产生的相移仅与陀螺相对惯性空间的转动有关，为此在光路设计上应满足同光路、同偏振态、同模式的互易性结构。所谓互易性，是指除输入速率和人为偏置所产生的非互易相移外，反向传播的两束光之间不存在其他任何形式的相位差异。

若光纤环相对惯性空间有垂直于光纤环平面的角速度 ω 时，两束光的传播光程将发生变化，根据 Sagnac 干涉仪给出的关系，其光程差

$$\Delta L = \frac{4NA}{C}\omega \tag{2-26}$$

式中：N 为光纤环的绕制圈数；A 为一圈光纤所包围的面积，对圆柱形光纤环，$A = \frac{\pi D^2}{4}$；D 为光纤环直径。

将式(2-26)写成相位差形式

$$\Delta\phi = \frac{2\pi LD}{c\lambda}\omega \tag{2-27}$$

式中：L 为光纤长度；λ 为光源波长。由于光纤长度可达数百至数千米，所以用相位差测量角速度仍具有很高的灵敏度。显然光纤陀螺是通过增加光纤匝数以增大光路所围的面积，提高陀螺的灵敏度。

检测器上的光功率响应是旋转引起的相位差的函数，是一个余弦函数。

$$P(\Delta\phi) = P_0[1 + \cos\Delta\phi]$$

当 $\Delta\phi = 0$ 时，取最大值。这样，当在零附近变化时，$\Delta\phi$ 所引起的探测光功率 P 变化会很小，因而灵敏度很低。为了获得高灵敏度，应给信号施加一个相位偏置，如 $\Delta\phi_b = \frac{\pi}{2}$，使之工作在一个响应斜率最大的点附近。

$$P(\Delta\phi) = P_0[1 + \cos(\Delta\phi_b + \Delta\phi)] = P_0[1 - \sin\Delta\phi] \tag{2-28}$$

显然，只要在光纤线圈的一端放置一相位调制器即可以实现相位偏置的功能。

互易性结构的干涉式光纤陀螺其光学原理如图 2 - 10 所示。

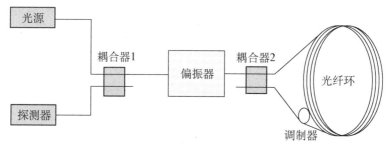

图 2 - 10　互易结构的干涉式光纤陀螺

　　光源发出的光经过偏振器后变成线偏振光,线偏振光再经过耦合器 2 后分成两束光,分别从两端进入光纤线圈环。当这两束沿相反方向传输的光再次汇合于耦合器 2 时产生干涉效应,此干涉光中包含了由 Sagnac 效应产生的相移 $\Delta\phi$ 和由相位调制器引入的调制相位 $\Delta\phi_b$。

　　将干涉光经耦合器 1(或称分束器)引入到检测器进行光电变换,并经过适当的信号处理后即可得到陀螺的旋转角速度。同时把该相位差反馈到相位调制器进行偏置调制,使探测器输出接近于零,这样便构成闭环光纤陀螺。闭环技术的应用使具有大动态测量范围、较高精度光纤陀螺的实现成为可能。

　　随着光学技术的发展,光纤陀螺也由分立光学元件逐渐向集成光学元件结构发展,全数字闭环光纤陀螺已得到广泛的应用。

2.1.4.2　光纤陀螺误差分析

1) 瑞利背向散射

　　由于光纤结构的非均匀性,总会存在散射,如果散射光在光纤的数值孔径内,则沿向前和向后方向仍保持导波状态。对于光纤陀螺来说,瑞利背向散射和传输波具有同样的光频。在相干检测过程中,这种背向散射将产生一个高达 10^{-2} rad 的寄生相位差误差。另外,由于光程差是不稳定的,该相位误差的涨落将引起噪声。采用相干长度短的宽带光源可以大大降低瑞利背向散射噪声。如果在本征频率上进行偏置调制和采用分光比为精确的 50∶50 的线圈分束器,还可以进一步减少该噪声。

2) 偏振波动

　　考虑到光纤的双折射会使两束反向传播的光波在输出端产生一个寄生的相位差,在环形干涉仪前面放置了一个偏振器。但实际中偏振器抑制是有限的,两束反向传播光波之间仍存在一个残余的相位差。分析表明,采用普通单模光纤时,偏置误差受偏振器的振幅抑制比 ε 的限制,而非强度抑制比 ε^2 的限制。因为检测是对强度进行的,所以偏振抑制的误差将在检测中得到平方放大。解决这一问题的一般方法是光纤线圈采用保偏光纤,但保偏光纤的制作成本较高。

　　另一种方法就是在标准的非保偏光纤系统中插入一个洛埃特(Lyot)消偏器(产

生一个随机的偏振态),第一个消偏器必须放置在光源与偏振器之间,即偏振器的输入端,第二个放在线圈中。但这种方法也有一个明显的缺陷,即输入和输出光波通过偏振器时各有一个 3 dB 的附加损耗,削弱了信噪比。

3) 温度变化

由于偏置相位调制器位于线圈的一端,起时延线作用,当外界温度变化不均匀时,就会引起寄生相移。这同样适用于环境变化,特别是不均匀温度变化引起的寄生相移。研究表明:相位误差以及旋转速率测量值的漂移与温度的时间导数成正比。这一点是很有害的,特别是在预热期间。如果距离线圈中点相同的两段光纤同时经历了同样的温度变化,上述扰动将被抵消。因此,采用对称的绕法可以在一定程度减小温度变化对陀螺性能的影响,其中四极对称绕法比双极对称绕法更有效。另外,通过使光纤线圈热绝缘以及降低温度变化速率,也有一定的益处。

4) 磁光法拉第效应

由于磁光法拉第效应,磁场改变了偏振光的相位,即产生了一个附加的相移,这种相移自身可表现为线偏振光的变化。当同一种偏振光在环形干涉仪的线圈内沿相反方向传播时,两束光因磁光效应产生符号相反的相移,因此会在输出端检测到一个附加的相位差。地磁场引起的实际相位误差在地球自转角速率的量级。

抑制磁光法拉第效应的有效措施为采用保偏光纤以及用高磁导率材料,如金属屏蔽光纤敏感线圈。对于普通光纤,如果在偏振器与线圈耦合器之间另外放置一个消偏器,同样可显著降低法拉第非互易性。

5) 非线性克尔效应

当很小的石英纤芯内的光功率密度非常大时,将引起非线性传播,使两束反向传播光波的功率出现不平衡,产生一个小的非互易相位差。干涉仪中线圈耦合器分光比的缓慢变化也会直接转化为偏置漂移。克尔效应引起的旋转速率误差实际是由一个复杂的四波混合过程引起的,它不光取决于每束传播光波的自身光强有关的传播常数,还与反向传播光波的强度有关。分析表明,克尔效应的非互易性是由于两束反向传播光波之间的干涉产生驻波,从而在光纤内形成一个非线性折射率光栅。因此,采用相干长度短的宽带光源,会消除该驻波的对比度,从而减少了非线性克尔效应。

2.1.5 微机电陀螺

微机电陀螺是集微精密机械、微电子、半导体集成电路等技术的新型惯性器件。微惯性器件通过半导体加工工艺制作,器件微型化、集成化、体积小,质量轻,成本低。其基本工作原理是利用振动机械元件作为检测质量块,采用柔性支撑与底座连接,利用哥氏加速度引起的结构激振模态和检测模态之间的能量转移来检测角速度。振动式微机电陀螺仪具有音叉式和框架式两种典型结构形式,如图 2-11 所示。

音叉式结构陀螺其音叉呈 H 形,采用压电石英晶体并由光刻和化学蚀刻而成。由激振电极驱动 H 形音叉的双臂做线性振动。当基座绕音叉中心轴相对惯性空间

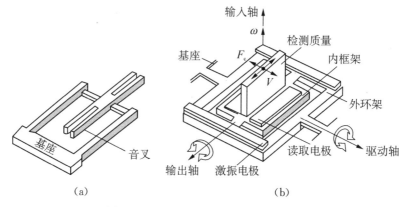

图 2-11　微型振动陀螺仪的结构形式

转动时,音叉的双臂将产生垂直于音叉平面的线振动,由读取电极检测该振动,输出正比于输入角速度的电压信号。

框架式结构陀螺如图 2-11(b)所示。它由内框架和外框架组成,框架是在单晶硅上进行化学蚀刻而制成的,通过可选择的硼掺杂和非均质腐蚀以获得所需的几何形状。相互正交的内、外框架轴均为挠性轴,检测质量块固定在内框架上,在内框架两侧设置一对读取电极,外框架两侧设置一对激振电极,由激振电极驱动检测质量块绕驱动轴做简谐振动。当基座(壳体)绕输入轴以角速度 ω 相对惯性空间转动时,各质点受到交变的哥氏惯性力 F_c 作用,使内框架绕输出轴做角振动,此时,读取电极与内框架间的间隙发生交变,亦即电容发生交变。通过感测电容差值并经处理电路,即可获得正比于输入角速度的输出电压信号。

微机电陀螺仪利用微电子的加工技术可大批量生产,是未来低、中精度惯性仪表的理想换代产品。目前应用的精度等级一般在数度至数十度/小时范围内。微机电陀螺仪由于其尺寸微小,各种有害物理效应的影响作用随之放大,因此提高精度是其发展面临的主要问题。

2.1.6　摆式加速度计

加速度计和陀螺并称为两大惯性器件,是构造惯性系统的核心器件,陀螺用来感测载体的角运动信息,而加速度计用来感测载体的线运动信息,因此加速度计的性能优劣同样决定着惯性系统的性能。

2.1.6.1　基本测量原理

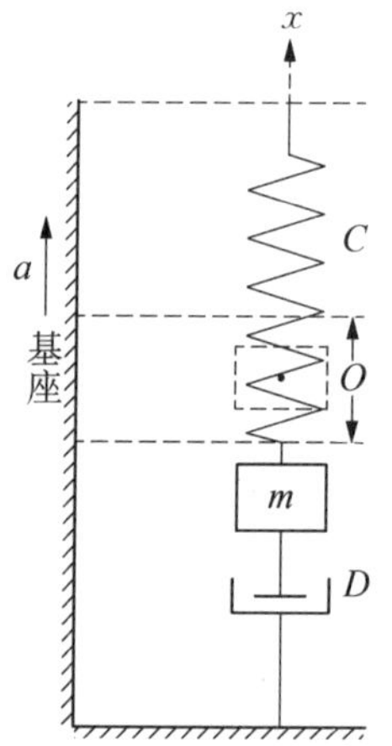

加速度计的简化测量模型如图 2-12 所示,由质量块 m,弹簧 C 和阻尼器 D 组成,敏感轴 x 沿铅垂向上,虚线表示基座无加速度时质量块处于自由状态时的位置,此时质量块的质心定义为位移 x 的原点。设基座具有沿 x 方向的加速度 a,则在惯性力作用下,弹簧发生变形,产

图 2-12　加速度计简化模型

生的弹性力与变形方向相反,阻尼力与变形速率方向相反,所以根据牛顿第二定律:

$$m(\ddot{x} + a) = -D\dot{x} - cx + g$$

该式在 x 轴上的投影形式为

$$m\ddot{x} + D\dot{x} + cx = -m(a + g) \tag{2-29}$$

由于比力 f 定义为作用在单位质量上的非引力外力,所以 $\dfrac{F_{弹}}{m} = f$ 即为比力。因此加速度计测量的是比力 f,而 $f = a + g$,所以需对加速度计的输出做处理后才能从 f 中能获得基座的运动加速度 a。

如果敏感轴 x 处于水平位置,并假设沿 x 轴存在阻力 $F_{阻}$,则式(2-29)改写为

$$m\ddot{x} + D\dot{x} + cx = -ma + F_{阻}$$

若 a 小到使 $-ma + F_{阻} = 0$ 成立,则 $x = 0$,此时加速度 $a \neq 0$,但加速度计无输出,定义此加速度为加速度计的灵敏阈,即

$$a_{灵敏阈} = \frac{F_{阻}}{m} \tag{2-30}$$

该指标反映了加速度计能测出的最小加速度。惯性级加速度计的灵敏阈通常优于 10^{-4} g。

反映加速度计性能的另一个指标是自然频率,它表征了加速度计的动态特性:

$$\omega_{n} = \sqrt{\frac{c}{m}} \tag{2-31}$$

该指标是根据使用要求来确定的,一般为数十至数百赫兹。

按图 2-12 所示简化模型设计加速度计存在诸多问题,如:质量块与基座支承面间存在摩擦力,该摩擦力将严重影响加速度计的灵敏阈;对质量块的运动难以实现精确约束;输出信号检测和对质量块的力反馈控制困难。因此,工程上普遍采用具有偏心质量的摆式结构。摆式加速度计具有灵敏度高、稳定性好的特点。

2.1.6.2 液浮摆式加速度计

由前面的介绍可知,为了提高加速度计的灵敏阈,必须尽量消除质量块支承处的摩擦影响。与陀螺转子组件的液浮支承相仿,减小支承摩擦影响的有效途径是采用液浮支承,使摆组件浸泡在浮液中,产生的浮力使其处于悬浮或接近悬浮状态。液浮摆式加速度计的结构如图 2-13 所示。

设 c_{m} 为摆组件的质量中心,c_{F} 为摆组件的浮心,距支承轴的距离分别为 L_{m} 和 L_{F},摆组件的质量为 m,浮力为 F。记 I_{A},O_{A},P_{A} 分别为加速度的输入轴、输出轴和摆轴,则在重力和浮力的共同作用下,摆组件绕输出轴的摆性力矩为

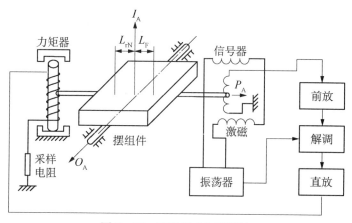

图 2 - 13　液浮摆式加速度计

$$M_P = mgL_m + FL_F$$

该力矩等效为摆组件的重力偏心力矩 mgL，其中 L 为摆组件的等效重力力臂，即

$$mgL = mgL_m + FL_F$$

将

$$P = mL = mL_m + \frac{F}{g}L_F \qquad (2-32)$$

称为加速度计的摆性。

设沿 I_A 轴作用有加速度 a_1，所产生的摆性力矩使摆组件绕 O_A 轴旋转产生输出角 θ，信号器输出与 θ 相应的电信号，经前置放大、解调和直流放大后加至力矩器，产生绕 O_A 轴的恢复力矩以抵消摆性力矩，而从力矩器电流采样值中可获得输入加速度 a_I。

2.1.6.3　挠性摆式加速度计

同挠性陀螺一样，采用挠性支承是摆式加速度的另一种典型结构，由于挠性支承不存在摩擦，弹性变形产生的恢复力符合胡克定律，特别是采用石英材料制作挠性杆，能有效降低温度影响，且材料性能稳定，具有功耗小、热稳定性好、机械迟滞小、易于小型化的优势，石英挠性摆式加速度计目前占有显著的市场地位，为此本节将对该型加速度计做详细介绍。

图 2 - 14 为挠性摆式加速度计的结构。加速度计由摆组件、信号传感器、力矩器和挠性杆组成，表内充有硅油作为阻尼液体。挠性杆一端固定在表壳上，另一端粘贴有信号器动圈，形成悬臂梁，在摆片上固定有力矩器动圈。当表壳（基座）具有沿 I_A 轴方向的加速度 a 时，挠性杆在惯性力矩作用下绕挠性接头中心位置旋转，产生输出角 θ_0，信号器检测出 θ_0 并转换成电压信号，经放大后加入力矩器动圈，产生

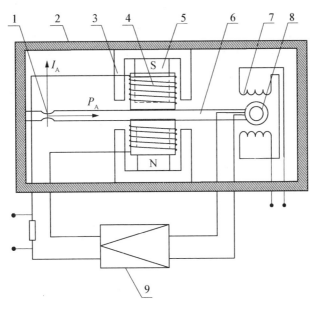

图 2-14 挠性摆式加速度计结构

1—挠性支承；2—壳体；3—轭铁；4—力矩器动圈；5—永久磁铁；
6—摆件；7—信号器激磁线圈；8—信号器动圈；9—放大器

推挽力矩以抵消惯性力矩，使 θ_O 回零，反馈回路中的电流经采样提取出加速度 a。为分析方便，常将加速度计的输入轴（敏感轴）记为 I_A，输出轴记为 O_A，摆轴（挠性杆处于中立位置时的对称轴）记为 P_A。

设加速度计的敏感轴 I_A 处于水平位置，重力加速度沿加速度计的输出轴 O_A 方向（指向纸面里面），如图 2-15 所示。

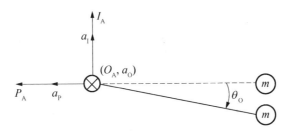

图 2-15 摆组件的受力情况

设表壳（基座）沿 I_A 轴和沿 P_A 轴存在加速度 a_I 和 a_P，摆组件绕 O_A 轴的转动惯量为 I_O，挠性杆的弹性系数为 C，浮液的阻尼系数为 D，信号器传递系数为 K_s，伺服放大器增益为 K_a，负载系数为 K_R（$K_R = \dfrac{1}{R_0 + R_T}$，$R_0$ 为采样电阻，R_T 为力矩器内阻），力矩器标度因数为 K_T，则根据动量矩定理

$$I_O\ddot{\theta}_O = mLa_I - mL\sin\theta_O a_P - D\dot{\theta}_O - C\theta_O - K_T i + M_d$$

式中：$i = K_R K_a K_s \theta_O$ 是加入力矩器的力反馈电流；M_d 是沿 O_A 轴的干扰力矩。由于加速度计工作时必须处于闭环状态，即再平衡回路工作，控制 θ_O 角接近于零，所以上式可写为

$$(I_O s^2 + Ds + C)\theta_O(s) = mL[a_I(s) - \theta_O(s)a_P(s)] - K_T i(s) + M_d(s)$$
$$i(s) = K_R K_a K_s \theta_O(s)$$

由上式可画出挠性摆式加速度计的传递函数，如图 2-16 所示。

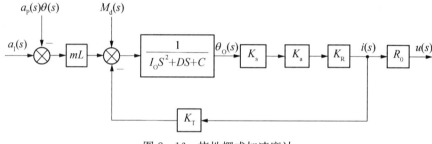

图 2-16　挠性摆式加速度计

由图 2-16 可看出，挠性摆式加速度计是二阶线性系统。略去 $a_P(s)\theta_O(s)$ 的影响，由图得

$$i(s) = \frac{mLK_s K_a K_R}{I_O s^2 + Ds + C + K_s K_a K_R K_T}a_I(s) + \frac{K_s K_a K_R}{I_O s^2 + Ds + C + K_s K_a K_R K_T}M_d(s)$$

对常值加速度输入和常值干扰力矩，即 $a_I(s) = \dfrac{a_I}{s}$，$M_d(s) = \dfrac{M_d}{s}$，反馈回路的电流输出稳态值为

$$i_{ss} = \frac{mLK_s K_a K_R}{C + K_s K_a K_R K_T}a_I + \frac{K_s K_a K_R}{C + K_s K_a K_R K_T}M_d \tag{2-33}$$

式中：$K_1 \dfrac{mLK_s K_a K_R}{C + K_s K_a K_R K_T}$ 称为加速度计的标度因数。通常有

$$C \ll K_s K_a K_R K_T$$

所以

$$K_1 \approx \frac{mL}{K_T} \tag{2-34}$$

式(2-33)两边同乘采样电阻 R_0，即得采样电压的稳态值 u_{ss}，考虑到上述两式所列关系，得

$$u_{ss} = K_1 R_0 a_1 + \frac{R_0}{K_T} M_d \qquad (2-35)$$

$$a_1 = \frac{1}{K_1 R_0}\left(u_{ss} - \frac{R_0}{K_T} M_d\right) = \frac{u_{ss}}{K_1 R_0} - \frac{M_d}{mL}$$

而 M_d 是干扰力矩,所以 a_1 的估计值为

$$\hat{a}_1 = \frac{u_{ss}}{K_1 R_0}$$

a_1 的测量误差为

$$\delta a_1 = \hat{a}_1 - a_1 = \frac{M_d}{mL} \qquad (2-36)$$

由式(2-36)可看出,增大加速度计的摆性 $P = mL$ 可降低干扰力矩的影响。

1) 静态数学模型

记 M 为 IOP 加速度计的测量坐标系,设比力在测量坐标系 M 内的投影为

$$\boldsymbol{F}^M = \begin{bmatrix} F_I & F_O & F_P \end{bmatrix}^T$$

则在表壳(基座)无角运动条件下式(2-35)可写成

$$u_{ss} = K_F + K_I F_I + K_O F_O + K_P F_P + K_{IO} F_I F_O + K_{OP} F_O F_P + \\ K_{PI} F_P F_I + K_{II} F_I^2 + K_{PP} F_P^2 \qquad (2-37)$$

式(2-37)为挠性摆式加速度计的静态数学模型,之所以这样称谓,是由于模型中除包含误差项外,还包含了有用信息项,即右侧第二项。式中的每项系数与物理参数有确定的函数关系。K_F 称零次项误差,反映了加速度计的偏置误差,$K_O F_O$ 和 $K_P F_P$ 称为一次项误差,后四项称为二次项误差。

虽然各误差系数与诸物理参数有确定的函数关系,但误差系数还是需要通过实验测试确定。

2) 动态误差数学模型

类似动力调谐陀螺的动态误差,挠性摆式加速度计的动态误差是指表壳(基座)角运动引起的加速度测量误差。

设表壳 S 沿测量坐标系 M 的诸轴具有角速度 ω_I、ω_O、ω_P,沿输入轴 I 方向有加速度 a_1。则该加速度计的动态测量误差可用式(2-38)表示:

$$\delta a_1 = C_I \dot{\omega}_I + C_O \dot{\omega}_O + C_P \dot{\omega}_P + C_{PI}\omega_P\omega_I + C_{OP}\omega_O\omega_P + C_{IO}\omega_I\omega_O + \\ C_{PP}\omega_P^2 + C_{II}\omega_I^2 + C_{III}a_1\omega_I^2 + C_{IPP}a_1\omega_P^2 \qquad (2-38)$$

上式右侧前三项称为角加速度误差,由表壳相对惯性空间旋转的角加速度所形成的牵连惯性力矩作用在摆组件上产生,角加速度误差是一项较大的误差,在捷联惯导系统中应对此项误差作补偿;第四至第八项为不等惯性和惯性积误差,由摆组件绕

摆轴的转动惯量与绕输入轴的转动惯量不相等,摆组件对输入轴、输出轴和摆轴的质量分布不对称,在角运动情况下形成的不可对消的陀螺力矩和离心惯性力矩引起;最后两项为不等惯性耦合误差,由摆组件绕摆轴的转动惯量与绕输入轴的转动惯量不相等,并通过加速度计输出角的耦合所产生。通过对摆组件结构和力反馈回路增益的精心设计,不等惯性、惯性积和不等惯性耦合误差的影响可控制在很小范围内。

2.1.7 微机电加速度计

微机电加速度计与微机电陀螺仪同样具有微型化、集成化、体积小、质量轻、成本低等特点。按照敏感信号的不同方式,微机电加速度计可分为电容式、压阻式、压电式和谐振式。

压阻式 MEMS 加速度计是最早开发的,其工作原理是在外界加速度的作用下,惯性力引起加速度计敏感结构的阻值发生变化,输出电压的大小和正负代表了输入加速度的大小与方向。压阻式加速度计的优点在于它输出的是电压信号,信号处理电路相对简单,缺点是表头易受温度和其他应力的影响。

谐振式加速度计表头是一个微型谐振器,谐振梁、检测质量块、激振单元和检测单元是其核心组成。其工作过程是当检测质量块受到外界加速度作用时,振梁的轴向会受到来自检测质量块惯性力的作用,其等效刚度发生变化引起谐振频率发生改变。通过检测振梁谐振频率的变化,就可以得出输入加速度的大小。谐振式加速度计的优点是灵敏度高,缺点是容易受热应力的影响而降低其测量精度。

压电式加速度计利用聚合物膜、压电陶瓷或压电晶体等对压敏感的材料,采用与压阻式类似结构,由压电材料感知外界加速度。由于这类材料本身具有不易克服的热电效应和漏电流效应,故其测量精度不高。

电容式微加速度计是最常见的,按照结构形式,电容式加速度计又可分为梳齿式和"三明治"式等。其基本原理就是将电容作为检测接口,检测在惯性力作用下引起惯性质量块发生的微位移。图 2 - 17 所示为典型的三明治结构的平板电容式微加速度计:中央是被悬置的敏感质量块,上、下电极与中间的质量块间隙相等。

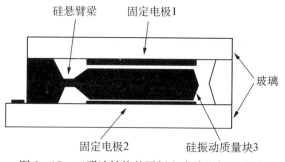

图 2 - 17　三明治结构的平板电容式微加速度计

当外界有加速度 a 输入时,检测质量偏离平衡位置,两差动电容的间隙发生变化,电容量也随之发生变化,其变化量与输入加速度成比例,即

$$\Delta C_1 = (2mC_0/kd_0)a \qquad (2-39)$$

式中:a 为输入加速度;k 为弹簧梁的刚度;m 为质量块质量;d_0 为极板间距;C_0 为板间电容。

通过电容检测电路将差动电容的变化量转化成可以测量的电压值,就可以根据输出电压值来衡量被测加速度值的大小。电容式微加速度计的灵敏度和测量精度高,稳定性好,温度漂移小,功耗极低,而且过载保护能力较强,目前已有产品应用。

同微型陀螺一样,加速度计的微型化也是其发展的一个重要方向,具有广阔的应用前景。

2.2 惯性导航系统工作原理

2.2.1 惯性导航系统基础

2.2.1.1 惯性导航系统的分类

惯性导航系统是以陀螺和加速度计为敏感器件的导航参数解算系统,该系统根据陀螺的输出建立起导航坐标系,根据加速度计输出解算出运载体的速度和位置。由于运载体不可能只做水平运动,还有姿态变化,所以用于导航解算的加速度信息必须是导航坐标系内的数学向量。可通过两种途径实现这一要求:一种途径是将加速度计安装在稳定平台上,稳定平台由陀螺控制,使平台始终跟踪要求的导航坐标系;另一种途径是将加速度计和陀螺都直接安装在运载体上,陀螺输出用来解算运载体相对导航坐标系的姿态变换矩阵,加速度计输出经姿态阵变换至导航坐标系内,这相当于建立起了数学平台。

根据构建导航坐标系方法的不同可将惯导系统分为两大类型:采用物理平台模拟导航坐标系的系统称为平台式惯导系统;采用数学算法确定导航坐标系的系统称为捷联式惯性导航系统。根据物理平台模拟的坐标系类型不同,平台式惯导系统又可分为两类:若物理平台模拟惯性坐标系,则系统称为解析式惯导系统;若物理平台模拟当地水平坐标系,则系统称为当地水平式惯导系统。根据平台跟踪地球自转角速度和跟踪水平坐标系类型的不同,当地水平式惯导系统又可分为 3 种:若物理平台跟踪地理坐标系(必然要跟踪地球自转角速度),则系统称为指北方位惯导系统;若平台跟踪地球自转角速度和当地水平面,则系统称为游移方位惯导系统;若平台只跟踪地球自转角速度的水平分量,并跟踪当地水平面,则系统称为自由方位惯导系统。

2.2.1.2 舒勒调谐

在运载体上确定地垂线后即可确定运载体的姿态。在静止或匀速直线运动条件下,地垂线可用单摆等简单方法确定,但当运载体具有加速度时,单摆将偏离地垂

线,加速度越大,单摆偏离地垂线越严重。

德国教授舒勒在 1923 年提出了一个自然振荡周期等于 84.4 min 能指示垂线的装置,此装置不会受支点加速度的干扰,这样的摆称为舒勒摆。

假设垂线指示系统用物理摆来实现,物理摆悬挂在飞机上,物理摆绕悬挂中心的转动惯量为 J,飞机在 0 时刻以前处于水平匀速直线运动状态,摆处于 OA 位置(垂线位置),0 时刻以后以加速度 a 做水平直线加速运动,t 时刻到达 B 点,由于加速度 a 引起的惯性力的作用,摆偏开垂线 OB,产生相对垂线的偏差角,如图 2-18所示。

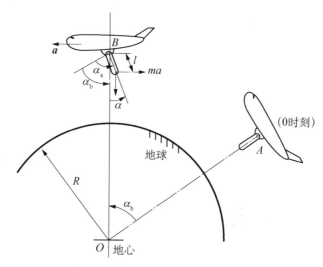

图 2-18　物理摆受运载体运动的影响

从 A 点(对应于 0 时刻)到 B 点(对应于 t 时刻)地垂线的角位移为 α_b,物理摆的角位移为 α_a,根据动量矩定理,物理摆的运动方程为

$$J\ddot{\alpha}_a = -mgl\sin\alpha + mal\cos\alpha \qquad (2-40)$$

式中:$\ddot{\alpha}_a = \ddot{\alpha} + \ddot{\alpha}_b$,$\ddot{\alpha}_b$ 是由飞机运动引起的地垂线的角加速度,$\ddot{\alpha}_b = \dfrac{a}{R}$。如果垂线偏差角为小角度,则式(2-40)可写成

$$\ddot{\alpha} + \frac{mgl}{J}\alpha = \left(\frac{ml}{J} - \frac{1}{R}\right)a \qquad (2-41)$$

若物理摆满足

$$\frac{ml}{J} = \frac{1}{R} \qquad (2-42)$$

则式(2-41)写成

$$\ddot{\alpha} + \frac{g}{R}\alpha = 0 \tag{2-43}$$

α 的变化规律满足式(2-43)所示齐次方程,解该方程,得

$$\alpha(t) = \alpha(0)\cos\omega_{\mathrm{S}}t + \frac{\dot{\alpha}(0)}{\omega_{\mathrm{S}}}\sin\omega_{\mathrm{S}}t \tag{2-44}$$

其中,

$$\omega_{\mathrm{S}} = \sqrt{\frac{g}{R}} \tag{2-45}$$

称为舒勒频率;$\alpha(0)$ 和 $\dot{\alpha}(0)$ 为摆的初始偏差角和偏差角变化率初值。对应于 ω_{S} 的振荡周期为

$$T_{\mathrm{S}} = \frac{2\pi}{\omega_{\mathrm{S}}} = 2\pi\sqrt{\frac{R}{g}} \tag{2-46}$$

取 $g = 9.81\,\mathrm{m/s^2}$,$R = 6\,371\,000\,\mathrm{m}$,则 $T_{\mathrm{S}} = 84.4\,\mathrm{min}$,称为地球上的舒勒周期。

从式(2-44)可看出,当物理摆满足式(2-42)时,摆偏离垂线的偏差角 α 与飞机的运动状态无关,即偏差角不再受载体运动加速度的影响,围绕地垂线以舒勒周期作摆动。如果 $\alpha(0) = 0$,$\dot{\alpha}(0) = 0$,不管飞机飞到何处,其运动状态如何,摆都能正确指示地垂线,这种摆称为舒勒摆。舒勒摆相当于一个摆长等于地球半径的单摆,摆锤放在地心,支点在地球表面运动,不管载体做多大的加速运动,摆线一定和地垂线一致。虽然这样的单摆实际中是无法实现的,但是在惯性导航中舒勒原理得到了实现。

设惯性导航系统经过标定后的陀螺、加速度计的刻度系数误差可忽略,则惯导平台的水平偏角在地球表面的运动特性如图2-19所示。

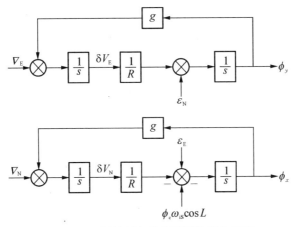

图2-19　惯导平台的水平回路简化框图

从图2-19可以得出,惯导系统的水平回路具有舒勒特性。也就是说,惯性导

航平台在有运动加速度时,能始终保持在当地水平,不受运动加速度的影响。

2.2.1.3 惯性导航系统的基本方程——比力方程

在捷联惯性导航系统中,陀螺仪用来感知运载体的角运动,实现姿态跟踪解算的功能;加速度计则给出运载体相对于惯性空间的比力在载体系中的投影值。加速度计的输出经过适当的坐标变换和补偿后,经过一次积分可以得到运载体的速度信息,两次积分可以得到运载体的位置信息。

无论哪种类型的惯性系统,都要遵守共同的惯导基本方程[35]。惯导所遵循的基本定律是牛顿第二定律,而牛顿第二定律是相对惯性坐标系对时间求取变化率的,这是绝对变化率。而当研究物体运动时,通常需要将向量投影在某个运动着的坐标系(如地理坐标系)上,该投影对时间的变化率称为相对变化率。

哥氏定理用于描述绝对变化率和相对变化率之间的关系。设有矢量 $\boldsymbol{r}$,m 和 n 是两个作相对旋转的坐标系,则哥氏定理可描述为

$$\frac{\mathrm{d}\boldsymbol{r}}{\mathrm{d}t}\bigg|_{\mathrm{m}} = \frac{\mathrm{d}\boldsymbol{r}}{\mathrm{d}t}\bigg|_{\mathrm{n}} + \boldsymbol{\omega}_{\mathrm{mn}} \times \boldsymbol{r} \qquad (2-47)$$

式中:$\dfrac{\mathrm{d}\boldsymbol{r}}{\mathrm{d}t}\bigg|_{\mathrm{m}}$ 和 $\dfrac{\mathrm{d}\boldsymbol{r}}{\mathrm{d}t}\bigg|_{\mathrm{n}}$ 分别是 m 坐标系和 n 坐标系内观察到的 $\boldsymbol{r}$ 的时间变化率;$\boldsymbol{\omega}_{\mathrm{mn}}$ 是坐标系 n 相对坐标系 m 的旋转角速度。

自地心至理想平台坐标系 T 的支点引位置矢量 $\boldsymbol{R}$,则根据哥氏定理,可得

$$\frac{\mathrm{d}\boldsymbol{R}}{\mathrm{d}t}\bigg|_{\mathrm{i}} = \frac{\mathrm{d}\boldsymbol{R}}{\mathrm{d}t}\bigg|_{\mathrm{e}} + \boldsymbol{\omega}_{\mathrm{ie}} \times \boldsymbol{R} \qquad (2-48)$$

式中:$\dfrac{\mathrm{d}\boldsymbol{R}}{\mathrm{d}t}\bigg|_{\mathrm{i}}$ 是地球上观察到的位置矢量的变化率,所以也是运载体相对地球的运动速度,简称地速,记为 $\boldsymbol{V}_{\mathrm{eT}}$。对式(2-48)求绝对变化率,并再次用哥氏定理,可得出式(2-49):

$$\frac{\mathrm{d}\boldsymbol{V}_{\mathrm{eT}}}{\mathrm{d}t}\bigg|_{\mathrm{t}} = \boldsymbol{f} - (2\,\boldsymbol{\omega}_{\mathrm{ie}} + \boldsymbol{\omega}_{\mathrm{eT}}) \times \boldsymbol{V}_{\mathrm{eT}} + \boldsymbol{g} \qquad (2-49)$$

式(2-49)为比力方程,是惯性系统的基本方程。该式表明要获得载体对地运动的加速度必须从加速度计的测量值 $\boldsymbol{f}$ 中清除掉有害加速度。有害加速度包括三部分:有害加速度 $2\,\boldsymbol{\omega}_{\mathrm{ie}} \times \boldsymbol{V}_{\mathrm{eT}}$ 为哥氏加速度,由运载体相对地球运动(相对运动)和地球旋转(牵连运动)引起;有害加速度 $\boldsymbol{\omega}_{\mathrm{eT}} \times \boldsymbol{V}_{\mathrm{eT}}$ 是运载体在地球表面做圆周运动引起的对地向心加速度;重力加速度 $\boldsymbol{g}$。

2.2.1.4 惯性高度通道的不稳定性

从比力方程式(2-49),可得

$$\dot{V}_{\mathrm{eTZ}}^{\mathrm{T}} = f_z^{\mathrm{T}} + (2\omega_{\mathrm{iey}}^{\mathrm{T}} + \omega_{\mathrm{eTy}}^{\mathrm{T}}) \cdot V_{\mathrm{eTx}}^{\mathrm{T}} - (2\omega_{\mathrm{iex}}^{\mathrm{T}} + \omega_{\mathrm{eTx}}^{\mathrm{T}}) \cdot V_{\mathrm{eTy}}^{\mathrm{T}} - g$$

记 $a_z^{\mathrm{T}} = -(2\omega_{\mathrm{iey}}^{\mathrm{T}} + \omega_{\mathrm{eTy}}^{\mathrm{T}}) \cdot V_{\mathrm{eTx}}^{\mathrm{T}} + (2\omega_{\mathrm{iex}}^{\mathrm{T}} + \omega_{\mathrm{eTx}}^{\mathrm{T}}) \cdot V_{\mathrm{eTy}}^{\mathrm{T}}$,则

$$\dot{V}^{\mathrm{T}}_{\mathrm{e}\mathrm{T}z} = f^{\mathrm{T}}_{z} - a^{\mathrm{T}}_{z} - g \qquad (2-50)$$

根据式(2-50)和式(2-51)，可画出纯惯性高度通道的方块图，如图 2-20 所示。

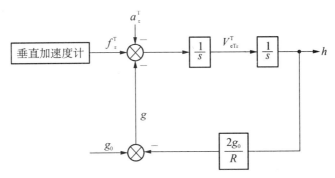

图 2-20　纯惯性高度通道方块图

由图 2-20，得

$$\frac{h(s)}{f_z(s)} = \frac{\dfrac{1}{s^2}}{1 + \dfrac{1}{s^2} \cdot \dfrac{2g_0}{R}(-1)} = \frac{1}{s^2 - \dfrac{2g_0}{R}} \qquad (2-51)$$

可见高度通道是不稳定的。假设加速度测量误差为零位偏置 ∇_z，单考虑由 ∇_z 引起的高度误差。记 $s_0 = \sqrt{\dfrac{2g_0}{R}}$，则由式(2-51)，得

$$\delta h(s) = \frac{\nabla_z}{s} \cdot \frac{1}{(s-s_0)(s+s_0)} = \frac{\nabla_z}{2s_0^2}\left(\frac{1}{s-s_0} + \frac{1}{s+s_0} - \frac{2}{s}\right)$$

$$\delta h(t) = \frac{\nabla_z}{2s_0^2}(\mathrm{e}^{s_0 t} + \mathrm{e}^{-s_0 t} - 2) \qquad (2-52)$$

$$= \frac{R\nabla_z}{4g_0}\left(\mathrm{e}^{\sqrt{\frac{2g_0}{R}}t} + \mathrm{e}^{-\sqrt{\frac{2g_0}{R}}t} - 2\right)$$

引起纯惯性高度通道发散的根本原因是系统无阻尼，使系统出现正特征根。为此，常引入其他设备提供的高度信息（如大气数据系统提供的气压高度或卫星导航系统提供的高度）使惯性高度通道稳定，如图 2-21 所示。

由图 2-21，得

$$sV^{\mathrm{T}}_{\mathrm{e}\mathrm{T}z} = f^{\mathrm{T}}_z - K_2(h - h_{\mathrm{r}}) - \left(g_0 - \frac{2g_0}{R}h\right) - a^{\mathrm{T}}_z$$

$$sh = V^{\mathrm{T}}_{\mathrm{e}\mathrm{T}z} - K_1(h - h_{\mathrm{r}})$$

若要获得更高的阻尼特性，可采用三阶阻尼回路。

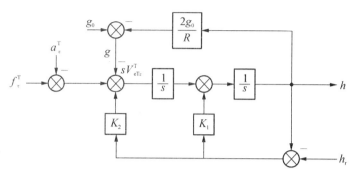

图 2-21　惯性高度通道的二阶阻尼回路

2.2.2　指北方位惯导系统的力学编排

1）平台的指令角速度

指北方位系统以地理坐标系为导航坐标系,也就是说理想平台坐标系 T 即为地理坐标系 g。平台模拟地理坐标系,将 3 个加速度计的敏感轴定向在当地的东、北、天方位上。所以平台应该跟踪地理坐标系,即

$$\boldsymbol{\omega}_{iT} = \boldsymbol{\omega}_{ig}$$

地理坐标系的旋转角速度由两部分组成:跟随地球旋转的角速度 $\boldsymbol{\omega}_{ie}$ 和由于运载体运动而引起的相对地球的旋转角速度 $\boldsymbol{\omega}_{eg}$,即

$$\boldsymbol{\omega}_{ig} = \boldsymbol{\omega}_{ie} + \boldsymbol{\omega}_{eg}$$

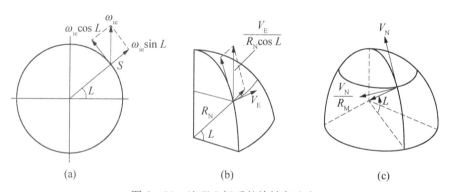

图 2-22　地理坐标系的旋转角速度

由图 2-22,得

$$\boldsymbol{\omega}_{ie}^{T} = \boldsymbol{\omega}_{ie}^{g} = \begin{bmatrix} 0 \\ \omega_{ie} \cos L \\ \omega_{ie} \sin L \end{bmatrix} \tag{2-53}$$

$$\boldsymbol{\omega}_{eT}^{T} = \boldsymbol{\omega}_{eg}^{g} = \begin{bmatrix} -\dfrac{V_N}{R_M} \\[2ex] \dfrac{V_E}{R_N \cos L}\cos L \\[2ex] \dfrac{V_E}{R_N \cos L}\sin L \end{bmatrix} = \begin{bmatrix} -\dfrac{V_N}{R_M} \\[2ex] \dfrac{V_E}{R_N} \\[2ex] \dfrac{V_E}{R_N}\tan L \end{bmatrix} \qquad (2-54)$$

所以

$$\boldsymbol{\omega}_{iT}^{T} = \boldsymbol{\omega}_{ig}^{g} = \boldsymbol{\omega}_{ie}^{g} + \boldsymbol{\omega}_{eg}^{g} = \begin{bmatrix} -\dfrac{V_N}{R_M} \\[2ex] \omega_{ie}\cos L + \dfrac{V_E}{R_N} \\[2ex] \omega_{ie}\sin L + \dfrac{V_E}{R_N}\tan L \end{bmatrix} \qquad (2-55)$$

2) 速度方程

将上述角速率代入比力方程式(2-49),得

$$\dot{V}_E = f_E + \left(2\omega_{ie}\sin L + \dfrac{V_E}{R_N}\tan L\right)V_N - \left(2\omega_{ie}\cos L + \dfrac{V_E}{R_N}\right)V_U \quad (2-56a)$$

$$\dot{V}_N = f_N - \left(2\omega_{ie}\sin L + \dfrac{V_E}{R_N}\tan L\right)V_E - \dfrac{V_N}{R_M}V_U \qquad (2-56b)$$

$$\dot{V}_U = f_U + \left(2\omega_{ie}\cos L + \dfrac{V_E}{R_N}\right)V_E + \dfrac{V_N^2}{R_M} - g \qquad (2-56c)$$

3) 经、纬度方程

如图 2-23 所示,北向速度分量引起运载体的纬度变化,东向速度分量则引起经度变化。由图 2-23,得

$$\dot{L} = \dfrac{V_N}{R_M} \qquad (2-57)$$

$$\dot{\lambda} = \dfrac{V_E}{R_N \cos L} \qquad (2-58)$$

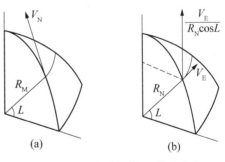

图 2-23 速度引起的经、纬度变化

4) 高度计算

由于纯惯性高度通道指数发散,通常用外来高度信息引入高度通道作阻尼,若外来高度信息不可获取,惯性高度回路通常不计算,避免惯性高度回路指数发散对水平回路的耦合影响。

5) 指北方位系统的特点

由于平台模拟当地的地理坐标系,各导航参数间的关系比较简单,导航解算方

程清晰,计算量较小。

由式(2-55)知,方位角速度为 $\omega_{\text{ie}}\sin L+\dfrac{V_{\text{E}}}{R_{\text{N}}}\tan L$,随着纬度 L 的增高,在极区 $(L\approx90°)$ 根本无法计算该角速率;在水平速度解算中有正切函数 $\tan L$,当 $L\approx90°$ 时,速度中的计算误差被严重放大,甚至产生溢出。所以指北方位系统不能在高纬度地区正常工作,而只适用于中、低纬度地区的导航。

2.2.3　游移方位惯导系统的力学编排

1) 游移方位角

游移方位惯导系统的导航坐标系仍然是地平坐标系,但其方位仅跟踪地球旋转,即方位角速度为

$$\omega_{\text{cmd}z}^{\text{T}}=\omega_{\text{i}Tz}^{\text{T}}=\omega_{\text{ie}}\sin L \tag{2-59}$$

平台的水平轴 $\boldsymbol{x}_{\text{T}}$ 和 $\boldsymbol{y}S_{\text{T}}$ 相对东向轴和北向轴存在偏转角 α,此偏转角称为游移方位角,逆时针为正,如图2-24所示。

由图2-24,得

$$\psi=\psi_{\text{Tb}}-\alpha \tag{2-60}$$

由于 $\boldsymbol{\omega}_{\text{iT}}^{\text{T}}=\boldsymbol{C}_{\text{g}}^{\text{T}}\boldsymbol{\omega}_{\text{ig}}^{\text{g}}+\boldsymbol{\omega}_{\text{gT}}^{\text{T}}$,即

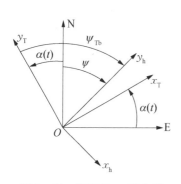

图2-24　航向角 ψ,平台航向角 ψ_{Tb} 和游移方位角 $\alpha(t)$

$$\begin{bmatrix}\omega_{\text{iT}x}^{\text{T}}\\\omega_{\text{iT}y}^{\text{T}}\\\omega_{\text{iT}z}^{\text{T}}\end{bmatrix}=\begin{bmatrix}\cos\alpha&\sin\alpha&0\\-\sin\alpha&\cos\alpha&0\\0&0&1\end{bmatrix}\begin{bmatrix}\omega_{\text{ig}x}^{\text{g}}\\\omega_{\text{ig}y}^{\text{g}}\\\omega_{\text{ig}z}^{\text{g}}\end{bmatrix}+\begin{bmatrix}0\\0\\\dot{\alpha}(t)\end{bmatrix} \tag{2-61}$$

由式(2-61),得

$$\omega_{\text{iT}z}^{\text{T}}=\omega_{\text{ig}z}^{\text{g}}+\dot{\alpha}(t)=\omega_{\text{ie}}\sin L+\frac{V_{\text{E}}}{R_{\text{N}}}\tan L+\dot{\alpha}(t)$$

将式(2-59)代入式(2-61),得游移方位角的变化规律为

$$\dot{\alpha}(t)=-\frac{V_{\text{E}}}{R_{\text{N}}}\tan L \tag{2-62}$$

上式说明,当运载体向北运动或静止时,游移方位角保持不变,一旦有东向速度分量,游移方位角就是变化的。

2) 方向余弦矩阵和定位计算

(1) 方向余弦矩阵和定位计算间的关系。

游移方位系统的方向余弦矩阵为

$$C_e^T = C_g^T C_e^g = \begin{bmatrix} \cos\alpha_f & \sin\alpha_f & 0 \\ -\sin\alpha_f & \cos\alpha_f & 0 \\ 0 & 0 & 1 \end{bmatrix} \begin{bmatrix} -\sin\lambda & \cos\lambda & 0 \\ -\sin L\cos\lambda & -\sin L\sin\lambda & \cos L \\ \cos L\cos\lambda & \cos L\sin\lambda & \sin L \end{bmatrix}$$

$$= \begin{bmatrix} -\cos\alpha_f\sin\lambda - \sin\alpha_f\sin L\cos\lambda & \cos\alpha_f\cos\lambda - \sin\alpha_f\sin L\sin\lambda & \sin\alpha_f\cos L \\ \sin\alpha_f\sin\lambda - \cos\alpha_f\sin L\cos\lambda & -\sin\alpha_f\cos\lambda - \cos\alpha_f\sin L\sin\lambda & \cos\alpha_f\cos L \\ \cos L\cos\lambda & \cos L\sin\lambda & \sin L \end{bmatrix}$$

$$(2-63)$$

由式(2-63),得

$$L = \arcsin C_{33} \tag{2-64a}$$

$$\lambda_{\pm} = \arctan\frac{C_{32}}{C_{31}} \tag{2-64b}$$

$$\alpha_{\pm} = \arctan\frac{C_{13}}{C_{23}} \tag{2-64c}$$

其中经度真值的确定如表 2-1 所示,游移方位角真值的确定如表 2-2 所示。

表 2-1　经度 λ 的真值确定

C_{31}　　$\lambda_{\pm}$	+	−
−	$\lambda = \lambda_{\pm} + 180°$	$\lambda = \lambda_{\pm} - 180°$
+	$\lambda = \lambda_{\pm}$	

表 2-2　游移方位角的真值确定

C_{23}　　$\alpha_{\pm}$	+	−
+	$\alpha = \alpha_{\pm}$	$\alpha = \alpha_{\pm} + 360°$
−	$\alpha = \alpha_{\pm} + 180°$	

(2) 方向余弦阵 C_e^T 的确定。

由于 $\omega_{eT}^T = \omega_{iT}^T - \omega_{ie}^T$,根据式(2-59),有

$$\omega_{eTz}^T = \omega_{iTz}^T - \omega_{iez}^T = \omega_{ie}\sin L - \omega_{ie}\sin L = 0$$

记 $\omega_{eT}^T = [\omega_{eTx}^T \quad \omega_{eTy}^T \quad 0]^T$,代入式

$$\dot{C}_e^T = -\omega_{eT}^T \times C_e^T$$

得

$$\dot{C}_{12} = -\omega_{eTy}^{T} C_{33}$$

$$\dot{C}_{13} = -\omega_{eTy}^{T} C_{33}$$

$$\dot{C}_{22} = \omega_{eTx}^{T} C_{32}$$

$$\dot{C}_{23} = \omega_{eTx}^{T} C_{33}$$

$$\dot{C}_{32} = \omega_{eTy}^{T} C_{12} - \omega_{eTx}^{T} C_{22}$$

$$\dot{C}_{33} = \omega_{eTy}^{T} C_{13} - \omega_{eTx}^{T} C_{23} \qquad (2-65)$$

$$C_{11} = C_{22} C_{33} - C_{23} C_{32}$$

$$C_{21} = C_{12} C_{33} - C_{13} C_{32}$$

$$C_{31} = C_{12} C_{23} - C_{22} C_{13}$$

（3）位置速率 $\boldsymbol{\omega}_{eT}^{T}$ 的确定。

游移方位系统的位置速率

$$\omega_{eTx}^{T} = -\frac{V_x^{T}}{\tau} - \frac{V_y^{T}}{R_{yT}} \qquad (2-66a)$$

$$\omega_{eTy}^{T} = \frac{V_x^{T}}{R_{xT}} + \frac{V_y^{T}}{\tau} \qquad (2-66b)$$

地球沿平台水平轴方向的曲率及扭曲率为

$$\frac{1}{R_{xT}} = \frac{1}{R_e}(1 - eC_{33}^2 + 2eC_{13}^2)$$

$$\frac{1}{R_{yT}} = \frac{1}{R_e}(1 - eC_{33}^2 + 2eC_{33}^2) \qquad (2-67)$$

$$\frac{1}{\tau} = \frac{2e}{R_e} C_{13} C_{23}$$

3）速度方程

注意到 $\omega_{eTz}^{T} = 0$，可得游移方位系统的水平速度方程为

$$\dot{V}_x^{T} = f_x^{T} + 2\omega_{ie} C_{33} V_y^{T} \qquad (2-68a)$$

$$\dot{V}_y^{T} = f_y^{T} - 2\omega_{ie} C_{33} V_x^{T} \qquad (2-68b)$$

4）平台的指令角速度

由于 $\boldsymbol{\omega}_{iT}^{T} = \boldsymbol{C}_e^{T} \boldsymbol{\omega}_{ie}^{e} + \boldsymbol{\omega}_{eT}^{T}$，所以平台的指令角速度为

$$\omega_{cmd\,x}^{T} = \omega_{iTx}^{T} = C_{13} \omega_{ie} + \omega_{eTx}^{T} \qquad (2-69a)$$

$$\omega_{cmd\,y}^{T} = \omega_{iTy}^{T} = C_{23} \omega_{ie} + \omega_{eTy}^{T} \qquad (2-69b)$$

$$\omega_{cmd\,z}^{T} = \omega_{iTz}^{T} = C_{33} \omega_{ie} \qquad (2-69c)$$

式中：ω_{eTx}^{T} 和 ω_{eTy}^{T} 由式（2-66）确定。

5）游移方位系统框图

游移方位系统的工作原理框图如图 2 - 25 所示。

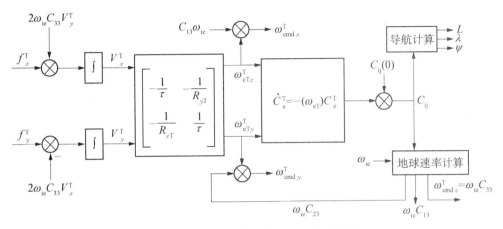

图 2 - 25　游移方位系统的工作原理框图

游移方位系统的力学编排避开了在高纬度地区对方位角速率 $\tan L$ 项的计算，从而使得在高纬地区的惯性导航系统可以正常完成姿态方向余弦矩阵和位置方向余弦矩阵的解算。但是从其方向余弦矩阵式(2 - 63)和式(2 - 64)可以看出，当接近极点时，由于 $\cos L$ 趋于 0，使得经度 λ 和游移角 α 的计算存在不确定性。也就是说，在地理坐标系下编排的惯性导航系统，无论是指北方位还是游移方位，都无法回避的本质问题是：高纬地区，随着纬度的升高，经线逐渐收敛于极点，使得同一纬圈上的经线航向急剧变化，经度的计算精度迅速下降。

2.2.4　极区导航

由于极区经线收敛，基于传统指北方位和游移方位导航坐标系的惯性导航力学编排会造成极区导航航向表述困难和定位精度急剧下降。究其根本原因是采用的导航坐标系在极区的表现特性。如果在极区采用新的导航坐标系［如平面(见图 2 - 26)、横向(见图 2 - 27)、格网(见图 2 - 28)和 ECEF(见图 2 - 29)导航坐标系］和与之对应的惯导力学编排，则可以解决上述问题。

根据选择的坐标系不同，惯性导航系统具有多种力学编排方案，其中惯性系惯导编排方案、游移方位惯导编排方案、平面导航惯导编排方案、横向惯导编排方案、ECEF 惯导编排方案、格网惯导编排方案在极区均具备独立解算能力，下面对这几种导航坐标系的极区适用性进行对比，如表 2 - 3 所示。指北方位惯导编排方案不具备独立解算能力，为进行对比，一并列入表 2 - 3 中。

极区导航坐标系的选择通常遵循如下原则：①惯导力学编排不存在原理性误差；②考虑到惯导高度通道发散，为避免互相耦合，优先选择当地水平坐标系。排除惯性系惯导编排方案、平面导航惯导编排方案、横向惯导编排方案和 ECEF 地球系编排方案。游移方位惯导系统编排方案在极区具备姿态矩阵和位置矩阵解算能力，

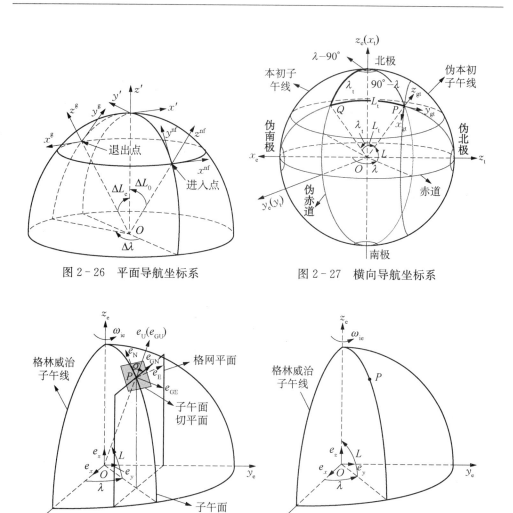

图 2-26　平面导航坐标系　　　　图 2-27　横向导航坐标系

图 2-28　格网导航坐标系　　　　图 2-29　ECEF 坐标系

表 2-3　导航坐标系极区适用性对比

名称	优点	缺点
惯性系力学编排方案	力学编排形式简单,计算量小;极区具备独立解算和参数输出能力	对飞机导航而言,直接输出的导航参数意义不明确,需要转换才能使用;非水平编排,高度通道与水平通道耦合,惯导系统存在不稳定隐患
指北方位编排方案	各导航参数间的关系比较简单,导航解算方程简洁,计算量较小,对计算机要求较低	在极区存在施矩困难、误差放大和计算溢出等问题;不能在高纬度地区正常工作,工作纬度区域不应超过 75°

（续表）

名称	优点	缺点
游移方位编排方案	克服了指北方位惯导系统在高纬度地区方位陀螺施矩困难、指令角速度计算溢出的问题； 极区具备姿态矩阵和位置矩阵解算能力	极区无法正常提取定位定向信息，或存在较大误差； 游移方位角误差变化率随着纬度升高而迅速变大
平面导航编排方案	导航简化为二维平面导航，力学编排非常简单，计算量小； 相对出发点定位和定向，地球极点在平面内仅是普通的一点，避免了极区定位定向困难的问题	非水平编排的惯导系统存在系统不稳定的隐患； 极区平面导航算法存在原理性的误差，且受重力场模型误差影响较大
横向编排方案	将地球极点转移到球面其他地点，克服真实地球极点处经线收敛带来的定向和定位困难； 在横向地球坐标系内的惯导编排可以完全复制正常地球坐标系的所有力学编排方式	假设地球是圆球模型基础上推导得到，横向导航算法存在原理性的误差； 横向导航在伪极点附近也存在定向和定位的难题，无法单独完成全球导航计算
ECEF 编排方案	可在全球工作； 不存在原理性误差； 便于与 GNSS 进行组合	对飞机导航而言，输出姿态参数意义不明确，需要转换才能使用； 非水平编排，高度通道与水平通道耦合，惯导系统存在不稳定隐患
格网编排方案	不存在原理性的误差； 以格林威治子午线作为航向参考，可避免经线收敛引起的航向参考难题； 格网航向可直接与极地航图配合使用，方便飞行员和领航员的操作	采用指北＋格网或游移＋格网导航模式，进出极区需要切换力学编排，引入初始误差，需要外界辅助信息进行校正

格网惯导力学编排具备独立的极区导航能力，且这两种坐标系均为当地水平坐标系，力学编排方案无原理性误差，因而成为解决极区导航问题的首选方案。

考虑到全球导航算法设计，采用两种全球导航算法方案：一种是中低纬度地区采用指北或者游移方位导航力学编排，高纬度地区（极区）采用格网导航力学编排，极区和非极区导航力学编排独立，进出极区需要进行切换；另一种是利用游移方位惯导力学编排所具备的全球适用的姿态矩阵和位置矩阵解算能力，在中低纬度地区投影到地理坐标系，输出地理系下的导航参数，高纬度地区（极区）投影到格网坐标系，输出格网系下的导航参数，极区和非极区力学编排方案统一，进出极区不需要进行力学编排切换，只需要进行导航参数表达方式的切换。

以 g、w 和 G 为导航坐标系，分别对应指北、游移和格网坐标系力学编排，由于地理坐标系 g、游移坐标系 w 和格网坐标系 G 均为当地水平坐标系，其力学编排具有内在的统一性，这里对 3 种力学编排进行统一化描述，根据惯性导航统一解算方程组，3 种力学编排可以统一表示为图 2 - 30 所示。图中，n 代表 g、w 和 G 系，位移

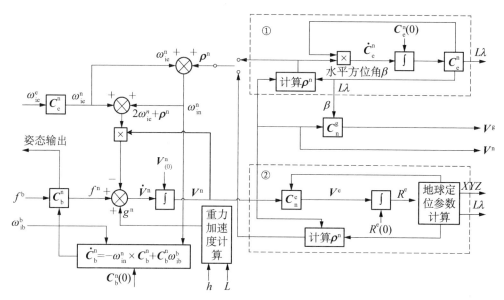

图 2-30　当地水平坐标系(g、w、G)统一力学编排框图

角速度 $\boldsymbol{\rho}^n$ 具有两条计算回路。

在中低纬度地区,采用计算回路 1 进行 $\boldsymbol{\rho}^n$ 的计算,定义导航坐标系 n 系中 Y 轴同真北方向的夹角为水平方位角 β,则

$$\beta = \begin{cases} 0 & (n = g,指北方位力学编排) \\ \alpha & (n = w,游移方位力学编排) \\ \sigma & (n = G,格网力学编排) \end{cases} \quad (2-70)$$

式中:α 为游移方位角;σ 为格网方位角。

3 种力学编排方案具有统一的计算形式。利用位置矩阵微分方程 $\dot{\boldsymbol{C}}_e^n = -\boldsymbol{\rho}^n \times \boldsymbol{C}_e^n$,可以积分获得位置矩阵 $\dot{\boldsymbol{C}}_e^n$,从位置矩阵中提取经纬度信息,完成定位解算。速度信息可以直接输出导航系下的速度 $\boldsymbol{V}^n$,或者利用 $\boldsymbol{C}_n^g$ 投影到地理坐标系 g 下输出常用的东北方向速度。姿态信息可以从姿态矩阵 $\boldsymbol{C}_b^n$ 中提取,俯仰和横滚角可直接获得,已知水平方位角时,真航向可通过计算获得。

在高纬度地区,由于经线收敛,从位置矩阵 $\dot{\boldsymbol{C}}_e^n$ 提取经纬度信息存在较大误差,经纬度的定位参数不适于极区使用,位移角速度 $\boldsymbol{\rho}^n$ 的计算使用回路 2 进行。在计算回路 2 中,直接利用地球直角坐标 XYZ 进行位移角速度的计算,位置更新利用 $\dot{\boldsymbol{R}}^e = \boldsymbol{C}_n^e \boldsymbol{V}^n$ 积分获得地球直角坐标。XYZ 直角坐标表示的位置参数同经纬高表示等效,但失去了直观性,因而可以利用经纬高和 XYZ 的转换关系,将 XYZ 直角坐标转换为经纬高的表示方式。在高纬度地区,经线收敛造成航向角误差增大,采用格网航向代替真航向,姿态信息可直接从姿态矩阵 $\boldsymbol{C}_b^G$ 中提取。

2.3　捷联惯性导航系统

2.3.1　概述

在平台式惯性导航系统中,陀螺和加速度计安装在惯导平台上,通过稳定回路和修正回路实现平台对载体角运动的隔离和对导航坐标系的跟踪,使加速度计的测量轴始终指向导航坐标系轴向,而捷联惯性导航系统则是去掉了复杂的机械式随动机构,把陀螺和加速度计直接固联在载体上,陀螺和加速度计分别用来测量运载体的角运动信息和线运动信息,机载计算机根据这些测量信息解算出运载体的航向、姿态、速度及位置。图 2-31 为捷联惯导系统的原理简图,其中,b 为载体的机体坐标系,n 为导航坐标系。

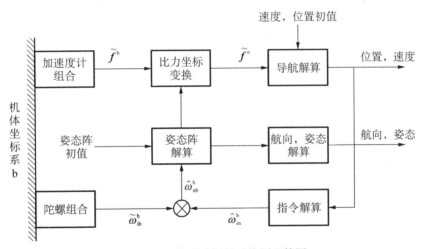

图 2-31　捷联式惯导系统原理简图

图 2-31 中姿态阵解算相当于建立起数学平台,$\hat{\omega}_{in}^{b}$ 相当于对数学平台作施矩的指令量,该指令量根据所选定的导航坐标系和解算的速度、位置计算得出。因此,捷联惯导系统与平台惯导系统虽原理相同,但在系统的具体实现上却存在着明显的不同。

(1) 惯性器件的测量范围要求不同。平台式惯导系统陀螺安装在平台台体上,台体通过稳定回路隔离掉载体的角运动,使陀螺的工作环境不受载体角运动的影响;通过修正回路使陀螺按一定要求进动,控制平台跟踪导航坐标系的旋转运动。导航坐标系的旋转仅由载体相对地球的线运动和地球的自转引起,旋转角速度在几十度/小时量级。也就是说平台式惯导陀螺的测量范围可设计得较小,而捷联惯导陀螺直接安装在载体上,陀螺必须跟随载体的角运动,故捷联惯导所用陀螺的动态测量范围远比平台式惯导宽得多。

(2) 惯性器件的工作环境不同,惯性器件动态误差和静态误差的补偿要求也不同。由于动态测量范围的显著差异,所以对陀螺刻度系数误差的稳定性要求截然不同。此外,在平台式惯导系统中,由于平台对载体角运动的隔离作用,通常惯性器件只需对线加速度引起的静态误差作补偿,而捷联式惯导系统中的惯性器件除补偿静态误差外,还需要对角速度和角加速度引起的动态误差作补偿。因此,必须对捷联陀螺和加速度计的动、静态误差大小提出更苛刻的制造、测试与标定要求。

（3）系统误差产生的机理有差异。以指北系统为例,在平台式惯导系统中,由于惯性传感器的敏感轴指向稳定不变,经过初始自对准后,水平加速度计的逐次零偏稳定性误差转化为平台水平偏角,东向陀螺的逐次漂移稳定性转化为平台的方位偏角,且在随后的导航状态中,这些误差具有相互抵消的效果;而捷联惯导系统对准结束转导航后,惯性传感器敏感轴的指向会随载体的姿态、航向的变化而改变。平台式惯导中,这种误差相互抵消的效果将不再恒定保持,反而会出现双倍的误差效应。因此,同样精度等级的惯导系统,捷联惯导对惯性传感器的逐次零偏稳定性有更苛刻的要求。此外,捷联式惯导的姿态矩阵解算过程中,由于存在有限转动的不可交换性误差,一方面要求系统快速采样解算,另一方面当载体存在线振动和角振动,或载体作机动运动时,在姿态解算中会引起圆锥误差,在速度解算中会引起旋转效应和划桨效应误差。这些误差都必须在相应的算法中进行修正补偿。

（4）性价比不同。平台式惯导中,平台以物理实体形式存在,平台模拟了导航坐标系,运载体的姿态角及航向角可直接从平台框架上拾取或通过少量计算获得;在捷联惯导中,平台实体不存在而以数学平台形式存在,姿态角和航向角都必须通过计算获得,计算量较大。尽管在惯性器件、计算量等方面,捷联惯导远比平台惯导要求苛刻,但由于省去了复杂的机电平台,捷联惯导结构简单、体积小、重量轻、成本低、维护简单、可靠性高,还可通过余度技术提高其容错能力,且由于激光陀螺、光纤陀螺等固态惯性器件的出现,计算机技术的快速发展和计算理论的日益完善,捷联式惯导的优越性日趋显露。捷联惯导产品已广泛应用于波音 B757、B767、B777、B787 和空客 A320、A330、A380 等最新商用飞机上。

2.3.2　姿态更新算法

设由载体的机体轴确定的坐标系为 b,惯导系统所采用的导航坐标系为 n,则由 b 系到 n 系的坐标变换矩阵 $\boldsymbol{C}_b^n$ 称为载体的姿态矩阵。姿态更新是指根据惯性器件的输出,实时计算出 $\boldsymbol{C}_b^n$ 矩阵。在捷联惯导系统中,导航坐标系 n 和载体坐标系 b 之间的角位置关系通常用姿态矩阵、四元数和欧拉角表示,相应也存在姿态矩阵微分方程、四元数微分方程和欧拉角微分方程 3 种形式。欧拉角微分方程虽然维数低,但由于俯仰角趋于 90° 时,方程存在奇异性,故不能在全姿态范围内正常工作。

2.3.2.1　四元数与姿态阵间的关系

设有参考坐标系 R,坐标轴为 x_0, y_0, z_0,坐标轴方向的单位向量为 $\boldsymbol{i}_0$, $\boldsymbol{j}_0$, $\boldsymbol{k}_0$。刚体相对 R 系作定点转动,定点为 O。取坐标系 b 与刚体固联,b 系的坐标轴为 x, y, z,坐标轴方向的单位向量为 $\boldsymbol{i}$, $\boldsymbol{j}$, $\boldsymbol{k}$。假设初始时刻 b 系与 R 系重合。为了便于

分析刚体的空间角位置，在刚体上取一点 A，自转动点 O 至该点引位置向量 $\boldsymbol{OA}$，如图 2-32 所示。该位置向量的空间位置实际上描述了刚体的空间角位置。

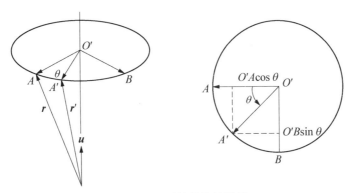

图 2-32　刚体的等效旋转

设刚体以 $\boldsymbol{\omega} = \omega_x \boldsymbol{i} + \omega_y \boldsymbol{j} + \omega_z \boldsymbol{k}$ 相对 R 系旋转，初始时刻位置向量处于 $\boldsymbol{OA} = \boldsymbol{r}$，经过时间 t 后，位置向量处于 $\boldsymbol{OA'} = \boldsymbol{r'}$。根据欧拉定理，仅考虑刚体在 0 时刻和 t 时刻的角位置时，刚体从 A 位置转到 A' 位置的转动可等效成绕瞬轴 $\boldsymbol{u}$（单位向量）转过 θ 角一次完成。这样，位置向量做圆锥运动，A 和 A' 位于同一圆上，$\boldsymbol{r}$ 和 $\boldsymbol{r'}$ 位于同一圆锥面上。

四元数 $Q = \cos \dfrac{\theta}{2} + u^R \sin \dfrac{\theta}{2}$ 描述了刚体的定点转动，即当只关心 b 系相对 R 系的角位置时，可认为 b 系是由 R 系经过无中间过程的一次性等效旋转形成的，$\boldsymbol{Q}$ 包含了这种等效旋转的全部信息：u^R 为旋转瞬轴和旋转方向，θ 为转过的角度。

四元数可确定出 b 系至 R 系的坐标变换矩阵。

$$\boldsymbol{C}_b^R = \begin{bmatrix} 1 - 2(q_2^2 + q_3^2) & 2(q_1 q_2 - q_0 q_3) & 2(q_1 q_3 + q_0 q_2) \\ 2(q_1 q_2 + q_0 q_3) & 1 - 2(q_1^2 + q_3^2) & 2(q_2 q_3 - q_0 q_1) \\ 2(q_1 q_3 - q_0 q_2) & 2(q_2 q_3 + q_0 q_1) & 1 - 2(q_1^2 + q_2^2) \end{bmatrix} \tag{2-71}$$

由于 $\| Q \| = q_0^2 + q_1^2 + q_2^2 + q_3^2 = \cos^2 \dfrac{\theta}{2} + (l^2 + m^2 + n^2) \sin^2 \dfrac{\theta}{2} = 1$，所以式（2-71）可写成

$$\boldsymbol{C}_b^R = \begin{bmatrix} q_0^2 + q_1^2 - q_2^2 - q_3^2 & 2(q_1 q_2 - q_0 q_3) & 2(q_1 q_3 + q_0 q_2) \\ 2(q_1 q_2 + q_0 q_3) & q_0^2 - q_1^2 + q_2^2 - q_3^2 & 2(q_2 q_3 - q_0 q_1) \\ 2(q_1 q_3 - q_0 q_2) & 2(q_2 q_3 + q_0 q_1) & q_0^2 - q_1^2 - q_2^2 + q_3^2 \end{bmatrix} \tag{2-72}$$

如果参考坐标系 R 是导航坐标系 n，刚体固联坐标系 b 为机体坐标系，则坐标变换阵 $\boldsymbol{C}_b^R$ 就是姿态矩阵 $\boldsymbol{C}_b^n$，由姿态矩阵可计算出航向角和姿态角。

2.3.2.2　四元数微分方程

表征 n 系至 b 系的旋转四元数为

$$Q = \cos \frac{\theta}{2} + u^{\mathrm{R}} \sin \frac{\theta}{2}$$

记

$$\boldsymbol{\omega}_{\mathrm{nb}}^{\mathrm{b}} = \begin{bmatrix} \omega_x \\ \omega_y \\ \omega_z \end{bmatrix}$$

则四元数的微分方程可以写成如下矩阵形式

$$\begin{bmatrix} \dot{q}_0 \\ \dot{q}_1 \\ \dot{q}_2 \\ \dot{q}_3 \end{bmatrix} = \begin{bmatrix} 0 & -\omega_x & -\omega_y & -\omega_z \\ \omega_x & 0 & \omega_z & -\omega_y \\ \omega_y & -\omega_z & 0 & \omega_x \\ \omega_z & \omega_y & -\omega_x & 0 \end{bmatrix} \begin{bmatrix} q_0 \\ q_1 \\ q_2 \\ q_3 \end{bmatrix} \tag{2-73}$$

其中,$\boldsymbol{\omega}_{\mathrm{nb}}^{\mathrm{b}}$的获取按式(2-74)进行:

$$\boldsymbol{\omega}_{\mathrm{nb}}^{\mathrm{b}} = \boldsymbol{\omega}_{\mathrm{ib}}^{\mathrm{b}} - \boldsymbol{C}_{\mathrm{n}}^{\mathrm{b}}(\boldsymbol{\omega}_{\mathrm{ie}}^{\mathrm{n}} + \boldsymbol{\omega}_{\mathrm{en}}^{\mathrm{n}}) \tag{2-74}$$

式中:$\boldsymbol{\omega}_{\mathrm{ib}}^{\mathrm{b}}$为捷联陀螺的输出;$\boldsymbol{C}_{\mathrm{n}}^{\mathrm{b}}$由姿态更新的最新值确定;$\boldsymbol{\omega}_{\mathrm{en}}^{\mathrm{n}}$和$\boldsymbol{\omega}_{\mathrm{ie}}^{\mathrm{n}}$分别为位置速率和地球自转速率,对于导航坐标系取地理坐标系的情况,有

$$\boldsymbol{\omega}_{\mathrm{ie}}^{\mathrm{n}} + \boldsymbol{\omega}_{\mathrm{en}}^{\mathrm{n}} = \begin{bmatrix} -\dfrac{V_{\mathrm{N}}}{R_{\mathrm{M}}} \\[2ex] \omega_{\mathrm{ie}} \cos L + \dfrac{V_{\mathrm{E}}}{R_{\mathrm{N}}} \\[2ex] \omega_{\mathrm{ie}} \sin L + \dfrac{V_{\mathrm{E}}}{R_{\mathrm{N}}} \tan L \end{bmatrix}$$

式中:V_{N}、V_{E}、L为导航计算所得的最新值。

2.3.2.3 四元数微分方程的毕卡求解法

捷联陀螺的输出一般情况下是采样时间间隔内的角增量,为了避免噪声的微分放大,应直接应用角增量来确定四元数,而不应该将角增量换算成角速度。毕卡算法就是由角增量计算四元数的常用算法。

此算法中,角增量对应的采样时间间隔是相同的。式(2-73)是关于 $\boldsymbol{Q}$ 的齐次线性方程,其解为

$$\boldsymbol{Q}(t_{k+1}) = \mathrm{e}^{\frac{1}{2} \int_{t_k}^{t_{k+1}} \boldsymbol{M}'(\boldsymbol{\omega}_{\mathrm{nb}}^{\mathrm{b}}) \mathrm{d}t} \cdot \boldsymbol{Q}(t_k) \tag{2-75}$$

令

$$\Delta \boldsymbol{\Theta} = \int_{t_k}^{t_{k+1}} \boldsymbol{M}'(\boldsymbol{\omega}_{\mathrm{nb}}^{\mathrm{b}}) \mathrm{d}t = \int_{t_k}^{t_{k+1}} \begin{bmatrix} 0 & -\omega_x & -\omega_y & -\omega_z \\ \omega_x & 0 & \omega_z & -\omega_y \\ \omega_y & -\omega_z & 0 & \omega_x \\ \omega_z & \omega_y & -\omega_x & 0 \end{bmatrix} \mathrm{d}t$$

$$\approx \begin{bmatrix} 0 & -\Delta\theta_x & -\Delta\theta_y & -\Delta\theta_z \\ \Delta\theta_x & 0 & \Delta\theta_z & -\Delta\theta_y \\ \Delta\theta_y & -\Delta\theta_z & 0 & \Delta\theta_x \\ \Delta\theta_z & \Delta\theta_y & -\Delta\theta_x & 0 \end{bmatrix}$$

式中:$\Delta\theta_x$、$\Delta\theta_y$、$\Delta\theta_z$ 为 x、y、z 陀螺在$[t_k, t_{k+1}]$采样时间间隔内经过位置速率及地球自转速率补偿的角增量。

对式(2-75)做泰勒级数展开,有

$$\boldsymbol{Q}(t_{k+1}) = \mathrm{e}^{\frac{1}{2}\Delta\boldsymbol{\Theta}} \cdot \boldsymbol{Q}(t_k) = \left[\boldsymbol{I} + \frac{\frac{1}{2}\Delta\boldsymbol{\Theta}}{1!} + \frac{\left(\frac{1}{2}\Delta\boldsymbol{\Theta}\right)^2}{2!} + \cdots \right]\boldsymbol{Q}(t_k)$$

由于

$$\Delta\boldsymbol{\Theta}^2 = \begin{bmatrix} 0 & -\Delta\theta_x & -\Delta\theta_y & -\Delta\theta_z \\ \Delta\theta_x & 0 & \Delta\theta_z & -\Delta\theta_y \\ \Delta\theta_y & -\Delta\theta_z & 0 & \Delta\theta_x \\ \Delta\theta_z & \Delta\theta_y & -\Delta\theta_x & 0 \end{bmatrix} \begin{bmatrix} 0 & -\Delta\theta_x & -\Delta\theta_y & -\Delta\theta_z \\ \Delta\theta_x & 0 & \Delta\theta_z & -\Delta\theta_y \\ \Delta\theta_y & -\Delta\theta_z & 0 & \Delta\theta_x \\ \Delta\theta_z & \Delta\theta_y & -\Delta\theta_x & 0 \end{bmatrix}$$

$$= \begin{bmatrix} -\Delta\theta^2 & 0 & 0 & 0 \\ 0 & -\Delta\theta^2 & 0 & 0 \\ 0 & 0 & -\Delta\theta^2 & 0 \\ 0 & 0 & 0 & -\Delta\theta^2 \end{bmatrix} = -\Delta\theta^2\boldsymbol{I}$$

式中:

$$\Delta\theta^2 = \Delta\theta_x^2 + \Delta\theta_y^2 + \Delta\theta_z^2$$

$$\Delta\boldsymbol{\Theta}^3 = \Delta\boldsymbol{\Theta}^2 \cdot \Delta\boldsymbol{\Theta} = -\Delta\theta^2\Delta\boldsymbol{\Theta}$$

$$\Delta\boldsymbol{\Theta}^4 = \Delta\boldsymbol{\Theta}^2 \cdot \Delta\boldsymbol{\Theta}^2 = \Delta\theta^4\boldsymbol{I}$$

$$\boldsymbol{Q}(t_{k+1}) = \left\{ \boldsymbol{I}\left[1 - \frac{\left(\frac{\Delta\theta}{2}\right)^2}{2!} + \frac{\left(\frac{\Delta\theta}{2}\right)^4}{4!} - \frac{\left(\frac{\Delta\theta}{2}\right)^6}{6!} + \cdots \right] + \right.$$

$$\left. \frac{\Delta\boldsymbol{\Theta}}{2}\left[\frac{\frac{\Delta\theta}{2}}{1!} - \frac{\left(\frac{\Delta\theta}{2}\right)^3}{3!} + \frac{\left(\frac{\Delta\theta}{2}\right)^5}{5!} - \cdots \right]\frac{1}{\frac{\Delta\theta}{2}} \right\}\boldsymbol{Q}(t_k) \quad (2-76)$$

$$= \left(\boldsymbol{I}\cos\frac{\Delta\theta}{2} + \Delta\boldsymbol{\Theta}\frac{\sin\frac{\Delta\theta}{2}}{\Delta\theta} \right)\boldsymbol{Q}(t_k)$$

在实际解算过程中,$\cos\dfrac{\Delta\theta}{2}$和 $\sin\dfrac{\Delta\theta}{2}$必须按级数展开有限项计算。对式(2-76)

取有限项,得四元数的各阶近似算法如下。

一阶近似算法:

$$Q(t_{k+1}) = \left(I + \frac{\Delta\boldsymbol{\Theta}}{2} \right) Q(t_k) \tag{2-77}$$

二阶近似算法:

$$Q(t_{k+1}) = \left[I\left(1 - \frac{\Delta\theta^2}{8}\right) + \frac{\Delta\boldsymbol{\Theta}}{2} \right] Q(t_k) \tag{2-78}$$

三阶近似算法:

$$Q(t_{k+1}) = \left[I\left(1 - \frac{\Delta\theta^2}{8}\right) + \left(\frac{1}{2} - \frac{\Delta\theta^2}{48}\right)\Delta\boldsymbol{\Theta} \right] Q(t_k) \tag{2-79}$$

四阶近似算法:

$$Q(t_{k+1}) = \left[I\left(1 - \frac{\Delta\theta^2}{8} + \frac{\Delta\theta^4}{384}\right) + \left(\frac{1}{2} - \frac{\Delta\theta^2}{48}\right)\Delta\boldsymbol{\Theta} \right] Q(t_k) \tag{2-80}$$

四元数法只需求解 4 个未知量的线性微分方程组,计算量比方向余弦法小,且算法简单,易于操作,是较实用的工程方法。但四元数法对有限转动引起的不可交换误差的补偿程度不够,适用于低动态载体的姿态解算,而对高动态载体,姿态解算中的算法漂移会变得显著。

等效旋转矢量法在利用角增量计算等效旋转矢量时,对这种不可交换误差作了适当补偿,在姿态更新周期内包含的角增量子样数越多,补偿就越精确,因此适用于角机动频繁激烈或存在严重角振动的载体的姿态更新。从算法本质上来看,姿态更新计算的四元数毕卡算法实质上就是单子样旋转矢量算法。有关捷联惯性系统姿态更新的等效旋转矢量算法,读者可参考相关文献。

2.3.3　捷联惯导的速度算法

当载体同时存在线运动和角运动时,采用速度增量解算速度时必须考虑速度的旋转效应和划桨效应补偿。本节将分别介绍旋转效应和划桨效应的产生机理和相应的补偿算法。

2.3.3.1　速度计算中的旋转效应和划桨效应分析

取地理坐标系为导航坐标系,根据式(2-81),速度方程为

$$\dot{V}^n = C_b^n f^b - (2\boldsymbol{\omega}_{ie}^n + \boldsymbol{\omega}_{en}^n) \times V^n + g^n \tag{2-81}$$

设速度的更新周期为 T,在每一个更新周期内对角增量和速度增量做 N 次采样。对式(2-81)作积分,得 t_m 时刻载体在导航坐标系内的速度为

$$\boldsymbol{V}_m^{\mathrm{n}} = \boldsymbol{V}_{m-1}^{\mathrm{n}} + \boldsymbol{C}_{\mathrm{b}(m-1)}^{\mathrm{n}(m-1)} \int_{t_{m-1}}^{t_m} \boldsymbol{C}_{\mathrm{b}(t)}^{\mathrm{b}(m-1)} \boldsymbol{f}^{\mathrm{b}} \mathrm{d}t + \int_{t_{m-1}}^{t_m} [\boldsymbol{g}^{\mathrm{n}} - (2\boldsymbol{\omega}_{\mathrm{ie}}^{\mathrm{n}} + \boldsymbol{\omega}_{\mathrm{en}}^{\mathrm{n}}) \times \boldsymbol{V}^{\mathrm{n}}] \mathrm{d}t$$

$$(2\text{-}82)$$

式中：$\boldsymbol{V}_m$ 和 $\boldsymbol{V}_{m-1}$ 分别为 t_m 和 t_{m-1} 时刻载体的速度；$\boldsymbol{C}_{\mathrm{b}(m-1)}^{\mathrm{n}(m-1)}$ 为 t_{m-1} 时刻的姿态矩阵，简记为 $\boldsymbol{C}_{m-1}$；将 $n(m)$ 与 $n(m-1)$ 视为重合。

对于 $t_{m-1} \leqslant t \leqslant t_m$，有

$$\boldsymbol{C}_{\mathrm{b}(t)}^{\mathrm{b}(m-1)} \approx \boldsymbol{I} + (\Delta\boldsymbol{\theta} \times) \qquad (2\text{-}83)$$

其中，

$$\Delta\boldsymbol{\theta} = \int_{t_{m-1}}^{t} \boldsymbol{\omega}(\tau) \mathrm{d}t \quad t_{m-1} \leqslant t \leqslant t_m \qquad (2\text{-}84)$$

将式(2-83)代入式(2-82)，略去表示投影坐标系的上标，得

$$\boldsymbol{V}_m = \boldsymbol{V}_{m-1} + \boldsymbol{C}_{m-1} \int_{t_{m-1}}^{t_m} (\boldsymbol{f} + \Delta\boldsymbol{\theta} \times \boldsymbol{f}) \mathrm{d}t + \int_{t_{m-1}}^{t_m} [\boldsymbol{g} - (2\boldsymbol{\omega}_{\mathrm{ie}} + \boldsymbol{\omega}_{\mathrm{en}}) \times \boldsymbol{V}_{m-1}] \mathrm{d}t$$

$$(2\text{-}85)$$

记

$$\Delta\boldsymbol{V}_{\mathrm{sfm}} = \int_{t_{m-1}}^{t_m} (\boldsymbol{f} + \Delta\boldsymbol{\theta} \times \boldsymbol{f}) \mathrm{d}t \qquad (2\text{-}86)$$

$$\Delta\boldsymbol{V}_{\mathrm{g/cor}m} = \int_{t_{m-1}}^{t_m} [\boldsymbol{g} - (2\boldsymbol{\omega}_{\mathrm{ie}} + \boldsymbol{\omega}_{\mathrm{en}}) \times \boldsymbol{V}_{m-1}] \mathrm{d}t \qquad (2\text{-}87)$$

则式(2-85)可写成

$$\boldsymbol{V}_m = \boldsymbol{V}_{m-1} + \boldsymbol{C}_{m-1} \Delta\boldsymbol{V}_{\mathrm{sfm}} + \Delta\boldsymbol{V}_{\mathrm{g/cor}m} \qquad (2\text{-}88)$$

式中：$\boldsymbol{V}_{m-1}$ 和 $\boldsymbol{C}_{m-1}$ 分别是前一速度更新时间点上的运载体速度和姿态阵；$\Delta\boldsymbol{V}_{\mathrm{g/cor}m}$ 是在 $[t_{m-1}, t_m]$ 时间段内，由有害加速度引起的速度补偿量；$\Delta\boldsymbol{V}_{\mathrm{sfm}}$ 是由比力引起的速度补偿量。

由式(2-86)，得

$$\Delta\boldsymbol{V}_{\mathrm{sfm}} = \Delta\boldsymbol{V}_m + \int_{t_{m-1}}^{t_m} \Delta\boldsymbol{\theta}(t) \times \boldsymbol{f}(t) \mathrm{d}t \qquad (2\text{-}89)$$

其中，

$$\Delta\boldsymbol{V}_m = \int_{t_{m-1}}^{t_m} \boldsymbol{f}(t) \mathrm{d}t$$

是加速度计在 $[t_{m-1}, t_m]$ 时间段内输出的速度增量。

记

$$\Delta \boldsymbol{V}(t) = \int_{t_{m-1}}^{t} \boldsymbol{f}(\tau) \mathrm{d}\tau \qquad (2-90)$$

则由式(2-84)和式(2-90),得

$$\Delta \dot{\boldsymbol{\theta}}(t) = \boldsymbol{\omega}(t) \qquad (2-91)$$

$$\Delta \dot{\boldsymbol{V}}(t) = \boldsymbol{f}(t) \qquad (2-92)$$

通过变换,有

$$\Delta \boldsymbol{V}_{sfm} = \Delta \boldsymbol{V}_m + \frac{1}{2}\Delta \boldsymbol{\theta}_m \times \Delta \boldsymbol{V}_m + \frac{1}{2}\int_{t_{m-1}}^{t_m}\left[\Delta \boldsymbol{\theta}(t) \times \boldsymbol{f}(t) + \Delta \boldsymbol{V}(t) \times \boldsymbol{\omega}(t)\right]\mathrm{d}t$$

$$(2-93)$$

式(2-93)右端的第二项

$$\Delta \boldsymbol{V}_{rotm} = \frac{1}{2}\Delta \boldsymbol{\theta}_m \times \Delta \boldsymbol{V}_m \qquad (2-94)$$

称为速度的旋转效应补偿项,之所以如此称谓是由于它是由运载体的线运动方向在空间旋转引起的。

式(2-93)右端的第三项

$$\Delta \boldsymbol{V}_{sculm} = \frac{1}{2}\int_{t_{m-1}}^{t_m}\left[\Delta \boldsymbol{\theta}(\tau) \times \boldsymbol{f}(\tau) + \Delta \boldsymbol{V}(\tau) \times \boldsymbol{\omega}(\tau)\right]\mathrm{d}\tau \qquad (2-95)$$

称为速度的划桨效应补偿项。

也就是说按式(2-87)做速度更新时,由加速度引起的速度增量必须同时考虑由式(2-94)确定的旋转效应补偿项和由式(2-95)确定的划桨效应补偿项:

$$\Delta \boldsymbol{V}_{sfm} = \Delta \boldsymbol{V}_m + \Delta \boldsymbol{V}_{rotm} + \Delta \boldsymbol{V}_{sculm} \qquad (2-96)$$

否则速度计算将存在划桨误差和旋转误差。

如果载机不存在线振动和角振动,只存在常值线加速度和常值角速度,则根据式(2-83)和式(2-90),有

$$\Delta \boldsymbol{\theta}(t) = (t - t_{m-1})\boldsymbol{\omega}$$

$$\Delta \boldsymbol{V}(t) = (t - t_{m-1})\boldsymbol{f}$$

代入式(2-95),得

$$\Delta \boldsymbol{V}_{scul}(t) = \frac{1}{2}\int_{t_{m-1}}^{t}\left[(t - t_{m-1})\boldsymbol{\omega} \times \boldsymbol{f} + (t - t_{m-1})\boldsymbol{f} \times \boldsymbol{\omega}\right]\mathrm{d}\tau = \boldsymbol{0}$$

即载机无线振动和角振动时,速度计算中的划桨效应补偿量为零。

2.3.3.2　划桨效应补偿算法

由于陀螺和加速度计输出的是角增量信号和速度增量信号,所以无法直接按式

(2-95)计算划桨效应补偿项。运载体的角速度和加速度的变化十分复杂,因为运载体的运动状态往往带有任意性和随机性,所以不可能用某一确定的函数精确描述之,但可以用一简单曲线分段拟合近似描述之。而拟合曲线是可以用陀螺和加速度计测量的角增量和速度增量来表示的,一旦拟合曲线确定,式(2-95)便可求解析解。为便于说明,此处用直线拟合运载体的角速度和比力,从而推导出用角增量和速度增量表示的划桨效应补偿项求解公式。

设在$[t_{m-1}, t_m]$时间段内,对运载体的角速度和比力采用线性函数作拟合:

$$\boldsymbol{\omega}(t) = \boldsymbol{a} + 2\boldsymbol{b}(t - t_{m-1})$$
$$\boldsymbol{f}(t) = \boldsymbol{A} + 2\boldsymbol{B}(t - t_{m-1})$$

则对于$t_{m-1} \leqslant t \leqslant t_m$,有

$$\Delta\boldsymbol{\theta}(t) = \int_{t_{m-1}}^{t} \boldsymbol{\omega}(\tau)\mathrm{d}\tau = \boldsymbol{a}(t - t_{m-1}) + \boldsymbol{b}(t - t_{m-1})^2$$

$$\Delta\boldsymbol{V}(t) = \int_{t_{m-1}}^{t} \boldsymbol{f}(\tau)\mathrm{d}\tau = \boldsymbol{A}(t - t_{m-1}) + \boldsymbol{B}(t - t_{m-1})^2$$

在速度更新周期$T = t_m - t_{m-1}$内,对角增量和速度增量采样两次,令$\Delta T = \dfrac{T}{2}$,由于

$$\Delta\boldsymbol{\theta}(t_{m-1} + \Delta T) = \Delta T\boldsymbol{a} + \Delta T^2\boldsymbol{b}$$
$$\Delta\boldsymbol{\theta}(t_{m-1} + 2\Delta T) = 2\Delta T\boldsymbol{a} + 4\Delta T^2\boldsymbol{b}$$

所以在$[t_{m-1}, t_{m-1} + \Delta T]$内的角增量采样值为

$$\Delta\boldsymbol{\theta}_m(1) = \Delta\boldsymbol{\theta}(t_{m-1} + \Delta T) = \Delta T\boldsymbol{a} + \Delta T^2\boldsymbol{b} \tag{2-97}$$

在$[t_{m-1} + \Delta T, t_m]$内的角增量采样值为

$$\Delta\boldsymbol{\theta}_m(2) = \Delta\boldsymbol{\theta}(t_{m-1} + 2\Delta T) - \Delta\boldsymbol{\theta}(t_{m-1} + \Delta T) = \Delta T\boldsymbol{a} + 3\Delta T^2\boldsymbol{b} \tag{2-98}$$

同理,有

$$\Delta\boldsymbol{V}_m(1) = \Delta T\boldsymbol{A} + \Delta T^2\boldsymbol{B} \tag{2-99}$$

$$\Delta\boldsymbol{V}_m(2) = \Delta T\boldsymbol{A} + 3\Delta T^2\boldsymbol{B} \tag{2-100}$$

分别联立求解式(2-97)与式(2-98),式(2-99)与式(2-100),得

$$\boldsymbol{a} = \frac{1}{2\Delta T}[3\Delta\boldsymbol{\theta}_m(1) - \Delta\boldsymbol{\theta}_m(2)] \tag{2-101a}$$

$$\boldsymbol{b} = \frac{1}{2\Delta T^2}[\Delta\boldsymbol{\theta}_m(2) - \Delta\boldsymbol{\theta}_m(1)] \tag{2-101b}$$

$$\boldsymbol{A} = \frac{1}{2\Delta T}[3\Delta\boldsymbol{V}_m(1) - \Delta\boldsymbol{V}_m(2)] \tag{2-101c}$$

$$\boldsymbol{B} = \frac{1}{2\Delta T^2}\big[\Delta\boldsymbol{V}_m(2) - \Delta\boldsymbol{V}_m(1)\big] \tag{2-101d}$$

考虑到 $T = 2\Delta T$，得

$$
\begin{aligned}
\Delta\boldsymbol{V}_{\text{scul}m} &= \frac{8\Delta T^3}{6}\left\{\frac{1}{2\Delta T}\big[3\Delta\boldsymbol{\theta}_m(1) - \Delta\boldsymbol{\theta}_m(2)\big]\times\frac{1}{2\Delta T^2}\big[\Delta\boldsymbol{V}_m(2) - \Delta\boldsymbol{V}_m(1)\big] + \right.\\
&\quad \left.\frac{1}{2\Delta T}\big[3\Delta\boldsymbol{V}_m(1) - \Delta\boldsymbol{V}_m(2)\big]\times\frac{1}{2\Delta T^2}\big[\Delta\boldsymbol{\theta}_m(2) - \Delta\boldsymbol{\theta}_m(1)\big]\right\}\\
&= \frac{2}{3}\big[\Delta\boldsymbol{V}_m(1)\times\Delta\boldsymbol{\theta}_m(2) - \Delta\boldsymbol{V}_m(2)\times\Delta\boldsymbol{\theta}_m(1)\big]
\end{aligned}\tag{2-102}
$$

式 $(2-102)$ 中：$\Delta\boldsymbol{\theta}_m(1)$ 和 $\Delta\boldsymbol{\theta}_m(2)$ 是 $[t_{m-1}, t_m]$ 内角增量的两个等间隔采样值；$\Delta\boldsymbol{V}_m(1)$ 和 $\Delta\boldsymbol{V}_m(2)$ 是 $[t_{m-1}, t_m]$ 内速度增量的两个等间隔采样值，所以称该式为划桨效应补偿项的双子样算法。双子样算法是在对角速度和比力作直线拟合的条件下得出的，如果拟合时分别采用抛物线，则可得划桨效应补偿项的三子样算法。

划桨效应补偿项的三子样算法：

$$
\begin{aligned}
\Delta\boldsymbol{V}_{\text{scul}m} &= k_1\big[\Delta\boldsymbol{\theta}_m(1)\times\Delta\boldsymbol{V}_m(3) + \Delta\boldsymbol{V}_m(1)\times\Delta\boldsymbol{\theta}_m(3)\big] + k_2\big[\Delta\boldsymbol{\theta}_m(1)\times\Delta\boldsymbol{V}_m(2) + \\
&\quad \Delta\boldsymbol{\theta}_m(2)\times\Delta\boldsymbol{V}_m(3) + \Delta\boldsymbol{V}_m(1)\times\Delta\boldsymbol{\theta}_m(2) + \Delta\boldsymbol{V}_m(2)\times\Delta\boldsymbol{\theta}_m(3)\big]
\end{aligned}\tag{2-103}
$$

式中：$k_1 = \dfrac{33}{80}$，$k_2 = \dfrac{57}{80}$，$\Delta\boldsymbol{\theta}_m(1)$，$\Delta\boldsymbol{\theta}_m(2)$，$\Delta\boldsymbol{\theta}_m(3)$ 是 $[t_{m-1}, t_m]$ 内角增量的 3 个等间隔采样值；$\Delta\boldsymbol{V}_m(1)$，$\Delta\boldsymbol{V}_m(2)$，$\Delta\boldsymbol{V}_m(3)$ 是 $[t_{m-1}, t_m]$ 内速度增量的 3 个等间隔采样值。

由上述诸式可归纳出划桨效应补偿项的一般算法：

$$\Delta\boldsymbol{V}_{\text{scul}m} = \sum_{i=1}^{N-1}\sum_{j=i+1}^{N} k_{ij}\big[\Delta\theta_m(i)\times\Delta\boldsymbol{V}_m(j) + \Delta\boldsymbol{V}_m(i)\times\Delta\boldsymbol{\theta}_m(j)\big] \tag{2-104}$$

式中：N 为角增量和速度增量的子样数。

2.3.4 捷联惯导的位置算法

对于工作在非极区的捷联惯导，导航坐标一般选用地理坐标系，相应的位置速率为

$$
\boldsymbol{\omega}_{\text{en}}^{\text{n}} =
\begin{bmatrix}
-\dfrac{V_{\text{N}}}{R_{\text{M}} + h} \\[3mm]
\dfrac{V_{\text{E}}}{R_{\text{N}} + h} \\[3mm]
\dfrac{V_{\text{E}}}{R_{\text{N}} + h}\tan L
\end{bmatrix}^{\text{T}}
=
\begin{bmatrix}
0 & -\dfrac{1}{R_{\text{M}} + h} & 0 \\[3mm]
\dfrac{1}{R_{\text{N}} + h} & 0 & 0 \\[3mm]
\dfrac{\tan L}{R_{\text{N}} + h} & 0 & 0
\end{bmatrix}
\begin{bmatrix}
V_{\text{E}} \\ V_{\text{N}} \\ V_{\text{U}}
\end{bmatrix}
= \boldsymbol{F}(t)\boldsymbol{V}^{\text{n}}(t)
$$

$$\tag{2-105}$$

式中，

$$\boldsymbol{F}(t) = \begin{bmatrix} 0 & -\dfrac{1}{R_{\mathrm{M}}+h} & 0 \\[2mm] \dfrac{1}{R_{\mathrm{N}}+h} & 0 & 0 \\[2mm] \dfrac{\tan L}{R_{\mathrm{N}}+h} & 0 & 0 \end{bmatrix} \qquad (2-106)$$

式中：V_{E}，V_{N}，V_{U} 分别为运载体沿东、北、天方向的速度；R_{M} 和 R_{N} 分别为运载体所在点子午圈和卯酉圈的曲率半径；L 为运载体所在点的纬度；h 为运载体所在点的高度。

设位置更新周期为 $T_l = t_l - t_{l-1}$，n(l) 和 n($l-1$) 分别为 t_l 时刻和 t_{l-1} 时刻的导航坐标系。由于位置速率 $\boldsymbol{\omega}_{\mathrm{en}}$ 十分微小，而且由于 T_l 很小，在 $[t_{l-1},\ t_l]$ 时间段内运载体的速度可近似看做不变，所以 n($l-1$) 坐标系至 n(l) 坐标系的旋转矢量可写成

$$\boldsymbol{\xi}_l \approx \int_{t_{l-1}}^{t_l} \boldsymbol{\omega}_{\mathrm{en}}^{\mathrm{n}}(t)\mathrm{d}t \approx \hat{\boldsymbol{F}}_{(l-1,\ l)/2} \Delta \boldsymbol{R}_l^{\mathrm{n}}$$

$$\Delta \boldsymbol{R}_l^{\mathrm{n}} = \int_{t_{l-1}}^{t_l} \boldsymbol{V}^{\mathrm{n}}(t)\mathrm{d}t \qquad (2-107)$$

设 $T_l = M T_m$，即经过 M 次速度更新后做一次位置更新，则

$$\Delta \boldsymbol{R}_l^{\mathrm{n}} = \sum_{m=l}^{M} \Delta \boldsymbol{R}_m^{\mathrm{n}} \qquad (2-108)$$

记 $t_{m-1} = t_{l-1} + (m-1)T_m$，$t_m = t_{l-1} + m T_m$，则

$$\Delta \boldsymbol{R}_m^{\mathrm{n}} = \int_{t_{m-1}}^{t_m} \boldsymbol{V}^{\mathrm{n}}(t)\mathrm{d}t$$

若已求得 ξ_1，则

$$\boldsymbol{C}_{\mathrm{n}(l)}^{\mathrm{n}(l-1)} = \boldsymbol{I} + \frac{\sin \xi_l}{\xi_l}(\boldsymbol{\xi}_l \times) + \frac{1-\cos \xi_l}{\xi_l}(\boldsymbol{\xi}_1 \times)^2 \qquad (2-109)$$

由于 $\xi_l = |\boldsymbol{\xi}_l|$ 很小，所以式 (2-109) 可取一阶近似：

$$\boldsymbol{C}_{\mathrm{n}(l)}^{\mathrm{n}(l-1)} = \boldsymbol{I} + (\boldsymbol{\xi}_l \times) \qquad (2-110)$$

即

$$\boldsymbol{C}_{\mathrm{n}(l-1)}^{\mathrm{n}(l)} = \boldsymbol{I} - (\boldsymbol{\xi}_l \times) \qquad (2-111)$$

上述诸式中，$(\boldsymbol{\xi}_l \times)$ 是由 $\boldsymbol{\xi}_l$ 的各分量构成的向量叉乘反对称矩阵，即

$$(\boldsymbol{\xi}_l \times) = \begin{bmatrix} 0 & -\xi_{lz} & \xi_{ly} \\ \xi_{lz} & 0 & -\xi_{lx} \\ -\xi_{ly} & \xi_{lx} & 0 \end{bmatrix} \qquad (2-112)$$

t_l 时刻的位置矩阵可按式(2 - 113)确定:

$$\boldsymbol{C}_{\mathrm{e}}^{\mathrm{n}(l)} = \boldsymbol{C}_{\mathrm{n}(l-1)}^{\mathrm{n}(l)} \boldsymbol{C}_{\mathrm{e}}^{\mathrm{n}(l-1)} \qquad (2 - 113)$$

式中: $\boldsymbol{C}_{\mathrm{e}}^{\mathrm{n}(l-1)}$ 为上一位置更新时间点上确定的位置矩阵。

根据经度和纬度与位置矩阵间存在的如下关系:

$$\boldsymbol{C}_{\mathrm{e}}^{\mathrm{n}} = \begin{bmatrix} -\sin\lambda & \cos\lambda & 0 \\ -\sin L\cos\lambda & -\sin L\sin\lambda & \cos L \\ \cos L\cos\lambda & \cos L\sin\lambda & \sin L \end{bmatrix}$$

如果已求得位置矩阵,便可从位置矩阵确定出载体的经度和纬度。

2.4　惯性导航系统误差分析

在分析惯导系统工作原理时,将惯导系统看成理想的系统。但实际惯导系统中的惯性元件以及系统的工程实现各个环节都不可避免地存在误差。误差分析的目的在于:确定各种误差因素对系统性能的影响,对关键元器件参数提出合适的精度要求,建立初始对准的理论基础;借助误差分析,对系统的工作情况和惯性器件的质量进行评价;通过分析误差源对系统的影响,采取有效补偿措施,提高惯性导航精度。

2.4.1　误差源分析

影响惯导系统性能的误差因素称为误差源。根据误差产生的原因和性质,惯导系统的误差源可分为:

(1) 元件误差。主要指陀螺漂移、指令角速度刻度系数误差、加速度计零偏和刻度系数误差、计算机舍入误差、电流变换装置误差等。

(2) 安装误差。主要是指陀螺和加速度计在平台上的安装误差。

(3) 初始条件误差。这包括平台的初始对准误差、计算机在解算力学编排方程时引入的初始速度及位置误差。

(4) 干扰误差。主要包括冲击与振动运动的干扰。

(5) 其他误差。如地球的模型描述误差、算法误差、有害加速度误差、补偿忽略二阶小量引起的误差等。

除此之外,惯导系统工作时,电源、惯性器件和控制电路会发热,导致内部的温度场发生改变,而且环境温度的变化将对其内部的温度场产生干扰,从而引起惯性器件的性能变化。

为便于表述,本节以指北方位的捷联惯导系统作为误差分析的对象,主要分析前三项误差源的影响。

2.4.2　速度误差和位置误差方程

根据比力方程,当不考虑任何误差时,速度的理想值由式(2 - 114)确定:

$$\dot{\boldsymbol{V}}^n = \boldsymbol{C}_b^n \boldsymbol{f}^b - (2\boldsymbol{\omega}_{ie}^n + \boldsymbol{\omega}_{en}^n) \times \boldsymbol{V}^n + \boldsymbol{g}^n \qquad (2-114)$$

而实际系统中总存在各种误差,所以实际的速度计算值应由式(2-115)确定:

$$\dot{\boldsymbol{V}}^c = \hat{\boldsymbol{C}}_b^n \tilde{\boldsymbol{f}}^b - (2\boldsymbol{\omega}_{ie}^c + \boldsymbol{\omega}_{en}^c) \times \boldsymbol{V}^c + \boldsymbol{g}^c \qquad (2-115)$$

式中:

$$\boldsymbol{V}^c = \boldsymbol{V}^n + \delta\boldsymbol{V}^n$$

$$\boldsymbol{\omega}_{ie}^c = \boldsymbol{\omega}_{ie}^n + \delta\boldsymbol{\omega}_{ie}^n$$

$$\boldsymbol{\omega}_{en}^c = \boldsymbol{\omega}_{en}^n + \delta\boldsymbol{\omega}_{en}^n$$

$$\boldsymbol{g}^c = \boldsymbol{g}^n + \delta\boldsymbol{g}$$

$$\hat{\boldsymbol{C}}_b^n = \boldsymbol{C}_n^{n'}\boldsymbol{C}_b^n = [\boldsymbol{I} - (\boldsymbol{\phi}^n \times)]\boldsymbol{C}_b^n$$

$$\tilde{\boldsymbol{f}}^b = (\boldsymbol{I} + [\delta\boldsymbol{K}_A])(\boldsymbol{I} + [\delta\boldsymbol{A}])\boldsymbol{f}^b + \nabla^b$$

$$(\boldsymbol{\phi}^n \times) = \begin{bmatrix} 0 & -\phi_U & \phi_N \\ \phi_U & 0 & -\phi_E \\ -\phi_N & \phi_E & 0 \end{bmatrix}$$

$$\delta\boldsymbol{K}_A = \mathrm{diag}[\delta K_{Ax} \quad \delta K_{Ay} \quad \delta K_{Az}]$$

$$\delta\boldsymbol{A} = \begin{bmatrix} 0 & \delta A_z & -\delta A_y \\ -\delta A_z & 0 & \delta A_x \\ \delta A_y & -\delta A_x & 0 \end{bmatrix}$$

式中:ϕ_E、ϕ_N、ϕ_U 为姿态误差角;δK_{Ai}和$\delta A_i (i = x, y, z)$分别为加速度计的刻度系数误差和安装误差角。

式(2-115)减去式(2-114),忽略 $\delta\boldsymbol{g}$ 的影响,并略去二阶小量,得

$$\delta\dot{\boldsymbol{V}}^n = -\boldsymbol{\phi}^n \times \boldsymbol{f}^n + \boldsymbol{C}_b^n([\delta\boldsymbol{K}_A] + [\delta\boldsymbol{A}])\boldsymbol{f}^b + \delta\boldsymbol{V}^n \times (2\boldsymbol{\omega}_{ie}^n + \boldsymbol{\omega}_{en}^n) +$$
$$\boldsymbol{V}^n \times (2\delta\boldsymbol{\omega}_{ie}^n + \delta\boldsymbol{\omega}_{en}^n) + \nabla^n \qquad (2-116)$$

当取地理坐标系为导航坐标系时,有

$$\boldsymbol{\omega}_{ie}^n = \begin{bmatrix} 0 \\ \omega_{ie}\cos L \\ \omega_{ie}\sin L \end{bmatrix} \qquad \delta\boldsymbol{\omega}_{ie}^n = \begin{bmatrix} 0 \\ -\delta L\omega_{ie}\sin L \\ \delta L\omega_{ie}\cos L \end{bmatrix}$$

$$\boldsymbol{\omega}_{en}^n = \begin{bmatrix} -\dfrac{V_N}{R_M + h} \\[3mm] \dfrac{V_E}{R_N + h} \\[3mm] \dfrac{V_E}{R_N + h}\tan L \end{bmatrix}$$

$$\delta\boldsymbol{\omega}_{\mathrm{en}}^{\mathrm{n}} = \begin{bmatrix} -\dfrac{\delta V_{\mathrm{N}}}{R_{\mathrm{M}}+h} + \delta h\,\dfrac{V_{\mathrm{N}}}{(R_{\mathrm{M}}+h)^2} \\[3mm] \dfrac{\delta V_{\mathrm{E}}}{R_{\mathrm{N}}+h} - \delta h\,\dfrac{V_{\mathrm{E}}}{(R_{\mathrm{N}}+h)^2} \\[3mm] \dfrac{\delta V_{\mathrm{E}}}{R_{\mathrm{N}}+h}\tan L + \delta L\,\dfrac{V_{\mathrm{E}}}{R_{\mathrm{N}}+h}\sec^2 L - \delta h\,\dfrac{V_{\mathrm{E}}\tan L}{(R_{\mathrm{N}}+h)^2} \end{bmatrix}$$

记

$$\boldsymbol{C}_{\mathrm{b}}^{\mathrm{n}} = \begin{bmatrix} T_{11} & T_{12} & T_{13} \\ T_{21} & T_{22} & T_{23} \\ T_{31} & T_{32} & T_{33} \end{bmatrix}$$

上述诸式代入式(2-116)，可得以分量形式表示的速度误差方程：

$$\begin{bmatrix} \delta\dot{V}_{\mathrm{E}} \\ \delta\dot{V}_{\mathrm{N}} \\ \delta\dot{V}_{\mathrm{U}} \end{bmatrix}$$

$$= \begin{bmatrix} 0 & \phi_{\mathrm{U}} & -\phi_{\mathrm{N}} \\ -\phi_{\mathrm{U}} & 0 & -\phi_{\mathrm{E}} \\ \phi_{\mathrm{N}} & -\phi_{\mathrm{E}} & 0 \end{bmatrix} \begin{bmatrix} f_{\mathrm{E}} \\ f_{\mathrm{N}} \\ f_{\mathrm{U}} \end{bmatrix} + \begin{bmatrix} T_{11} & T_{12} & T_{13} \\ T_{21} & T_{22} & T_{23} \\ T_{31} & T_{32} & T_{33} \end{bmatrix} \begin{bmatrix} \delta K_{\mathrm{A}x} & \delta A_z & -\delta A_y \\ -\delta A_z & \delta K_{\mathrm{A}y} & \delta A_x \\ \delta A_y & -\delta A_x & \delta K_{\mathrm{A}z} \end{bmatrix} \begin{bmatrix} f_x^{\mathrm{b}} \\ f_y^{\mathrm{b}} \\ f_z^{\mathrm{b}} \end{bmatrix} +$$

$$\begin{bmatrix} 0 & -\delta V_{\mathrm{U}} & \delta V_{\mathrm{N}} \\ \delta V_{\mathrm{U}} & 0 & -\delta V_{\mathrm{E}} \\ -\delta V_{\mathrm{N}} & \delta V_{\mathrm{E}} & 0 \end{bmatrix} \begin{bmatrix} -\dfrac{V_{\mathrm{N}}}{R_{\mathrm{M}}+h} \\[3mm] 2\omega_{\mathrm{ie}}\cos L + \dfrac{V_{\mathrm{E}}}{R_{\mathrm{N}}+h} \\[3mm] 2\omega_{\mathrm{ie}}\sin L\,\dfrac{V_{\mathrm{E}}}{R_{\mathrm{N}}+h}\tan L \end{bmatrix} +$$

$$\begin{bmatrix} 0 & -V_{\mathrm{U}} & V_{\mathrm{N}} \\ V_{\mathrm{U}} & 0 & -V_{\mathrm{E}} \\ -V_{\mathrm{N}} & V_{\mathrm{E}} & 0 \end{bmatrix} \begin{bmatrix} -\dfrac{\delta V_{\mathrm{N}}}{R_{\mathrm{M}}+h} + \delta h\,\dfrac{V_{\mathrm{N}}}{(R_{\mathrm{M}}+h)^2} \\[3mm] -2\delta L\omega_{\mathrm{ie}}\sin L + \dfrac{\delta V_{\mathrm{E}}}{R_{\mathrm{N}}+h} - \delta h\,\dfrac{V_{\mathrm{E}}}{(R_{\mathrm{N}}+h)^2} \\[3mm] 2\delta L\omega_{\mathrm{ie}}\cos L + \dfrac{\delta V_{\mathrm{E}}}{R_{\mathrm{N}}+h}\tan L + \delta L\,\dfrac{V_{\mathrm{E}}}{R_{\mathrm{N}}+h}\sec^2 L - \delta h\,\dfrac{V_{\mathrm{E}}\tan L}{(R_{\mathrm{N}}+h)^2} \end{bmatrix} +$$

$$\begin{bmatrix} \nabla_{\mathrm{E}} \\ \nabla_{\mathrm{N}} \\ \nabla_{\mathrm{U}} \end{bmatrix}$$

$$\delta\dot{V}_{\mathrm{E}} = \phi_{\mathrm{U}} f_{\mathrm{N}} - \phi_{\mathrm{N}} f_{\mathrm{U}} + T_{11}(\delta K_{\mathrm{A}x} f_x^{\mathrm{b}} + \delta A_z f_y^{\mathrm{b}} - \delta A_y f_z^{\mathrm{b}}) +$$
$$T_{12}(\delta K_{\mathrm{A}y} f_y^{\mathrm{b}} - \delta A_z f_x^{\mathrm{b}} + \delta A_x f_z^{\mathrm{b}}) + T_{13}(\delta K_{\mathrm{A}z} f_z^{\mathrm{b}} + \delta A_y f_x^{\mathrm{b}} - \delta A_x f_y^{\mathrm{b}}) +$$

$$\delta V_E \frac{V_N \tan L - V_U}{R_N + h} + \delta V_N \left(2\omega_{ie} \sin L + \frac{V_E}{R_N + h} \tan L \right) -$$

$$\delta V_U \left(2\omega_{ie} \cos L + \frac{V_E}{R_N + h} \right) + \delta L \left[2\omega_{ie}(V_U \sin L + V_N \cos L) + \frac{V_E V_N}{R_N + h} \sec^2 L \right] +$$

$$\delta h \frac{V_E V_U - V_E V_N \tan L}{(R_N + h)^2} + \nabla_E \tag{2-117a}$$

$$\delta \dot{V}_N = \phi_U f_E + \phi_E f_U + T_{21}(\delta K_{Ax} f_x^b + \delta A_z f_y^b - \delta A_y f_z^b) +$$

$$T_{22}(\delta K_{Ay} f_y^b - \delta A_z f_x^b + \delta A_x f_z^b) + T_{23}(\delta K_{Az} f_z^b + \delta A_y f_x^b - \delta A_x f_y^b) -$$

$$\delta V_E \cdot 2 \left(\omega_{ie} \sin L + \frac{V_E}{R_N + h} \tan L \right) - \delta V_N \frac{V_U}{R_M + h} - \delta V_U \frac{V_N}{R_M + h} -$$

$$\delta L \left(2V_E \omega_{ie} \cos L + \frac{V_E^2}{R_N + h} \sec^2 L \right) + \delta h \left[\frac{V_N V_U}{(R_M + h)^2} + \frac{V_E^2 \tan L}{(R_N + h)^2} \right] + \nabla_N \tag{2-117b}$$

$$\delta \dot{V}_U = \phi_N f_E - \phi_E f_N + T_{31}(\delta K_{Ax} f_x^b + \delta A_z f_y^b - \delta A_y f_z^b) +$$

$$T_{32}(\delta K_{Ay} f_y^b - \delta A_z f_x^b + \delta A_x f_z^b) + T_{33}(\delta K_{Az} f_z^b + \delta A_y f_x^b - \delta A_x f_y^b) +$$

$$\delta V_E \cdot 2 \left(\omega_{ie} \cos L + \frac{V_E}{R_N + h} \right) + \delta V_N \frac{V_N}{R_M + h} -$$

$$\delta L \cdot 2V_E \omega_{ie} \sin L - \delta h \left[\frac{V_N^2}{(R_M + h)^2} + \frac{V_E^2}{(R_N + h)^2} \right] + \nabla_U \tag{2-117c}$$

式中：

$$\nabla_E = T_{11} \nabla_x^b + T_{12} \nabla_y^b + T_{13} \nabla_z^b$$

$$\nabla_N = T_{21} \nabla_x^b + T_{22} \nabla_y^b + T_{23} \nabla_z^b$$

$$\nabla_U = T_{31} \nabla_x^b + T_{32} \nabla_y^b + T_{33} \nabla_z^b$$

位置误差方程为

$$\delta \dot{L} = \frac{\delta V_N}{R_M + h} - \delta h \frac{V_N}{(R_M + h)^2} \tag{2-118a}$$

$$\delta \dot{\lambda} = \frac{\delta V_E}{R_N + h} \sec L + \delta L \frac{V_E}{R_N + h} \tan L \sec L - \delta h \frac{V_E \sec L}{(R_N + h)^2} \tag{2-118b}$$

$$\delta \dot{h} = \delta V_U \tag{2-118c}$$

2.4.3　姿态误差方程

根据式(2-73)，姿态四元数满足如下微分方程：

$$\dot{\boldsymbol{Q}} = \frac{1}{2} \boldsymbol{Q} \otimes \boldsymbol{\omega}_{nb}^b$$

其中，姿态速率 $\boldsymbol{\omega}_{nb}^b$ 视为零标量四元数。

如果求取的姿态速率不含任何误差，即

$$\boldsymbol{\omega}_{nb}^{b} = \boldsymbol{\omega}_{ib}^{b} - \boldsymbol{\omega}_{in}^{b}$$

则无误差的理想姿态四元数由式（2-119）确定：

$$\dot{\boldsymbol{Q}} = \frac{1}{2}\boldsymbol{Q} \otimes (\boldsymbol{\omega}_{ib}^{b} - \boldsymbol{\omega}_{in}^{b}) \qquad (2-119)$$

但实际系统中，姿态速率由陀螺的输出角速度 $\widetilde{\boldsymbol{\omega}}_{ib}^{b}$ 和对数学平台的指令角速度 $\hat{\boldsymbol{\omega}}_{in}^{b}$ 确定：

$$\hat{\boldsymbol{\omega}}_{nb}^{b} = \widetilde{\boldsymbol{\omega}}_{ib}^{b} - \hat{\boldsymbol{\omega}}_{in}^{b}$$

其中，指令角速度 $\hat{\boldsymbol{\omega}}_{in}^{b}$ 根据系统解算出的导航解确定，带有一定的误差。所以实际解算的四元数由式（2-120）确定：

$$\dot{\hat{\boldsymbol{Q}}} = \frac{1}{2}\hat{\boldsymbol{Q}} \otimes (\widetilde{\boldsymbol{\omega}}_{ib}^{b} - \hat{\boldsymbol{\omega}}_{in}^{b}) \qquad (2-120)$$

设与 $\hat{\boldsymbol{Q}}$ 相对应的姿态阵为 $\boldsymbol{C}_{b}^{n'}$，根据上节所述姿态阵与姿态四元数之间的等价关系，与 $\boldsymbol{C}_{b}^{n'} = \boldsymbol{C}_{n}^{n'}\boldsymbol{C}_{b}^{n}$ 相对应的四元数为

$$\hat{\boldsymbol{Q}} = \delta\boldsymbol{Q} \otimes \boldsymbol{Q}$$

将 $\delta\boldsymbol{Q}$ 写成三角形式：

$$\delta\boldsymbol{Q} = \cos\frac{\phi}{2} + \frac{\boldsymbol{\phi}}{\phi}\sin\frac{\phi}{2}$$

式中：$\phi = |\boldsymbol{\phi}|$，$\boldsymbol{\phi}$ 是由 $\hat{\boldsymbol{Q}}$ 确定的导航坐标系 n′ 相对由 $\boldsymbol{Q}$ 确定的导航坐标系 n 的偏差角矢量，即姿态误差角矢量。由于 $\boldsymbol{\phi}$ 是小角，所以 $\delta\boldsymbol{Q}$ 可写成

$$\delta\boldsymbol{Q} = 1 + \frac{\boldsymbol{\phi}}{2} \qquad (2-121)$$

$$\dot{\boldsymbol{\phi}} = -\delta\widetilde{\boldsymbol{\omega}}_{ib}^{n} + \delta\boldsymbol{\omega}_{in}^{n} + \boldsymbol{\phi} \times \boldsymbol{\omega}_{in}^{n} \qquad (2-122)$$

式中：

$$\delta\widetilde{\boldsymbol{\omega}}_{ib}^{n} = \boldsymbol{C}_{b}^{n}([\delta\boldsymbol{K}_{G}] + [\delta\boldsymbol{G}])\boldsymbol{\omega}_{ib}^{b} + \boldsymbol{\varepsilon}^{n}$$

$$[\delta\boldsymbol{K}_{G}] = \mathrm{diag}[\delta\boldsymbol{K}_{Gx} \quad \delta\boldsymbol{K}_{Gy} \quad \delta\boldsymbol{K}_{Gz}]$$

$$[\delta\boldsymbol{G}] = \begin{bmatrix} 0 & \delta G_{z} & -\delta G_{y} \\ -\delta G_{z} & 0 & \delta G_{x} \\ \delta G_{y} & -\delta G_{x} & 0 \end{bmatrix}$$

$\delta\boldsymbol{K}_{Gi}$，$\delta\boldsymbol{G}_{i}(i = x, y, z)$ 分别为陀螺的刻度系数误差和安装误差角。所以式（2-

122)可写成

$$\dot{\boldsymbol{\phi}} = \boldsymbol{\phi} \times \boldsymbol{\omega}_{in}^{n} + \delta\boldsymbol{\omega}_{in}^{n} - \boldsymbol{C}_{b}^{n}([\delta K_{G}] + [\delta G])\boldsymbol{\omega}_{ib}^{b} - \boldsymbol{\varepsilon}^{n} \qquad (2-123)$$

式(2-123)即为捷联惯导的姿态误差方程的矢量形式。

当取地理坐标系为导航坐标系时,式(2-123)可写成

$$
\begin{bmatrix} \dot{\phi}_E \\ \dot{\phi}_N \\ \dot{\phi}_U \end{bmatrix} = \begin{bmatrix} 0 & -\phi_U & \phi_N \\ \phi_U & 0 & -\phi_E \\ -\phi_N & \phi_E & 0 \end{bmatrix} \begin{bmatrix} -\dfrac{V_N}{R_M+h} \\[2mm] \omega_{ie}\cos L + \dfrac{V_E}{R_N+h} \\[2mm] \omega_{ie}\sin L + \dfrac{V_E}{R_N+h}\tan L \end{bmatrix} +
$$

$$
\begin{bmatrix} -\dfrac{\delta V_N}{R_M+h} + \delta h \dfrac{V_N}{(R_M+h)^2} \\[2mm] -\delta L\omega_{ie}\sin L + \dfrac{\delta V_E}{R_N+h} - \delta h \dfrac{V_E}{(R_N+h)^2} \\[2mm] \delta L\omega_{ie}\cos L + \dfrac{\delta V_E}{R_N+h}\tan L + \delta L \dfrac{V_E}{R_N+h}\sec^2 L - \delta h \dfrac{V_E\tan L}{(R_N+h)^2} \end{bmatrix} -
$$

$$
\begin{bmatrix} T_{11} & T_{12} & T_{13} \\ T_{21} & T_{22} & T_{23} \\ T_{31} & T_{32} & T_{33} \end{bmatrix} \begin{bmatrix} \delta K_{Gx} & \delta G_z & -\delta G_y \\ -\delta G_z & \delta K_{Gy} & \delta G_x \\ \delta G_y & -\delta G_x & \delta K_{Gz} \end{bmatrix} \begin{bmatrix} \omega_{ibx}^{b} \\ \omega_{iby}^{b} \\ \omega_{ibz}^{b} \end{bmatrix} - \begin{bmatrix} \varepsilon_E \\ \varepsilon_N \\ \varepsilon_U \end{bmatrix} \qquad (2-124)
$$

展开后,得

$$\dot{\phi}_E = \phi_N\left(\omega_{ie}\sin L + \frac{V_E}{R_N+h}\tan L\right) - \phi_U\left(\omega_{ie}\cos L + \frac{V_E}{R_N+h}\right) - \frac{\delta V_N}{R_M+h} + \delta h\frac{V_N}{(R_M+h)^2} -$$
$$T_{11}(\delta K_{Gx}\omega_{ibx}^{b} + \delta G_z\omega_{iby}^{b} - \delta G_y\omega_{ibz}^{b}) - T_{12}(\delta K_{Gy}\omega_{iby}^{b} - \delta G_z\omega_{ibx}^{b} + \delta G_x\omega_{ibz}^{b})$$
$$T_{13}(\delta K_{Gz}\omega_{ibz}^{b} + \delta G_y\omega_{ibx}^{b} - \delta G_x\omega_{iby}^{b}) - \varepsilon_E \qquad (2-125a)$$

$$\dot{\phi}_N = -\phi_E\left(\omega_{ie}\sin L + \frac{V_E}{R_N+h}\tan L\right) - \phi_U\frac{V_E}{R_M+h} - \delta L\omega_{ie}\sin L + \frac{\delta V_E}{R_N+h} - \delta h\frac{V_E}{(R_N+h)^2} -$$
$$T_{21}(\delta K_{Gx}\omega_{ibx}^{b} + \delta G_z\omega_{iby}^{b} - \delta G_y\omega_{ibz}^{b}) - T_{22}(\delta K_{Gy}\omega_{iby}^{b} - \delta G_z\omega_{ibx}^{b} + \delta G_x\omega_{ibz}^{b})$$
$$T_{23}(\delta K_{Gz}\omega_{ibz}^{b} + \delta G_y\omega_{ibx}^{b} - \delta G_x\omega_{iby}^{b}) - \varepsilon_N \qquad (2-125b)$$

$$\dot{\phi}_U = \phi_E\left(\omega_{ie}\cos L + \frac{V_E}{R_N+h}\right) - \phi_N\frac{V_N}{R_M+h} + \delta L\left(\omega_{ie}\cos L + \frac{V_E}{R_N+h}\sec^2 L\right) + \frac{\delta V_E}{R_N+h}\tan L -$$
$$\delta h\frac{V_E\tan L}{(R_N+h)^2} - T_{31}(\delta K_{Gx}\omega_{ibx}^{b} + \delta G_z\omega_{iby}^{b} - \delta G_y\omega_{ibz}^{b}) - T_{32}(\delta K_{Gy}\omega_{iby}^{b} - \delta G_z\omega_{ibx}^{b} +$$
$$\delta G_x\omega_{ibz}^{b}) - T_{33}(\delta K_{Gz}\omega_{ibz}^{b} + \delta G_y\omega_{ibx}^{b} - \delta G_x\omega_{iby}^{b}) - \varepsilon_U \qquad (2-125c)$$

式中:

$$\varepsilon_E = T_{11}\varepsilon_x^{b} + T_{12}\varepsilon_y^{b} + T_{13}\varepsilon_z^{b}$$

$$\varepsilon_N = T_{21}\varepsilon_x^b + T_{22}\varepsilon_y^b + T_{23}\varepsilon_z^b$$

$$\varepsilon_U = T_{31}\varepsilon_x^b + T_{32}\varepsilon_y^b + T_{33}\varepsilon_z^b$$

2.4.4　静基座条件下指北方位系统的误差传播特性分析

在静基座条件下,即 $V_E = V_N = V_U = 0$, $\dot{V}_E = \dot{V}_N = \dot{V}_U = 0$,不考虑高度通道(高度回路不计算或经阻尼处理),并忽略惯性器件刻度系数及安装偏角的影响,根据式(2-117)、式(2-118)及式(2-125),系统误差方程为

$$\dot{\delta V}_E = 2\omega_{ie}\sin L\delta V_N - \phi_y g + \nabla_E \tag{2-126a}$$

$$\dot{\delta V}_N = -2\omega_{ie}\sin L\delta V_E + \phi_x g + \nabla_N \tag{2-126b}$$

$$\dot{\phi}_x = -\frac{\delta V_N}{R} + \phi_y\omega_{ie}\sin L - \phi_z\omega_{ie}\cos L + \varepsilon_E \tag{2-126c}$$

$$\dot{\phi}_y = \frac{\delta V_E}{R} + \phi_x\omega_{ie}\sin L - \delta L\omega_{ie}\sin L + \varepsilon_N \tag{2-126d}$$

$$\dot{\phi}_z = \frac{\delta V_E}{R}\tan L + \delta L\omega_{ie}\cos L + \phi_x\omega_{ie}\cos L + \varepsilon_U \tag{2-126e}$$

$$\delta\dot{L} = \frac{\delta V_N}{R} \tag{2-126f}$$

$$\delta\dot{\lambda} = \frac{\delta V_E}{R}\sec L \tag{2-126g}$$

将式(2-126)写成矩阵形式:

$$
\begin{bmatrix} \dot{\delta V}_E \\ \dot{\delta V}_N \\ \delta\dot{L} \\ \dot{\phi}_x \\ \dot{\phi}_y \\ \dot{\phi}_z \end{bmatrix} =
\begin{bmatrix}
0 & 2\omega_{ie}\sin L & 0 & 0 & -g & 0 \\
-2\omega_{ie}\sin L & 0 & 0 & g & 0 & 0 \\
0 & \dfrac{1}{R} & 0 & 0 & 0 & 0 \\
0 & -\dfrac{1}{R} & 0 & 0 & \omega_{ie}\sin L & \omega_{ie}\cos L \\
\dfrac{1}{R} & 0 & -\omega_{ie}\sin L & -\omega_{ie}\sin L & 0 & 0 \\
\dfrac{\tan L}{R} & 0 & \omega_{ie}\cos L & \omega_{ie}\cos L & 0 & 0
\end{bmatrix}
\begin{bmatrix} \delta V_E \\ \delta V_N \\ \delta L \\ \phi_x \\ \phi_y \\ \phi_z \end{bmatrix} +
\begin{bmatrix} \nabla_E \\ \nabla_N \\ 0 \\ \varepsilon_E \\ \varepsilon_N \\ \varepsilon_U \end{bmatrix}
$$

$$\tag{2-127}$$

即 $\dot{\boldsymbol{X}}(t) = \boldsymbol{A}\boldsymbol{X}(t) + \boldsymbol{W}$

系统误差 $\boldsymbol{X}(t)$ 由两类误差源引起:元器件误差 ∇_E、∇_N、ε_E、ε_N、ε_U;系统误差初值 $\delta V_E(0)$、$\delta V_N(0)$、$\delta L(0)$、$\phi_x(0)$、$\phi_y(0)$、$\phi_z(0)$。对式(2-127)作拉氏变换:

$$s\boldsymbol{X}(s) = \boldsymbol{A}\boldsymbol{X}(s) + \boldsymbol{X}(0) + \boldsymbol{W}(s)$$

$$\boldsymbol{X}(s) = (s\boldsymbol{I} - \boldsymbol{A})^{-1}[\boldsymbol{X}(0) + \boldsymbol{W}(s)] \qquad (2-128)$$

系统的特征多项式为

$$\Delta(s) = |s\boldsymbol{I} - \boldsymbol{A}| = (s^2 + \omega_{ie}^2)[s^4 + 2s^2(\omega_s^2 + 2\omega_{ie}^2\sin^2 L) + \omega_s^4]$$

式中：ω_s 为舒勒频率。系统的特征根由下述两个方程确定：

$$s^2 + \omega_{ie}^2 = 0 \qquad (2-129)$$

$$s^4 + 2s^2(\omega_s^2 + 2\omega_{ie}^2\sin^2 L) + \omega_s^4 = 0 \qquad (2-130)$$

由式(2-129)，得特征根

$$s_{1,2} = \pm j\omega_{ie} \qquad (2-131)$$

记式(2-130)左侧为 $L(s)$，则

$$\begin{aligned}
L(s) &= s^4 + 2s^2(\omega_s^2 + 2\omega_{ie}^2\sin^2 L) + \omega_s^4 \\
&= (s^2 + \omega_s^2)^2 - (j2\omega_{ie}\sin L)^2 \\
&= (s^2 + j2\omega_{ie}\sin L + \omega_s^2)(s^2 - j2\omega_{ie}\sin L + \omega_s^2)
\end{aligned}$$

所以式(2-130)可写成

$$s^2 + j2\omega_{ie}\sin L + \omega_s^2 = 0$$
$$s^2 - j2\omega_{ie}\sin L + \omega_s^2 = 0$$

解该两方程，得

$$s_{3,4} = \frac{-j2\omega_{ie}\sin L \pm \sqrt{-4\omega_{ie}^2\sin^2 L - 4\omega_s^2}}{2}$$

$$s_{5,6} = \frac{-j2\omega_{ie}\sin L \pm \sqrt{-4\omega_{ie}^2\sin^2 L - 4\omega_s^2}}{2}$$

由于 $\omega_s \gg \omega_{ie}\sin L$，所以

$$s_{5,4} = \pm j(\omega_s + \omega_{ie}\sin L) \qquad (2-132)$$

$$s_{3,6} = \pm j(\omega_s - \omega_{ie}\sin L) \qquad (2-133)$$

由式(2-131)、式(2-132)及式(2-133)，特征根 $s_{1,2}$ 对应的振荡基础项为

$$\sin\omega_{ie}t, \ \cos\omega_{ie}t$$

特征根 $s_{5,4}$ 对应的振荡基础项为

$$\sin[(\omega_s + \omega_{ie}\sin L)t], \ \cos[(\omega_s + \omega_{ie}\sin L)t]$$

特征根 $s_{3,6}$ 对应的振荡基础项为

$$\sin[(\omega_s - \omega_{ie}\sin L)t], \ \cos[(\omega_s - \omega_{ie}\sin L)t]$$

其中，$\omega_{\mathrm{f}} = \sin L \omega_{\mathrm{ie}}$ 称为傅科频率。

因此惯导系统误差中存在 3 种频率的振荡：

（1）地球振荡，频率为 ω_{ie}，周期为 24 h。

（2）傅科振荡，频率为 $\omega_{\mathrm{ie}} \sin L$，周期随纬度而变，纬度越低，周期越长，在赤道上，傅科频率为零，傅科振荡消失，在两极，傅科振荡蜕化为地球振荡。

（3）傅勒振荡，振荡周期为 84.4 min。

在中低纬度区域，如在 $L = 30°$ 处，$T_{\mathrm{f}} = 48$ h，对于工作时间数小时的惯导，$\sin L \omega_{\mathrm{ie}} t \approx 0$，傅科振荡在系统误差中体现不明显，为简化分析，略去傅科振荡的影响，对式（2-128）作拉氏反变换，可得系统误差的时间解：

$$\delta V_{\mathrm{E}}(t) = \frac{g \sin L}{\omega_{\mathrm{s}}^2 - \omega_{\mathrm{ie}}^2} \left(\sin \omega_{\mathrm{ie}} t - \frac{\omega_{\mathrm{ie}}}{\omega_{\mathrm{s}}} \sin \omega_{\mathrm{s}} t \right) \varepsilon_{\mathrm{E}} +$$

$$\left(\frac{\omega_{\mathrm{s}}^2 - \omega_{\mathrm{ie}}^2 \cos^2 L}{\omega_{\mathrm{s}}^2 - \omega_{\mathrm{ie}}^2} \cos \omega_s t - \frac{\omega_{\mathrm{s}}^2 \sin^2 L}{\omega_{\mathrm{s}}^2 - \omega_{\mathrm{ie}}^2} \cos \omega_{\mathrm{ie}} t - \cos^2 L \right) \varepsilon_{\mathrm{N}} +$$

$$\frac{R}{2} \sin 2L \left(\frac{\omega_{\mathrm{s}}^2}{\omega_{\mathrm{s}}^2 - \omega_{\mathrm{ie}}^2} \cos \omega_{\mathrm{ie}} t - \frac{\omega_{\mathrm{ie}}^2}{\omega_{\mathrm{s}}^2 - \omega_{\mathrm{ie}}^2} \cos \omega_{\mathrm{s}} t - 1 \right) \varepsilon_{\mathrm{U}} + \frac{\nabla_{\mathrm{E}}}{\omega_{\mathrm{s}}} \sin \omega_{\mathrm{s}} t$$

$$(2-134\mathrm{a})$$

$$\delta V_{\mathrm{N}}(t) = \frac{g}{\omega_{\mathrm{s}}^2 - \omega_{\mathrm{ie}}^2} (\cos \omega_{\mathrm{ie}} t - \cos \omega_{\mathrm{s}} t) \varepsilon_{\mathrm{E}} + \frac{g \sin L}{\omega_{\mathrm{s}}^2 - \omega_{\mathrm{ie}}^2} \left(\sin \omega_{\mathrm{ie}} t - \frac{\omega_{\mathrm{ie}}}{\omega_{\mathrm{s}}} \sin \omega_{\mathrm{s}} t \right) \varepsilon_{\mathrm{N}} +$$

$$\frac{\omega_{\mathrm{s}} \cos L}{\omega_{\mathrm{s}}^2 - \omega_{\mathrm{ie}}^2} (\omega_{\mathrm{ie}} \sin \omega_{\mathrm{s}} t - \omega_{\mathrm{s}}) \varepsilon_{\mathrm{U}} + \frac{\nabla_{\mathrm{N}}}{\omega_{\mathrm{s}}} \sin \omega_{\mathrm{s}} t \qquad (2-134\mathrm{b})$$

$$\delta L(t) = \frac{\omega_{\mathrm{s}}^2}{\omega_{\mathrm{s}}^2 - \omega_{\mathrm{ie}}^2} \left(\frac{1}{\omega_{\mathrm{ie}}} \sin \omega_{\mathrm{ie}} t - \frac{1}{\omega_{\mathrm{s}}} \sin \omega_{\mathrm{s}} t \right) \varepsilon_{\mathrm{E}} +$$

$$\left[\frac{\omega_{\mathrm{ie}} \sin L}{\omega_{\mathrm{s}}^2 - \omega_{\mathrm{ie}}^2} \left(\cos \omega_{\mathrm{s}} t - \frac{\omega_{\mathrm{s}}^2}{\omega_{\mathrm{ie}}^2} \cos \omega_{\mathrm{ie}} t \right) + \frac{\sin L}{\omega_{\mathrm{ie}}} \right] \varepsilon_{\mathrm{N}} +$$

$$\left[\frac{\omega_{\mathrm{s}}^2 \cos L}{\omega_{\mathrm{ie}} (\omega_{\mathrm{s}}^2 - \omega_{\mathrm{ie}}^2)} \cos \omega_{\mathrm{ie}} t - \frac{\omega_{\mathrm{ie}} \cos L}{\omega_{\mathrm{s}}^2 - \omega_{\mathrm{ie}}^2} \cos \omega_{\mathrm{s}} t - \frac{\cos L}{\omega_{\mathrm{ie}}} \right] \varepsilon_{\mathrm{U}} + \frac{\nabla_{\mathrm{N}}}{g} (1 - \cos \omega_{\mathrm{s}} t)$$

$$(2-134\mathrm{c})$$

$$\delta \lambda(t) = \left[\frac{\tan L}{\omega_{\mathrm{ie}}} (1 - \cos \omega_{\mathrm{ie}} t) - \frac{\omega_{\mathrm{ie}} \tan L}{\omega_{\mathrm{s}}^2 - \omega_{\mathrm{ie}}^2} (\cos \omega_{\mathrm{ie}} t - \cos \omega_{\mathrm{s}} t) \right] \varepsilon_{\mathrm{E}} +$$

$$\left[\frac{\omega_{\mathrm{s}}^2 - \omega_{\mathrm{ie}}^2 \cos^2 L}{\omega_{\mathrm{s}} (\omega_{\mathrm{s}}^2 - \omega_{\mathrm{ie}}^2) \cos L} \sin \omega_{\mathrm{s}} t - \frac{\omega_{\mathrm{s}}^2 \tan L \sin L}{\omega_{\mathrm{ie}} (\omega_{\mathrm{s}}^2 - \omega_{\mathrm{ie}}^2)} \sin \omega_{\mathrm{ie}} t - t \cos L \right] \varepsilon_{\mathrm{N}} +$$

$$\left[\frac{\omega_{\mathrm{s}}^2 \sin L}{\omega_{\mathrm{ie}} (\omega_{\mathrm{s}}^2 + \omega_{\mathrm{ie}}^2)} \sin \omega_{\mathrm{ie}} t - \frac{\omega_{\mathrm{ie}}^2 \sin L}{\omega_{\mathrm{s}} (\omega_{\mathrm{s}}^2 + \omega_{\mathrm{ie}}^2)} \sin \omega_{\mathrm{s}} t - t \sin L \right] \varepsilon_{\mathrm{U}} +$$

$$\frac{\nabla_{\mathrm{E}}}{g \cos L} (1 - \cos \omega_{\mathrm{s}} t) \qquad (2-134\mathrm{d})$$

$$\phi_x(t) = \frac{1}{\omega_{\mathrm{s}}^2 - \omega_{\mathrm{ie}}^2} (\omega_{\mathrm{s}} \cos \omega_{\mathrm{s}} t - \omega_{\mathrm{ie}} \sin \omega_{\mathrm{ie}} t) \varepsilon_{\mathrm{E}} + \frac{\omega_{\mathrm{ie}} \sin L}{\omega_{\mathrm{s}}^2 - \omega_{\mathrm{ie}}^2} (\cos \omega_{\mathrm{ie}} t - \cos \omega_{\mathrm{s}} t) \varepsilon_{\mathrm{N}} +$$

$$\frac{\omega_{\text{ie}}\cos L}{\omega_{\text{s}}^2 - \omega_{\text{ie}}^2}(\cos \omega_{\text{s}}t - \cos \omega_{\text{ie}}t)\varepsilon_{\text{U}} - \frac{\nabla_{\text{N}}}{g}(1 - \cos \omega_{\text{s}}t) \tag{2-134e}$$

$$\phi_y(t) = \frac{\omega_{\text{ie}}\sin L}{\omega_{\text{s}}^2 - \omega_{\text{ie}}^2}(\cos \omega_{\text{s}}t - \cos \omega_{\text{ie}}t)\varepsilon_{\text{E}} +$$

$$\left[\frac{\omega_{\text{s}}^2 - \omega_{\text{ie}}^2\cos^2 L}{\omega_{\text{s}}(\omega_{\text{s}}^2 - \omega_{\text{ie}}^2)}\sin \omega_{\text{s}}t - \frac{\omega_{\text{ie}}\sin^2 L}{\omega_{\text{s}}^2 - \omega_{\text{ie}}^2}\sin \omega_{\text{ie}}t\right]\varepsilon_{\text{N}} +$$

$$\frac{\omega_{\text{ie}}\sin 2L}{2(\omega_{\text{s}}^2 - \omega_{\text{ie}}^2)}\left(\sin \omega_{\text{ie}}t - \frac{\omega_{\text{ie}}}{\omega_{\text{s}}}\sin \omega_{\text{s}}t\right)\varepsilon_{\text{U}} + \frac{\nabla_{\text{E}}}{g}(1 - \cos \omega_{\text{s}}t) \tag{2-134f}$$

$$\phi_z(t) = \left[\frac{\omega_{\text{ie}}\sin L\tan L}{\omega_{\text{s}}^2 - \omega_{\text{ie}}^2}(\cos \omega_{\text{s}}t - \cos \omega_{\text{ie}}t) + \frac{1}{\omega_{\text{ie}}\cos L}(1 - \cos \omega_{\text{ie}}t)\right]\varepsilon_{\text{E}} +$$

$$\frac{\omega_{\text{ie}}^2\sin 2L - 2\omega_{\text{s}}^2\tan L}{2(\omega_{\text{s}}^2 - \omega_{\text{ie}}^2)}\left(\frac{1}{\omega_{\text{ie}}}\sin \omega_{\text{ie}}t - \frac{1}{\omega_{\text{s}}}\sin \omega_{\text{s}}t\right)\varepsilon_{\text{N}} +$$

$$\left[\frac{\omega_{\text{s}}^2 - \omega_{\text{ie}}^2\cos^2 L}{\omega_{\text{ie}}(\omega_{\text{s}}^2 - \omega_{\text{ie}}^2)}\sin \omega_{\text{ie}}t - \frac{\omega_{\text{ie}}^2\sin^2 L}{\omega_{\text{s}}(\omega_{\text{s}}^2 - \omega_{\text{ie}}^2)}\sin \omega_{\text{s}}t\right]\varepsilon_{\text{U}} +$$

$$\frac{\nabla_{\text{E}}\tan L}{g}(1 - \cos \omega_{\text{s}}t) \tag{2-134g}$$

从式(2-134)看出,陀螺漂移引起的系统误差分三类:①振荡型,振荡周期有两种,分别为84.4min和24h;②常值型;③积累型,随时间 t 线性增加。对系统精度影响大的是后两类误差,特别是积累型,引起导航精度的发散。

由式(2-134d)知,北向陀螺漂移和方位陀螺漂移引起经度的积累误差:

$$\delta\lambda_{\text{积}}(t) = -(\varepsilon_{\text{N}}\cos L + \varepsilon_{\text{U}}\sin L)t$$

设 $L = 45°$, $\varepsilon_{\text{N}} = \varepsilon_{\text{U}} = 0.01°/\text{h}(1\sigma)$, $t = 1\text{h}$, 则

$$\delta\lambda_{\text{积}} = \sqrt{\left(0.01 \times \frac{\sqrt{2}}{2}\right)^2 + \left(0.01 \times \frac{\sqrt{2}}{2}\right)^2} \times 60 = 0.6'$$

对应的大圆定位误差为 $0.6\text{n mile}(1\sigma)$。

从式(2-134)可归纳出表 2-4 所列的定性结论。

表 2-4　器件误差引起的系统误差

误差源 ＼ 系统误差	速度	纬度	经度	ϕ_x	ϕ_y	ϕ_z
ε_{E}	振荡	振荡	常值	振荡	振荡	常值
ε_{N}	常值	常值	积累	振荡	振荡	振荡
ε_{U}	常值	常值	积累	振荡	振荡	振荡
∇_{E}	振荡	0	常值	0	常值	常值
∇_{N}	0	常值	0	常值	0	0

用类似方法可分析由误差初值引起的系统误差。由误差初值引起的系统误差

几乎都是振荡型的,振荡周期也有 3 种:舒勒周期、地球周期和傅科周期,仅 $\phi_y(0)$ 和 $\phi_z(0)$ 引起经度和方位的常值误差。

2.5　捷联惯导系统的对准与标定

2.5.1　静基座条件下指北方位对准

所谓对准就是确定惯性导航系统中惯性元件的测量轴所代表的载体坐标系各轴相对于导航参考坐标系指向的过程,也即确定导航初始时刻的姿态矩阵。航空惯导系统每次启动进入导航工作状态之前都需要进行初始对准,从前面的误差分析可得出,对准精度的高低,直接影响导航性能。而对准精度又取决于对准时间的长短,一般来说,对准时间越长,对准的精度也越高,但对准时间过长将影响飞机出航的快速性,因此,一般机载惯导系统的对准时间控制在 10 min 以内。

对准的方法有两类:一是利用惯性系统自身的加速度计和陀螺仪测量当地重力加速度和地球自转角速度的北向分量完成自主式对准;另一类是将外部参考基准通过机电或光学的手段引入到系统中。对于导航精度为 1 nmile/h(CEP)的捷联惯导系统,其自对准的水平对准精度要求一般为 $5''\sim10''$,方位对准精度则在 $3'\sim6'$(RMS)。

下面将阐述实现这种对准过程的基本原理与方法。

2.5.1.1　自主对准的基本原理和方法

从惯导的比力方程可以看出,当载体在地面静止不动时,有

$$f^b = -g^b = -C_n^b \cdot g^n \qquad (2-135)$$

相应的陀螺仪输出有

$$\omega^b = \omega_{ie}^b = C_n^b \cdot \omega^n \qquad (2-136)$$

将 C_n^b 代入式(2-135),可得

$$\theta = \arcsin(f_y^b/g) \qquad (2-137)$$

$$\gamma = \arctan(-f_x^b/f_z^b) \qquad (2-138)$$

也就是说通过对惯性系统 3 个敏感轴相互正交的加速度计的输出采样,可快速找到当地的水平面,再将 3 个敏感轴相互正交的陀螺仪输出值投影到水平面,即

$$\begin{bmatrix} \omega_{x1} \\ \omega_{y1} \\ \omega_{z1} \end{bmatrix} = \begin{bmatrix} 1 & 0 & 0 \\ 0 & \cos\theta & -\sin\theta \\ 0 & \sin\theta & \cos\theta \end{bmatrix} \begin{bmatrix} \cos\gamma & 0 & \sin\gamma \\ 0 & 1 & 0 \\ -\sin\gamma & 0 & \cos\gamma \end{bmatrix} \cdot \omega^b \qquad (2-139)$$

又

$$\begin{bmatrix} 0 \\ \Omega_N \\ \Omega_U \end{bmatrix} = \begin{bmatrix} \cos\psi & \sin\psi & 0 \\ -\sin\psi & \cos\psi & 0 \\ 0 & 0 & 1 \end{bmatrix} \cdot \begin{bmatrix} \omega_{x1} \\ \omega_{y1} \\ \omega_{z1} \end{bmatrix} \qquad (2-140)$$

由式(2-139),通过对两个角速率水平分量的计算便可获得航向角:

$$\psi = \arctan(-\omega_{x1}/\omega_{y1}) \tag{2-141}$$

这样通过对加速度计、陀螺的输出采样计算可快速确定姿态矩阵的初值。然而,从计算过程可发现,由于加速度计和陀螺误差的存在,特别是系统刚启动后误差的不稳定以及随机干扰噪声等的存在,使得快速计算所得的欧拉角误差难以满足对准精度的要求,也即计算的数学平台坐标系与理想平台坐标系(地理系)之间存在失准角(或称为姿态误差角),记该失准角为 $\boldsymbol{\phi} = \begin{bmatrix} \phi_x & \phi_y & \phi_z \end{bmatrix}^{\mathrm{T}}$。此过程称为惯导系统的粗对准。

为有效抑制各种随机干扰、进一步消除某些惯性器件零偏误差对对准精度的影响,在粗对准的基础上需继续延长对准,即所谓的精对准,通过精对准达到所需的对准精度。

经过粗对准后,失准角 ϕ_x、ϕ_y 和 ϕ_z 为小角度,它们的变化规律满足如下微分方程组:

$$\begin{cases} \dot{\phi}_x = -\dfrac{\delta v_y}{R} - \omega_{\mathrm{N}}\phi_z + \omega_{\mathrm{U}}\phi_y + \varepsilon_x \\[2mm] \dot{\phi}_y = \dfrac{\delta v_x}{R} - \omega_{\mathrm{U}}\phi_x + \varepsilon_y \\[2mm] \dot{\phi}_z = \omega_{\mathrm{N}}\phi_x + \varepsilon_z \end{cases} \tag{2-142}$$

将 R_{M},R_{N} 近似为平均地球半径 R。

在静止条件下惯导的计算速度即为速度误差,惯导速度误差主要由重力加速度通过水平失准角耦合引起,即

$$\begin{cases} \delta \dot{v}_x = -g\phi_y + \nabla_x \\[2mm] \delta \dot{v}_y = g\phi_x + \nabla_y \end{cases} \tag{2-143}$$

在式(2-142)和式(2-143)中:ε 为陀螺的常值漂移;∇ 为加速度计的零偏值。

经过粗对准后的水平姿态误差角 ϕ_x 和 ϕ_y 很小(一般小于 $1'$),可进一步忽略式(2-142)中 $\omega_{\mathrm{U}}\phi_y$、$\omega_{\mathrm{U}}\phi_x$ 和 $\omega_{\mathrm{N}}\phi_x$ 等项的影响,将其简化为

$$\begin{cases} \dot{\phi}_x = -\dfrac{\delta v_y}{R} - \omega_{\mathrm{N}}\sin\phi_z + \varepsilon_x \\[2mm] \dot{\phi}_y = \dfrac{\delta v_x}{R} + \varepsilon_y \end{cases} \tag{2-144}$$

综合式(2-143)和式(2-144)可以看出,惯导误差被解耦为两个主要部分,即水平 x 通道(由 δv_x、ϕ_y 组成)和水平 y 通道(由 δv_y、ϕ_x 组成)。而惯导方位误差比较简单,近似有 $\dot{\phi}_z \approx \varepsilon_z \approx 0$,在短时间内可忽略漂移产生的误差,将 ϕ_z 看做常值。

1) 水平 x 通道

水平 x 通道由以下两个方程组成：

$$\begin{cases} \dot{\phi}_y = \dfrac{\delta v_x}{R} + \varepsilon_y \\ \delta \dot{v}_x = - g\phi_y + \nabla_x \end{cases} \qquad (2-145)$$

根据这两个方程，绘制出传递函数框图如图 2-33 中实线部分所示。

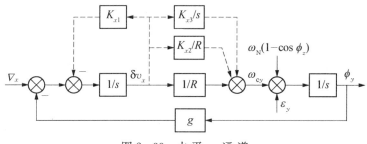

图 2-33　水 平 x 通 道

假设误差 ∇_x，ϕ_z，ε_y 均为常值，则与该传递函数框图对应的是一个二阶无阻尼振荡系统，即所谓的休拉回路。

$$\phi_y(s) = \frac{\varepsilon_y + \nabla_x/(sR)}{s^2 + \omega_s^2} \qquad (2-146)$$

式中：$\omega_s^2 = g/R$ 为休拉角频率。对于休拉回路，如果存在初始平台失准角 $\phi_y(0)$，它将不随时间收敛。为了使初始平台失准角收敛，在图 2-33 中引入局部反馈和顺馈控制律，如图 2-33 中虚线所示，其中 K_{x1}，K_{x2}，K_{x3} 是预设的控制参数，根据图 2-33 得传递函数

$$\phi_y(s) = \frac{(s + K_{x1})\varepsilon_y + \nabla_x\left(\dfrac{1 + K_{x2}}{R} + \dfrac{K_{x3}}{s}\right)}{s^3 + s^2 K_{x1} + s(1 + K_{x2})\omega_s^2 + gK_{x3}} \qquad (2-147)$$

这时 ϕ_y 的稳态值为

$$\phi_y(\infty) = \lim_{s \to 0} s\phi_y(s) = \frac{\nabla_x}{g} \qquad (2-148)$$

由于 ϕ_y 稳态时为常值，因而有 $\dot{\phi}_y(\infty) \to 0$，即在稳态时存在如下角速率平衡关系：

$$\varepsilon_y + \omega_{cy} = \dot{\phi}_y = 0 \qquad (2-149)$$

由此可见，精对准过程等效北向陀螺漂移可测。

2) 水平 y 通道

水平 y 通道由以下两个方程组成：

$$\begin{cases} \dot{\phi}_x = -\dfrac{\delta v_y}{R} - \omega_N \phi_z + \varepsilon_x \\[2mm] \delta \dot{v}_y = g\phi_x + \nabla_y \end{cases} \tag{2-150}$$

类似于 x 通道，y 通道的传递函数框图如图 2-34 中实线部分，并且图中还给出了使 ϕ_x 收敛的控制律，如虚线所示。

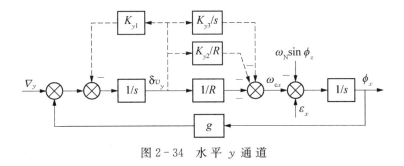

图 2-34　水平 y 通道

根据图 2-34，得传递函数为

$$\phi_x(s) = \frac{(s+K_{y1})(\varepsilon_x - \omega_N \phi_z) - \nabla_y \left(\dfrac{1+K_{y2}}{R} + \dfrac{K_{y3}}{s} \right)}{s^3 + K_{y1}s^2 + (1+K_{y2})\omega_s^2 s + gK_{y3}} \tag{2-151}$$

其稳态值为

$$\phi_x(\infty) = \lim_{s \to 0} s\phi_x(s) = -\frac{\nabla_y}{g} \tag{2-152}$$

同理，由稳态角速率平衡关系 $\varepsilon_x - \omega_{cx} - \omega_N \phi_z = 0$，可近似解得方位误差角：

$$\phi_z \approx -\omega_{cx}/\omega_N \tag{2-153}$$

而 ϕ_z 的估计误差为

$$\delta\phi_z = \varepsilon_x/\omega_N \tag{2-154}$$

　　由式(2-148)、式(2-152)和式(2-154)可以看出，0.1mg 的加速度零偏将引起 0.1mrad(约 0.34′)的水平对准误差，而 0.01′/h 的等效东向陀螺漂移在纬度 45′上将导致 1mrad 的方位对准误差。显然为了实现精确的方位对准，需要有高精度的陀螺。由式(2-154)还可知道，在高纬地区，尤其逼近极区时，此时由于等效动向陀螺漂移的存在，使得高纬地区方位估计误差急剧加大，因此高纬地区惯性导航系统无法完成正常的自对准。

2.5.2　捷联惯导系统的标定技术

　　惯性测量组合(inertial measurement unit，IMU)是构成惯性导航系统的核心硬件基础,它以陀螺和加速度计为基本的惯性测量元件。若每个惯性元件都是单轴的,则为了实现三维空间中的全方向测量和导航的目的,IMU 至少应当包含三只陀螺和三只加速度计。将惯性元件安装到 IMU 基座上时,由于基座支架加工的平行度/垂直度误差以及惯性元件的真实输入基准轴与理想输入轴之间存在失准角误差,使得 IMU 中三只陀螺或三只加速度计的实际输入轴组成的坐标系是一个非直角坐标系。然而,提供给惯性导航解算的数据应该是在统一直角坐标系下表示的角速度和比力矢量,为了实现从非直角坐标系到直角坐标系的测量转换,必须进行IMU 组合级测试与标定;此外,单个惯性元件组合成系统后,由于环境和外围支持电路的改变,使得单表测试标定的参数也将在系统中发生相应的变化,故也需进行系统级的参数测试与标定。本节重点介绍捷联惯性测量组合(strapdown IMU,SIMU)标定的基本原理和方法。

2.5.2.1　陀螺和加速度计的标定模型

记捷联惯性测量组件(SIMU)坐标系为 $OX_bY_bZ_b$,即 b 系。假设 SIMU 中陀螺和加速度计无冗余安装,即由三只单轴加速度计和三只单轴陀螺构成,并假设三只加速度计输入轴相交于一点。由三只加速度计输入轴组成坐标系 $OX_aY_aZ_a$,简记为a 系;而由三只陀螺输入轴组成坐标系 $OX_gY_gZ_g$,简记为 g 系,一般 a 系和 g 系均不是正交坐标系。

1) 加速度计标定模型

设加速度计的静态输入输出数学模型为

$$E_m = K_{m1}(K_{m0} + a_{mi}),\ m = X, Y, Z \qquad (2-155)$$

若将三只加速度计的模型合在一起写成矢量的形式,得

$$\boldsymbol{N}_A = \boldsymbol{K}_1(\nabla^a + \boldsymbol{f}^a) \qquad (2-156)$$

式(2-156)中记

$$\boldsymbol{N}_A = \begin{bmatrix} E_X \\ E_Y \\ E_Z \end{bmatrix},\ \boldsymbol{K}_1 = \mathrm{diag} \begin{bmatrix} K_{X1} \\ K_{Y1} \\ K_{Z1} \end{bmatrix},\ \nabla^a = \begin{bmatrix} K_{X0} \\ K_{Y0} \\ K_{Z0} \end{bmatrix},\ \boldsymbol{f}^a = \begin{bmatrix} a_{Xi} \\ a_{Yi} \\ a_{Zi} \end{bmatrix}$$

式(2-156)经移项,整理得

$$\boldsymbol{f}^a = \boldsymbol{K}_1^{-1}\boldsymbol{N}_A - \nabla^a \qquad (2-157)$$

若把 $\boldsymbol{f}^a$ 看做是某比力矢量在斜坐标系 a 系下的正交投影,将式(2-147)的两边同时左乘 $(\boldsymbol{C}_b^a)^T$,可得

$$(\boldsymbol{C}_b^a)^T\boldsymbol{f}^a = (\boldsymbol{C}_b^a)^T(\boldsymbol{K}_1^{-1}\boldsymbol{N}_A - \nabla^a) = [\boldsymbol{K}_1(\boldsymbol{C}_a^b)^T]^{-1}\boldsymbol{N}_A - (\boldsymbol{C}_b^a)^T\nabla^a$$

$$(2-158)$$

此处，C_a^b 是从 a 系至 b 系的坐标变换矩阵，亦称为加速度计的安装矩阵，它的第 m 行向量 $C_a^b(:,m)$ 表示 m 加速度计在 b 系中的指向。记

$$f^b = (C_b^a)^T f^a$$
$$\nabla^b = (C_b^a)^T \nabla^a$$

$$K_A = [K_1 (C_a^b)^T]^{-1} \qquad (2-159)$$

则式（2-158）可简写为

$$f^b = K_A N_A - \nabla^b \qquad (2-160)$$

称式（2-160）为加速度计的线性标定模型，K_A 为刻度系数矩阵，∇^b 为等效偏值。由此可见，通过标定模型和加速度计的实时采样数据 N_A，可计算获得 SIMU 正交坐标系 b 系下的比力输出 f^b。参考式（2-159）刻度系数矩阵的逆阵可展开为

$$K_A^{-1} = K_1 (C_a^b)^T = \begin{bmatrix} K_{X1}C_a^b(1,1) & K_{X1}C_a^b(2,1) & K_{X1}C_a^b(3,1) \\ K_{Y1}C_a^b(1,2) & K_{Y1}C_a^b(2,2) & K_{Y1}C_a^b(3,2) \\ K_{Z1}C_a^b(1,3) & K_{Z1}C_a^b(2,3) & K_{Z1}C_a^b(3,3) \end{bmatrix}$$
$$(2-161)$$

式中：$C_a^b(i,j)$，$(i,j=1,2,3)$ 是矩阵 C_a^b 的第 i 行 j 列元素。

如果已知加速度计的标定模型参数 K_A，∇^b，通过式（2-161）易知 K_A^{-1} 的第 i 行的模值为 $K_{m1}(i=1,2,3$ 分别对应 $m=X,Y,Z)$，并且若将 K_A^{-1} 的第 i 行分别除以 K_{m1} 再转置，可立即得安装矩阵 C_a^b，此外还有 $\nabla^a = [(C_b^a)^T]^{-1} \nabla^b = (C_a^b)^T \nabla^b$。因此，从标定模型可以反推计算出加速度计的静态输入输出数学模型和安装矩阵 C_a^b。

2）陀螺标定模型

在捷联惯导系统中，常选用激光陀螺或光纤陀螺，光学陀螺具有标度因数线性度好、动态和静态误差小等优点，一般可简单建模如下：

$$\frac{N_m}{K_m} = \omega_{mi} + \varepsilon_m, \quad m=X,Y,Z \qquad (2-162)$$

式中：N_m，K_m，ω_{mi}，ε_m 分别表示陀螺的采样输出、标度因数、沿输入轴的理想角速率输入、零位漂移误差。假设三只陀螺输入轴一起构成斜坐标系 g 系，从 g 系至 b 系的变换矩阵为 C_g^b，即陀螺安装矩阵，则类似于加速度计的线性标定模型式（2-160），容易获得陀螺的标定模型：

$$\omega^b = K_G N_G - \varepsilon^b \qquad (2-163)$$

其中，

$$K_G = [K (C_g^b)^T]^{-1}, \quad K = \mathrm{diag}\begin{bmatrix} K_X \\ K_Y \\ K_Z \end{bmatrix}, \quad N_G = \begin{bmatrix} N_X \\ N_Y \\ N_Z \end{bmatrix}$$

$$\boldsymbol{\varepsilon}^{\mathrm{b}} = (\boldsymbol{C}_{\mathrm{b}}^{\mathrm{g}})^{\mathrm{T}} \boldsymbol{\varepsilon}^{\mathrm{g}}, \ \boldsymbol{\varepsilon}^{\mathrm{g}} = \begin{bmatrix} \varepsilon_X \\ \varepsilon_Y \\ \varepsilon_Z \end{bmatrix} \circ$$

2.5.2.2　SIMU 的标定方法

SIMU 标定一般是在三轴转台上进行,辅助设备还可能包括水平仪、北向基准和安装过渡板等。标定的目的是为了确定模型参数,如加速度计的标定模型参数 $\boldsymbol{K}_{\mathrm{A}}$、$\nabla^{\mathrm{b}}$ 和陀螺的标定模型参数 $\boldsymbol{K}_{\mathrm{G}}$、$\boldsymbol{\varepsilon}^{\mathrm{b}}$ 等。在实验室 $1g$ 重力场环境下,利用重力 g 的激励输入,完成对加速度计模型参数的标定;利用转台的角速率和精确的角位置信息完成对陀螺模型参数的标定。

1) 加速度计标定

在加速度计标定模型中,记 $\boldsymbol{N}_{\mathrm{A}}$ 为加速度计的采样输出,而 $\boldsymbol{f}^{\mathrm{b}}$ 为重力场提供的比力输入矢量。转动转台使重力矢量 $\boldsymbol{g}^{\mathrm{n}} = \begin{bmatrix} 0 & 0 & -g \end{bmatrix}^{\mathrm{T}}$ 精确对准到 SIMU 坐标系的各轴正、反方向(即平行),即获得 6 组 SIMU 位置。以线性标定模型式(2-160)为例,其参数 $\boldsymbol{K}_{\mathrm{A}}$、$\nabla^{\mathrm{b}}$ 中共有 12 个未知量,在每个位置 k 下采样可建立 3 个方程,写成分量形式,即

$$\begin{cases} f_{Xk}^{\mathrm{b}} = \boldsymbol{K}_{\mathrm{A}}(1,:) \, \boldsymbol{N}_{\mathrm{A}k} - \nabla_X^{\mathrm{b}} \\ f_{Yk}^{\mathrm{b}} = \boldsymbol{K}_{\mathrm{A}}(2,:) \, \boldsymbol{N}_{\mathrm{A}k} - \nabla_Y^{\mathrm{b}} \\ f_{Zk}^{\mathrm{b}} = \boldsymbol{K}_{\mathrm{A}}(3,:) \, \boldsymbol{N}_{\mathrm{A}k} - \nabla_Z^{\mathrm{b}} \end{cases} \tag{2-164}$$

这 3 个分量方程在形式上完全相同,标定参数的求解方法也完全一样。仅以 X 轴为例,经过 n 次角位置试验之后,可得一组方程

$$Y_k = \boldsymbol{H}_k \boldsymbol{X} \quad (k = 1, 2, \cdots, n) \tag{2-165}$$

式中:$Y_k = f_{Xk}^{\mathrm{b}}$,$\boldsymbol{H}_k = \begin{bmatrix} \boldsymbol{N}_{\mathrm{A}k}^{\mathrm{T}} & -1 \end{bmatrix}$,$\boldsymbol{X} = \begin{bmatrix} \boldsymbol{K}_{\mathrm{A}}(1,:) & \nabla_X^{\mathrm{b}} \end{bmatrix}^{\mathrm{T}}$。这里 $\boldsymbol{X}$ 是待求的四维未知参数向量,可采用最小二乘法求解 $\boldsymbol{X}$,即若设

$$\boldsymbol{Y} = \boldsymbol{H}\boldsymbol{X} \tag{2-166}$$

其中,

$$\boldsymbol{Y} = \begin{bmatrix} Y_1 \\ Y_2 \\ \vdots \\ Y_n \end{bmatrix}, \ \boldsymbol{H} = \begin{bmatrix} \boldsymbol{H}_1 \\ \boldsymbol{H}_2 \\ \vdots \\ \boldsymbol{H}_n \end{bmatrix}$$

则参数向量 $\boldsymbol{X}$ 的最小二乘解为

$$\hat{\boldsymbol{X}} = (\boldsymbol{H}^{\mathrm{T}}\boldsymbol{H})^{-1} \boldsymbol{H}^{\mathrm{T}}\boldsymbol{Y} \tag{2-167}$$

2）陀螺标定

（1）刻度系数矩阵标定。

在加速度计的标定过程中，当地重力加速度矢量$\boldsymbol{g}^n$准确已知，可作为精确的比力激励基准使用，并通过已知给定的转台转动角位置将重力矢量变换至 IMU 坐标系，获得精确的 b 系比力输入$\boldsymbol{f}^b$。虽然在加速度计参数标定过程中相应的角位置地球自转角速度$\boldsymbol{\omega}_{ie}$也是准确已知的，但是由于该角速度量级太小，不宜当作标定陀螺的角速度激励源使用，必须借助于转台的转动提供更大的角速度激励。

如果直接以角速度模型式（2-163）作为标定模型，使用速率转台角速率作为激励输入，速率转台的瞬时速率相对精度一般为 $0.1\%\sim1\%$，不能满足作为高精度速率基准的要求。解决该问题办法是将式（2-163）在一定时间段内进行数值积分，得

$$\boldsymbol{\Omega}^b = \boldsymbol{K}_G\,\boldsymbol{N}_{\Sigma G} - \boldsymbol{\Theta}^b \tag{2-168}$$

式中：$\boldsymbol{\Omega}^b = \sum \boldsymbol{\omega}_{ib}^b T_s$，$\boldsymbol{N}_{\Sigma G} = \sum \boldsymbol{N}_G T_s$，$\boldsymbol{\Theta}^b = \sum \boldsymbol{\varepsilon}^b T_s$，$T_s$ 为采样周期。

为了省去实时计算地球自转角速度在 SIMU 坐标轴上投影的麻烦，通常采用整周旋转的角位置标定法，即转台在给定角速率下旋转指定的整数周角度，但是在转台启动和停止阶段必然存在角速率的加速或减速过渡过程，因而不能充分对消地球自转角速度在非转动轴上的影响。如果采取正反转试验手段，则可基本消除启停影响。角位置法的优点是不需要高精度的速率转台，但对转台的角位置精度要求相对较高。

由于标定过程转动时间较短，陀螺漂移的累积效应很小。假设陀螺漂移为 $0.02°/h$，转台以 $10°/s$ 的角速率转动一周，累积的漂移角为 $0.02°/h\times36\,s = 0.72''$，这与高精度转台的角位置精度相近甚至更高。因此，陀螺漂移极易淹没在转台测量和陀螺采样噪声中，使得通过转动试验获得的陀螺漂移 $\boldsymbol{\varepsilon}^b$ 标定精度不高。实用的处理方法是，暂且先忽略陀螺漂移影响，将标定模型近似为

$$\boldsymbol{\Omega}^b = \boldsymbol{K}_G\,\boldsymbol{N}_{\Sigma G} \tag{2-169}$$

该方程的$\boldsymbol{K}_G$中只有 9 个未知参数，每次转动试验可构造一组 3 个方程，因此最少需 3 次转轴不相关的转动试验，比如绕 SIMU 每个坐标轴各正、反方向转动一次，即可求解出$\boldsymbol{K}_G$。

（2）陀螺漂移标定。

在完成刻度系数矩阵$\boldsymbol{K}_G$标定之后，采用双位置测漂法标定陀螺漂移。假设在 0 位置下 SIMU 的方位角为 ψ_0，则地球自转角速度$\boldsymbol{\omega}_{ie}^n$在 SIMU 坐标轴上的投影为

$$\boldsymbol{\omega}_0^b = \boldsymbol{C}_{\psi 0}\,\boldsymbol{\omega}_{ie}^n = \begin{bmatrix} \cos\psi_0 & \sin\psi_0 & 0 \\ -\sin\psi_0 & \cos\psi_0 & 0 \\ 0 & 0 & 1 \end{bmatrix} \begin{bmatrix} 0 \\ \omega_{ie}\cos L \\ \omega_{ie}\sin L \end{bmatrix} = \omega_{ie} \begin{bmatrix} \cos L\sin\psi_0 \\ \cos L\cos\psi_0 \\ \sin L \end{bmatrix}$$

$$\tag{2-170}$$

接下来，将转台绕主轴转动 $180°$，方位角变为 $\psi_{180} = \psi_0 + 180°$，称为 π 位置，此时地球

自转角速度 $\boldsymbol{\omega}_{ie}^{n}$ 在 SIMU 坐标轴上的投影为

$$\boldsymbol{\omega}_{180}^{b} = \boldsymbol{C}_{\psi 180}\,\boldsymbol{\omega}_{ie}^{n} = \begin{bmatrix} \cos\psi_{180} & \sin\psi_{180} & 0 \\ -\sin\psi_{180} & \cos\psi_{180} & 0 \\ 0 & 0 & 1 \end{bmatrix} \begin{bmatrix} 0 \\ \omega_{ie}\cos L \\ \omega_{ie}\sin L \end{bmatrix} = \omega_{ie} \begin{bmatrix} -\cos L\sin\psi_{0} \\ -\cos L\cos\psi_{0} \\ \sin L \end{bmatrix}$$

$$(2-171)$$

转动前后方位角相差 $180°$ 的两个角位置即称为双位置。在双位置下,将理论角速率输入和陀螺采样输出代入陀螺标定模型,得

$$\boldsymbol{\omega}_{0}^{b} = \boldsymbol{K}_{G}\,\overline{\boldsymbol{N}}_{G0} - \boldsymbol{\varepsilon}^{b} \qquad\qquad (2-172)$$

$$\boldsymbol{\omega}_{180}^{b} = \boldsymbol{K}_{G}\,\overline{\boldsymbol{N}}_{G180} - \boldsymbol{\varepsilon}^{b} \qquad\qquad (2-173)$$

式中: $\overline{\boldsymbol{N}}_{G0}$,$\overline{\boldsymbol{N}}_{G180}$ 分别是 0 位置和 π 位置时陀螺采样输出的平均值。若将上述两式相加并考虑式(2-170)和式(2-171),可解得

$$\boldsymbol{\varepsilon}^{b} = \frac{1}{2}\boldsymbol{K}_{G}(\overline{\boldsymbol{N}}_{G0} + \overline{\boldsymbol{N}}_{G180}) - \begin{bmatrix} 0 & 0 & \omega_{ie}\sin L \end{bmatrix}^{T} \qquad (2-174)$$

例如,对于 $0.01°/h$ 的陀螺漂移,选取测试时间 $10\,\mathrm{min}$,在该时间段内陀螺漂移累积的角度达 $0.01°/h \times 10\,\mathrm{min} = 6''$,大于测量噪声,因此,双位置法可获得较高的陀螺漂移标定精度。

　　最后,在完成陀螺漂移标定之后,如果发现漂移数值较大,还可对刻度系数矩阵 $\boldsymbol{K}_{G}$ 进行重新计算。将标定模型式(2-168)改写为

$$\widetilde{\boldsymbol{\Omega}}^{b} = \boldsymbol{K}_{G}\,\boldsymbol{N}_{\Sigma G} \qquad\qquad (2-175)$$

式中: $\widetilde{\boldsymbol{\Omega}}^{b} = \boldsymbol{\Omega}^{b} + \boldsymbol{\Theta}^{b}$ 视为经过陀螺漂移修正后的转动激励,再次利用已有的转动试验数据重新计算,获得更加精确的 $\boldsymbol{K}_{G}$。

　　对于惯性级 SIMU,未标定时惯性元件输入轴失准角可达角分级甚至几十角分,所以只能通过多次标定进行参数的测量与重复性检验,一般应达到以下重复性指标(1σ):陀螺标度因数的相对误差为 10^{-5},安装矩阵元素的绝对误差为 10^{-5},漂移的绝对误差为 $0.01°/h$;加速度计标度因数的相对误差为 5×10^{-5},安装矩阵元素的绝对误差为 2×10^{-5},偏值的绝对误差为 2×10^{-5} g。

2.6　大气数据系统

2.6.1　相关术语与定义

1) 标准大气模型

标准大气条件以海平面为零高度,海平面标准大气参数如表 2-5 所示。

表 2-5 海平面标准大气参数

序号	名称	定义
1	空气温度	$t = 15℃$;空气绝对温度 $T_0 = 288.150\,\mathrm{K}$
2	空气压强	$p_0 = 101\,325\,\mathrm{N/m^2}$(即 760 mmHg)
3	重力加速度	$g_0 = 9.807\,\mathrm{m/s^2}$
4	空气密度	$\rho_0 = 0.125\,\mathrm{kg \cdot s/m^4} = 1.225\,\mathrm{N \cdot s/m^4}$
5	声速	$c_0 = 340.294\,\mathrm{m/s}$
6	绝热系数	$k = 1.400$
7	普适气体常数	$R = \dfrac{p_0}{\rho_0 T_0} \approx 287.042\,\mathrm{m^2/s^2 \cdot K}$

2) 绝对高度和气压高度

绝对高度(H)指飞机与标准海平面的垂直距离;气压高度(H_p)是指 760 mm 汞柱标准气压平面上的大气模型高度。当飞行在海平面气压大于 760 mm 汞柱的区域时,指示的气压高度小于绝对高度。

3) 场压和修正气压高度

场压(QFE):是指场面气压,是指航空器在着陆区域最高点的气压。

修正海平面气压高度:是指当海平面气压调整高度表的数值为零时,上升至某一点的垂直距离。

4) 总温和静温

总温(T_t)是指当压缩空气的速度提高至运动物体的速度时,空气全部受阻时的取样温度。因为取样空气在绝热压缩时产生了附加热量,所以总温比静温高。

静温(T_s)是指飞行中飞机周围未受到扰动的大气温度,有时称为自由空气温度。

5) 静压和总压

静压(p_s)是指空气作用在相对静止物体单位面积上的力,就是飞机周围的大气压力。

总压(p_t)是静压与动压之和,是空气作用到相对运动的物体表面上单位面积上的总压力。总压也称为全压。

6) 指示空速和真空速

指示空速(V_i)是空速表上显示的飞行速度。它是通过直接测量气流总压与静压之差得出的飞行速度,即仪表速度。真空速(V_t)是修正了空气密度变化的当量空速。

7) 攻角

攻角(也称为迎角)是飞机纵轴与迎面气流间的夹角。飞机的升力由飞行时的动压、机翼面积和攻角决定。攻角超过临界攻角时,飞机可能产生失速现象;反之,当飞机产生失速现象时,改变攻角和增大空速也可以使飞机摆脱失速状态。

2.6.2 大气数据系统的组成与功能

大气数据系统(ADS)是重要的机载信息源,可以提供空速、气压高度、大气温度、压力等重要参数。大气数据系统通过传感器对气流动压、静压、压力变化率和温度的测量,经计算与修正得出高度偏差、高度、垂直升降速度、真空速、马赫数变化率、马赫数与大气密度等一系列参数,这一系列参数是飞机和发动机自动控制系统、火控系统、导航系统、空中交通管制系统以及应用于飞行驾驶的仪表显示、警告系统等必不可少的飞行信息。精确的大气数据信息对提高飞行的安全性起着至关重要的作用。

　　大气数据系统一般由空速管(含总压或动压传感器及温度传感器)、静压传感器、空速管路、静压管路和大气数据模块(ADM)组成。空客飞机典型的大气数据系统由 3 个空速管和 6 个静压传感器及其相应的管路与 ADM 组成,如图 2-35 所示。空速管 1~3 和静压传感器 1、2、3 分布在机身表面两侧,且通过管路与各自的ADM 相连,经过 ADM 的计算与修正将大气数据通过数据总线冗余地提供给飞管系统和飞控系统等。此外,空速管 3 和静压传感器 3 还通过管路直接为飞机备份空速指示器和高度表,以提供总压和静压。

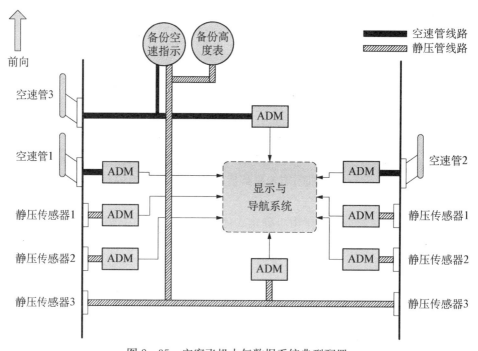

图 2-35　空客飞机大气数据系统典型配置

　　由于大气数据系统使用了狭窄孔径的管路,因此它测得的大气数据存在固有延迟,且存在管路易冻结的隐患,在空速管和静压传感器附近使用 ADM 或将 ADM 直接与传感器合并,将有利于测量误差的减小,并降低管路凝结和结冰的概率,从而为提高飞机的可维护性和安全性带来好处。

　　大气数据系统的解算流程如图 2-36 所示。

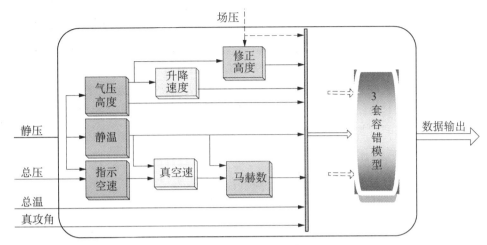

图 2-36　大气数据系统解算流程图

2.6.3　大气传感器

大气层又叫大气圈,成分主要为氮气,占 78.1%;氧气占 20.9%;氩气占 0.93%;还有少量的二氧化碳、稀有气体(氦气、氖气、氩气、氪气、氙气、氡气)和水蒸气。大气层的空气密度随高度而减小,越高空气越稀薄。大气层的厚度大约在 1 000 km 以上,但没有明显的界限。整个大气层随高度不同表现出不同的特点,分为对流层、平流层、中间层、暖层和散逸层,再上面就是星际空间了。一般飞机会飞行在对流层、平流层、中间层这三个较低的大气层中,而不同层的属性变化特点也很不一样。图 2-37 给出了大气层分布的大致情况。

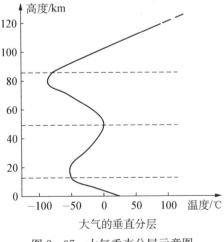

大气的垂直分层

图 2-37　大气垂直分层示意图

　　大气数据压力由空速管和静压传感器测量。动压是飞机飞行中前向运动产生的前端压力,它与飞行速度的平方成正比;静压是飞机周围的局部压力,可用来计算飞机高度,静压可在空速管边侧孔或飞机蒙皮边侧孔测量。为减小飞机侧滚和仰角变化造成的压力测量误差,机身两侧通常都有静压口。

　　大气温度的获取通过在空速管中放置温度探头感测气流温度来实现。由于空速管和总温探头容易结冰,会引起管路的堵塞从而导致提供错误的大气数据,因此需要在空速管中配有加热装置和相应的监控手段。

2.6.4　大气数据计算机

　　根据大气传感器测得的静压 p_s、总压 p_t、总温 T_t 等大气参数,计算大气高度 H_p、校正空速 v_c、大气密度 ρ、马赫数 Ma、大气静温 T_s、真空速 v_t。

　　以下计算公式中单位为气压单位 kPa,高度单位 m,速度单位 km/h。

2.6.4.1　气压高度计算

$$\begin{cases} H_p = 32\,000 & p_s < 0.868 \\ H_p = 216\,650 \times ((p_s/5.474\,87)^{-0.029\,271\,246\,65} - 1) + 20\,000 & 0.868 \leqslant p_s < 5.474 \\ H_p = 6\,341.615\,565\,51 \times \lg(22.632/p_s) + 11\,000 & 5.474 \leqslant p_s < 22.632 \\ H_p = -46\,330.769\,230\,8 \times ((p_s/127.774)^{0.190\,263\,025\,8} - 1) - 2\,000 & 22.632 \leqslant p_s < 107.418 \\ H_p = -500 & p_s \geqslant 107.418 \end{cases}$$

$$(2-176)$$

2.6.4.2　校正空速计算

$$v_c = 1\,223.7 \times \left\{ 5 \times \left[\left(\frac{p_t}{p_s} \right)^{\frac{2}{7}} - 1 \right] \right\}^{1/2} \qquad (2-177)$$

2.6.4.3　大气密度计算

空气密度比:

$$\delta = \frac{T_0}{T_s} \times \frac{p_s}{p_0}, \quad \begin{cases} \delta = 0.035\,52 & \delta < 0.035\,52 \\ \delta = 1.045 & \delta > 0.035\,52 \end{cases} \qquad (2-178)$$

当前高度的空气密度:

$$\rho = \rho_0 \times \delta \qquad (2-179)$$

2.6.4.4　马赫数计算

$$Ma = \sqrt{ \frac{2}{k-1} \times \left[\left(\frac{p_t}{p_s} \right)^{\frac{k-1}{k}} - 1 \right] } \qquad (2-180)$$

2.6.4.5　静温计算

$$T_s = \frac{T_t}{1 + 0.2Ma^2} \qquad (2-181)$$

2.6.4.6　真空速计算

计算真空速:

$$v_t = 72.16846 \sqrt{T_s} Ma \qquad\qquad (2-182)$$

其中,真空速单位为 km/h,温度单位为 K。

2.6.4.7　迎角和侧滑角计算

迎角和侧滑角直接从专门的大气传感器获取。

2.7　航姿系统

2.7.1　磁传感器

2.7.1.1　地磁场概述

地球有着非常丰富的地磁场资源,人类对于地磁场(geomagnetic field)存在的最早认识来源于天然磁矿石和磁针的指极性。1600 年,英国 W. Gilbert 提出了关于磁针指极性的最初解释,地磁场主要来源于地球内部,但是对地球存在磁场的原因还不为人所知,普遍认为是由地核内液态铁的流动引起的。地磁场由于其外部带电粒子流及其内部构造有长期不规则的缓慢运动变化,造成地磁场有长期性的变化。根据地磁场形成原因的不同,可以将地磁场分为地球基本磁场和地球变化磁场两种。地球基本磁场是地磁场的主要部分,起源于地球内部,比较稳定,变化非常缓慢。地球磁场近似于放在地心的一个磁偶极子磁场,其基本特征可归纳如下:

(1) 地球有两个磁极,在地理北极附近的磁极叫北磁极;

(2) 磁轴与地球旋转轴不重合,大致相交 $11.5°$;

(3) 不同纬度地区,磁力线方向可从磁针的偏转方向判定;

(4) 地磁场是矢量场,既有方向也有大小。

从量的角度描述地磁场,建立一个空间直角坐标系如图 2-38 所示,定义磁力场的各个要素,并用数学公式表示各要素的换算。

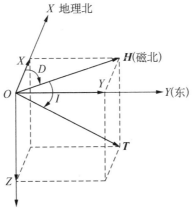

图 2-38　地磁场在北东下直角坐标
系下的参数

设以观测点(O)为坐标原点,X 轴正向指地理北,Y 轴正向指东,Z 轴正向垂直向下。

观测点的地磁场矢量(T)为任意方向,它在坐标系内可分解为以下分量:

(1) x 分量(北向分量):在正北方向(X 轴)的投影;

(2) y 分量(东向分量):在正东(Y 轴)上的投影;

(3) z 分量(垂直分量):在垂直方向(Z 轴)上的投影;

(4) H 分量(水平分量):在 xOy 平面上的投影;

(5) 地磁倾角(I):T 与 xOy 面的交角,约定 T 下倾为正;

(6) 磁偏角(D):H 与地理北的夹角,即磁子午面与地理子午面的夹角,约定磁北自地理北向东偏为正。

表述地磁场的 7 个物理量[28]:T、x、y、z、H、I、D 统称为地磁场的七要素,该要素可表示任意点地磁场的大小和方向特征。因各要素间是非独立的,只要知道其中的 3 个要素,其他要素便可根据简单代数关系求解。

2.7.1.2　地磁场数学模型

地磁场模型是地磁学的重要研究内容之一,在地球物理勘探、地球深部研究、近地空间环境研究,乃至近地飞行器通信导航等领域都有广泛的应用。如何实现对地磁场模型的精确计算和仿真对很多领域而言都是非常重要和必要的。1839 年,德国数学家 C. F. Gauss(高斯)首次将球谐分析的数学方法引入地磁学,得到地磁场的球谐表达式,从理论上阐明了地磁场的主要部分来源于地球内部,建立了地磁场的数学描述。

地磁场模型是空间位置(地心经度、纬度、高度)和时间的函数,是表示地球主磁场的长期变化和时空分布规律的数学表达式。研究地磁场的模型很多,"国际参考磁场",即 IGRF 是国际地磁和高空物理学会推荐的地磁场模型,是研究地球主磁场的国际标准。IGRF 基于高斯的地磁场理论,高斯提出用球谐波分析方法来研究地球磁场,如果略去外部磁场的影响,描述地球磁场的球谐波模型为

$$W = R_e \sum_{n=1}^{\infty} \sum_{m=0}^{n} \left(\frac{R_e}{R}\right)^{n+1} (g_n^m \cos m\lambda + h_n^m \sin m\lambda) p_n^m (\cos L) \qquad (2-183)$$

式中:V 为地磁场势函数;R_e 为地球半径;R 为距地心的距离;L 为地心纬度;λ 为地理经度;p_n^m 为施米特-高斯关联勒让德函数;g_n^m、h_n^m 为 Guass 系数。

在地理坐标系中,地磁场 V 在向北、向东与向下的梯度,就是 V 在这 3 个方向的分量,则地磁场在这 3 个方向的分量分别为

$$B_N = - \sum_{n=1}^{\infty} \sum_{m=0}^{n} \left[\left(\frac{R_e}{R}\right)^{n+2} (g_n^m \cos m\lambda + h_n^m \sin m\lambda) \frac{\partial p_n^m(\cos L)}{\partial L}\right]$$

$$B_E = - \sum_{n=1}^{\infty} \sum_{m=0}^{n} \left(\frac{R_e}{R}\right)^{n+2} (-g_n^m \cos m\lambda + h_n^m \sin m\lambda) \frac{m p_n^m(\cos L)}{\sin L} \qquad (2-184)$$

$$B_U = - \sum_{n=1}^{\infty} \sum_{m=0}^{n} (n+1) \left(\frac{R_e}{R}\right)^{n+2} (-g_n^m \cos m\lambda + h_n^m \sin m\lambda) \cdot p_n^m(L)$$

$$p_n^m(\cos L) = \begin{cases} p_{n,m}(\cos L) & m = 0 \\ \sqrt{\dfrac{2(n-m)!}{(n+m)!}}\, p_{n,m}(\cos L) & m \neq 0 \end{cases}$$

$$p_{n,m}(\cos L) = \frac{(2n)!}{2^n n!(n-m)!}\sin^m L\left[\cos^{n-m}L - \frac{(n-m)(n-m-1)}{2(2n-1)}\cos^{n-m-2}L + \cdots\right]$$

$$\frac{\partial\, p_n^m(\cos L)}{\partial \lambda} = \begin{cases} -\left[\dfrac{n}{2}(n+1)\right]^{\frac{1}{2}} p_n^1(\cos L) & m = 0 \\ \dfrac{1}{2}\left[\delta_{m-1}(n+m)(n-m+1)\right]^{\frac{1}{2}} p_n^{m-1}(\cos L) - \\ \quad \dfrac{1}{2}\left[(n+m)(n-m+1)\right]^{\frac{1}{2}} p_n^{m-1}(\cos L) \end{cases} m \neq 0$$

$$(2\text{-}185)$$

逐次累加各项即得到给定经纬度的地点的 x、y、z 方向的地磁场,然后利用式(2-186)~式(2-188)求出磁偏角 D、磁倾角 I 和地磁场总强度 T。

$$D = \begin{cases} \arctan\left(\dfrac{y}{x}\right) & x > 0 \\ \pi + \arctan\left(\dfrac{y}{x}\right) & x < 0,\ y > 0 \\ -\pi + \arctan\left(\dfrac{y}{x}\right) & x < 0,\ y < 0 \end{cases} \tag{2-186}$$

$$I = \arctan\left(\frac{z}{\sqrt{x^2 + y^2}}\right) \tag{2-187}$$

$$T = \sqrt{x^2 + y^2 + z^2} \tag{2-188}$$

高斯系数采用 2005 年发布的国际参考磁场高斯系数。

2.7.1.3 磁传感器

磁传感器是用来测量磁场并且能够转化为电信号输出的传感器装置。

磁传感器的发展,在 20 世纪 70、80 年代形成高潮。90 年代是已发展起来的这些磁传感器的成熟和完善的时期。磁传感器主要是利用一些物质的磁电效应、磁阻效应、磁光效应、热磁效应等原理制造而成。除了有霍耳器件、半导体磁敏电阻、磁敏二极管等外,还有磁通门、质子旋进式磁力仪、超导量子干涉仪等很多种类。

集成电路技术的应用。将硅集成电路技术用于磁传感器,开始于 1967 年。Honeywell 公司 Microswitch 分部的科技人员将 Si 霍耳片和它的信号处理电路集成到一个单芯片上,制成了开关电路,首开了单片集成磁传感器的先河。目前,已经出现了磁敏电阻电路、巨磁阻电路等许多种功能性的集成磁传感器。

众所周知,在我们的地球表面空间分布着磁场,其强度大约为 0.5~0.6 Gs(1 T=

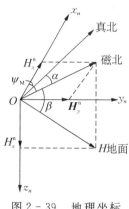

图 2-39 地理坐标系下的地磁场

10^4 GS＝10^9 nT)，有一个分量平行于地球表面，且该分量总指向地球磁场的北极[23]。因而，地球磁场可通过偶极子模型来粗略估算——在北半球，地球磁场向下指向北极；在赤道，地球磁场平行于地球表面，也指向北极；而在南半球，向上指向北极，在各种情况下，地球磁场的水平分量总是指向地球磁场北极，人们也正是利用该分量来确定罗盘的指向，三轴磁力计就是用来测量地球磁场的 3 个分量，从而计算得到载体的磁航向信息。图 2-39 表示地理坐标系中地磁场的磁感应强度 H，地磁场与地球表面的夹角称为磁倾角 β，由于磁北极与地理北极并不完全一致，定义地球表面任一点的磁子午圈和地理子午圈的夹角为磁偏角 α，可根据以地理位置为基础的查表来确定[23, 24]，图 2-39 中 ψ_M 为磁航向角。

航姿系统中磁力计的三轴分别沿机体坐标系的三轴放置，分别测量地球磁场强度 H 在 b 系三轴上的投影分量，记为 $H^b = \begin{bmatrix} H_x^b & H_y^b & H_z^b \end{bmatrix}$。则将 H^b 投影到地理坐标系的水平面，可得

$$
\begin{bmatrix} H_x^n \\ H_y^n \\ H_z^n \end{bmatrix} = \begin{bmatrix} 1 & 0 & 0 \\ 0 & \cos\theta & -\sin\theta \\ 0 & \sin\theta & \cos\theta \end{bmatrix} \cdot \begin{bmatrix} \cos\gamma & 0 & \sin\gamma \\ 0 & 1 & 0 \\ -\sin\gamma & 0 & \cos\gamma \end{bmatrix} \cdot \begin{bmatrix} H_x^b \\ H_y^b \\ H_z^b \end{bmatrix} \qquad (2-189)
$$

$$
H_x^n = \cos\gamma \cdot H_x^b + \sin\gamma \cdot H_y^b
$$
$$
H_y^n = \sin\theta\sin r \cdot H_x^b + \cos\theta \cdot H_y^b - \sin\theta\cos\gamma \cdot H_z^b \qquad (2-190)
$$

$$
\psi_M = \arctan(H_x^n/H_y^n) \qquad (2-191)
$$

当由式(2-191)计算出磁航向角后，再由当地磁偏角的信息便可得出真航向角，因此载体载体相对于真北的航向角为

$$
\psi = \psi_M \pm \alpha \qquad (2-192)
$$

2.7.2　捷联航姿系统

2.7.2.1　航姿系统技术发展概述

航向姿态参考系统(attitude and heading reference system，AHRS)简称航姿系统，是用于实时提供载体的航向与姿态信息的设备。航姿系统技术随着惯性技术的发展而不断发展。以机载航姿系统为例，早期飞机主要靠目视来判断飞机的航向，20 世纪 20 年代开始发展各类航姿测量仪表，并采用机械式仪表和指针式仪表盘来组成机载航姿设备，这种传统的航姿测量设备仪表分散、品种/性能参差不齐、精度不高、体积/质量大、可靠性差等不足，且难以和其他数字式设备接口相吻合。20 世纪中后期，随着惯性仪表及捷联惯性系统技术的发展，机载捷联航姿系统的原

理与功能越来越接近捷联惯性导航系统,只是在精度水平上有所差异,并逐步取代了传统机械框架航姿设备的结构形式与用途,不仅可实时提供三维姿态信息,同时还输出三轴加速度和角速度信息,还具有短时惯性导航功能。表 2-6 列出了国外部分典型的光纤陀螺航姿系统的性能。

表 2-6 国外部分典型光纤陀螺航姿系统产品性能

性能 \ 产品	AHZ-800	LCR-92u	AN/ASN-162
航向精度/[RMS,(°)]	1.0	2.0	1.0
俯仰、横滚精度/[RMS,(°)]	0.25	2.0	0.4
研制厂家	美国霍尼韦尔公司	德国利铁夫公司	美国史密斯公司

由于微机电技术发展迅速,基于 MEMS 的各种微传感器的精度在不断提高,基于 MEMS 惯性器件和辅助设备的机载航姿测量系统在国内外已经经过了十多年的研究,并且已经有了成熟的产品投入市场,下面对市场上常见的航姿测量系统进行简单介绍。

Crossbow Technology Inc 公司的航姿测量系统 AHRS500GA 系列,产品所采用的传感器是 Crossbow 公司自己生产的三轴陀螺仪、三轴加速度计和三轴磁力计。无需外部辅助设备,能给出载体的全姿态信息。所生产的 AHRS 单元功耗<4.5 W,平均故障时间>20 000 h,姿态跟踪误差<2°。AHRS500GA 航姿系统已于 2001 年完成研制。

Athena Technologies Inc 公司的 SensorPac 航姿测量系统[5],系统所使用的传感器包括三轴加速度计、三轴速率陀螺仪、三轴磁力计和 12 信道 GPS。产品功率<5 W,平均故障时间>20 000 h。静态试验结果为:俯仰角 220 s 均方根误差(root of mean square,RMS)为 0.025 4°;横滚角 220 s 均方根误差(RMS)为 0.035 21°;航向角 220 s 均方根误差(RMS)为 0.024 22°。飞行试验结果为:对飞行在 5 000~10 000 ft 区间机动时的误差数据进行分析,得到俯仰角均方根误差(RMS)为 0.023°;横滚角均方根误差(RMS)为 0.049 9°。

为降低成本,捷联航姿系统一般采用中、低精度光纤陀螺或更低精度的 MEMS 陀螺作为惯性仪表,因而它一般难以在持续的机动状态下满足测量精度要求。采用低精度的捷联航姿系统与卫星定位系统、大气数据系统等实现组合,是解决长时间机动飞行过程中姿态测量问题的良好途径。

2.7.2.2 捷联航姿系统基本理论及工作原理

捷联航姿系统同样遵循惯导基本方程。捷联惯导系统通常是利用惯性敏感器——陀螺仪和加速度计直接固定在运载体上,精确测量载体的旋转运动角速率和直线运动加速度信息,然后送至运载体机载计算机中进行实时的姿态矩阵解算,通过姿态矩阵把惯性导航系统中加速度计测量到的运载体沿纵、横轴的加速度信息,转换到导航用的运动参考坐标系轴向,然后再进行导航计算,并从捷联矩阵的有关元素中提取机体的姿态角。

由于航姿系统作为惯性导航的备份系统,基本原理与惯性导航相同,但实现这一原理所用的方式有所区别。航姿系统一般成本低,陀螺精度较低,没有实时解算速度和位置信息,计算时无法区分载体的角速率、地球表观角速率和地球的自转角速率,同时陀螺仪的误差会随着时间而积累,因此利用陀螺输出数据、根据微分方程对姿态进行更新时,必须采取相应的修正措施。

从比力方程可以看出,当载体无机动时:

$$\boldsymbol{f}^{b} \approx -\boldsymbol{g}^{b} = -\boldsymbol{C}_{n}^{b} \cdot \boldsymbol{g}^{n} \qquad (2-193)$$

将 C_{n}^{b}[式(1-38)]代入式(2-193),可得

$$\theta = \arcsin(f_{y}^{b}/g) \qquad (2-194a)$$

$$\gamma = \arctan(-f_{x}^{b}/f_{z}^{b}) \qquad (2-194b)$$

因此当载体处无机动或机动较小时可以用加速度计测量的重力加速度信息计算姿态角和俯仰角,航向角可以通过三轴磁场信息计算得到。

捷联航姿系统一般由光纤陀螺或 MEMS 陀螺、加速度计、磁传感器和信息处理电路组成,工作原理图如图2-40所示。

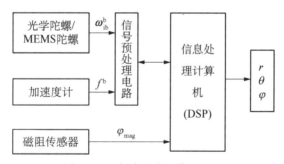

图 2-40 航姿系统工作原理图

陀螺敏感载体运动角速度,对于航姿系统中陀螺的输出,在每个采样周期内采集陀螺的输出 $\boldsymbol{\omega}_{ib}^{b} = [\omega_{x} \quad \omega_{y} \quad \omega_{z}]$,经信号预处理后,可根据欧拉角微分方程或四元数微分方程来更新姿态角。但由于陀螺精度较低,漂移较大,工作时间稍长就不能保证要求的姿态精度,如果能对载体的机动状态进行判别,当载体在非机动状态时,利用加速度计测量的重力在载体三轴上的分量,根据式(2-194)计算出载体的俯仰角、横滚角,利用三轴磁阻传感器的输出计算航向角。由于加速度计测量精度较高,其测角精度也较高,因此可以在某些条件下,利用加速度计输出计算的姿态角,来更新或校正因陀螺漂移造成的姿态误差,满足系统姿态精度要求。

目前,工程上航姿系统的通常算法是动态利用陀螺的输出信息计算姿态角,通过对载体运动状态的识别,当载体满足平稳飞行条件时,利用加速度计来调平,利用磁阻传感器校正方位。

通常的判别条件设置如下:

$$| \sqrt{f_{bx}^2 + f_{by}^2 + f_{bz}^2} - g | < thald1$$

$$\sqrt{w_{bx}^2 + w_{by}^2 + w_{bz}^2} < thald2 \tag{2-195}$$

由加速度计和磁阻传感器来确定载体的航向姿态比较适用于平稳飞行的载体,但由于气流等干扰因素的存在,使得加速度计的输出具有较大的噪声,由式(2-194)直接计算获得的姿态也会有较大的噪声,因此需要对这种噪声做有效抑制。此外,希望在平稳飞行状态下能够对陀螺漂移进行估计,以提高其动态的航向、姿态的维持性能,而卡尔曼滤波器恰好具有达到上述目的的能力,下节着重介绍基于卡尔曼滤波的捷联航姿算法。

2.7.2.3 基于卡尔曼滤波的捷联航姿算法

民机上使用的独立备份航姿系统无论在对准还是在载机飞行的过程中,都没有位置参考信息的输入,通常采用的导航算法已不再适用。本节将介绍一种基于卡尔曼滤波技术的捷联式航姿系统算法:将重力加速度在机体系的分量 g^b 和陀螺漂移作为待估计的状态量,进行卡尔曼滤波的时间更新过程;利用加速度计的输出在一定条件下作为观测量,进行卡尔曼滤波的量测更新过程。用滤波估计值 g^b 计算出俯仰角和横滚角,可有效抑制噪声误差;用陀螺漂移的估计值修正陀螺漂移,可有效改善陀螺的漂移特性,提高其非平稳条件下的航向姿态精度维持能力。

1) 基于角运动信息的系统状态方程

设重力加速度 g 在 b 系的分量 $g^b = \begin{bmatrix} g_x^b & g_y^b & g_z^b \end{bmatrix}^T$,重力加速度 g 在 n 系的分量 $g^n = \begin{bmatrix} 0 & 0 & -g \end{bmatrix}^T$,则

$$g^b = C_n^b g^n \tag{2-196}$$

对等式(2-196)两边同时微分,得

$$\begin{aligned} \dot{g}^b &= \dot{C}_n^b g^n \\ &= -(\omega_{nb}^b)_x C_n^b g^n \\ &= -(\omega_{nb}^b)_x g^b \end{aligned} \tag{2-197}$$

$(\omega_{nb}^b)_x$ 为 ω_{nb}^b 构造的反对称矩阵,陀螺仪测量的是载体相对于惯性空间的角速度信息,即 ω_{ib}^b。由于存在器件的各种误差,陀螺仪的实际输出可以描述为

$$\begin{aligned} \hat{\omega}_{ib}^b &= \omega_{nb}^b + \omega_{in}^b + \varepsilon^b + \omega^b(t) \\ &= \omega_{nb}^b + C_n^b \cdot \omega_{in}^n + \varepsilon^b + \omega^b(t) \\ &= \omega_{nb}^b + \widetilde{\varepsilon}^b + \omega^b(t) \end{aligned} \tag{2-198}$$

式中：$\boldsymbol{C}_n^b$ 为地理坐标系 n 到机体系 b 的姿态转移矩阵；$\boldsymbol{\omega}^b(t)$ 为陀螺仪的测量噪声；$\widetilde{\boldsymbol{\varepsilon}}^b = \boldsymbol{C}_n^b \boldsymbol{\omega}_{in}^b + \boldsymbol{\varepsilon}^b$，由于航姿系统无载体的速度和位置信息，因此无法直接从陀螺仪的测量值中分离出进行捷联姿态更新所需要的 $\boldsymbol{\omega}_{nb}^b$，对于以 200 m/s 飞行的飞机来说，$\boldsymbol{\omega}_{in}^b$ 的模值约为 $20°/h$，与陀螺漂移稳定性相当，因此可将无法直接从算法中扣除的 $\boldsymbol{C}_n^b \boldsymbol{\omega}_{in}^b$ 与陀螺仪的漂移 $\boldsymbol{\varepsilon}^b$ 等同看待。

将式(2-198)代入式(2-197)，得

$$
\begin{aligned}
\dot{\boldsymbol{g}}^b &= -(\hat{\boldsymbol{\omega}}_{ib}^b - \widetilde{\boldsymbol{\varepsilon}}^b - \boldsymbol{\omega}^b(t))_x \boldsymbol{g}^b \\
&= -(\hat{\boldsymbol{\omega}}_{ib}^b)_x \boldsymbol{g}^b - (\boldsymbol{g}^b)_x \widetilde{\boldsymbol{\varepsilon}}^b - (\boldsymbol{g}^b)_x \boldsymbol{\omega}^b(t)
\end{aligned} \tag{2-199}
$$

同时为了降低陀螺漂移的影响，将陀螺等效漂移列入系统状态，设陀螺等效漂移为一阶马尔科夫过程。

$$
\dot{\widetilde{\boldsymbol{\varepsilon}}}^b = -\frac{1}{T_G} \widetilde{\boldsymbol{\varepsilon}}^b + \boldsymbol{\omega}_\varepsilon(t) \tag{2-200}
$$

式中：$\boldsymbol{\omega}_\varepsilon(t)$ 为白噪声；T_G 为相关时间。

综合式(2-199)和式(2-200)，可得出基于角运动信息的系统方程为

$$
\begin{bmatrix} \dot{\boldsymbol{g}}^b \\ \dot{\widetilde{\boldsymbol{\varepsilon}}}^b \end{bmatrix} = \begin{bmatrix} -(\boldsymbol{\omega}_{ib}^b)_x & -(\boldsymbol{g}^b)_x \\ \boldsymbol{0}_{3\times3} & \boldsymbol{F}_\varepsilon \end{bmatrix} \cdot \begin{bmatrix} \boldsymbol{g}^b \\ \widetilde{\boldsymbol{\varepsilon}}^b \end{bmatrix} + \begin{bmatrix} -(\boldsymbol{g}^b)_x & \boldsymbol{0}_{3\times3} \\ \boldsymbol{0}_{3\times3} & \boldsymbol{I}_{3\times3} \end{bmatrix} \cdot \begin{bmatrix} \boldsymbol{\omega}^b(t) \\ \boldsymbol{\omega}_\varepsilon(t) \end{bmatrix} \tag{2-201}
$$

式中：$\boldsymbol{F}_\varepsilon = \mathrm{diag}\left[-\dfrac{1}{T_{Gx}} \quad \dfrac{1}{T_{Gy}} \quad \dfrac{1}{T_{Gz}}\right]$；$\boldsymbol{\omega}(t) = \begin{bmatrix} \boldsymbol{\omega}^b(t) & \boldsymbol{\omega}_\varepsilon(t) \end{bmatrix}$。

2) 基于比力信息的量测方程

加速度计测量的是载体相对于惯性空间的比力信息，在一定条件下，可以利用加速度计输出来求解姿态角。由比力方程可知，与载体固连的加速度计测量的真实比力信息 $\boldsymbol{f}^b$ 可以在载体系中描述为

$$
\begin{aligned}
\boldsymbol{f}^b &= \dot{\boldsymbol{V}}_{eT}^b + (2\boldsymbol{\omega}_{ie}^b + \boldsymbol{\omega}_{en}^b) \times \boldsymbol{V}_{eT}^b - \boldsymbol{g}^b + \boldsymbol{\nabla}^b + v^b(t) \\
&= -\boldsymbol{g}^b + \dot{\boldsymbol{V}}_{eT}^b + \widetilde{\boldsymbol{\nabla}}^b + v^b(t)
\end{aligned} \tag{2-202}
$$

式中：$\boldsymbol{\nabla}^b$ 为加速度计的零位偏置；$v^b(t)$ 为加速度计的测量噪声；$\widetilde{\boldsymbol{\nabla}}^b = (2\boldsymbol{\omega}_{ie}^b + \boldsymbol{\omega}_{en}^b) \times \boldsymbol{V}_{eT}^b + \boldsymbol{\nabla}^b$ 为加速度计的等效零偏。由于航姿系统无法从加速度计的输出中除去 $(2\boldsymbol{\omega}_{ie}^b + \boldsymbol{\omega}_{en}^b) \times \boldsymbol{V}_{eT}^b$ 项，当飞机对地速度为 $200\,\mathrm{m/s}$ 时，这一项的模值不超过 $5\,\mathrm{mg}$，因此可以直接将这一项与加速度计零偏合在一起。

当载体平稳飞行时，$\dot{\boldsymbol{V}}_{eT}^b$ 为 $\boldsymbol{0}$，则 $\boldsymbol{f}^b = -\boldsymbol{g}^b + \widetilde{\boldsymbol{\nabla}}^b + \boldsymbol{V}^b(t)$，忽略加速度计等效零偏，则在载体非机动情况下时，基于比力信息的量测方程为

$$
\boldsymbol{Z}_k = \boldsymbol{f}^b = \begin{bmatrix} -\boldsymbol{I}_{3\times3} & \boldsymbol{0}_{3\times3} \end{bmatrix} \cdot \begin{bmatrix} \boldsymbol{g}^b \\ \boldsymbol{\varepsilon}^b \end{bmatrix} + \boldsymbol{V}^b(t) \tag{2-203}
$$

3) 姿态算法

由于式(2-203)表示的是载体在非机动情况下的量测方程,因此在进行姿态融合算法时,必须首先解决载体的运动状态判别问题,当载体处于机动状态时,只进行系统方程的时间更新,当载体处于非机动状态时,再利用加速度计输出信息进行卡尔曼滤波的量测更新,利用实时估计的 g^b 计算姿态角。设状态量 g^b 的估计值为 $\hat{g}^b$,则

$$\theta = \arcsin(-\hat{g}_y^b/g) \tag{2-204a}$$

$$r_{\text{main}} = \arctan(-\hat{g}_x^b/\hat{g}_z^b) \tag{2-204b}$$

根据式(2-204)计算出俯仰角和横滚角后,再根据三轴磁阻传感器的输出,利用式(2-190)和式(2-191)来计算航向角。

4) 载体飞行状态的判别

(1) 飞行状态判别条件。

由于飞行状态下的飞机会存在加减速以及各种机动,此时各种线加速度和向心加速度均会在加速度计输出中体现,使得加速度计输出不再能够正确地反映飞机的姿态角信息。也就是说采用基于卡尔曼滤波的姿态融合算法时,也存在加速度计信息不可用的问题。为了保证算法的有效性,必须能够利用自身信息对载体运动状态进行准确的判别,可将飞机的飞行状态分为两种:平稳飞行和机动飞行,这两种飞行状态的区别在于飞机是否具有角机动或者直线加减速运动。角机动包括飞机的俯冲、爬升、倾斜、盘旋等。其中,俯冲、爬升和盘旋机动均会产生向心加速度,使得式(2-202)中的 $\dot{V}_{eT}^b \neq 0$,飞机进行直线加减速时,自然有 $\dot{V}_{eT}^b \neq 0$。此时,加速度计的输出就不能正确反映飞机真实的姿态角信息。如果用这时的加速度计输出来作为量测信息,就会导致错误的结果。

由式(2-198)可知,当飞机无角机动时,陀螺仪的输出为

$$\hat{\boldsymbol{\omega}}_{ib}^b = \boldsymbol{C}_n^b \cdot \boldsymbol{\omega}_{in}^n + \boldsymbol{\varepsilon}^b + \boldsymbol{\omega}^b(t) \tag{2-205}$$

从式(2-205)可以看出,当飞行速度为 200 m/s 时,$\boldsymbol{\omega}_{in}^n$ 输出不超过 $V_{eT}/R_e + \boldsymbol{\omega}_{ie} \approx 6.5 + 15 = 21.5°/h$,与陀螺漂移稳定性的指标相当,故可以利用陀螺仪输出的模值来判别是否存在主动角机动。若判别门限记为 $wthlad$,则用陀螺输出信息设计的判别条件如下:

当 $|\boldsymbol{\omega}_{ib}^b| \leqslant wthlad$ 时,认为载体无机动角运动,处于平稳飞行状态;否则认为载体有机动角运动,处于机动飞行状态。

当飞机存在直线加减速运动时,利用陀螺输出是无法识别的。因此,在实际使用时,可以只采用加速度计输出信息来设计判别条件。根据加速度计的输出方程式(2-202)可知:当载体处于非机动时,有

$$\| \boldsymbol{f}^b \| = \| -\boldsymbol{g}^b + \widetilde{\boldsymbol{V}}^b + v^b(t) \| \tag{2-206}$$

式(2-206)根据绝对值不等式原理展开,可得

$$\left| \parallel \boldsymbol{f}^{\mathrm{b}} \parallel - \parallel \boldsymbol{g}^{\mathrm{b}} \parallel \right| \leqslant \parallel \widetilde{\boldsymbol{V}}^{\mathrm{b}} + v^{\mathrm{b}}(t) \parallel \qquad (2-207)$$

由式(2-207)可知,当飞机平稳飞行时 $\boldsymbol{f}^{\mathrm{b}}$ 的模值约等于 g,因此以利用加速度计输出信息设计的模值判别准则如下:

当 $\left| \parallel \boldsymbol{f}^{\mathrm{b}} \parallel - \boldsymbol{g} \right| \leqslant athlad$ 时,认为载体处于平稳飞行状态,否则认为载体处于机动飞行状态。其中,$athlad$ 的取值取决于加速度的等效零位偏置和测量噪声的大小。为了降低输出噪声对判别函数的影响,可以用一段时间内的加速度的均值来判别。

(2) 判别条件误判分析。

前述的加速度模值判别的理论依据是当忽略等效加速度计偏置和测量噪声且飞机平稳飞行时,加速度计输出的模值等于重力加速度值。在忽略加速度计等效偏置和测量噪声条件下,式(2-202)描述的加速度计输出模型可以简化为

$$\hat{\boldsymbol{f}}^{\mathrm{b}} = -\boldsymbol{g}^{\mathrm{b}} + \dot{\boldsymbol{V}}^{\mathrm{b}}_{\mathrm{eT}} \qquad (2-208)$$

等式两边同时左乘 b 系到 n 系的转移矩阵,可得

$$\boldsymbol{C}^{\mathrm{n}}_{\mathrm{b}} \cdot \hat{\boldsymbol{f}}^{b} = -\boldsymbol{C}^{\mathrm{n}}_{\mathrm{b}} \cdot \boldsymbol{g}^{\mathrm{b}} + \boldsymbol{C}^{\mathrm{n}}_{\mathrm{b}} \cdot \dot{\boldsymbol{V}}^{\mathrm{b}}_{\mathrm{eT}}$$
$$\hat{\boldsymbol{f}}^{n} = -\boldsymbol{g}^{\mathrm{n}} + \dot{\boldsymbol{V}}^{n}_{\mathrm{eT}} \qquad (2-209)$$

设 $\dot{\boldsymbol{V}}^{\mathrm{n}}_{\mathrm{eT}} = \boldsymbol{a}^{\mathrm{n}} = [a_x \quad a_y \quad a_z]^{\mathrm{T}}$,同时,由于 $\boldsymbol{g}^{\mathrm{n}} = [0 \quad 0 \quad -g]^{\mathrm{T}}$,式(2-207)可化为

$$\begin{aligned} \parallel \hat{\boldsymbol{f}}^{\mathrm{n}} \parallel^2 &= (-\boldsymbol{g}^{\mathrm{n}} + \boldsymbol{a}^{\mathrm{n}})^{\mathrm{T}} \cdot (-\boldsymbol{g}^{\mathrm{n}} + \boldsymbol{a}^{\mathrm{n}}) \\ &= -(\boldsymbol{g}^{\mathrm{n}})^{\mathrm{T}} \cdot (-\boldsymbol{g}^{\mathrm{n}}) - 2(\boldsymbol{g}^{\mathrm{n}})^{\mathrm{T}} \cdot \boldsymbol{a}^{\mathrm{n}} + (\boldsymbol{a}^{\mathrm{n}})^{\mathrm{T}} \cdot \boldsymbol{a}^{\mathrm{n}} \\ &= \boldsymbol{g}^2 + 2g \cdot a_z + a_x^2 + a_y^2 + a_z^2 \\ &= a_x^2 + a_y^2 + (a_z + g)^2 \end{aligned} \qquad (2-210)$$

当平稳飞行时,$\parallel \hat{\boldsymbol{f}}^{\mathrm{n}} \parallel^2 = \boldsymbol{g}^2$,由式(2-210),可得

$$a_x^2 + a_y^2 + (a_z + g)^2 = g^2 \qquad (2-211)$$

式(2-211)描述的加速度轨迹是一个球心在 $(0, 0, -g)$、半径为 g 的球,即当载体机动加速度在地理坐标系的投影 $\boldsymbol{a}^{\mathrm{n}}$ 的取值位于这个球面上或附近时,就会得出飞行平稳的结论。因此只用模值判别会存在原理性的误判。当加速度较小时模值判别条件也存在误判。

对于上述问题可以加入卡尔曼滤波的信息来判别:

$$\boldsymbol{Z}_{k/k-1} = \boldsymbol{Z}_k - \boldsymbol{H}_k \cdot \boldsymbol{X}_{k/k-1} \qquad (2-212)$$

若载体处于非机动状态时,由 $\boldsymbol{Z}_k \approx \dot{\boldsymbol{V}}^{\mathrm{b}}_{\mathrm{eT}} + \boldsymbol{g}^{\mathrm{b}} + \boldsymbol{V}^{\mathrm{b}} + v^{\mathrm{b}}(t)$,$\hat{\boldsymbol{X}}_k = \boldsymbol{H}_k \cdot \hat{\boldsymbol{X}}_{k/k-1}$ 可知,在

$\hat{X}_{k/k-1}$ 估值较准确的情况下，信息非常小，因此，可以在飞行状态判别条件中加入信息的判别条件：

$$\| Z_{k/k-1} \| \leqslant thlad \qquad\qquad (2-213)$$

式(2-213)可有效解决当载体机动时加速度满足式(2-211)的误判情况。

3 陆基无线电导航系统

3.1 陆基无线电导航系统概述

3.1.1 无线电导航系统的定义及构成

利用无线电技术对飞机飞行的全部(或部分)过程实施导航,称为无线电导航。能够完成全部或部分无线电导航功能(或任务)的技术装备组合称为无线电导航系统或设备。

无线电导航系统一般由装在飞机上的导航设备和设在地面或卫星上的导航台(站)组成,通过在导航设备和导航台(站)之间的无线电信号传播和通信获得导航信息,给飞机指示出它们的实时位置或方位。陆基无线电导航系统是以设置在陆地上的导航台为基础,通过无线电信号向飞机提供导航信息的系统。

无线电导航的物理依据是无线电信号,其表达式为

$$e(t) = A\sin(\omega t + \varphi_0) \qquad (3-1)$$

式中:t 为时间;A 为幅度;ω 为角频率;φ_0 为初始相位。

无线电导航系统由 3 个基本部分构成:数理模型、信号格式和实现技术。

数理模型指的是系统基本数学物理基础及原理。

信号格式指的是系统自身规定的信号传递格式和标准。

实现技术指的是系统功能得以实现的电子技术基础。

所以,实用无线电导航系统的基本构成为:

系统构成=数理模型+信号格式+实现技术。

3.1.2 无线电导航系统的任务及分类

无线电导航信号场的建立是无线电导航系统的最基本任务之一。在飞机的整个飞行环境中有了信号场,并且发射端可以实现对相应信号进行传递,接收端可以识别/检测,同时可以测量飞机位置、航行参数等,而引导飞机安全着陆是无线电导航系统的另一个重要任务。

无线电导航的任务一般包括以下 5 个方面:

（1）导引飞机沿既定航线飞行。

（2）确定飞机当前所处的位置及飞行参数，包括航向、速度、姿态等实时运动状态。

（3）导引飞机在夜间和复杂气象条件下的安全着陆或进港。

（4）为空中交通管制和飞机防撞提供有关信息。

（5）保证飞机准确、安全地完成飞行任务所需的其他导引任务。

无线电导航技术发展到今天，已经形成了比较完备的理论体系和十分广泛的应用领域，诸多无线电导航系统凝聚了多种理论，是多项技术的综合结晶，从系统分类中就可看出其严格的科学体系结构。

无线电导航系统的分类可按不同原则进行，一般有以下几种分类方法：

1）按所测量的电气参量划分

（1）振幅式无线电导航系统。

（2）相位式无线电导航系统。

（3）频率式无线电导航系统。

（4）脉冲式无线电导航系统。

（5）复合无线电导航系统，可同时测量两个或两个以上相同或不同电气参量的系统。

2）按所测量的几何参量（或位置线的几何形状）划分

（1）测角无线电导航系统：位置线是与通过导航台的指北线有一定角度的一族半射线。

（2）测距无线电导航系统：位置线是以导航台为中心的一族同心圆。

（3）测距差无线电导航系统：位置线是飞机与两个地面台成恒定距离差的一族双曲线。

3）按系统的组成情况划分

（1）自主式无线电导航系统：仅包括飞机上的无线电导航设备，可独立产生或得到导航信息。

（2）非自主式无线电导航系统：包括飞机上的无线电导航设备和飞机以外的无线电导航台（站），两者利用无线电波配合工作得到导航信息。

4）非自主式无线电导航系统按无线电导航台（站）的安装地点划分

（1）陆基无线电导航系统，导航台（站）安装在地面（或海上）。

（2）空基无线电导航系统，导航台（站）安装在飞机上。

（3）星基无线电导航系统，导航台（站）安装在人造地球卫星上，也称卫星导航系统。

5）按有效作用距离划分

（1）近程导航系统：其有效作用距离在 500 km 之内。

（2）远程导航系统：有效作用距离大于 500 km。

6) 按工作方式划分

(1) 有源工作方式导航系统:用户设备工作时需要发射信号,导航台站与用户设备配合工作得到用户的定位信息。

(2) 无源工作方式导航系统:导航台发射信号,飞机上只须载有导航接收机就可实现定位或定向,用户设备不须发射信号。

3.1.3 无线电导航系统的性能要求

性能是系统性质与效用的度量,是系统优劣的标志。设计或衡量一个无线电导航系统,其精度、覆盖范围及系统容量是首先需要考虑的技术指标,它们反映了导航系统所能提供的导航信息的准确性、可服务区域、用户数量方面的性能。

1) 精度

导航系统的精度是指系统为飞机所提供的位置与飞机当时的真实位置之间误差的大小。无线电导航由于受到各种因素的影响,如发射信号的不稳定、接收设备的测量误差、气候及其他物理变化对电磁传播媒介、用户与导航台(站)的相对几何位置关系,以及所产生的误差会时好时坏。因此,导航误差是一个随机变化的量,只能用概率统计的方法来描述。

均方误差(root mean square error,RMS)描述定位精度所对应的置信椭圆(二维定位)或置信椭球(三维定位)的大小。置信椭圆的长、短半轴分别表示了二维位置坐标分量的标准差(如经度的 σ_λ 和纬度的 σ_φ),一倍标准差(1σ)的概率值是 68.3%,2σ、3σ 的概率值分别为 95.5%、99.7%。

圆概率误差(circular error probable,CEP)是以真实位置为圆心,偏离圆心概率为 50% 的二维离散点分布的度量,定义为

$$CEP = 0.59(\sigma_\lambda + \sigma_\varphi)。 \tag{3-2}$$

同理,当概率为 95% 时,有

$$CEP95 = CEP \times 2.08 = 1.2272(\sigma_\lambda + \sigma_\varphi), \tag{3-3}$$

也记作"R95",表示概率为 95% 的二维点位精度;当概率为 99% 时,有

$$CEP99 = CEP \times 2.58 = 1.5222(\sigma_\lambda + \sigma_\varphi)。 \tag{3-4}$$

对于三维位置而言,则用球概率误差(spherical error probable,SEP)表示。

2) 覆盖范围

覆盖范围是指一个平面或立体空间的导航信号能够使导航用户以规定的精度定位。一般情况下,一旦进入导航台(站)的覆盖区域,飞机的(单个或多个)导航设备应能输出可用的导航信息。

发射信号的功率电平、接收机灵敏度、大气噪声条件、地理地形分布以及其他影响信号使用的因素都会影响覆盖范围的大小和形状。

当运载体与导航台之间的相对几何关系(距离、方位等)变化时,许多无线电导

航系统的导航精度将有所不同,因此对于给定的某一精度要求,覆盖范围会随系统几何因子的变化而改变。

3) 系统容量

系统容量是指在导航系统的覆盖范围内系统可同时提供定位服务的用户的数量。由于交通运输的发展和军事任务的需要,希望在一定的空间内能为更多的运载体提供导航服务,或者能在其覆盖区内同时为所有的用户提供服务。

系统容量首先取决于导航系统的工作方式。采用无源工作方式的导航系统由于只需接收导航台的信号,因此无论多少用户都没有关系,理论上可以为无限多的用户提供导航服务;而采用有源工作方式的系统其容量会受到限制,与系统本身的结构体系、通道数量、通信速度、数据处理能力等性能密切相关。但是,在实现相同定位功能的前提下,无源工作方式需要导航台(站)提供更加复杂的导航信号,或需要更多的导航台同时工作才能实现。

4) 导航信息更新率

导航信息更新率是指导航系统在单位时间内可为运载体提供定位或其他导航数据的次数。一般来说,对更新率的要求与运载体本身的航行速度和执行的任务有关。如对着陆阶段的飞机而言,需要提供每秒几十次的高精度定位信息。对于高动态用户而言,由于飞机的速度足够快,如果导航信息的更新率不够,在两次定位数据之间的时间内,飞机的当前位置与上一次的指示位置有可能已相差很远,这就会使导航服务的实际精度大打折扣,难以满足实时导航引导的目的,严重时还会影响飞行安全,因此对更新率有较高要求。

5) 连续性、可用性和可靠性

连续性是指飞机在某特定的运行阶段,导航系统能够提供规定的定位引导功能而不发生中断的能力,表明了系统可连续提供导航服务的性能。

可用性是指当导航系统和用户设备都正常工作时,系统为飞机提供可用的导航服务时间与该航行阶段时间的百分比。它是设计、选用导航系统的指标之一。航空用户对可用性的要求极高,在某些航段会达到99.99%的要求。另外,还有信号可用性的说法,是指从导航台发射的导航信号可以使用的时间百分比,它与发射台性能、相互距离及电磁波传播环境等因素有关。

另一项与可用性相关联的指标是可靠性,它是指系统在给定使用条件下,在规定的时间内以规定的性能完成其功能的概率,它标志的是系统发生故障的频度。

6) 完好性

完好性也称完善性或完备性、完整性等,是指当导航系统发生故障或误差变化超出了允许的范围,不能提供可用的导航服务时,系统能够及时向用户发出告警的能力,它对保障飞机安全、可靠地使用导航信息提出了要求。如在引导飞机下滑着陆的阶段,如果着陆系统发生了故障或误差超过允许的范围而未及时报警,驾驶员继续按着陆仪表来引导飞机下滑,便有可能使飞机偏离或滑出跑道甚至撞地,酿成重大的安全事故。

7）导航信息的多值性

多值性是指有些无线电导航系统所给出的定位数据对应着多个可能的位置点（或位置线、位置面），如果不采用辅助手段，就无法确定其中正确的一个。此时，具有解决多值性的手段成为对导航系统的基本要求之一。

8）导航定位信息的维数

维数是指导航系统为用户所提供的是一维、二维还是三维的空间位置信息。导航系统从导航信号中导出的第四维信息（如时间）也可以归属于这个参数。一般早期的导航系统大多提供的是一维的定位数据（如方位或距离），多个系统进行复合以后可以得到二维或三维信息。为了提高飞机飞行的准时性，要求导航系统不但要给出飞机的实时三维位置，而且要提供准确的时间信息，因此提出了四维导航的要求。

3.1.4　无线电导航系统的应用及发展趋势

无线电导航的发展历程经历了3个典型的发展阶段：从以定向为主的早期阶段，到全面开展、日趋完善的发展阶段，再到现在卫星导航应用普及、多导航手段并举的成熟阶段。无线电导航的应用范围也经历了从单功能引导到全方位引导、从单领域应用到多领域普及的发展过程。

综观无线电导航的发明和发展史，一般都是通过单独或相互搭配地应用，实现为飞机提供实时方位或定位信息。目前所使用陆基无线电导航系统，主要包括有：伏尔（VOR）、测距器（DME）、塔康（TACAN）、航空无线电信标（AR）、仪表着陆系统（ILS）、微波着陆系统（MLS）、精密进近雷达（PAR）等。

陆基无线电导航系统把整个系统的复杂性集中在地面导航台上，使机载用户设备比较简单，并且价格低廉、可靠性高，易于推广应用。但是导航信号覆盖范围较大的陆基系统，其导航精度一般较低，导航数据的更新率也不高，而具有高导航精度的陆基系统往往只有有限的覆盖范围。

卫星导航系统的出现改变了这种情况。第一，它把导航台设在了外层空间的卫星上，解决了导航信号大范围覆盖的问题；第二，它所发射的无线电波频率很高，可以顺利地穿过电离层等大气层，并且提供很高的导航精度；第三，它可以通过多颗卫星组成导航星座，使用户不必发射无线电信号就可以实现二维、三维甚至四维定位。

卫星导航系统在覆盖范围和精度等方面的性能远远超过陆基无线电导航系统，但卫星导航系统的完好性、可用性和连续性等指标还不能满足某些用户，尤其是飞机飞行的需要。对卫星导航系统做增强处理，可进一步改善系统性能，并在某些应用场合如飞机着陆阶段提高系统的引导定位精度，达到精密进近的目的。对卫星导航系统的增强主要包括自主增强、辅助增强、局域增强和广域增强等几种途径。

卫星导航代表了未来无线电导航的发展方向，克服了传统导航的缺陷和不足，使导航领域呈现出崭新的面貌，具有无比广阔和美好的发展前景。卫星导航系统能够在任何气候条件下，实时、便捷地提供连续的和高精度的位置、速度和时间信息，卫星导航方式提供全球准确一致的导航信息。

由于卫星导航系统覆盖范围、精度、所提供的导航信息种类及操作使用方面的优点,对陆基无线电导航系统的应用造成了巨大的影响。整个 90 年代,美国的无线电导航政策是在交通运输中要较快地用 GPS 及其增强系统取代所有陆基无线电导航系统。然而 90 年代末情况发生了变化,这主要是下面 3 种因素造成的:

(1) 现在的卫星导航系统如 GPS 和 GLONASS 是由一国控制和运行的系统,而且是以国家安全作为首要服务目标的系统。为保证导航信息的连续提供,世界交通运输不能完全依赖于这种系统。

(2) 覆盖全球或大的范围虽然是卫星导航系统的优点,然而如果系统出现故障或受到破坏,将使众多用户的航行安全受到影响,所以也不能单纯地依靠卫星导航。

(3) 卫星导航抗干扰的能力比较低,对有意干扰、尤其对恐怖分子攻击的承受能力差。另一方面,陆基无线电导航系统仍然有以下几方面存在和使用下去的理由。

a. 陆基无线电导航已建有成熟的基础设施,覆盖了世界交通运输的主要航路,是人们熟悉而且已建立起了高信任度的导航手段。

b. 陆基无线电导航系统是由各国分头建立和运行,并按国际协议和标准而建设的系统,因而在国家主权和国际通航方面实现了良好的平衡。

c. 陆基无线电导航系统由于信号功率大,作用距离近,不易受到干扰。

现在美国、欧洲和世界许多国家都把无线电导航政策进行了修改,交通运输逐步过渡到以卫星导航作为主要导航系统,而以陆基无线电导航作为冗余和备用系统。这就意味着陆基无线电导航系统还要长期使用下去。美国、欧洲及世界其他一些国家或区域都已制订了关于测距仪 DME、甚高频全向信标 VOR、塔康 TACAN、仪表着陆系统 ILS、微波着陆系统 MLS 和无方向信标 NDB 保留一定数量而继续运行的规划。

3.2　无线电高度表

无线电高度表是一种自主式航空导航设备,用于测量飞机距离当地地表面的垂直距离,也就是飞机的相对高度,基于测高范围的不同,将只可测 2 000 m 以下高度的称为小高度表,可测 2 000 m 以上的称为大高度表,一般小高度表的测量精度优于大高度表。

与气压高度表不同,无线电高度表主要用于飞机在低空飞行中的高度测量和低高度报警,测量精度高且不受天气等因素的影响,对于保证飞机的飞行安全至关重要。它与仪表着陆系统相结合,对于飞机着陆阶段的高度控制十分重要,应用于飞机的精密进近和下滑过程。

无线电高度表的发射信号位于 400～5 000 MHz 的频率上,采用频率调制(低高度表)或脉冲调制(高高度表)两种不同的工作体制。脉冲调制高度表的最小可测高度由脉冲宽度来确定,例如脉冲宽度为 50 ns 时,其最小可测高度会大于 15 m,因此多用于大高度的测量。而采用频率调制的低高度表,最小测量高度可达 0.5 m,多用于飞机靠近地面(如 600 m 以下)的低空飞行引导,特别是在进场着陆阶段。

3.2.1 频率式无线电高度表

3.2.1.1 频率测高(距)原理

频率测高通常利用调频发射信号与反射信号之间的差拍频率进行距离测量,图 3-1 所示为频率测距设备的工作原理。

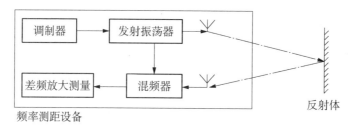

图 3-1 频率测距设备工作

图 3-1 中,由调制器产生频率调制信号,通过发射振荡器向外发射调频信号,并加到混频器与回波信号进行混频得到两信号的差频,从而测量计算出到反射体的距离信息。

图 3-2 所示为调频式测距原理。设调频发射机发射信号的中心频率为 f_0,调频后的最低和最高频率分别为 f_{01} 和 f_{02},锯齿波调频信号的周期为 T_r,其中有效调频占用时间为 T_0',并且采用线性调频体制。

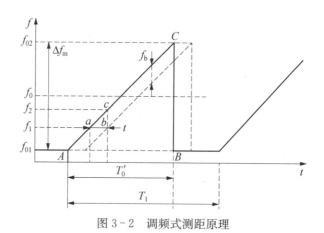

图 3-2 调频式测距原理

设发射机在 a 时刻向地面发射信号的频率为 f_1,此信号在 b 时刻从地面反射回来。由于发射信号为线性变化的调频信号,b 时刻在调频发射机中发射的信号频率为 f_2,它与反射信号 f_1 进行混频,因此在接收机的混频器中将出现差频 $f_b = f_2 -$

f_1。差频的大小与电磁波往返于运载体和反射面之间的传播时间 $\tau = b - a$ 有关系。一般可以认为传播时间仅仅取决于载体和反射体之间的距离 d,

$$\tau = 2d/c \qquad (3-5)$$

式中:c 为光速。假设不考虑载体运动引起的多普勒效应,由三角形之间的相似关系得

$$\frac{f_{02} - f_{01}}{T'_0} = \frac{\Delta f_{\mathrm{m}}}{T'_0} = \frac{f_b}{\tau} \qquad (3-6)$$

式中: $\Delta f_{\mathrm{m}} = f_{02} - f_{01}$ 为调频信号的频率范围,由式(3-5)和式(3-6)可以得到载体与反射体之间的距离为

$$d = \frac{cT'_0}{2\Delta f_{\mathrm{m}}} f_b \qquad (3-7)$$

采用频率差测距需要有反射体,因此往往用来测量载体的相对地面高度,并且此时无与地面相对运动所产生的多普勒频移。

3.2.1.2 直接调频式高度表

从原理上来讲,频率测距系统中所发射的调频信号,其调制信号可以是任意周期性的时间波形函数,如正弦、锯齿、三角等。考虑正弦调制应用较为普遍,分析较为方便,故以此为例进行分析。

设调制信号为 $V_\Omega = V_{\mathrm{m}\Omega} \cos \Omega t$,被调制信号为 $V_{\omega 0} = V_{\mathrm{m}} \cos \omega_0 t$,则获得调频信号的表达式为

$$V_1 = V_{1\mathrm{m}} \cos \left(\omega_0 t + \frac{\Delta \omega_{\mathrm{m}}}{\Omega} \sin \Omega t \right) \qquad (3-8)$$

由地面反射回来的信号,被飞机接收机所接收,由于它比直达信号在时间上滞后 $\tau = \dfrac{2H}{c}$,故反射信号的表达式为

$$V_2 = V_{2\mathrm{m}} \cos \left(\omega_0 t - \omega_0 \tau + \frac{\Delta \omega_{\mathrm{m}}}{\Omega} \sin \Omega (t - \tau) \right) \qquad (3-9)$$

为方便起见,令

$$\varphi_1 = \frac{\Delta \omega_{\mathrm{m}}}{\Omega} \sin \Omega t \qquad (3-10)$$

$$\varphi_2 = -\omega_0 \tau + \frac{\Delta \omega_{\mathrm{m}}}{\Omega} \sin \Omega (t - \tau) \qquad (3-11)$$

因此,直达信号与反射信号在接收机输入端线性叠加后的合成信号为

$$V = V_1 + V_2 = V_{\mathrm{m}} \cos(\omega_0 t + \varphi) \qquad (3-12)$$

其中，合成信号的包络为

$$V_m = \sqrt{V_{1m}^2 + V_{2m}^2 + 2V_{1m}V_{2m}\cos(\varphi_1 - \varphi_2)} \qquad (3-13)$$

合成信号的相位为

$$\varphi = -\arctan\frac{V_{1m}\sin\varphi_1 + V_{2m}\sin\varphi_2}{V_{1m}\cos\varphi_1 + V_{2m}\cos\varphi_2} \qquad (3-14)$$

由上可知，合成信号的包络和相位均受反射信号中 φ_2 的影响，即都隐含有高度的信息。比较简便的方法是把合成信号送到接收机的幅度检波器，利用其非线性转换检测出相应的包络波形，从而得到高度信息。现将包络表达式改写为

$$V_m = V_{1m}\sqrt{1 + \frac{V_{2m}^2}{V_{1m}^2} + 2\frac{V_{2m}}{V_{1m}}\cos(\varphi_1 - \varphi_2)} \qquad (3-15)$$

通常，反射信号的强度远远小于发射信号的强度，即 $V_{1m} \gg V_{2m}$，从而将式(3-15)简化如下：

$$V_m \approx V_{1m}\sqrt{1 + 2\frac{V_{2m}}{V_{1m}}\cos(\varphi_1 - \varphi_2)} \qquad (3-16)$$

将式(3-16)幂级数展开

$$V_m = V_{1m}\left[1 + \frac{V_{2m}}{V_{1m}}\cos(\varphi_1 - \varphi_2) - \frac{1}{2}\left(\frac{V_{2m}}{V_{1m}}\right)^2\cos^2(\varphi_1 - \varphi_2) + \cdots\right]$$

忽略高次项，则

$$V_m \approx V_{1m} + V_{2m}\cos(\varphi_1 - \varphi_2)$$

将 φ_1，φ_2 的表达式代入上式可得

$$V_m = V_{1m} + V_{2m}\cos\left\{\omega_0\tau + 2\frac{\Delta\omega_m}{\Omega}\sin\frac{\Omega t}{2}\cos\left[\Omega\left(t - \frac{\tau}{2}\right)\right]\right\} \qquad (3-17)$$

现令：

$$\begin{cases} \varphi_0 = \omega_0\tau = 4\pi\dfrac{H}{\lambda_0} \\[2mm] \varphi_m = 2\dfrac{\Delta\omega_m}{\Omega}\sin\dfrac{\Omega t}{2} \approx 2\dfrac{\Delta\omega_m}{\Omega}\dfrac{\Omega t}{2} = \Delta\omega_m\tau = 4\pi\dfrac{H}{\lambda_0}\cdot\dfrac{\Delta f_m}{f_0} = 4\pi\dfrac{H}{\lambda_0}\xi \end{cases} \qquad (3-18)$$

可见，包络的初相位 φ_0 和按正弦规律变化的相位分量的幅度 φ_m 中，均含有高度 H 的信息。

设 $t' = t - \dfrac{\tau}{2}$，可重新将包络表达式整理为

$$V_{\mathrm{m}} = V_{\mathrm{1m}} + V_{\mathrm{2m}}\cos(\varphi_0 + \varphi_{\mathrm{m}}\cos\Omega t') = V_{\mathrm{1m}}\left[1 + \frac{V_{\mathrm{2m}}}{V_{\mathrm{1m}}}\cos(\varphi_0 + \varphi_{\mathrm{m}}\cos\Omega t')\right]$$

$$(3-19)$$

式中:V_{m} 为合成信号的包络,类似于调幅信号的振幅。因此可将合成信号 $V = V_{\mathrm{m}}\cos(\omega_0 t + \varphi)$ 送入接收机中的差拍检波器中,并设检波系数为 1,在检波器的输出端可以获得信号:

$$e_2 = V_{\mathrm{2m}}\cos(\varphi_0 + \varphi_{\mathrm{m}}\cos\Omega t') = V_{\mathrm{2m}}\cos\left[4\pi\frac{H}{\lambda_0}(1 + \xi\cos\Omega t')\right] \quad (3-20)$$

直接从其表达式看,似乎从 e_2 的相位信息 φ_0 中得到高度比较方便。但在实际应用中,由于没有基准相位进行比对,很难提取高度信息,所以只能从其包络频率中提取高度信息,并以脉冲计数的方式得到高度值。

考虑如从频率上提取高度信息,则该信号初相 φ_0 所携带的信息将被剔除,即在高度一定情况下,初相不影响信号的起伏变化,其完全是由变化的相位 φ_{m} 引起的,如图 3-3 所示。

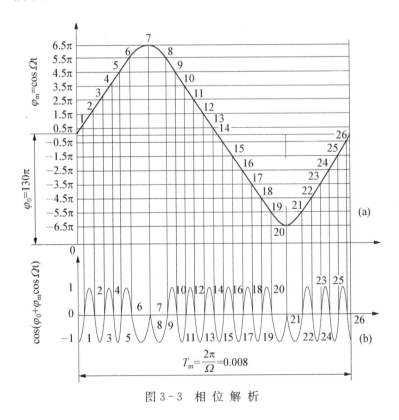

图 3-3 相位解析

由图 3-3 中可以看到信号相位起伏的大小取决于高度所影响的 φ_{m} 项,即在一个调制周期内相位起伏越大,则检波器输出端信号的变化越快,即过零点越多。每一个过零点都可以通过脉冲整形或限幅的方法得到标准脉冲,从而用于计数。

若假设奇数过零点为脉冲的开始,偶数过零点为脉冲的结束。在一个调制周期 T_m 内,φ_m 引起的相位变化范围是 $2\varphi_m$,则得到的脉冲数(最大相对频偏 ξ 为已知值)为

$$N_t = \frac{2\varphi_m}{\pi} = \frac{8H}{\lambda_0}\xi \qquad (3-21)$$

每秒钟的平均脉冲数为

$$N = \frac{N_t}{T_m} = \frac{8H}{\lambda_0 T_m}\xi \qquad (3-22)$$

由此可以得到

$$H = \frac{N_t\lambda_0}{8\xi} = \frac{NT_m\lambda_0}{8\xi} \qquad (3-23)$$

1) 临界高度与阶梯误差

前面的分析可以看出,高度是以计量脉冲数目来得到的。在一个低频调制周期 T_m 的时间内,在测量过程中若出现一个脉冲量的变化时,则飞行高度的变化为

$$h_{c\tau} = \frac{\lambda_0}{8\xi} - \frac{c}{8\Delta f_m} \qquad (3-24)$$

由式(3-24)可知,若运载体处在一定高度,当向上或向下高度的变化不超过 $h_{c\tau}$ 时,高度表的显示是反映不出来的。所以上述脉冲计数测量高度的方法,决定了高度的显示是阶梯式的。由此引入的测量误差称为阶梯误差,其值为 $\pm h_{c\tau}$,同时称 $h_{c\tau}$ 为临界高度。

为了减小阶梯误差可以采取两种措施:其一,在保持最大相对频率偏移 ξ 不变的情况下,尽可能地提高工作频率,即降低工作波长 λ_0;其二,尽可能地增加最大频率偏移 Δf_m。

靠提高工作频率来降低阶梯误差应该是可行的方法,但会增加高度表中高频部分(发射机、接收机、天线)的制作难度,且要考虑与运载体上其他电子设备的相互干扰问题。目前无线电高度表的工作频率已经提高到 $4\,300\,\text{MHz}$ 附近。

利用增加 Δf_m 来降低阶梯误差,利用直接或间接调频的电路来实现存在相当大的困难,增加 Δf_m 往往与提高振荡器的频率稳定度相矛盾,也不容易保持线性调制特性,输出波形中容易存在寄生调幅而不能保持其恒包络特征。

总之,减小阶梯误差是以使线路复杂化为代价的,并受到各种条件的制约,并且这种误差是由高度测量方法引入的原理性误差,因而只能减小,无法彻底消除。

2) 最小可测高度

由于测量飞行高度的准确度不会超过 $\pm h_{c\tau}$,即在 $0\sim2h_{c\tau}$ 的高度范围内,不可能

准确地给出飞行的高度,因此最小可测高度为 $2h_{cr}$。

3) 最大可测高度

调频式高度表存在着测量上限(即高度表的量程),一般只能用来进行低高度的测量。为了得到系统的最大可测高度,重新考察可变相位项为

$$\varphi_m = 2\frac{\Delta\omega_m}{\Omega}\sin\frac{\Omega t}{2} \approx 2\frac{\Delta\omega_m}{\Omega}\frac{\Omega t}{2} \qquad (3-25)$$

该式的近似是在 $\Omega\tau/2$ 较小的情况下成立的。如果高度很高,那么这个假设将不再成立,特别是当高度增加到某一数值时,$\sin\frac{\Omega\tau}{2} = 0$,此时合成信号的相位将不再变化,高度的测量值将变为零,对应的高度称为最大测量高度 H_{max}。这时 $\Omega\tau_a = 2\pi$,由于 $\Omega = 2\pi F$,$\tau_a = 2h/c$,因此得出 H_{max} 的表示式为

$$H_{max} = \frac{\tau}{2}c = \frac{\pi}{\Omega}c = \frac{T}{2}c \qquad (3-26)$$

此处给出的最大可测高度为理论值,考虑到实际中实现的困难和非线性误差的影响,最大可测高度一般取 $(0.05\sim0.1)H_{max}$。

从以上分析可以看出,这种简单的直接调频形式的频率无线电测距(测高)系统,其阶梯误差的降低及测高范围的扩展都受到一些因素的制约,需要进行改进或寻求新的技术途径加以解决。

3.2.1.3 跟踪式高度表

直接调频式高度表测高原理简单而具有代表性,但其测量方法引入的阶梯误差很难降低到令人满意的程度,极大限制了它的应用。

因此在直接调频方案的基础上,提出了不少改进措施,产生了各种类型的调频式无线电高度表,如具有旋转移相器的调频式高度表、双调频式高度表、调频深度渐增式高度表等。上述改进有其明显的共同点,即首先是从差拍频率的变化中提取高度信息;其次是以补充"中心频率"、增大相对频率偏移作为降低阶梯误差的主要手段,并且提高了高度表的工作频率,由原来的 400 MHz 左右提高到 4 000 MHz 左右,因此可在不同程度上降低阶梯误差,提高测量精度。

但由于没有改变以差拍频率 f_b 作为因变量的模式,因此当高度由 H_{min} 变化到 H_{max} 时,f_b 将变化几万或几十万倍,要求接收通道必须有足够的带宽容许 $f_{bmin} \rightarrow f_{bmax}$ 及其附近的频谱成分通过,这将给大高度时微弱信号的检测带来很大困难。

因此,重新研究式(3-6),探索改变因变量的高度测量方法,即

$$f_b = \frac{\Delta f_m}{T_m}\tau_a \rightarrow \frac{f_b T_m}{\Delta f_m} = \tau_a = \frac{2h}{c} \qquad (3-27)$$

式中:f_b 为直达信号与反射信号之间的差频;T_m、Δf_m 分别为调制信号的周期和最大频率偏移量。对该式进行分析,考虑是否可以把 h 变化引起的 f_b 变化,转嫁到其

他参量的变化上去,例如保持 f_b 近似不变,而使 T_m 或 Δf_m 做相应的变化,而高度信息由 T_m 或 Δf_m 中提取。

若高度信息由 Δf_m 中提取,由于 Δf_m 取决于调制信号的幅度,因而应使锯齿波或正弦波的幅度随 h 的变化做相应的改变。这就要求调制器有足够大的动态范围,加大了调频振荡器的制作难度,也大大扩展了信号频谱,使系统的实现难度及复杂程度明显增加。

若高度信息由 T_m 中提取,即当高度变化时,T_m 作相应的变化,而保持 Δf_m 近似不变,这样接收系统可以利用窄带放大器,有利于提高接收机的灵敏度、抑制外部干扰与内部组合频率的干扰,对弱信号检测有利。

但是 T_m 是发送系统中的参量,而高度信息是蕴含在接收系统所接收的信号中,这就必须用接收信号中表征高度信息的参量去控制调制信号的周期 T_m,使其随高度的变化而变化。显然,这就要求整个系统必须是一闭环的跟踪、控制系统,跟踪式无线电高度表就是采用此种原理的典型系统。

1) 工作原理

跟踪调频式高度表也称为固定差拍频率式高度表,其工作原理如图 3-4 所示。发送系统中 UHF 震荡源是一压控振荡器(VCO),当它受到锯齿形电压的激励后便输出被调频的射频信号并通过天线发射出去。在经过时间 τ_a 之后,此调制信号由地面反射回来,被接收天线所接收。由于信号是调频的,所以发送信号的瞬时频率与接收信号的瞬时频率是不同的,两信号瞬时频率的差值即为差拍频率。

$$f_b(t) = f(t) - f(t - \tau_a) = \tau_a \frac{\mathrm{d}f}{\mathrm{d}t} \qquad (3-28)$$

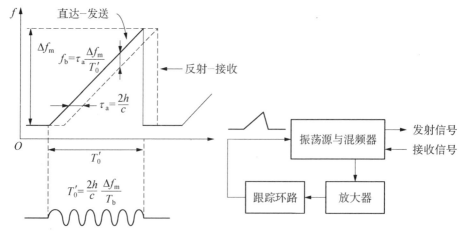

图 3-4　跟踪调频式高度表原理

在跟踪调频式高度表中,不管高度如何变化,使 f_b 和 Δf_m 一直保持不变,唯一与高度成比例变化的参量是发送信号频率的调频速率,亦即调制信号的周期 T_m,有

$$T_{\mathrm{m}} = \tau_{\mathrm{a}} \frac{\Delta f_{\mathrm{m}}}{f} \qquad (3-29)$$

如果认为调频信号的频率变化规律是线性的,延迟时间 τ_{a} 取决于航行体的高度和馈线等引入的延迟 τ_{i},则有

$$\tau_{\mathrm{a}} = \tau_{\mathrm{i}} + \frac{2h}{c} \qquad (3-30)$$

$$T_{\mathrm{m}} = \frac{2h}{c} \frac{\Delta f_{\mathrm{m}}}{f_{\mathrm{b}}} + T_{\mathrm{i}} \qquad (3-31)$$

式中: $T_{\mathrm{i}} = \tau_{\mathrm{i}} \dfrac{\Delta f_{\mathrm{m}}}{f_{\mathrm{b}}}$。可以看出,在 Δf_{m}、f_{b} 不变的情况下,调制信号的周期 T_{m} 直接响应于高度的变化。

2) 跟踪环路

跟踪调频式高度表整个系统可视为一个大的跟踪环路,如图 3-5 所示,由发送部分来的直达信号与来自地面的反射信号在混频器——差拍检波器检波之后,获得差拍信号。然后送入增益随高度不同而变化的可变增益放大器,保证经低通滤波之后送入跟踪鉴频器的信号幅度基本保持不变。

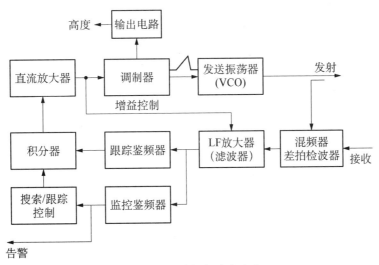

图 3-5 跟踪调频式高度表

若送到跟踪鉴频器的信号的差拍频率太高或太低(相应于高度变化的不同),则跟踪鉴频器将产生一个正或负的误差电压,对其积分、放大后,去控制调制器的锯齿波发生器,其锯齿信号的斜率受控于误差电压,即当误差电压变化时,锯齿信号的 T_{m} 将发生变化,这样高度的变化最终反映到了调制周期 T_{m} 的变化上。

从调制周期 T_{m} 中提取高度信息,一般不是直接测量 T_{m} 所对应的时间,而是先

将 T_m 转换为电压值才送去显示的,这样更为方便和精确。只要用一恒定电流在 T_m 的时间内对电容 C 充电即可,最终电容 C 两端的电压将正比于充电时间 T_m。

　　一般来说,飞机接收到的来自地面的反射信号非并是"单一"的信号,地面上一个相当大的区域都可能有信号能量的反射。而每一反射点所反射的信号都将会产生一个差拍频率,显然距离飞机最近的反射点所产生的差拍频率最低,而其他反射点的差拍频率较高。基于测量高准确度及对飞机的安全考虑,通常总是希望知道距最近反射点的距离,为此特别在差拍信号放大器中加入了低通滤放器,以滤除差拍频谱中不需要的较高频谱分量,尽可能得到离飞机最近的高度或距离信息。

3.2.2　脉冲式无线电高度表

　　与调频式无线电高度表一样,脉冲式无线电高度表也用于测量飞机距地面(水面)的垂直距离(最近距离)。但它是通过测量脉冲信号由飞机发送到地面,再由地面反射回到飞机的传播时间来测定高度的,其测高原理与普通的测距雷达基本相同,因此脉冲式无线电高度表也称为雷达高度表。只是此时的反射体变成了地面而不再是空中的目标。

　　一般情况下,高度测量的范围取决于发射脉冲的重复周期,最小可测高度取决于脉冲宽度,而测高精度由对脉冲前沿的测量精度及其设备噪声决定。

　　典型情况下脉冲式无线电高度表有两个天线,一发一收。波束宽度为 $50° \times 60°$,增益为 $10\,dB$,两天线间距为 $0.76\,m$,有 $85\,dB$ 隔离度。天线间距要设置成在低高度上隔离度损耗大于地面回波损耗。在低高度上要借助于灵敏度距离控制(SRC)机制以降低雷达环路的灵敏度,以使高度表检测到的是地面波,而不是天线的泄漏信号。

　　在雷达测高领域,将毫米波、窄波束、前视、受控天线传感器与向下定位的宽波束高度表天线相结合,将使雷达高度表具有测定飞机前方高度的"前视"能力。

　　从前,脉冲宽度只能做到微秒(μs)量级,如脉宽 $\tau_k = 0.5\,\mu s$ 时,其最小起测高度为 $75\,m$,$75\,m$ 以下高度无法测知,称为盲区。随着电子技术的发展,脉冲宽度已经可以达到毫微秒(ns)量级,降低了起测高度,缩小了盲区,因而这种高度表也称为毫微秒脉冲高度表,它的测量精度等性能已经接近于调频式高度表,也有比较广泛的应用。

3.2.2.1　工作原理

　　无线电脉冲测量高度的原理如图 3-6 所示,它由天馈线、收发机、距离计算器、指示器、电源等构成。

　　1) 发射机

　　发射机由脉冲重复频率(PRF)产生器、调制器、腔体振荡器、脉冲宽度转换电路、时间基准信号(T_{0A} 脉冲)产生器及高频滤波器等组成。

　　PRF 产生器产生 $10\,kHz$ 的激励脉冲,控制调制器产生毫微秒的高压调制脉冲去调制腔体振荡器的工作;腔体振荡器在调制脉冲期间,产生频率为 $4\,300\,MHz$、功

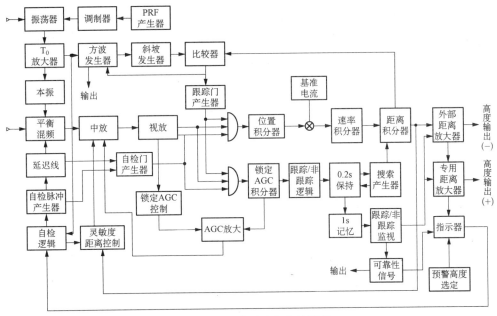

图 3-6　脉冲测量高度的原理

率为 100 W 的脉冲包络射频信号,传输给发射天线向地面辐射。此射频信号还经一检波器后作为时间基准信号放大后加到距离计算器,作为测量的同步信号。

脉冲宽度转换电路可以随高度自动地转换调制脉冲宽度,在 300 m 以下发射 25 ns 的窄脉冲,在 300 m 以上发射 110 ns 的宽脉冲,以保证低高度时的测量精度和大高度时有足够的信号能量反射。

2) 接收机

接收机由本振、平衡混频器、中放、视放、自动增益控制(AGC)电路和灵敏度距离控制(SRC)电路组成。

本振产生 4 300 MHz 的连续波,经同轴电缆耦合到平衡混频器,与由接收天线接收到的回波信号进行混频。混频器的带宽为 200 MHz,这样大的带宽是为了不降低回波脉冲的前沿陡度。混频后产生的双极性中频脉冲加到中放级进行放大,再由桥式检波器变为单极性的视频脉冲,经视频放大后输出。中放增益受 AGC 电压和 SRC 电压控制,以保持输出信号幅度的稳定,以及防止云雨和泄漏信号的干扰。

3) 距离计算器

距离计算器接收由发射机发来的基准脉冲 T_{0A} 和由接收机发来的回波脉冲,测定 T_{0A} 与最近距离点的反射回波前沿之间的时间间隔,产生出正比于此间隔的直流电压作为高度输出信号,同时也可输出宽度等于这一时间间隔的方波信号。距离计算器有搜索、跟踪和自检 3 种工作状态。

在没有接收到回波信号时,距离计算器进行搜索扫描,自动调节跟踪门脉冲与回波脉冲重合。

当连续接收到 10 个左右具有一定幅度的回波时,就转到跟踪状态,距离积分器的输出电压就对应着回波脉冲的位置高度。若飞机爬升或下降,则跟踪门脉冲与回波脉冲重合面积减小,产生的负或正误差信号使跟踪门脉冲向后或前移,以增大重合面积,直到误差信号为零。

若由于某些原因使回波瞬时丢失,则在保持 0.2 s 后启动搜索产生器开始搜索。同时使输出的高度信号保持丢失回波信号前的大小,记忆时间为 1 s。在记忆时间内若回波信号又被接收,则继续转入跟踪状态,输出可保持稳定连续。若 1 s 内无回波出现,则转入搜索状态,同时断开可靠性信号电压。

自检方式是为验证高度表工作状态好坏而设置的一种检查手段,如自检正常则可以表示高度表处于正常工作状态。当由人工将指示器上的自检按钮按下时,自检电路工作,产生自检脉冲信号,经过 30 m 的固定延迟后加到平衡混频器,并经中放、视放后加到距离计算器,相当于接收到了 30 m 高度的回波信号一样。这样除接收、发射天线及其馈线外的其他所有电路都得到检查。

4)指示器

指示器由表头放大器、微安电流表、光电放大器及预警高度选定机构等组成。当高度信号加到指示器时,表头放大器将其按比例转换成电流,驱动电流表指示出飞机的高度。当有可靠性信号加来时,指示器正常工作。一旦此信号失去,则指示器将显示出一警告小红旗,表示高度失去跟踪。

预警高度的选定是通过在指示器正面的一个旋钮和一个预选高度指针来实现的。当飞机飞行高度低于所选定的高度时,指示器内的光电放大器工作,并点亮告警红灯。

指示器的刻度盘一般分成两段线性刻度,如 0~150 m 和 300~1500 m,150~300 m 为转换区。0~150 m 大约要占刻度盘的一半,以提高低空的指示能力和读数精度。

3.2.2.2 毫微秒脉冲高度表的特点

与普通的脉冲式高度表或脉冲测距雷达相比,毫微秒脉冲高度表在脉冲宽度、脉冲前沿跟踪、距离灵敏度控制等方面采取了措施,因而得到了更好的测量性能以及比较广泛的应用。其其有的主要特点、功能如下:

(1)采用极窄的毫微秒脉冲体制,减小了脉冲测距的盲区。

(2)由于脉冲极窄,上升前沿很陡,所以测高精度比较高,不存在普通调频体制高度表所固有的阶梯误差。

(3)采用脉冲前沿跟踪技术,能够跟踪最近回波的前沿,因而飞机在复杂地面上空飞行时,所测高度为最近点目标的距离,能够更好地保证飞行的安全,克服了调频高度表由于采用天线照射面积上的平均高度所造成的测量偏差。

(4)由于是脉冲体制,测距范围大,而且增加测高量程也容易实现。

（5）具有噪声自动增益控制、脉冲自动增益控制和距离灵敏度控制电路，能有效地抗云雨干扰，并能防止天线泄漏信号及飞机外挂物的反射信号的影响。

（6）所设置的锁定 AGC 电路，使系统只有连续接收到 10 个左右的回波脉冲时，才进入跟踪，从而防止了瞬时的大幅度干扰。

（7）预警装置可在整个测高范围内，预先选定任一限定的高度告警，当飞机低于该高度飞行时，指示器上的告警红灯发亮，同时还可输出一开关信号，以供驾驶仪自动拉起，避免危险的发生。

3.3　无线电罗盘测向系统

3.3.1　系统功能

无线电罗盘测向系统是一种地基定向系统，由机载定向仪自动测定地面发射台的无线电波的来波方向，从而获得飞机相对信标台的角坐标方位数据。

系统由机载设备和地面设备两部分组成，机载无线电自动定向仪（ADF）是一种 M 型最小值法测向设备，称为无线电罗盘（radio compass），地面导航台也称无方向性信标（NDB），其台站识别信号采用 1 020 Hz 调制的两个英文字符的莫尔斯码格式。

系统工作频率一般在 190～1 750 kHz 范围内，功率为 500 W 左右。在此波段内，可靠的方位信息只能从地波或直达波得到，其作用距离由地面导航台发射功率及机上接收机灵敏度决定，一般可达几百公里，典型的为 250～350 km。

另外，地面台发射的信号常常会受到天波的影响，在夜间情况会更加恶劣。因此只有当飞机离地面导航台较近，地波信号覆盖良好时，方位读数才可靠。当接收点的信号场强较大，且忽略飞机结构的影响，系统的测向精度可达到 2°左右。

无线电罗盘测向系统的基本功能包括：

（1）可以连续自动地对准地面导航台，引导飞机沿给定航线飞行，在给定方向上完成从一个台站至另一个台站的飞行。

（2）通过测出飞机对两个以上地面导航台的方位角数值，利用所得到的直线位置线的交点，实现对飞机的水平位置定位。

（3）引导飞机进入空中走廊的出口和入口。

（4）引导飞机完成着陆前的进场飞行和下降飞行，使飞机对准跑道中心线，配合仪表着陆系统，引导飞机着陆。

3.3.2　机载无线电自动定向仪

机载无线电自动定向仪（ADF）的种类和型号较多，以旋转调制式和伺服指针式最为普遍。旋转调制式自动定向仪包括 3 种主要工作状态：

（1）ADF（自动测向）——由垂直天线和环形天线联合接收信号进行自动测向。

（2）ANT（天线）——由垂直天线接收信号作为普通接收机使用。

（3）TEST（测试）——定向仪自检，按下测试按钮时，指示器应指示一规定的数值,以确定定向仪的工作是否正常。

目前飞机上装载的 ADF 通常由以下 4 个部分组成:

1) 天线系统

包括环形天线、垂直天线和测角器。由环形天线旋转产生的感应电压输入到罗盘接收机中,与垂直天线的接收信号结合形成 M 型测向信号。当环形天线做成固定方式时,以测角器的旋转代替环形天线的旋转。

2) 罗盘接收机

罗盘接收机一般多为普通的超外差式报话两用接收机,有很好的选择性和灵敏度,用于将接收的高频信号进行放大、变频、检波等处理,变换为带有方位信息的低频信号,输送到无线电磁指示器(RMI)和水平状态指示器(HSI)中,实现自动测向。

接收机还可单独与垂直天线连接,接收导航台发出的音频调制的识别信号及其他信息,通过音频选择供飞行员监听,或接收无线电广播,用于通信等。

3) 控制盒

由表头及各种旋钮组成,用来控制各种工作状态的转换、波段转换、电台选择和调谐等,进行波道预选、频率选择和远、近台的转换。

由于地面导航台在大部分的时间里只发射等幅信号,为便于监听,控制盒上还设有音调(tone)电门,将其置于音调位置,接收机内将以固定音调对载频信号进行调幅,使耳机中产生声音输出。

4) 指示器

通过同步电机与测角器相连,用指针指示出所测方位角度的数值。

机载无线电自动定向仪 ADF 所指示的角度是以飞机纵轴为基准,顺时针转到飞机与导航台连线所形成的夹角,如图 3 - 7 所示(为 60°的夹角)。

要获得导航台相对于飞机的方位,还必须知道飞机的航向角,因此需要与磁罗盘等航向测量设备相结合。另外,为了获取读数的方便,飞机上常把磁罗盘与自动定向仪 ADF 的指示部分合在一起,称为无线电磁指示器(radio magnetic indicator, RMI)。

图 3 - 8 所示为无线电罗盘的工作原理。具有"8"字形方向性图的环形天线接收地面信标台的发射信号,为使该信号与垂直天线接收到的信号同相叠加,先将环形天线的信号移相

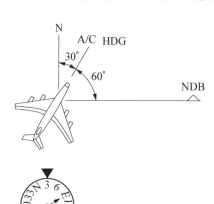

图 3 - 7　无线电磁指示器指示方位原理

90°,并经放大与倒相后加给平衡调制器两个幅度相等而相位相反的信号,平衡调制器在 135 Hz 低频信号控制下工作,得到两个旁频(边频)信号,然后与垂直天线的无

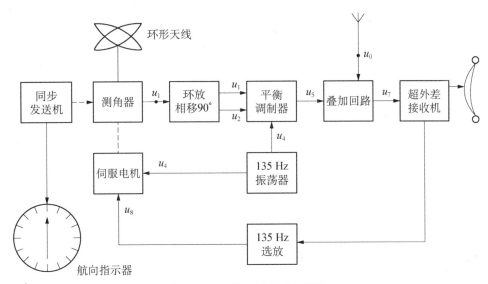

图 3-8 无线电罗盘工作原理

方向性载频信号进行相加,得到一个调制度是电波来向 θ 的函数的调幅波信号。

该调幅波信号在超外差式接收机中进行处理,经过混频、中放、检波等环节,得到具有方位信息的低频信号并分成两路输出,其中一路到耳机用于人工定向;另一路经 135 Hz 的选频放大电路,将 135 Hz 信号从低频信号中分离出来,放大后作为误差加到伺服电机的控制线圈上。同时在伺服电机的激磁线圈中,还有从本地振荡器直接输出的 135 Hz 信号。

在这两个信号的共同作用下,伺服电机转动,同时带动环形天线向最小值信号的方向转动,直到转到环形天线信号为零、方向性图最小值对准导航台为止,此时无线电罗盘中就只有垂直天线的信号。在这个过程中,同步发送机转子和航向指示器指针都在同步转动,最终指示器指针就指出了所测导航台的航向角。

3.3.3 地面无线电测向信标

无线电测向信标可分为两类,即全向性和定向性测向信标。全向性测向信标利用无方向性天线发射信号,用测向仪接收指示信号,也称为无方向信标 NDB,如与无线电罗盘配合的航路信标台。定向性测向信标利用有一定方向性的天线发射信号,可用一般收音机或专用接收指示器接收并测定方向,比如放在跑道中心轴附近的仪表着陆系统信标台,用于引导飞机完成着陆前的机动飞行、穿云下降并对准跑道。

无方向性信标台具有准确的地理坐标位置,定期发射无线电信号,包括测向、识别和语音信号。有 3 种基本的工作状态:

(1) 等幅波方式——用于测向。

(2) 调幅波方式——用于测向和台站识别。

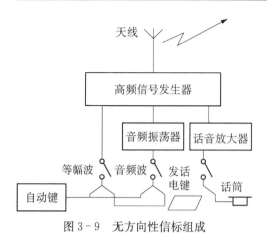

图 3-9　无方向性信标组成

（3）语音方式——用于测向和通话，由控制台实现状态之间的转换。

无方向性信标的组成如图 3-9 所示。其中话音放大器传送语音信号，音频振荡器产生调幅波信号，等幅波信号直接输出到高频信号发生器。然后通过幅度调制加到高频载波上，并由放大器产生大功率信号，通过天线辐射到空间去。

台站识别信息一般每分钟至少发两次，每次连续发两遍，每遍包括 4～6 个字母，由莫尔斯码的"点""划"组成。在两次识别信号中间仍然发等幅波，以保证飞机上的无线电罗盘能够连续地测向。

当信标台发射调幅波识别信号时，自动信号键的电码控制一个音频振荡器，按电码组合规律产生频率一定的音频信号。在自动信号键发"点"和"划"期间，信标台发射调幅信号，其余时间仍发射等幅信号。图 3-10 所示为带有识别信号的调幅信号波形图。

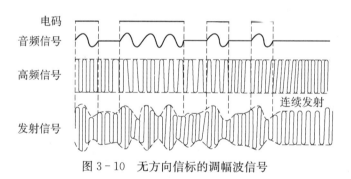

图 3-10　无方向信标的调幅波信号

当发射等幅波识别信号时，自动键电码直接控制高频信号发生器，因此在发"点"和"划"期间有输出信号，其他时间没有信号，如图 3-11 所示，因此测向会有中断，指示器指针会发生抖动。

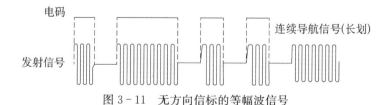

图 3-11　无方向信标的等幅波信号

另外,地面信标台还可以作为中波通信机使用,用于实施单向的对空联络,发送等幅电报、调幅电报和进行地空通话等。进行通话时,只需将话筒接入,话音信号即自动地对高频信号进行调制并发射出去。

3.4 甚高频全向信标

3.4.1 甚高频全向信标系统工作原理

甚高频全向信标(VOR)是甚高频全向信标(very high frequency omnidirectional range)的英文缩写,其汉语译音为"伏尔"。VOR 系统是一种由机载设备直接输出导航参量的近程无线电相位测角系统。VOR 系统利用的是相位式测角原理,其导航参量是飞机相对于 VOR 台的磁方位角。该系统 1949 年被 ICAO 采纳为国际标准的航空近程导航系统。

VOR 地面天线具有以每秒 30 周旋转的心形方向图,使空中的飞机接收到的信号受到 30 Hz 的正弦幅度调制。这个调制信号的相位角正好与飞机相对于地面台的空间磁北方位角相等,因此机载接收设备测量 30 Hz 正弦信号的相位角,便能指示出飞机的方位。VOR 地面台还将发射调频信号作为相位角测量的基准。VOR 也是综合利用电波传播的定向性和信号调制技术的结果,VOR 系统组成如图 3-12 所示。

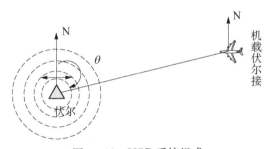

图 3-12　VOR 系统组成

VOR 系统包括地面设备和机载设备,地面设备称为 VOR 信标,机载设备称为 VOR 接收机。VOR 系统的功能是通过安装在飞机上的 VOR 接收机接收地面 VOR 信标发射出的信号,得到飞机相对于 VOR 信标台的磁方位角(见图 3-13),以此给飞机提示相应的飞行方向,帮助飞机沿既定航线飞行。

在民航应用上,一般把航行过程中

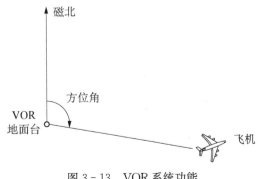

图 3-13　VOR 系统功能

需要用到的各个 VOR 信标台的信息如位置坐标、发射频率等存储在飞机飞行管理系统的导航数据库中,使用时可方便地调用。VOR 信标工作的频段是 108～118 MHz,这个频段是与 ILS 航向信标共同占用,总计 200 个频道,频道间隔为 50 kHz,其中 VOR 信标占 160 个。VOR 系统既可用于航路导航,也可用于非精密的进近着陆引导,其测角准确度一般为 ±1.4°,一个地面台可覆盖 200 n mile 的半径范围(当飞机高度在 10 000 m 时),工作容量不受限制。

　　VOR 分为两种:一种是常规 VOR;另一种是多普勒 VOR(DVOR)。DVOR 是 20 世纪 60 年代为了改善 VOR 的精度而研制的,两者的区别只是地面台不同,机载接收机是通用的。

3.4.2　常规 VOR

　　VOR 地面台向空中全向发射两个 30 Hz 的正弦波,一个正弦波作基准,其相位不随飞机所在的方位角发生变化,另一个则随飞机所在的方位角不同而不同。两个正弦波之间的相位差正好等于飞机的方位角,因此机载设备在接收到地面台的信号之后,只要测量两个正弦波之间的相位差,便能测出飞机的方位角,如图 3-14 所示。

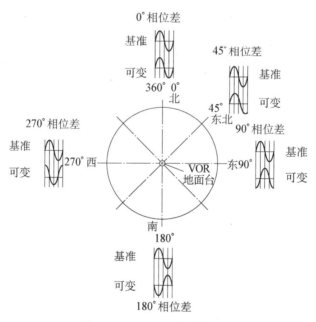

图 3-14　VOR 测方位角原理

　　VOR 台向天线所发射的信号一共有 6 种,这些信号的幅度与相位关系如下:

　　(1) 全向辐射的一种信号 $\cos(\omega_c \cdot t)$,ω_c 为 VOR 台的工作角频率。

　　(2) 由垂向摆放的一对 Alford 环提供 $a \cdot \cos\omega_c t \cdot \cos\omega_m t$ 的信号,这是一个调幅信号,调制频率 $f_m = 30\,\text{Hz}$,$a = 0.3$。

（3）由东西摆放的一对环提供 $a \cdot \cos \omega_c \cdot \sin \omega_m t$ 的信号，也是一个受到 30 Hz 调幅的信号，只是调制信号相移 90°。考虑到天线的方向图，由上述这 3 种信号产生的 VOR 台辐射的空间合成信号为

$$U_r(t) = \cos \omega_c t + a\cos \omega_c t \cos \omega_m t \cos \theta + a\cos \omega_c t \sin \omega_m t \sin \theta \qquad (3-32)$$
$$= \cos \omega_c t [1 + a\cos(\omega_m t - \theta)]$$

（4）由 9 960 Hz 正弦波调幅的信号，这个调制信号本身又受到 30 Hz 正弦波调频，即调制信号的频率不是恒定的 9 960 Hz，而是以 30 Hz 的速率在 ±480 Hz 范围内作正弦变化（调频指数＝16），VOR 地面台以这个信号作为基准 30 Hz，记为

$$b\cos \omega_c t \cos[\omega_n t + \beta \cos \omega_m t] \quad (b = 0.3, \ f_n = 9\,960\,\text{Hz}, \ \beta = 16) \qquad (3-33)$$

（5）由 1 020 Hz 正弦波调幅的信号，这个调制信号本身又受到莫尔斯码键控，用于广播 VOR 台的识别码，也用于广播气象信息，记为

$$d(t)\cos \omega_d t \cos \omega_c t \quad (d(t) \text{ 为 } 0 \text{ 或 } 0.1, \ f_d = 1\,020\,\text{Hz}) \qquad (3-34)$$

（6）由话音调幅的信号，用于 VOR 地面台向空中作话音广播，记为

$$v(t)\cos \omega_v t \cos \omega_c t \quad (v(t) = 0 \text{ 或 } 0.3, \ f_v = 300 \sim 3\,000\,\text{Hz}) \qquad (3-35)$$

VOR 辐射到空中的信号是上述 6 种信号的叠加，即

$$u(t) = \cos \omega_c t [1 + a\cos(\omega_m t - \theta) + b\cos(\omega_n t + \beta \cos \omega_m t) + \qquad (3-36)$$
$$d(t)\cos \omega_d t + v(t)\cos \omega_v t]$$

机载设备解调出 $a\cos(\omega_m t - \theta)$ 和 $\cos \omega_m t$ 两个调制信号，并比较相位，便能求出飞机的方位。

VOR 地面台的任务是向空中辐射上述 6 种信号，有多种设计。例如，一种天线布局如图 3-15 所示。VOR 台天线由 4 个 Alford 环组成，通过桥电路供电。

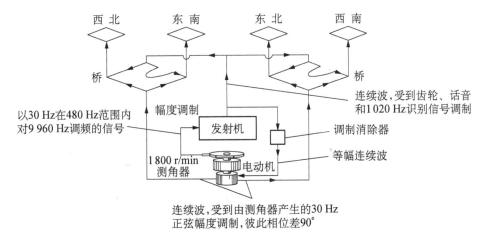

图 3-15　VOR 地面台构成原理

图 3-15 中,两个固定绕组的信号经过桥电路分别送至一对 Alford 环,例如西北、东南一对,东北、西南一对,从而在空间形成 30 r/s 旋转的心形方向图。

齿轮和测角器之间的相对相位,以及 Alford 环的位置应设置成:当飞机处于地面台的磁北方位时,接收机解调出的基准和可变相位的两个 30 Hz 正弦波正好同相位。

每一对 Alford 环都是经平衡桥电路馈电的,每个桥有 4 个臂,其中 3 个臂长均约为 $\lambda/4$,2 个臂长为 $\lambda/2$(λ 为载频波长),使送至桥电路一角的能量不出现在对角上。这就把馈送基准的和馈送相位变化 30 Hz 信号的电路隔离开来了。

VOR 机载设备原理如图 3-16 所示,由 30 Hz 和 10 kHz 滤波器分别取出相位可变 30 Hz 信号和基准 30 Hz 信号,然后在比相器中给出飞机方位信息,识别和话音由另一路输出。

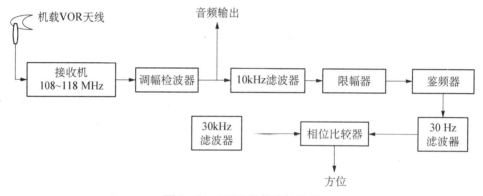

图 3-16 VOR 机载设备原理

3.4.3 多普勒伏尔

常规 VOR 的主要误差源有两个:一个是可变相位 30 Hz 信号从地面台到达飞机的多径误差;另一个是机载接收机相位检测器的误差。

多普勒伏尔(DVOR)与 VOR 相反,它用调频信号提供相位可变的 30 Hz 信号,而用全向调幅信号提供 30 Hz 的基准。这样做的原因是,调频信号不像调幅信号对反射那么敏感,因而能够减小由反射引起的误差。另外,DVOR 使用大孔径天线,而当天线孔径加大时,场地误差也要减小。

DVOR 之所以能够得到推广有两条原因:①能够降低对地面台周围场地的要求,使一些过去不能使用常规 VOR 的场地现在可以用了,或者说在同样的场地,DVOR 的系统误差会明显减小;②保持机载设备不变,既可以和常规 VOR 地面台配合工作,也可以和 DVOR 地面台配合工作,为飞机提供同样的方位信息。

VOR 地面台发射信号的频谱如图 3-17 所示。

中间三条谱线是 30 Hz 的调幅信号,在 VOR 中作相位可变信号。向外两侧距

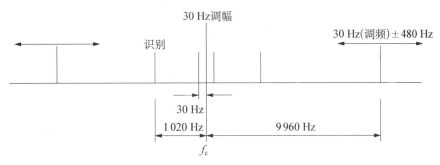

图 3-17 VOR 地面台发射信号的频谱

载频 f_c 为 1020 Hz 处和 300～3000 Hz 处是识别和话音调幅信号的谱线;再向外距载频 9960 Hz 处是调幅-调频信号,在 VOR 中作相位基准。在 DVOR 地面台中,利用中央辐射单元辐射前面 3 种调幅信号,作为相位基准;而用圆周上的辐射单元产生所需要的调幅-调频信号,作为相位可变信号。这个调幅-调频信号有三类谱线:中间那一条是载频 f_c 的等幅连续波,它由中央辐射单元提供;左边和右边各一条,它们距 f_c 分别为 ± 9960 Hz,而且这个距离以 30 Hz 正弦规律在对称地向外和向内移动,最大移动距离为 480 Hz。为了叙述方便,先看右边那条谱线(信号)是如何产生以及相位可变的。为此,圆阵天线的供电信号,其载频不是 f_c 而是 $f_1 = f_c + 9960$ Hz。当天线沿圆周运动时,其速度为

$$v = 圆周周长 \times 30 = \pi D \times 30 = 1263.9788 \text{(m/s)} (D = 13.4112 \text{m})$$

当飞机位于天线运动速度对着的方向上时,这个运动速度引起的飞机接收信号的多普勒频移为 $f_d = \dfrac{v}{c} f_1$。式中,c 为光速,以此可算出 $f_d = 480$ Hz。

当飞机位于与天线运动速度相反的方向时,接收信号的多普勒频移为 -480 Hz。而在天线转到其他位置上时,使飞机既不在天线运动速度的方向上,也不在相反速度的方向上,此时引起的多普勒频移取决于天线运动速度在飞机方向上的分量 v_1。根据图 3-18 不难看出,这个分量有如下特点:①随天线的旋转,大小呈余弦变化,天线每转一圈,余弦也变化一个周期,余弦函数的频率因此也是 30 Hz,其幅度为 480 Hz;②这个余弦函数的初始相位 θ

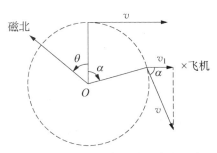

图 3-18 DVOR 台圆阵天线的运动

取决于飞机相对 DVOR 台的磁北方位,随着飞机处于不同方位,初始相位为 $0°$～$360°$ 中的相应值。

为了产生图 3-17 左侧的那一条调幅-调频谱线,还通过转换开关同时对天线

圆阵的直径的另一端供电,只是这个供电信号的载频为 $f_2 = f_c - 9\,960\,\text{Hz}$。当天线运动时,也要在飞机接收信号中引起多普勒频移。由于天线运动速度相同,因此多普频移也是以 $30\,\text{Hz}$ 的频率在 $\pm480\,\text{Hz}$ 之间按余弦规律变化。与右边那条不同的是,$30\,\text{Hz}$ 信号的相位相差 $180°$,使右边一条谱线的频率增大时,左边一条的频率在减小;反之亦然。这就使它们成为两条相对于 f_c 来说总是对称移动的谱线,所以 DVOR 地面台发射的是与 VOR 完全相同的信号。

DVOR 的天线孔径约为 5λ,而常规 VOR 的天线孔径有时还不到 0.5λ,因而 DVOR 有可能把场地误差减小到 $1/10$。在良好场地上虽然 VOR 和 DVOR 均可工作,然而有试验表明,此时地面台最大误差可从 $2.8°$ 下降到 $0.4°$。

3.4.4　VOR 与 DVOR 设备的应用

VOR/DVOR 系统现阶段在民用航空中仍然是本土航路飞行的主要导航系统,全世界设有相当完备的 VOR/DME 台网,构成飞行员可信赖的导航设施。另一方面 VOR 对划定空中航路有很大影响,例如美国的空中航路和宽度便是按 VOR 及其使用误差来划定的,如图 3-19 所示。在 VOR 台 $51\,\text{n mile}$ 以内航路宽度为 $\pm4\,\text{n mile}$,$51\,\text{n mile}$ 以外达到 $130\,\text{n mile}$,航路按 $4.5°$ 扩张,最后宽度达到最大 $\pm10\,\text{n mile}$,这是因为 VOR 的系统误差为 $4.5°$。

VOR 系统误差分配表如表 3-1 所示。

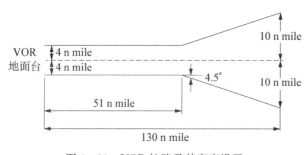

图 3-19　VOR 航路及其宽度设置

表 3-1　VOR 系统误差分配表

地面台	$1.4°(2\sigma)$
机载设备	$3.0°(2\sigma)$
航向选择(CSE)	$2.0°(2\sigma)$
飞行技术	$2.3°(2\sigma)$
RSS	$4.5°(95\%)$

按上述规定,美国两个 VOR 台之间的距离不得大于 $260\,\text{n mile}$,另外还要考虑重叠覆盖以减小地面台故障的影响,因此美国 FAA 布设有 $1\,020$ 个 VOR 台(单独用的 VOR,VOR/DME,VORTAC),所有民航客机都装有 VOR 机载设备,69% 的通用飞机有一部以上的 VOR 机载设备,所以 VOR 用户在 20 万个以上。

驾驶员用 VOR 接收机面对或背离 VOR 台的航向驾驶飞机。为此,首先要将接收机调谐到适当的频率,将座舱内的全向信标选择器(OBS)调到所希望的航向。飞行员根据收到的 VOR 台的莫尔斯电码验证接收的台就是所希望的台。飞机实际航向和所希望的航向之间的偏差显示在 CDI 上。驾驶员或自动驾驶仪根据 CDI 将飞机调到正确航向上。

3.5 测距仪

3.5.1 测距仪系统

测距仪(distance measurement equipment，DME)属于近程无线电导航系统。测距仪是在第二次世界大战中随着雷达的发展应用而出现的,它通过测量无线电脉冲在空中的传播时间获得飞机到地面导航台(站)的距离,包括普通测距仪(DME/N)和精密测距仪(DME/P)两种。N 是窄频带的意思,P 是精密的意思。普通测距仪经常与 VOR 配套用于对飞机进行定位,1959 年,ICAO 将其与 VOR 同时列为标准导航系统使用,一般安装在机场和航路上。精密测距仪是微波着陆系统的组成设备,用于在飞机精密进近和着陆的引导中提供着陆点的精确距离信息。

DME 系统是询问-回答脉冲式测距系统,由地面设备和机载设备组成,工作频段为 960~1215 MHz,采用脉冲信号体制,即机载设备和地面台所发射的都是脉冲信号,天线为垂直极化。航路导航时,一个地面台可覆盖 200 n mile 的半径范围,在终端区和精密进近时,覆盖 25 n mile 的半径范围。一个地面台可服务的飞机数为100~110 架。按 ICAO 的规定,DME 的系统精度为 ±370 m(95%),其中地面台的误差不大于 75 m。

DME 系统工作原理如图 3-20 所示,机载设备(又称询问器)发出成对的询问脉冲,地面台(又称应答器或地面信标)接收到后,经过一定的时延(一般为 50 μs)发出成对应答脉冲。应答信号被机载设备接收到后,将发出询问和收到应答信号之间所经过的时间 t 减去地面台的时延 t_0,便可算出飞机与地面台的直线距离 D:

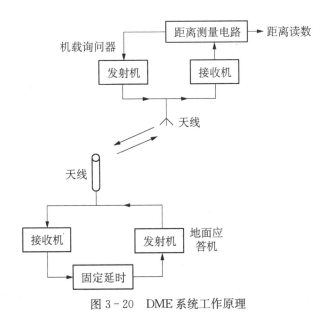

图 3-20 DME 系统工作原理

$$D = (t - t_0)c/2 \tag{3-37}$$

其中,固定延时 t_0 一般为 $50\,\mu s$,电波速度 c 则视为光速。

DME 机载设备和地面台之所以发射的都是脉冲对,是为了减小由其他脉冲系统所造成的干扰。DME 的询问器和应答器不仅发射的都是成对脉冲,而且每个脉冲采用高斯形状,其半幅度点宽度为 $3.5\,\mu s$。采用这种形状可使信号频谱局限在 $1\,\mathrm{MHz}$ 的带宽之内。

DME 系统共有 252 个工作信道。一部地面台和所有与之配合工作的飞机都工作在同一信道上。工作信道由询问器与应答信号的频率配对关系,以及脉冲对的编码关系两者共同形成。机载设备所发射的询问信号和地面台所发射的应答信号频率不同,总是相差 $63\,\mathrm{MHz}$,如图 $3-21$ 所示。DME 将 $962\sim1213\,\mathrm{MHz}$ 频段划分为 4 个分频段,每个分频段宽 $63\,\mathrm{MHz}$。机载设备的询问信号频率集中在中间的两个分频段内,共 $126\,\mathrm{MHz}$,每 $1\,\mathrm{MHz}$ 一个频道,形成 126 个频道。而地面台应答信号频率则分布在 4 个分频段内。

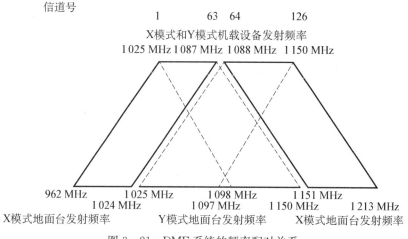

图 $3-21$　DME 系统的频率配对关系

DME 系统有两种工作模式:X 模式和 Y 模式。

当 1959 年 ICAO 决定采用这种 DME 作为标准导航系统时,只有 X 模式。在 X 模式下,机载询问和地面应答信号的配对关系如图 $3-21$ 中实线所示,机载设备发射信号在 $1025\sim1150\,\mathrm{MHz}$ 频段,相配对的地面台发射信号频率处于 $962\sim1024\,\mathrm{MHz}$ 和 $1151\sim1213\,\mathrm{MHz}$ 的两个互不相连的分频段上。

此时在第一信道即 1X 信道上,机载设备的发射频率是 $1025\,\mathrm{MHz}$,2X 信道为 $1026\,\mathrm{MHz}$,……,63X 信道为 $1087\,\mathrm{MHz}$,与之配对的地面设备应答信号频率分别是 $962\,\mathrm{MHz}$,$963\,\mathrm{MHz}$,……,$1024\,\mathrm{MHz}$;在 64X,65X,……,126X 信道上,机载询问信号的频率分别是 $1088\,\mathrm{MHz}$,$1089\,\mathrm{MHz}$,……,$1150\,\mathrm{MHz}$,而与之配对的地

面台发射信号分别是 1151 MHZ，1152 MHz，……，1213 MHz。在 X 模式下，无论机载询问信号还是地面应答信号，所用的脉冲对的脉冲编码间隔都是 12 μs。

到了 20 世纪 60 年代，DME 的 126 个信道不够用了，要加以扩展，于是设计了 Y 模式。在 Y 模式中，机载设备询问信号所用频段与 X 模式一样，而地面台应答信号所用频段变了，移到了中间的两个分频段。为了保持询问和应答信号频率相差 63 MHz，分频段是错开来配对的，如图 3 - 21 中虚线所示，这样形成了 126 个 Y 信道。在 Y 模式中，不仅频率配对关系与 X 模式不同，脉冲对的脉冲编码间隔也不同，此时机载询问信号的脉冲间隔是 36 μs，地面应答信号为 30 μs。

由上可见，不管是 X 模式还是 Y 模式，机载设备询问信号的频率都集中在中间两个分频段之间。当飞机飞行时，要不断从一个地面台的覆盖范围换到另一个地面台覆盖范围，此时机载设备必须做相应的信道转换，因此机载设备必须能够工作在所有信道上，而地面台的工作信道基本上是固定不变的。

3.5.1.1 DME 机载设备

DME 与其他陆基无线电导航系统 VOR、ILS，NDB 不一样，其机载设备不仅要接收，而且还要发射信号，如图 3 - 22 所示。天线左面是发射机，右面是接收机和测距电路。

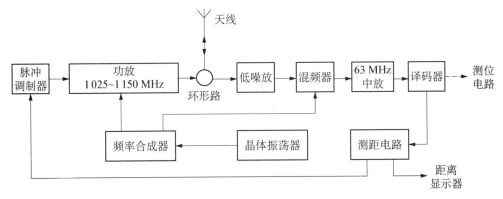

图 3 - 22 DME 机载设备

由于其接收和发射频率总是相差 63 MHz，只要把接收机中放频率选为 63 MHz，那么同一频率合成器便既能产生发射信号载频，又能提供接收机本地振荡频率。

测距电路的功能有 3 项：

(1) 分辨出地面台对本机载设备的应答信号。

(2) 控制机载设备的工作模式(搜索、跟踪和记忆)。

(3) 给出飞机与地面台间的距离测量值。

DME 是一个时分多路系统，地面台要对所有收到的、可能来自多架飞机的询问做出应答，如果一架飞机的询问器发出的询问信号与另一架或几架飞机的询问器发出的询问信号在时间上是同步的，便会带来两种严重的后果：①机载询问器无法从应答器发射的所有信号中分辨出对自己的应答;②按规定,当应答器接收到一对有效的询问脉冲之后,便有一段 $60\,\mu s$ 的寂静时间,在这段时间内应答机不接收任何询问信号,因此如果两部或多部询问器在时间上是同步的便有可能造成一些机载设备的询问信号被连续地遮挡掉。为避免询问器同步,在 DME 中要求每个询问器的发射重复周期是随机变动或伪随机变动的。这样,由于应答器对所有询问信号都延迟到 $50\,\mu s$,使应答器所发射的所有应答信号在时间上看起来也是随机的,机载设备需要从中找出与自己的询问相关联的应答信号。

机载设备有 3 种工作模式,即搜索模式、跟踪模式和记忆模式。当机载设备接入工作之初或改换了地面台之后,便进入搜索模式。此时它不知道距地面台有多远,因而不得不在整个 $200\,n\ mile$ 的最大范围内找寻地面台对自己的应答信号。电波在 $200\,n\ mile$ 往返传播所经过的时间为 $2400\,\mu s$。在搜索模式中,机载询问的平均重复频率为 $150\,Hz$。搜索从 0 距离开始,往远处搜索。为此机载设备在相当于 0 距离的时延(相对于询问发射时间)上设置一个宽 $20\,\mu s$ 的搜索闸门(注意地面台有 $50\,\mu s$ 的固定时延),逐渐增加时延,直到搜索完 $2400\,\mu$,早期 DME 机载设备整个大约需要 $20\,s$ 的时间。这就是说,搜索闸门移动速度为 $\dfrac{2400\,\mu s}{20\,s}=120\,\mu s/s$。$20\,\mu s$ 的搜索闸门宽度相当于 $3\,km$ 的往返距离,$120\,\mu s/s$ 的移动速度相当于闸门以 $18\,km/h$ 的速度移动。如果在某个距离-延迟时间上有所要的应答信号,搜索闸门从头到尾经过这个时延的时间为 $t=\dfrac{\text{闸门宽度}}{\text{闸门移动速度}}=\dfrac{20\,\mu s}{120\,\dfrac{\mu s}{s}}=\dfrac{1}{6}\,s$。由于每秒有 150 次询问-应答,在闸门中可能会落入最多为 $150\times\dfrac{1}{6}=25$ 个应答脉冲。

按照 IACO 的规定,不允许机载询问器处于搜索模式的时间超过 $30\,s$。新型 DME 机载设备采用微处理器,可以驱动多个闸门并行搜索,使搜索时间下降到几秒。

机载设备在完成搜索之后便转入跟踪模式。在跟踪模式中,由于已经知道应答信号会在哪里出现,询问信号的平均频率下降到 $30\,Hz$ 以下。

DME 机载设备具有一定记忆功能。当应答信号丢失之后,机载询问器并不立刻回到搜索模式,而是在 $10\,s$ 之内让闸门停留在丢失信号前最后的位置上(称作静态记忆),或者让闸门沿信号丢失前的速度移动(称作速度记忆),以等待应答信号的重新出现。这就允许地面台不是百分之百地对询问做出应答。现代的 DME 机载设备甚至允许应答概率低到 50% 时还能正常工作,或者把询问信号重复频率降到远低于 $30\,Hz$。

现在已经有能在 $1\,s$ 内工作在多个信道上的 DME 机载设备,这就使飞机能几乎同时地测出相对于多个地面台的距离,这当然要借助于综合数字信号处理技术才能做到。与 VOR 这样的测角系统相比,由多个测距器地面台产生的定位误差较小,而且不随离地面台的距离变化而变化,所以用这种 ρ-ρ 定位方式的精度高,这也使飞行管理系统可以借助于它实现区域导航(RNAV),DME 的这种用法将是航空导航的重要发展方向之一。ICAO 要求,即便跟踪多个地面台,DME 机载设备总的询问速率也不得超过 30 Hz。

DME 机载设备收发共用一个天线,是 $\lambda/4$ 的流线型(λ 是波长),装在飞机机腹上。发射功率为 15~500 W(过去曾经有 1 kW 的),民航机 DME 询问器的发射功率较大,通用飞机的功率小。

3.5.1.2　DME 地面设备

DME 地面设备一般长期处在不变的工作信道上,允许的体积、重量比机载设备大,它的发射功率和接收机灵敏度都比机载设备高。天线是宽带的,能覆盖 960~1215 MHz 的整个频段。由于接收和发射频率相差 63 MHz,因此和机载设备一样,中放频率选在 63 MHz。

在 DME 地面设备中,接收和发射共用一个天线。在发射信号时要对接收机实施封闭(如 10 μs 时间),以免因功率泄漏使接收机误认为是询问信号,造成 DME 地面台自振荡。再者,当地面台接收到确定的询问信号之后,便随即进入寂静时间,寂静时间是为了防止强的询问脉冲因多径反射的关系而造成地面台多次接收。另外,地面台要定期发射识别信号,在发射识别信号的点和画期间不发射应答脉冲。以上 3 个原因都会造成机载设备有一些询问信号得不到应答。

DME 地面台发射功率为 100~1000 W,过去还曾有过 20 kW 的地面台。在航路上用的地面台采用较大功率,在终端区和与着陆系统配合时用较小功率,此时覆盖范围只需 25 n mile。为了要保证地面台引入的误差尽量小,严格控制收发之间 50 μs 的延迟时间是关键,ICAO 要求在不同的询问信号电平和变动环境条件下严格保持高于 $\pm0.5\ \mu$s 的精度,现在实际做到的只有 0.1~0.2 μs 的误差。

DME 地面台发射识别信号分两种情况:一种是 DME 地面台单独使用时;另一种是与 VOR、ILS 或 MLS 配合使用时。

DME 地面台中包含有监测器,用以保证其完好性。从功能上看,监测器等效于一个位于零距离上的精密的询问器。它包含一个询问信号发生器,RF 脉冲检测器和精密(时间及其他参数)测量装置。

3.5.2　DME/P

微波着陆系统 MLS 的方位台和仰角台只能为实施精密进近中的飞机提供方位角和下滑角引导,为了提供三维位置坐标,即飞机离接地点的距离,需要使用 DME。在基本配置中采用 DME/N,然而按 ICAO 的规定,DME/N 的系统精度是 370 m,对于Ⅲ类着陆、曲线进近和与自动驾驶仪相交联实施自动着陆来说,这样的误差显然太大了。为此,ICAO 建立了另外一种系统,称为精密测距器,即 DME/P。

DME/P 是由 DME/N 演变而来的,其目的是:①在飞机着陆阶段提供比 DME/N 高出许多的测距精度;②机载 DME 设备把 DME/P 作为一种工作模式,只在着陆时使用,这样飞机上可以只装一部设备,在航路上以 DME/N 模式工作,在与 MLS 相配实施着陆时转换到 DME/P 模式。DME/P 地面应答器是专门的,与 MLS 方位台一起架设在跑道端头。

DME/N 的误差源主要有:①地面应答机 50 μs 的时延有误差,按规范允许 ±0.5 μs(实际控制到 ±0.2 μs 以下);②脉冲半幅度点检测误差;③多径反射引起脉冲波形畸变带来的检测误差。DME/P 针对这 3 个误差源采用 3 项主要技术以减小测距误差,它们是重新设计的脉冲波形,延迟、衰减和比较技术,以及导航脉冲环技术。

按规定,DME/P 的路径跟随误差(PFE)在进近基准点上为 ±30 m 或 ±12 m。前者适用于飞机的常规起降,飞机快要接地时用雷达高度表;后者适用于飞机靠 MLS 降至地面的情况。

DME/P 机载设备有两种模式,即初始进近(IA)和最后进近(FA)模式。初始进近从距跑道 22 n mile 开始,机载询问器所发射的信号波形与 DME/N 时完全一样,只有两点不同:①询问速率不同,搜索用 40 Hz,跟踪用 16 Hz(DME/N 分别是 150 Hz 和 30 Hz);②除了 X 与 Y 工作模式之外,还设了 W 和 Z 两种新的工作模式。

与 X 和 Y 模式相比(X 模式 12 μs,Y 模式 36 μs,W 模式 24 μs,Z 模式 21 μs),DME/P 应答器用 DME/P 标准波形(陡前沿)做出应答,对应 X、Y、W 和 Z 模式,其应答脉冲间隔分别为 12 μs,30 μs,24 μs 和 15 μs。

如图 3-23 所示,从距跑道 8 n mile 开始,DME/P 机载询问器开始自动过渡到 FA 模式,在 7~8 n mile 处为过渡区。在 7 n mile 以内按 FA 模式工作。在 FA 模式中,机载询问器发送标准 DME/P 波形的询问信号,询问信号重复频率 16 Hz。对于

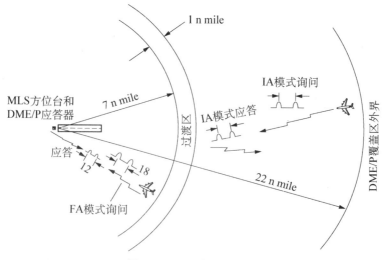

图 3-23　IA 与 FA 模式

X 模式,询问脉冲间隔仍为 $12\,\mu s$,然而 Y、W、Z 模式均比 IA 增长了 $6\,\mu s$,分别为 $42\,\mu s$,$30\,\mu s$ 和 $27\,\mu s$。DME/P 应答器应答脉冲间隔,FA 与 IA 相同。这样 DME/P 可以较容易地产生 200 个信道,来和 MLS 的 200 个信道相配。

3.5.3 DME 调谐原理和过程

DME 是一种二次雷达系统,主要作用是向飞行员提供飞机到地面 DME 台站的斜距。

飞机上的 DME 设备相当于一部询问机,而地面 DME 台站相当于一部应答机。二次雷达的主要优点如下:

(1) 设备体积小、所需功率低。它只要求对方都能接收到相互发射的信号即可。

(2) 脉冲序列可以被编码。这样他们相互传输的信号就可以加载其他信息,例如空中管制雷达就可以获得飞机的气压高度、航向等信息。

DME 工作在 $961\sim1213\,MHz$ 之间的 UHF 频段,频率间隔为 $1\,MHz$。DME 不像电台那样能直接选择工作频率,而是通过频道来选择的。每一个 DME 频道对应着两个(发射机和接收机)载波频率,并且这两个频率以 $63\,MHz$ 为间隔。例如,DME 频道 1 使用 $1025\,MHz$ 载波频率作为询问信号,那么 $962\,MHz$ 或 $1088\,MHz$ 载波就作为应答信号,这个附加的 $63\,MHz$ 信号是 DME 地面台站更改的。

DME 在使用过程中有如下工作限制:

1) 询问率

机载 DME 在选定频道后,发射机就发射该频道的询问脉冲信号,若其接收机接收到了所选频道的回复信号,我们就认为机载 DME 搜寻到了与所选频道相对应的 DME 台站,如果接收的回复信号能够保持稳定,说明已经锁定了 DME 台站,也就是意味着机载 DME 能够稳定地进行测距。当开始选择一个 DME 频道时,机载 DME 就会搜寻并锁定所选频道的 DME 台站。

2) 信标饱和

一般来说,地面台站应答设备的最大回复率只能达到 2700 个脉冲串/秒,当遇到以下情况时:一部分飞机已锁定了一个台站,该台站给这些飞机的回复率是每架每秒 24 个;而另一部分飞机在搜寻该台站,台站给这些飞机的回复率是每架每秒 150 个或 60 个。将所有这些都平均下,假设回复率是每架每秒 27 个,那该台站最多只能为 100 架飞机提供 DME 服务,倘若飞机数量是 100 以上,那么该台站就达到了处理饱和,也就是说台站信标饱和。当真的遇上这种情况,台站只处理询问信号最强的 100 架飞机。

3) 最远距离限制

因为 DME 工作在 UHF 频段,所以其信号的传播方式主要是视线(直线)传播,理论上最大工作距离是

$$D = 1.25(\sqrt{H_1} + \sqrt{H_2}) \tag{3-38}$$

式中：H_1 和 H_2 分别表示飞机和无线电台的海拔高度。可见，此时需要考虑的不仅仅只有飞机本身的情况。DME 台的最远可见距离为 200 n mile。

3.5.4　DME 测距误差分析

如果只是单独考虑 DME 的斜距读数，根据 ICAO 的规定，斜距精度是 1.25% *Range* ±0.25 nm（*Range* 是实际距离）。但是，DME 台站的接收与再发射之间有一个延迟，大约有 50 ms，这就可能造成比较大的误差了。这是由回波保护电路（echo protection circuit）产生的，其目的是避免反射询问信号的干扰，因为飞机本身或云层可能会将其发射的询问信号反射出去，地面台站为了区别这些反射信号（反射询问信号迟于直接询问信号），回波保护电路就将应答信号延迟发射，这样就不会造成反射询问信号也被应答回复，引起 DME 测距不准确。当然机载设备要是将这个延迟计算进去，那么就会造成测距误差。

所以在考虑这些因素之后，DME 所测的斜距误差可以表示成式（3-39）：

$$\delta D = \frac{(D_s + D_r)(1 + v)}{2} - D \tag{3-39}$$

$$v \sim N(0, [(D_s + D_r) \times 1.25\% + 0.25]^2)$$

式中：D_s 和 D_r 分别表示发送和接收时飞机到塔台的斜距；v 表示随机噪声。

3.6　VOR/DME 与 DME/DME 导航原理

3.6.1　VOR 及 DME 信号覆盖范围

ICAO Doc-8168 文件中明确表示，DME/DME 的最大水平距离为 370.4 km/200.0 n mile，VOR/DME 的最大水平距离为 92.6 km/50 n mile。在 RTCA Do-283A 中，给出了 VOR 系统和 DME 系统的最远适用距离，距离与 *RNP* 值是相对的，具体如表 3-2 所示。

表 3-2　VOR 及 DME 最远适用距离

范围	Max. D_VOR/n mile	Max. D_DME/n mile
$RNP-0.3 \sim RNP-0.9$	20	25
$RNP-1 \sim RNP-1.9$	40	55
$RNP-2$ 及以上	100	140

除了要考虑到 VOR 和 DME 导航台的最远适用距离之外，由于导航台地面天线的工作特性，还需要考虑导航台顶空的盲区。

如图 3-24 所示，如果飞机处于导航台的顶空盲区内，飞机将无法接收到来自导航台的无线电信号，或者接收到的信号很弱。盲区的大小与导航频率、天线高度

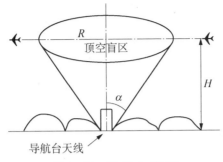

图 3 - 24 导航台盲区

和机载接收机的灵敏度相关。盲区半径一般取 $30°$。

3.6.2 VOR/DME 区域导航定位算法

3.6.2.1 基于 WGS - 84 椭球模型的位置计算

1) 经纬度与单位矢量的转换关系

关于地球球面上位置和航迹角(真航向)的计算,其基本思路是将大圆航线以经纬度表示的点和飞机的位置转换到以地球为中心坐标系中的单位矢量。其中大圆航线指的是通过两航路点间的大圆圈线,是地球表面上两点之间航线距离最短的航线。已知地球上某点 P 的纬度(latitude)和经度(longitude),其表达式为 (L, λ)。转换到地球中心坐标系中是

$$\boldsymbol{P} = (x, y, z) \tag{3-40}$$

其中,由(1-32)式可知:

$$\begin{aligned} x &= \cos(L)\cos(\lambda) \\ y &= \cos(L)\sin(\lambda) \\ z &= \sin(L) \end{aligned} \tag{3-41}$$

那么可知得到了单位矢量 $\boldsymbol{P}$,就可以根据 (x, y, z) 的值计算经纬度 (L, λ) 了,具体公式如下:

$$\begin{aligned} L &= \arcsin(z) \\ \lambda &= \arccos\left(\frac{x}{\cos(L)}\right) \end{aligned} \tag{3-42}$$

一个水平航段起点的单位矢量为 $\boldsymbol{P}_{st}$,终点的单位矢量为 $\boldsymbol{P}_{gt}$,则该航段从起点至终点的大圆航线所在大圆面的法向量为

$$\boldsymbol{N} = \boldsymbol{P}_{st} \times \boldsymbol{P}_{gt} \tag{3-43}$$

若飞机当前位置的单位矢量为 $\boldsymbol{P}_{pos}$,则飞机位置对大圆航线法向投影点,即飞机在当前航路上的投影位置的矢量 $\boldsymbol{P}_{ap}$ 为

$$\boldsymbol{P}_{ap} = \boldsymbol{N} \times (\boldsymbol{P}_{pos} \times \boldsymbol{N}) \tag{3-44}$$

其中:导航台的经纬度坐标均可以从导航数据库中查询,得到了经纬度坐标之后即可将其转换为单位矢量坐标。

2) 计算飞机相对于导航台的角度

已知飞机的位置 P_{pos},导航台的位置 P_{gt},计算飞机相对于导航台的角度 θ。定义坐标系 Z 轴单位矢量:

$$\boldsymbol{Z} = \begin{bmatrix} 0 & 0 & 1 \end{bmatrix} \tag{3-45}$$

则飞机位置 P_{pos} 的东向水平矢量为

$$\boldsymbol{Est} = \boldsymbol{Z} \times \boldsymbol{P}_{pos} \tag{3-46}$$

飞机位置 P_{pos} 的北向水平矢量为

$$\boldsymbol{Nth} = \boldsymbol{P}_{pos} \times \boldsymbol{Est} \tag{3-47}$$

从飞机位置到导航台的大圆航线所在大圆面的法向量为

$$\boldsymbol{N} = \boldsymbol{P}_{pos} \times \boldsymbol{P}_{gt} \tag{3-48}$$

则角度 θ 满足

$$\theta = \tan^{-1} \left[\frac{-\boldsymbol{N} \cdot \boldsymbol{Nth}}{-\boldsymbol{N} \cdot \boldsymbol{Est}} \right] \tag{3-49}$$

需要注意的是,计算的结果与飞机和导航台的相对位置有关,设导航台的经纬度为 (L_1, λ_1),飞机的经纬度坐标为 (L_2, λ_2),那么如果 $L_1 < L_2$ 并且 $\lambda_1 < \lambda_2$,则上式结果即为 θ 的最终结果;如果 $L_1 > L_2$ 并且 $\lambda_1 < \lambda_2$,则 $\theta = \theta + \pi$;如果 $L_1 < L_2$ 并且 $\lambda_1 > \lambda_2$,则 $\theta = \theta + 2\pi$;如果 $L_1 > L_2$ 并且 $\lambda_1 > \lambda_2$,则 $\theta = \theta + \pi$。

3) 计算飞机相对于导航台的大圆距离

已知飞机的估计位置 P_{pos},导航台的位置 P_{gt},求飞机与导航台的大圆距离 D。

$$D = R_n \cdot \cos^{-1}(P_{gt} \cdot P_{pos}) \tag{3-50}$$

式中:R_n 为地球半径。

参考 WGS-84 坐标系确定地球椭圆模型的长半径:

$$R_e = 6378.137 \pm 2(\text{km}) \tag{3-51}$$

以及椭球扁率:

$$e = 0.003352810664$$

以导航台位置的纬度 L 来确定距离公式中所用的地球半径:

$$R_n = R_e[1 - e\sin^2(L)] \tag{3-52}$$

由 VOR 系统和 DME 系统的工作原理可知,VOR 系统可以给飞机提供的位置线为射线,射线与 N 极(北极)的夹角是恒定的;DME 系统可以给飞机提供的位置线为圆,圆的半径即飞机与 DME 台的距离是恒定的。由此,可以利用两条或两条以上位置线的交点来确定飞机的位置,计算飞机的经纬度坐标。

3.6.2.2 四种定位方法简述

1) $\rho-\theta$ 定位原理

如图 3 - 25 所示,利用该方法进行定位,需要 VOR 台和 DME 台共址,且飞机可以接收到信标台的信号。飞机可以获得与信标台的距离和相对于信标台的角度,两条位置线的交点即为飞机所在的位置,位置是唯一确定的。

图 3 - 25 $\rho-\theta$ 定位原理

2) $\rho-\rho$ 定位原理

如图 3 - 26 所示,利用该方法进行定位,需要飞机能够同时接收到两个 DME 台的信号。由两个距离信息可以得到两条位置线,即两个圆。两个圆一般有两个交点,此时飞机的位置不是唯一确定的,所以需要其他信息来排除其中一个点。

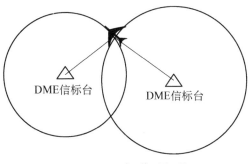

图 3 - 26 定 位 原 理

3) $\rho-\rho-\rho$ 定位原理

如图 3 - 27 所示,利用该定位原理,需要飞机能够同时接收到 3 个 DME 导航台的信号,3 条圆位置线的交点即为飞机所在的位置,比前一种方法的优势在于此方法可以唯一地确定飞机的位置。

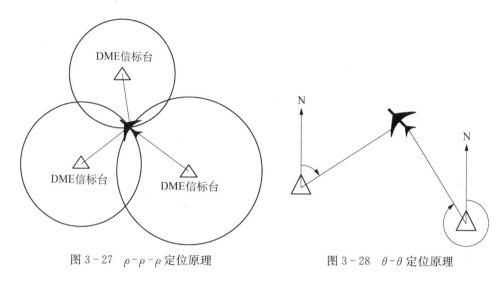

图 3 - 27　ρ - ρ - ρ 定位原理　　　　　　　　图 3 - 28　θ - θ 定位原理

4)θ - θ 定位原理

如图 3 - 28 所示,利用该定位原理,需要飞机能够同时接收到两个 VOR 导航台的信号,两条射线的交点即为飞机所在的位置,此方法也可以唯一地确定飞机的位置。

3.6.2.3　VOR/DME 定位方法

已知量为 VOR/DME 导航台位置 P_{gt} 的单位矢量坐标 (x_1, y_1, z_1),飞机位置 P_{pos} 相对于导航台的角度 θ,飞机与导航台的斜距 ρ,求飞机的单位矢量坐标 (x_2, y_2, z_2)。

首先将斜距 ρ 转换为大圆距离 D:

$$D = \frac{\pi R}{180} \cdot \arccos \frac{(h_A + R)^2 + (h_B + R)^2 - \rho^2}{2(h_A + R)(h_B + R)} \tag{3-53}$$

式中:h_A,h_B 分别为飞机和导航台的海拔高度。

可以得到

$$P_{pos} \cdot P_{gt} = \cos \frac{D}{R_n} \tag{3-54}$$

该大圆航线的法向量为 $\boldsymbol{N} = \boldsymbol{P}_{gt} \times \boldsymbol{P}_{pos}$,而角度满足如下公式:

$$\tan \theta = \frac{-\boldsymbol{N} \cdot \boldsymbol{Nth}}{-\boldsymbol{N} \cdot \boldsymbol{Est}} \tag{3-55}$$

其中

$$\boldsymbol{Est} = \boldsymbol{Z} \times \boldsymbol{P}_{gt} \tag{3-56}$$
$$\boldsymbol{Nth} = \boldsymbol{P}_{gt} \times \boldsymbol{Est}$$

另外,设

$$|\boldsymbol{P}_{\text{pos}}| = 1 \tag{3-57}$$

则可根据式(3-49)、式(3-50)和式(3-52)建立三元二次方程组,结果如下:

令

$$a = x_1 z_1 \tan\theta + y_1$$
$$b = y_1 z_1 \tan\theta - x_1 \tag{3-58}$$
$$c = -(x_1^2 + y_1^2)\tan\theta$$

则利用 z_2 表示 x_2、y_2:

$$x_2 = \frac{b\cos\dfrac{D}{R_n} + (cy_1 - bz_1)z_2}{bx_1 - ay_1} \tag{3-59}$$

$$y_2 = \frac{a\cos\dfrac{D}{R_n} + (cx_1 - az_1)z_2}{-bx_1 + ay_1}$$

令

$$m = bx_1 - ay_1$$
$$n = bz_1 - cy_1 \tag{3-60}$$
$$k = az_1 - cx_1$$

则

$$x_2 = \frac{b\cos\dfrac{D}{R_n} - nz_2}{m}$$

$$y_2 = \frac{a\cos\dfrac{D}{R_n} - kz_2}{-m} \tag{3-61}$$

令

$$A = m^2 + n^2 + k^2$$
$$B = 2nb\cos\frac{D}{R_n} + 2ak\cos\frac{D}{R_n} \tag{3-62}$$
$$C = (a^2 + b^2)\cos^2\frac{D}{R_n} - m^2$$

则

$$z_2 = \frac{B \pm \sqrt{B^2 - 4AC}}{2A} \tag{3-63}$$

　　首先根据式(3-58)求出 z_2，再根据 z_2 与 x_2、y_2 的关系式求出 x_2、y_2，会求出两个结果，对应着两个经纬度坐标，需要根据 θ 角的大小选择满足表 3-3 中的飞机位置。其中 $(L_1，\lambda_1)$ 代表导航台的经纬度坐标，$(L_2，\lambda_2)$ 代表飞机的经纬度坐标。

表 3-3　VOR/DME 定位中飞机与导航台相对位置与坐标之间的关系

θ 的范围	纬度 LAT 需满足的条件	经度 LON 需满足的条件
$0 \leqslant \theta \leqslant \dfrac{\pi}{2}$	$L_1 < L_2$	$\lambda_1 < \lambda_2$
$\dfrac{\pi}{2} \leqslant \theta \leqslant \pi$	$L_1 > L_2$	$\lambda_1 < \lambda_2$
$\pi \leqslant \theta \leqslant \dfrac{3\pi}{2}$	$L_1 > L_2$	$\lambda_1 > \lambda_2$
$\dfrac{3\pi}{2} \leqslant \theta \leqslant 2\pi$	$L_1 < L_2$	$\lambda_1 > \lambda_2$

3.6.2.4　DME/DME 定位方法

　　已知量为两个导航台的经纬度坐标，可由经纬度坐标计算单位矢量：导航台 1 的单位矢量坐标 $(x_1，y_1，z_1)$，导航台 2 的单位矢量坐标 $(x_2，y_2，z_2)$，导航台 1 处的地球半径 R_1，导航台 2 处的地球半径 R_2，飞机到两个导航台的斜距 ρ_1，ρ_2。求飞机的单位矢量坐标 $(x，y，z)$。

　　首先将斜距 ρ_1，ρ_2 转换为大圆距离 D_1，D_2，两者的关系式如下：

$$D_i = \frac{\pi R_i}{180} \cdot \arccos \frac{(h_A + R_i)^2 + (h_i + R_i)^2 - \rho_i^2}{2(h_A + R_i)(h_i + R_i)} \quad (i = 1，2) \quad (3-64)$$

式中：h_i 为第 i 个导航台的海拔高度，h_A 为飞机的海拔高度。

　　由于

$$\boldsymbol{P}_{\mathrm{pos}} \cdot \boldsymbol{P}_{\mathrm{gti}} = \cos \frac{D_i}{R_i} \quad (i = 1，2)$$

$$|\boldsymbol{P}_{\mathrm{pos}}| = 1 \quad\quad\quad (3-65)$$

可列三元二次方程，解的表达式如下：

　　令

$$
\begin{aligned}
a &= x_1 y_2 - x_2 y_1 \\
b &= z_1 y_2 - z_2 y_1 \\
c &= z_2 x_1 - z_1 x_2 \\
d &= y_2 \cos \frac{D_1}{R_1} - y_1 \cos \frac{D_2}{R_2} \\
e &= x_1 \cos \frac{D_2}{R_2} - x_2 \cos \frac{D_1}{R_1}
\end{aligned}
\quad (3-66)
$$

令

$$
\begin{aligned}
t_1 &= 2bd + 2ce \\
t_2 &= 2(a^2 + b^2 + c^2) \\
t_3 &= 4(bd + ce)^2 - 4(a^2 + b^2 + c^2)(d^2 + e^2 - a^2)
\end{aligned}
\tag{3-67}
$$

则

$$
z = \frac{t_1 \pm \sqrt{t_3}}{t_2}
\tag{3-68}
$$

并且

$$
\begin{aligned}
x &= \frac{d - bz}{a} \\
y &= \frac{e - cz}{a}
\end{aligned}
\tag{3-69}
$$

由这一系列的式子可以求出飞机所在位置的单位矢量(x, y, z),并且求出的是两个结果,再根据飞机的估计位置排除其中一个。最后再根据式(3-37)将单位矢量转换为经纬度坐标。

3.6.3 无线电自动选台算法

在飞行过程中,飞机可能接收到许多不同频率的导航台的信号,此时有两种调谐方式:

(1) 自动调谐。飞行管理计算机 FMC 可以通过 NAV1 和 NAV2 导航接收机进行自动调谐,可以调节到两个最近的 VOR 或 DME 台。当其中一个 NAV 电台处于自动调谐模式时,FMC 将持续搜索导航数据库,最终调谐到最近的 VOR 台。

(2) 人工调谐。飞行员通过输入频率信息或导航台标志到任一个导航接收机,便可以人工调谐。在人工调谐的过程中,自动调谐方式仍在进行,只是 FMC 忽略它传过来的信息。

人工调谐一般根据飞行员的经验或者规定在指定的时间或地点调谐到指定的频率,这里主要讨论自动调谐时的选台算法,包括导航台需要满足的必要条件,选台需要遵循的准则,以及选台主要考虑的因素等。

一般而言,飞机上的无线电导航接收机包含两台 VOR 接收机,两台 DME 接收机以及两至三台 ILS 接收机,用于进近着陆时使用。它们分别向 FMC 发送各自接收到的信号,而 FMC 根据不同的情况选择不同的信号来进行导航与定位。DME/DME 方式定位的精确度比 VOR/DME 的精确度高,而 VOR/DME 方式定位的精确度比 VOR/VOR 的精确度高,所以无线电位置数据选择的优先顺序为:

(1) DME/DME,前提条件是飞机可以接收到两个不同 DME 导航台的信号。

（2）VOR/DME，当飞机只能接到一个 DME 台的信号，并且这个 DME 台与 VOR 共址时。

（3）ILS，进近着陆时使用 ILS 更安全可靠，准确度高。

（4）使用惯性导航，飞机无法接收到无线电信号。

3.6.3.1 自动选台算法限制条件分析

本节主要讨论 VOR/DME 导航方式和 DME/DME 导航方式。对于 DME/DME 方式，飞机要同时可以接收至少两个 DME 导航台的信号，称此方式中使用的两个 DME 导航台为导航台对；而对于 VOR/DME 方式，飞机要接收到共址的 VOR 和 DME 导航台的信号。自动选台算法需要满足的条件为：

（1）飞机处于导航台的信号覆盖范围内，且信号的强度足够强。

（2）飞机不处于导航台的顶空静锥之内。

（3）对于 DME/DME 方式，测距线的交角要处于 30°～150° 之间。

根据这 3 个条件，可以画出 DME/DME 方式及 VOR/DME 方式的有效导航区域，在有效导航区域中，飞机可以利用该导航台对或共址的导航台进行导航定位；如果飞机不在有效导航区域内，那么该导航台对或共址的导航台不是可用的导航台，也就不能为飞机提供导航信息。有效导航区域的画法如下：

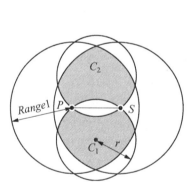
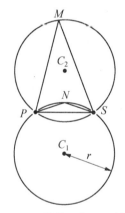

图 3 - 29　DME/DME 方式的有效导航区域　　　图 3 - 30　满足 30°～150° 条件

DME/DME 方式的有效导航区域如图 3 - 29 所示，分别以两个 DME 导航台 P、S 为圆心，以 DME 导航台的覆盖范围 $Range1$ 为半径画圆，那么两圆的交集满足条件（1），即飞机可以同时接收到两个 DME 导航台的信号；分别去除站台 P 和 S 的顶空盲区，则满足条件（2）。

以台站 P、S 的距离 r 为半径向 PS 连线的两侧分别作等边三角形，如图 3 - 30 所示，$\triangle PSC_1$ 和 $\triangle PSC_2$ 均为等边三角形，以 C_1，C_2 为圆心，r 为半径画圆，M 点和 N 点分别在圆 C_2 和 C_1 上，那么由平面几何的知识可得，$\angle PMS = 30°$，$\angle PNS = 150°$，如果飞机处于圆弧 $PMSN$ 的范围内，任意一点与两个导航台 P、S 的夹角均处于 30°~150°之内,圆 C_1 中对应的部分也是一样,即满足条件(3)。将以上 3 个部分取交集,得到图 3-29 的灰色区域,飞机需要处于两个导航台的灰色区域才可以使用这两个导航台的信号,这是 DME/DME 导航方式中导航台对需要满足的必要条件。

VOR/DME 方式的有效导航区域如图 3-31 所示,由于 VOR 系统的信号覆盖范围比 DME 系统的覆盖范围小,所以 VOR/DME 的覆盖范围 $Range2 < Rang1$。以信标台 P 为圆心,$Range2$ 为半径画圆,再去掉顶空盲区,则灰色区域即为 VOR/DME 方式的有效导航区域。

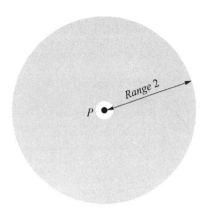

图 3-31　VOR/DME 台的有效导航区域

3.6.3.2　自动选台准则

在选台的过程中,DME/DME 方式在多个方面均优于 VOR/DME 方式,所以只要飞机具备利用 DME/DME 方式的条件,就不会选择 VOR/DME 方式,因此,自动选台算法针对的是 DME/DME 台对,在无法使用 DME/DME 方式定位时,才使用 VOR/DME 方式,如果此时 VOR/DME 方式也无法使用,则发出警告并利用其他方式定位,如惯性导航、GPS 导航等。满足了飞机处于导航台对的有效导航区域之后,自动选台算法还需要遵循以下原则:

(1) 导航台对的切换不能太频繁。

(2) 导航台对的定位精度不能太低。

(3) 选台算法的复杂度不能太大,不能占用过多系统资源。

针对原则(1),自动选台算法需要考虑的问题不仅是如何选择最佳导航台对,同时也要注意所选导航台对所能够导航的距离,即有效导航距离。如果有效导航距离比较短,那么飞机在飞行很短的距离后将不得不再重新选台,切换导航台对。为此,有效导航距离是自动选台算法中一个十分重要的因素。

针对原则(2),对于 DME/DME 组对来讲,也有相应的衡量定位精确度的物理量——实际导航性能(ANP)。ANP 的大小与定位误差的大小呈正相关。因此,在选择导航台对时,也需要将 ANP 的大小作为一项重要的指标。

除此之外,测距线的夹角也和定位的准确度息息相关,一般而言,希望夹角尽量等于 90°,认为夹角在 60°~90°时为最有利于定位的区域,当夹角为 30°~60°时为可定位区。所以测距线的夹角也是决定定位准确度的因素之一。

根据无线电波的传播特性,信号衰落会导致失真,会影响定位的准确性和可靠性,而影响信号强度与衰落的主要因素是导航台与运载体的距离,距离越远,那么信号的强度可能越弱,衰落越明显,所以导航台与飞机的距离也是在自动选台中需要考虑的重要因素。

综上所述,在自动选台算法中需要考虑的因素有导航台对的有效导航距离 $effect\_dis$、实际导航性能 ANP、测距线夹角 α 和导航台与飞机的距离 $distance$。

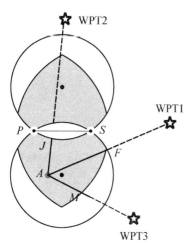

图 3-32 有效导航距离的 3 种情况

1) 有效导航距离

有效导航距离指的是飞机处于某一导航台对 P、S 的有效导航区域内,飞机以当前的方向飞行,P、S 导航台对可以为飞机提供的最长的导航距离,直到飞机飞出 P、S 的有效导航区域。可以将有效导航距离分为 3 种情况,如图 3-32 所示,飞机位于图 3-32 中的 A 点。若下一个航路点在 WPT1 的方位,那么飞机飞行 F 点后再向前飞行,测距线的夹角就小于 30°了,不满足导航台对的必要条件,所以此情况下有效导航距离为 AF 的长度。

若下一个航路点在 WPT2 的方位,那么飞机飞行 J 点后再向前飞行,测距线的夹角就大于 150°了,不满足导航台对的必要条件,所以此情况下有效导航距离为 AJ 的长度。

若下一个航路点在 WPT3 的方位,那么飞机飞行 M 点后再向前飞行,则飞机超出了导航台 P 的信号覆盖范围,不满足导航台对的必要条件,所以此情况下有效导航距离为 AM 的长度。

2) 实际导航性能

实际导航性能指的是飞机位置在 95% 概率范围内的误差范围。对于 DME/DME 方式而言,由于两个导航台与飞机的距离不同,那么两个导航台所形成的位置线的均方误差也不同,所以形成的误差通常不是圆形而是椭圆的,而 ANP 的值,就等于 95% 椭圆概率下长半轴的长度。

设导航台 P、S 的位置线误差分别为 u、v,且 u、v 均为正态分布的随机变量,那么其概率密度函数分别为

$$f(u) = \frac{1}{\sqrt{2\pi}\sigma_u} \exp\left(-\frac{u^2}{2\sigma_u^2}\right) \tag{3-70}$$

$$f(v) = \frac{1}{\sqrt{2\pi}\sigma_v} \exp\left(-\frac{u^2}{2\sigma_v^2}\right) \tag{3-71}$$

式中:σ_u 为导航台 P 的测量均方误差,σ_v 为导航台 S 的测量均方误差,则其联合概率密度函数为

$$f(u, v) = \frac{1}{2\pi\sigma_u\sigma_v\sqrt{1-\rho^2}} \exp\left[\frac{-1}{2(1-\rho^2)}\left(\frac{u^2}{\sigma_u^2} + \frac{v^2}{\sigma_v^2} - \frac{2\rho}{\sigma_u\sigma_v}\right)\right] \tag{3-72}$$

则观测值落在单元面积 ds 内的概率为

$$dP_{uv} = f(u, v)ds = \frac{1}{2\pi\sigma_u\sigma_v\sqrt{1-\rho^2}}\exp\left[\frac{-1}{2(1-\rho^2)}\left(\frac{u^2}{\sigma_u^2} + \frac{v^2}{\sigma_v^2} - \frac{2\rho}{\sigma_u\sigma_v}\right)\right]dudv$$

$$(3-73)$$

令 $\dfrac{-1}{2(1-\rho^2)}\left(\dfrac{u^2}{\sigma_u^2} + \dfrac{v^2}{\sigma_v^2} - \dfrac{2\rho}{\sigma_u\sigma_v}\right) = \lambda^2$，则无线电导航系统的等概率误差椭圆的长半轴 a 和短半轴 b 的计算公式如下：

$$a = \sqrt{\frac{\dfrac{4\sigma_u^2\sigma_v^2(1-\rho^2)\lambda^2}{\sigma_u^2 + \sigma_v^2 + 2\sigma_u\sigma_v\rho\cos\alpha}}{1 - \sqrt{1 - \dfrac{4\sigma_u^2\sigma_v^2(1-\rho^2)\sin^2\alpha}{(\sigma_u^2 + \sigma_v^2 + 2\sigma_u\sigma_v\rho\cos\alpha)^2}}}}$$

$$(3-74)$$

$$b = \sqrt{\frac{\dfrac{4\sigma_u^2\sigma_v^2(1-\rho^2)\lambda^2}{\sigma_u^2 + \sigma_v^2 + 2\sigma_u\sigma_v\rho\cos\alpha}}{1 + \sqrt{1 - \dfrac{4\sigma_u^2\sigma_v^2(1-\rho^2)\sin^2\alpha}{(\sigma_u^2 + \sigma_v^2 + 2\sigma_u\sigma_v\rho\cos\alpha)^2}}}}$$

$$(3-75)$$

式中: ρ 为两个导航台测量误差的相关系数，一般取为 0。α 为测距线的夹角。

令 $\rho = 0$，则

$$a = \sqrt{\frac{2N\sigma_u\sigma_v\lambda^2}{1 - \sqrt{1 - N^2\sin^2\alpha}}}$$

$$(3-76)$$

$$b = \sqrt{\frac{2N\sigma_u\sigma_v\lambda^2}{1 + \sqrt{1 - N^2\sin^2\alpha}}}$$

$$(3-77)$$

式中:

$$N = \frac{2\sigma_u\sigma_v}{\sigma_u^2 + \sigma_v^2}$$

$$(3-78)$$

椭圆的面积为

$$S = \pi ab = \frac{2\pi\sigma_u\sigma_v\sqrt{1-\rho^2}}{\sin\alpha}\lambda^2$$

$$(3-79)$$

令 $\rho = 0$，则

$$S = \pi ab = \frac{2\pi\sigma_u\sigma_v}{\sin\alpha}\lambda^2$$

$$(3-80)$$

有

$$dP_{uv} = \frac{\sin\alpha}{2\pi\sigma_u\sigma_v}\exp(-\lambda^2)dS \tag{3-81}$$

式中：$dS = \dfrac{du \cdot dv}{\sin\alpha}$。

由于式（3-80）中变量为 λ，所以对其微分，得

$$dS(\lambda) = \frac{2\pi\sigma_u\sigma_v}{\sin\alpha}2\lambda d\lambda \tag{3-82}$$

得

$$P(\lambda) = \int_0^\lambda 2\lambda e^{-\lambda^2}d\lambda = 1 - e^{-\lambda^2} \tag{3-83}$$

由此可得 λ 与 P 的关系如表 3-4 所示，其中 $P = 0.95$ 时，$\lambda = 1.73$。

表 3-4 λ 与 P 的关系

λ	0	0.707	0.832	1.000	1.414	1.517	1.730	2.000	∞
P	0	0.393	0.500	0.632	0.865	0.900	0.950	0.982	1.00

误差椭圆越小，定位的准确率越高。将 λ，σ_u，σ_v，α 的值代入式（3-74），则可求得 ANP 的值。

3）测距线夹角和导航台与飞机的距离

测距线的夹角，指的是飞机与两个导航台的连线的夹角，即设飞机所在位置是 A，两个导航台分别为 P、S，那么 $\angle PAS$ 即为测距线的夹角。

导航台与飞机的距离，指的是导航台与飞机的斜距，在 DME/DME 方式中，选择离飞机比较远的导航台计算 $distance$。

3.6.3.3 两阶段自动选台算法

两阶段自动选台算法是比较早期的选台算法，不仅适用于航路段导航台选择，同时也适用于终端进近导航台选择。

许多 VOR/DME 导航台选择算法都存在固有的导航台切换过于频繁的问题，例如选择夹角最接近于 $90°$ 的 DME 组对的选台算法就存在台对跳变的问题。如图 3-33 所示，当前时刻飞机位于 DME 导航台 P 和 S 的有效导航区域内（信号覆盖范围内并且飞机与导航台连线夹角满足 $30°\sim150°$），但是飞机往前飞行很短距离就会离开导航台 P 和 S 的有效导航区域（阴影区

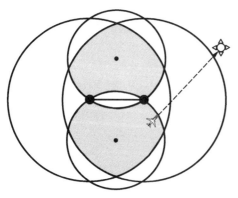

图 3-33   DME 组对有效导航距离过短情况

域),这样就不得不切换为其他导航台组对,这是潜在的导致导航台频繁切换的原因之一,因此算法必须考虑导航台组对对有效导航距离的影响,在一定程度上避免导航台频繁切换。

两阶段自动选台算法选取的准则是,首先保证选取的导航台的有效性,选取的DME 导航台对与飞机连线夹角满足 30°~150°的要求,这是基本要求,优化选择在飞机前方,有效导航距离适度的导航台组对,考虑导航台与航线夹角以及距离等因素设置权重,然后根据权重分阶段选取第一个和第二个导航台。

1) 主导航台的选择

主导航台的选择是根据式(3-84)计算所得的权重,选取最大权重的导航台作为第一阶段选择的主要导航台。

这样设计选取主导航台的权重的原则是:

(1) 主导航台在飞机的正前方可以保证第二个 VOR/DME 组对后位置比较好。

(2) 主导航台离飞机足够近以使飞机在其信号覆盖范围内,无线电导航信号质量比较好。

(3) 主导航台与飞机保持一定的距离可以使导航台切换不至于过于频繁,特别是与第二个 VOR/DME 组对后避免频繁地切换。

选择第一个导航台(主导航台)权重公式:

$$W_1 = \begin{cases} 10 + 100\left[1 - \dfrac{|\text{max}D/2 - D1|}{\text{max}D/2}\right]\cos B, & 0 \leqslant D_1 \leqslant \text{max}D, \ |B| \leqslant 90° \\ 10, & 0 \leqslant D_1 \leqslant \text{max}D, \ |B| > 90° \end{cases}$$

$$(3-84)$$

式中:长度单位为海里(n mile),角度单位为(°)。

$\text{max}D$ 导航台的信号覆盖范围(取最保守的距离),随飞机高度变化,典型值为航路区飞机高度 6000 m 时取 120 n mile,终端进近时可取 30 n mile。

D_1 表示飞机与导航台之间的距离。如图 3-34 所示。

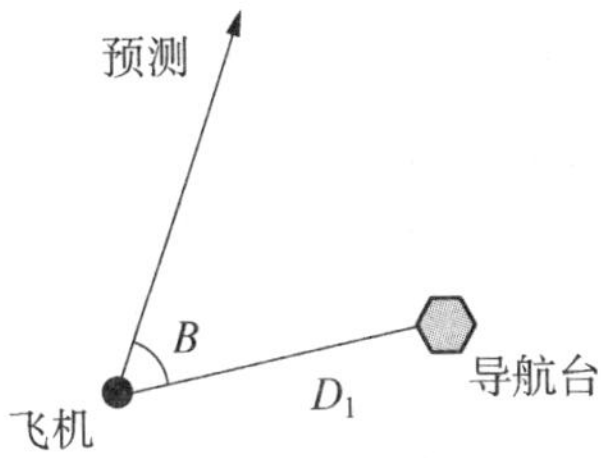

B 表示从飞机航向(航线方向)顺时针到与导航台位置线的相对方位角。这样设计的权重公式在飞机正前方 $(B = 0)$ 距离为 $\text{max}D/2$ 处达到最大值 110,随着飞机与导航台之间的距离增长或者与航线夹角增大而减小,所有在飞机后方的导航台都赋以权重 10,而不考虑不在信号覆盖范围的导航台。

图 3-34 飞机到导航台距离及相对方位角

2) 第二个导航台的选择

当主导航台被选取以后,选取可用的导航台(经第一阶段筛选过的在信号覆盖范围内且不在其盲区的导航台)与主导航台组对,求取有效导航作用距离,综合考虑有效导航距离以及信号的质量,根据式(3-85)计算每个候选台的权重 W_2,选取最大权重的导航台与主导航台组对。

这样设计权重公式选取第二个 DME 导航台的原则是:

(1) 第二个导航台与飞机的距离要尽量近一些,这样才能使飞机向前飞行时能保持一定时间内在第二个导航台的水平信号覆盖范围内。

(2) 选取第二个导航台要保证其和主导航台组对后有效导航距离不是很短,从而可以控制导航台组对的切换不会过于频繁。

选择第二个导航台权重公式为

$$W_2' = \begin{cases} \exp\{-[1/3 \cdot \max D - D_2)/25]^2\} \times \exp\{-[(1/2 \cdot \max D - USEDIST)/30]^2\} \\ 0, USEDIST = 0 \end{cases}$$

$$(3-85)$$

$$\begin{cases} W_2 = 1.2 \times W_2', \text{如果第二个导航台在飞机的前方} \\ W_2 = W_2', \text{如果第二个导航台在飞机的后方} \end{cases}$$

式中:D_2 表示飞机与第二个导航台之间的距离;USEDIST 表示此导航台与第一个选定的导航台作为 DME/DME 组对进行区域导航的有效导航距离;$\max D$ 是导航台信号最大覆盖范围,和主导航台选择时相同。

以上选择第二个导航台的权重公式主要由两部分相乘组成,左半部分式子主要考虑了导航台与飞机的距离对信号的影响,右半部分式子主要考虑了第二个导航台与主导航台组对后的有效导航距离的影响,整个式子既考虑了导航台的信号覆盖范围,同时避免所选择的 DME 组对切换过于频繁。对于在飞机前方的导航台权重乘以 1.2 是进一步考虑到了组对变换的频率,使选择的组对导航距离较长,避免飞机过快地离开刚刚选择的 DME 组对的信号覆盖范围。

有效导航距离定义为 DME 导航台组对从当前飞机位置开始,以当前航线方位飞行,直到此 DME 组对不能满足导航条件(如超出导航台信号覆盖范围,或者 DME 导航台组对与飞机连线不满足 30°~150°条件),这段距离就是这组 DME 导航台对的有效导航作用距离。

两阶段自动选台算法程序流程如图 3-35 所示。

3) 改进后排序自动选台算法

根据两阶段自动选台算法,分析可知导航台选择算法重点有以下问题:导航台选择的标准,导航台切换的原则。选台标准保证选择有效的、可靠的、合理的导航台,而导航台切换的原则要保证导航台组对变换不要太过频繁。否则对于无线电调谐的负荷比较大,而且算法也存在一定的不稳定性。

导航台可以采取周期性的选台方法,周期较短时切换原则就比较重要,不好的切换原则会导致组对频繁变换,而过于保守的切换原则会导致无法及时选择信号更好的导航台。

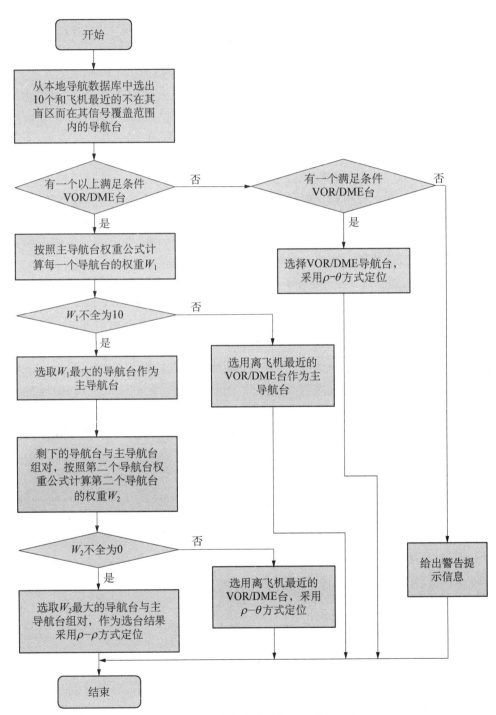

图 3-35 两阶段自动选台算法程序流程

从这些方面分析可知两阶段自动选台算法存在一些问题：

(1) 首先是权重公式带有很强的经验性,DME 组对中的两个台并没有主次之分,而两阶段法在选择主导航台时没有考虑到第二个导航台的影响,因此选择时可能会遗漏掉某些比较好的 DME 组对。

(2) 前述导航台切换的原则是：为了防止导航台切换过于频繁,始终使用选择好的 DME 组对,直到其不满足导航条件时进行重新选择,这是一种十分保守的切换准则,这样可以充分地使用 DME 组对的有效导航距离,但也存在一些弊端,不能及时切换为信号质量更好的 DME 组对。

针对以上问题需要对两阶段选台算法进行改进。制定导航台选择标准,为保证信号的质量,需要考虑飞机和导航台之间距离,为保证 DME 组对的有效导航距离,需要考虑 DME 组对与飞机的相对位置分布。导航台切换的标准,则要考虑新选择的导航台与当前所用的导航台的比较,以确定是否进行切换,比较的原则要考虑到信号的质量,同时也要考虑到 DME 组对的有效导航距离。

由以上分析设计了改进后的排序自动选台算法：改进后的算法采用同时选择一对 DME 导航台的方式,避免了两阶段选台算法 DME 台选择不对称的缺点,采用周期性的选台比较是否切换自动选择方式(算法实现时采用 5 s 为一周期)。

DME 导航台组对选择的原则：以 DME 组对中到飞机最远的距离作为这个组对到飞机的距离度量,选出这些组对中有效导航距离在 2 n mile 以上(同时满足了 DME 组对与飞机连线的交角为 $30°\sim150°$ 条件),并且离飞机距离最近的 DME 导航台组对 $slctPair$,把它与当前正在使用的 DME 组对按照切换准则比较以确认其是否切换。此处需要进行排序,但是由于组对数目不是很多,因此计算复杂度并不是很高。

以 A 表示飞机所在位置,P 表示一个 DME 导航台,S 表示另一个 DME 导航台,$dist(A, B)$ 表示 A 和 B 之间距离,$usedist(A, B)$ 表示组对 A-B 的有效导航距离,P-S 表示导航台 P 和导航台 S 组对。用 $usedist(P, S)$ 表示导航台 P 和 S 组对有效导航距离。选台准则表示为

$$dist(P\text{-}S, A) = \max(dist(P, A), dist(S, A))$$

$$slctPair = \min_{\substack{i=1, \cdots, 10 \\ j=1, \cdots, 10 \\ i \neq j}} (dist(P_i\text{-}S_j, A)), \quad usedist(slct\_P, slct\_S) \geqslant 2\,\text{n mile}$$

$$(3-86)$$

从前面的 DME 组对有效导航距离图可以看出,一对 DME 导航台的最长有效导航距离为辅助圆 C_1 或 C_2 的直径 $2r$。DME 导航台组对切换的原则：当前没有使用 VOR/DME 无线电导航信息,或者正在使用 VOR/DME 导航方式则直接切换为上面所选择的 DME 组对,若当前正在使用 DME/DME 导航方式,则需同时满足以

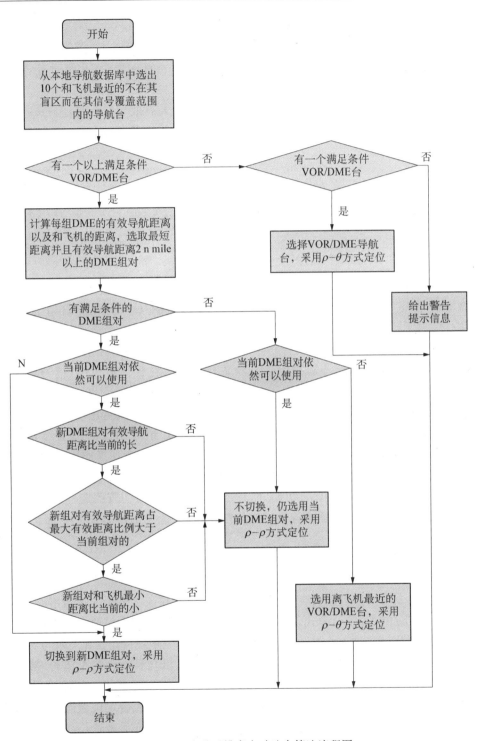

图 3-36 改进后排序自动选台算法流程图

下 3 个条件才进行切换,否则不进行切换。新选择的 DME 组对中与飞机的最短距离也比当前使用的 DME 组对小;新 DME 组对的有效导航距离比当前使用的 DME 组对有效距离长(为保证算法稳定性,采用长 1 n mile 阈值);新 DME 组对有效距离占其最长有效距离的比例比当前 DME 组对大。

用 max_usedist(P, S)表示导航台 P 和 S 组对最大有效导航距离,用 now_P 和 now_S 表示当前正在使用的 DME 导航台组对。则导航台切换准则表示为(距离单位用海里,即 n mile):

$$\min(\text{dist}(slct\_P, A), \text{dist}(slct\_S, A)) \leqslant \min(\text{dist}(now\_P, A), \text{dist}(now\_S, A))$$

$$\text{usedist}(slct\_P, slct\_S) > \text{usedist}(now\_P, now\_S) + 1 \tag{3-87}$$

$$\frac{\text{usedist}(slct\_P, slct\_S)}{\text{max\_usedist}(slct\_P, slct\_S)} > \frac{\text{usedist}(now\_P, now\_S)}{\text{max\_usedist}(now\_P, now\_S)} \tag{3-88}$$

算法处理特殊情况类似两阶段法,当没有满足条件的 DME 组对时,则选择最近的不在盲区的 VOR/DME 台。若没有可用 VOR/DME 则给出警告提示信息。

以上设定的选台准则和导航台切换准则综合考虑了导航台相对位置分布以及导航台与飞机之间的距离等影响因素。导航台的选取在保证有效性(信号覆盖范围,DME 组对与飞机连线的交角为 30°～150°)的基础上进行了优化选择。"有效导航距离 2 n mile 以上"的原则保证了所选择的 DME 组对的连续可用性,一定程度上降低了导航台切换的频率,同时"距离飞机最近的 DME 组对"的原则保证了信号的质量,因此选台的标准具有一定的合理性和优化性质。导航台切换原则在避免频繁切换的基础上选择更好的 DME 组对。切换准则不像两阶段法那样保守,而是在遇到条件更好的 DME 台对时及时切换,而且也不像在每一周期按照选择的 DME 组对切换那样太过频繁,既保证了选台的优化性,同时保证了切换的频率不至于太快。使算法具有一定的稳定性。

3.6.3.4 权重法自动选台算法

1) 权重法自动选台算法设计

根据 3.6.3.1 节中自动选台算法的限制条件和 3.6.3.2 节中的选台准则,可以知道对于 DME/DME 定位方式,可以将 4 个因素作为选台准则需要考虑的内容,分别为:有效导航距离 $effect\_dis$,实际导航性能 ANP,测距线夹角 α 和飞机与导航台的距离 $distance$。其中影响信号强度的主要因素是飞机与导航台的距离,一般情况下,距离越近,信号越强;测距线的交角越接近,定位误差越小;实际导航性能(ANP),与飞机和导航台之间的距离呈正关,ANP 的值代表着定位误差的大小;影响导航台对切换频度的主要因素是有效导航距离,有效导航距离越长,那么切换频度越低。经过大量的仿真试验,考虑到每个因素的影响范围及权重大小,设计选台公式如下:

$$f(p, s) = \sin \alpha \times \exp\left(\sqrt{\frac{effect\_distance}{Range\_DME}}\right) \times \exp\left(\frac{-ANP}{2.5}\right) \times \left(\frac{Range\_DME}{distance}\right)^2$$

$$(3-89)$$

其中:p和s为导航台的索引号。

2) 导航台切换原则设计

根据式(3-87)及3.6.3.2节介绍的选台的各个因素的求法,可以计算出可用导航台对的权值$f(p, s)$,并选择$f(p, s)$最大值作为最佳导航台对,但是仅仅根据这一公式选出来的最佳导航台对是无法避免选台切换太过频繁的,必须要设置一定的换台原则,才能保证不是每一次更新选台数据时都会换台,也并不是只要有更好的导航台对就进行换台,设计换台原则为:

(1) 如果飞机已飞过当前导航台对有效导航距离的80%时。

(2) 如果最佳导航台对的实际导航性能ANP的值比当前导航台对的ANP小,并且有效导航距离也比当前导航台对大1.85 km(即1 n mile 增加算法的鲁棒性)以上时。

(3) 如果当前导航台对不满足可用性条件,飞机处于盲区,或者不处于导航台信号覆盖范围,或者测距线夹角不在$30°\sim150°$之间。

(4) 如果当前使用的是 VOR/DME 导航方式,且存在两个以上的可用的导航台。

满足以上(1)~(4)中的任何一点都需要进行导航台对的切换。

3.6.3.5　自动选台算法流程

由3.6.3.1节和3.6.3.2节明确了自动选台算法中导航台应该满足的限制条件以及自动选台算法中应该考虑的因素,便可以设计自动选台算法的流程。如图3-35所示,首先根据飞机当前的位置信息[经纬度值(x, y)],根据(x, y)的值访问导航数据库,选出可用的导航台,飞机处于导航台的信号覆盖范围内,且飞机不处于顶空盲区。

将所有可用的导航台按照与飞机的距离远近进行排序,选出距离飞机最近的10个导航台。将这10个导航台两两组对,剔除测距线夹角不在$30°\sim150°$之间的导航台对,计算剩余的导航台对的有效导航距离$effect\_dis$、实际导航性能ANP、测距线夹角α和导航台与飞机的距离$distance$。然后利用选台公式计算每个导航台对的权值,选出权值最大的导航台对作为最佳导航台对。

下面说明流程中的一些注意事项:

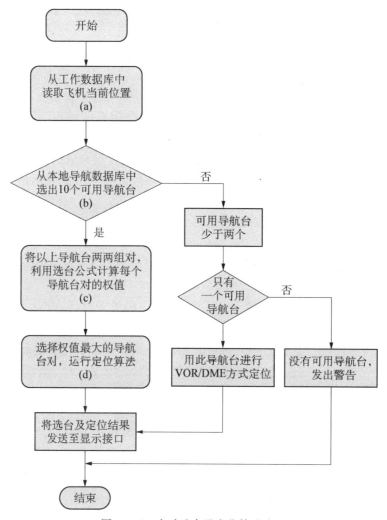

图 3 - 37　自动选台及定位算法流程

　　工作数据库是在程序运行之前事先存储的轨迹数据。根据飞机当前的位置,选出 10 个导航台是满足条件的距离飞机最近的导航台,如果没有 10 个导航台,就选用可用的那几个导航台再进行两两组对计算权值;如果飞机只能接收到两个 DME台的信号,且满足可用性条件,那么就使用这一对导航台进行定位;如果飞机只能接收到一个 VOR/DME 台的信号,且满足可用性条件(即飞机不处于盲区,且处于信标台的信号覆盖范围之内),则使用 VOR/DME 方式进行导航;如果飞机无法接收到无线电导航台的信号,则发出警告,提醒飞机使用其他方式进行导航。

3.7　ILS 仪表着陆系统

　　仪表着陆系统(ILS)在 1946 年被国际民航组织(ICAO)定为标准着陆引导设

备。到目前为止,仪表着陆系统还是最主要的引导飞机着陆的手段,它使飞机着陆成为一个单独的空中航行阶段,但在一般机场只能达到 CAT Ⅰ 类的着陆标准。ILS是在综合利用电波传播的定向性和信号调制技术的基础上构成的。

仪表着陆系统的地面设备包括航向台(LOC)、下滑台(GS)和信标台(MB)三大部分。航向台和下滑台都是利用在空间相交的双针状方向性图天线,以等信号区的形式分别提供与水平面成一定角度的下滑面引导、与水平面垂直的航向面引导。下滑面和航向面相交形成一条位于跑道中心线上方、与跑道面有一定角度的固定下滑航道。信标台为 2 或 3 个,在跑道中心线的延长线上,向天空辐射方向性图为窄圆锥形的无线电波束,提供飞机距离跑道入口的位置坐标信息。

机上设备分别包括航向、下滑和信标接收机,前两者常装在一个机盒内。相应地,机上需要 3 种天线,即水平极化的 VOR/LOC 共用天线、下滑接收机的折叠式偶极天线、信标接收机的环形天线。飞机的航向和下滑信息可在几种不同类型的仪表上显示,其相对于给定航向面和下滑面的偏差位置由位置指示器显示,供驾驶员调整下滑路线。ILS 机载设备的控制一般通过甚高频导航(VHF NAV)控制盒来实现,可以同时选择航向接收机频率及相应的下滑接收机频率。另外,当飞机飞过不同信标台的上空时,信标接收机会发出相应的音响和灯光信号,来表示飞机的当前位置。

在正常飞行中,飞机在巡航高度上到达目的地后开始下降,这时如果云高超过 800 m,水平能见度超过 4.8 km 时,允许飞机按照目视飞行规则着陆。但在恶劣气候条件下,着陆必须按照仪表飞行规则进行。

ICAO 根据着陆系统的引导性能,并考虑到跑道上水平能见度的气象条件,把着陆级别分为 Ⅰ、Ⅱ、Ⅲ 三类,规定了相应的决策高度(见表 3-5)。在此高度上,飞行员根据能否清晰地看到跑道,对继续着陆或拉升复飞做出决断。

表 3-5 国际民航组织的着陆级别划分

着陆类别	水平精度 /(m, 2σ)	垂直精度 /(m, 2σ)	决策高度 /m	距跑道入口 距离/m	最低引导 高度/m	跑道能 见度/m
非精密进场	/	/	120	2050	/	1500
CAT Ⅰ	17.09	4.14	60.9	872.3	30.5	791.7
CAT Ⅱ	5.15	1.73	30.5	290.8	15.2	365.4
CAT ⅢA	4.02	0.54	15.2	0	0	60.9
CAT ⅢB	4.02	0.54	15.2	0	0	45.7
CAT ⅢC	4.02	0.54	15.2	0	0	0

飞机在跑道延伸线上方 30～500 m 的高度范围内飞行,将由 ILS 产生的无线电波束引导,要求从仪表飞行过渡到目视着陆必须很平稳,并且保证可以立刻进行复飞。当飞机到达 Ⅰ 类,或 Ⅱ 类最低决策高度时,规定飞行员必须能够看到跑道,否则

放弃着陆。图 3-38 所示为仪表着陆系统。

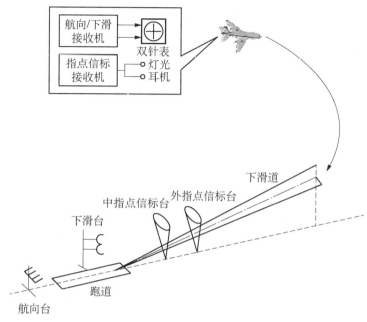

图 3-38　仪表着陆系统

3.7.1　工作原理

仪表着陆系统的作用是向处于着陆过程中的飞机提供着陆引导信息,包括航向道信息、下滑道信息和距离信息。仪表着陆系统由航向台、下滑台和指点信标台 3 部分组成,如图 3-38 所示。

航向台工作在 108~112 MHz 频段,它向着陆飞机提供一个对准跑道中心线的引导信息。航向天线一般位于距跑道终端 300 m 的跑道中心延长线上,航向台机房在跑道中心延长线的一侧,距中心延长线 60 m。

下滑台工作在 329~335 MHz 频段,向着陆飞机提供沿着一定下滑角度下降的下滑道信息。下滑天线一般在跑道入口的一侧,距中心线 120 m 左右,到入口的后撤距离要根据下滑角、下滑反射面坡度和入口高度计算确定。

指点信标台工作在 75 MHz,可分为外指点信标、中指点信标和内指点信标,内指点信标一般不用。它给着陆飞机提供到达跑道入口的距离信息。中指点信标距离跑道入口 1 km 左右。也可以用测距仪代替指点信标,从而使飞机得到连续的、到达着陆点的距离引导,在这种配置情况下,测距仪一般装置在下滑台处。

根据性能,仪表着陆系统可以分为Ⅰ类、Ⅱ类和Ⅲ类。Ⅰ类仪表着陆系统是从覆盖区边缘开始到航道和下滑道的高度不低于 60 m 的范围提供引导信息的设备;Ⅱ类仪表着陆系统能引导飞机到 30 m 高度的设备;Ⅲ类仪表着陆系统能引导飞机降落到跑道的设备。

我国现在装备的绝大多数系统只能达到Ⅰ类标准,只有少数系统性能可以达到Ⅱ类标准。主要原因除设备性能之外,很大的因素取决于场地。场地达不到标准,障碍物多,地面不平,造成航道、下滑道弯曲,超出类别标准。

航向台和下滑台的基本工作原理是航向台(或下滑台)向空间发射两种信号:一种是调幅信号,由载波和调幅边带波组成,称为 CSB 信号;另一种是载波被抑制掉的调幅信号,仅由调幅边带波组成,称为 SBO 信号。调幅波的频率为 90 Hz 和150 Hz。如图 3-39 所示,航向台发射的 CSB 信号在跑道中心线方向上最强,两边逐渐减弱,而航向台发射的 SBO 信号在跑道中心线方向上为"0",在偏离中心线的两边逐渐增强,当这两种信号在空中叠加起来,将会造成在跑道中心线方向上 SBO 信号为 0,只剩下 CSB 信号,CSB 信号的 90 Hz 和 150 Hz 调制信号的幅度相等,如果将这两个调制信号相减,其结果为 0。即在跑道中心线,90 Hz 和 150 Hz 调制信号的差为 0。

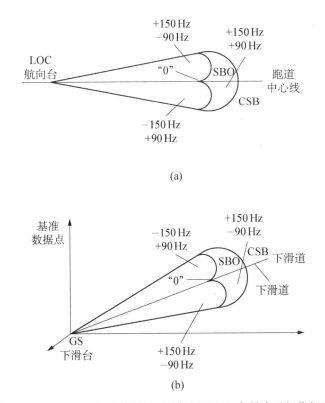

图 3-39 CSB 和 SBO 信号场型叠加原理(正、负号表示相位相反)

(a) 航向台 (b) 下滑台

在跑道中心线左边:这时 CBS 信号存在,SBO 信号也存在,这两种信号叠加在一起,由于 SBO 信号的 90 Hz 调制波与 CSB 信号的 90 Hz 调制波相位相反,被抵消而减小,而 150 Hz 调制波相位相同被加强,因此在跑道中心线左边,90 Hz 调制信号幅度和 150 Hz 调制信号幅度不等,即 150 Hz 调制信号幅度大于 90 Hz 调制信号幅度,其差不为 0。

同理,在跑道中心线右边,90 Hz 调制信号幅度和 150 Hz 调制信号幅度也不相等。90 Hz 调制信号幅度大于 150 Hz 调制信号幅度,其差也不为 0。

如果飞机进入航向台作用区,机载接收机接收到航向台发射的信号,解出 90 Hz 和 150 Hz 调制波,并将其相减,若等于 0,则表明飞机在跑道中心线方向上;若不等于 0, 150 Hz 调制信号幅度大于 90 Hz 调制信号幅度时,偏向中心线左边;若 90 Hz 调制信号幅度大于 150 Hz 调制信号幅度,则偏向中心线右边。

下滑台的工作原理与航向台基本相同(把下滑道看成航向道),下滑道下方是 150 Hz 调制信号幅度大于 90 Hz 调制信号幅度。

图 3 - 40 是航向辐射场的矢量图。如图 3 - 40 所示,跑道中心线方向上,SBO 的 90 Hz 及 150 Hz 信号相位相反,用相反方向的箭头表示,互相抵消而为 0,所以合成信号就只剩下 CSB 信号,其 90 Hz 和 150 Hz 信号相等。在跑道中心线左边,SBO 和 CSB 的 90 Hz 信号箭头方向相反,表示相位相反,而 150 Hz 信号箭头方向相同, 表示相位相同,叠加结果 90 Hz 信号减小,150 Hz 信号增加,因此,150 Hz 调制信号幅度大于 90 Hz 调制信号幅度,而在跑道中心线右边,90 Hz 调制信号幅度大于 150 Hz 调制信号幅度。

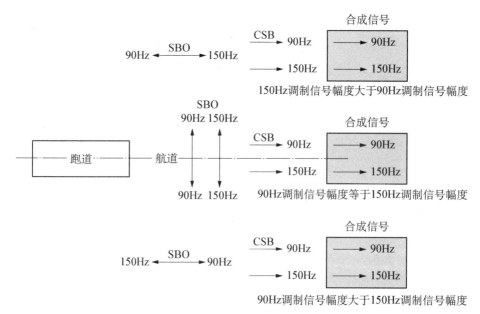

图 3 - 40 航向辐射场的矢量图

3.7.2 航向台的组成及作用

航向台由航向发射机、转换单元、天线分配单元、航向天线阵、监控器、控制单元、电源等组成,如图 3-41 所示。

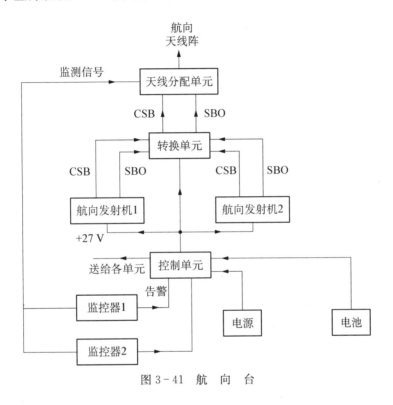

图 3-41 航 向 台

1) 航向发射机

航向发射机是航向台的射频信号源,它产生航向台所需要的 CSB 和 SBO 信号,航向发射机为双套制,可任选一个为主用,另一个为备用。

2) 转换单元

航向发射机 1 和航向发射机 2 产生的 CSB 和 SBO 信号都送到转换单元,它取一路信号送到天线,在一般情况下,如果航向发射机 1 为主用,则转换单元将航向发射机 1 产生的 CSB 和 SBO 信号反馈给天线,航向发射机 2 为备用。如果需要在航天发射机 2 上进行维护工作,也可以通过控制单元启动航向发射机 2,这时转换单元将航向发射机 2 产生的信号反馈给假负载。

转换单元是将航向发射机 1 还是将航向发射机 2 发来的信号反馈给天线,取决于来自控制单元的信号。

转换单元中安装有通过式功率计,可以测量 CSB 和 SBO 信号的输出功率,并由面板的电表指示。

3) 天线分配单元和航向天线阵

来自转换单元的 CSB 和 SBO 信号,从机房通过约长 60 m 的低损耗电缆,输出到航向天线阵的分配单元,分配单元按照要得到的 CSB 和 SBO 场型,以一定的相位和幅度把射频能量反馈给每一对天线,从而得到理想的空间发射场。

航向天线阵分为 8 单元和 14 单元两种,每个单元是一个对数周期天线,它具有良好的前后辐射比、相互干扰小、天线高度低等优点。

4) 监控器

在每个发射天线中都有一个监控的耦合环,对发射信号进行取样。来自每个天线的监控取样信号又经过混合、合成而产生航道和宽度检测信号,并把它送到监控器。

监控器也是双套制,两个监控器同时监视正在发射的航向发射机。它对检测信号进行逐个性能分析,当某个参数超出预先置定的阈值时,产生告警信号给控制单元,在监控器的面板上以告警红灯来显示参数告警。

监控器面板上的显示器显示各个参数的现时值和告警上、下限,以便维护人员及时了解设备的性能,采取必要的维护措施。

5) 控制单元

控制单元对航向台各部分进行控制,它可以用来选择主机、启动备用机维护、关机、选择本地或遥控等。

当来自监控器的告警信号到达时,控制单元产生转换或关台的控制,从而使主机换到备用机或将双机关掉。

6) 电源

电源在机柜最底部,也是双机制,它将市电 220 V、50 Hz 转换为 27 V 直流,供给机柜的每个部分,并对电池充电。当市电停电时,由电池对设备供电。

3.7.3　下滑台的组成及作用

下滑台由下滑发射机、下滑天线阵、监控器、近场监控器、控制单元、转换单元、电源等组成,如图 3 - 42 所示。

1) 发射机

下滑发射机产生 328~336 MHz 频段的射频信号,它的输出为 CSB 和 SBO,发射机为双套制,可任选一个为主用,另一个为备用。

2) 转换单元

作用同航向台的转换单元。

3) 下滑天线阵

下滑天线阵由上、下天线或由上、中、下天线组成,来自转换单元的 SBO 信号反馈给上天线,而 CSB 信号反馈给下天线,从而得到应有的辐射场。

在边带基准和捕获效应下滑台中,转换单元的输出要经过一个幅度和相位控制单元(APCU)再到天线,APCU 的作用和航向的天线分配单元相似,按一定的相位和幅度关系,将 CSB 和 SBO 信号反馈给上、下天线或上、中、下天线,以形成需要的

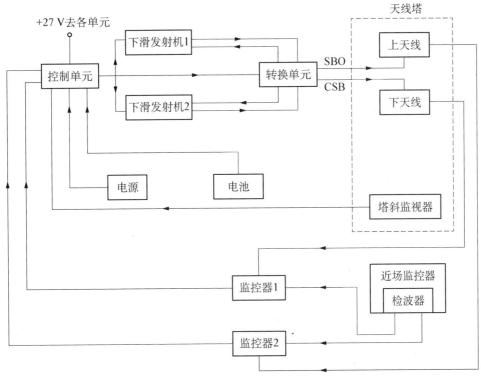

图 3-42　下滑台组成

场型。

下滑天线塔有一个塔斜监视器,用以监视天线塔是否垂直,当发生倾斜时它会给控制单元发出信号。

4) 监控器

在下滑发射天线中,都有一个监视取样环,来自取样环的取样信号经监控器混合单元产生宽度和下滑道信号,送到监控器。

监控器的作用和电路同航向监控器。

下滑监控器除从发射天线取样监视外,还在下滑发射天线的正前方装有一个近场监测天线,监视下滑天线辐射的下滑道。

5) 控制单元和电源

同航向台。

3.7.4　指点信标

指点信标配合仪表着陆系统架设在飞机进近方向的跑道中心线延长线上,在距跑道始端的几个特定位置点上垂直向上发射锥形波束,为飞机提供距离信息。

ICAO 规定,大、中型机场应设置 3 个指点信标台,即外标台、中标台和内标台,如图 3-43 所示,小型机场一般只有外标台和中标台。3 个信标台分别装设在距离

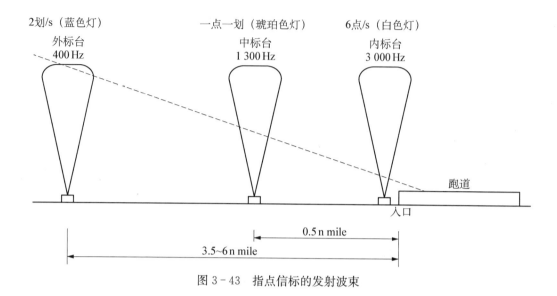

图 3-43 指点信标的发射波束

跑道入口端约 7 200 m、1 050 m 和 75 m 的地方,具体安装位置根据机场条件可做适当调整。它们的发射功率都为 12 W,载频频率为 75 MHz,采用莫尔斯码幅度调制方式。

外标台的音频调幅频率为 400 Hz,识别电码为 2 划/s(蓝色灯);中标台音频调幅频率为1300 Hz,识别电码为一点一划/s(琥珀色灯);内标台音频调制频率为 3 000 Hz,识别电码为 6 点/s(白色灯)。

只有当飞机飞过信标台上空时,机上信标接收机才能收到信号,接收机的指示灯和音响设备将提醒飞行员进行决断。随着距离机场的越来越近,报警声音和灯光的闪烁会逐级地越来越短促。

3.7.5 仪表着陆系统的性能要求

1) 航向信标台

(1) 频率范围:108~112 MHz。

(2) 频率稳定度:±0.002%。

(3) 正常载波功率:15 W。

(4) 前航道宽度可调范围:2.4°~7.2°。

(5) 扇区覆盖范围:水平,大于 35°;垂直,地面以上 7°。

(6) 电源:220 V, 50 Hz, 150 W。

(7) 电源外线容量:25 kV·A。

(8) 环境温度:室内 -10℃~55℃;室外 -50℃~70℃。

2) 下滑信标台

(1) 频率范围:328~336 MHz。

（2）频率稳定度：±0.002%。

（3）正常载波功率：4W。

（4）下滑角可调范围：2°～4°。

（5）下滑道宽度可调范围：0.35°～1.4°。

（6）电源：220V，50Hz。

（7）环境温度：室内－10℃～50℃；室外－50℃～70℃。

3）指点信标（M）

（1）在仪表着陆系统航道上的覆盖：中指点标（MM），（300±100）m；外指点标（OM），（600±200）m。

（2）工作频率：75(1±0.01%)MHz。

（3）调制频率：中指点信标，1300Hz；外指点信标，400Hz。

（4）识别信号：载波必须是连续不间断的，调制音频的键控必须如下。

a. 中指点信标：连续交替拍发点和划，划的键控速度为2划/s，点的键控速度为6点/s。

b. 外指点信标：连续发2划/s。

3.7.6　航向下滑的场地标准

（1）在航向信标台覆盖区内，对调频广播干扰的防护率为17dB，对工业、科学和医疗设备干扰的防护率为14dB，对其他各种有源干扰的防护率为20dB。

（2）在航向信标台场地保护区（见图3-44）内，不得有树木、高秆作物、建筑物、道路、金属栅栏和架空金属线缆。进入航向信标台的电源线和电话线应从保护区外埋入地下。在航向信标台天线前方±10°、距离天线阵3000m的区域内，不得有高于15m的建筑物、高压输电线等大型反射体存在。

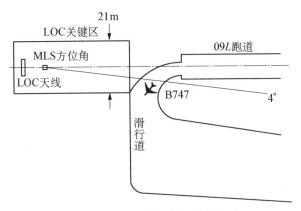

图3-44　航向信标台场地保护区

（3）在下滑信标台覆盖区内，对工业、科学和医疗设备干扰的防护率为14dB，对其他各种有源干扰的防护率为20dB。

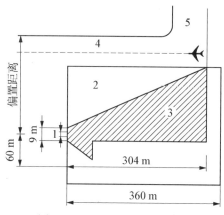

图 3-45　下滑信标台保护区

　　（4）下滑信标台的保护区如图 3-45 所示，在 3 区（斜线）内不得有高于 0.3 m 的农作物和杂草，不得有建筑物、道路、金属栅栏和架空金属线缆。进入下滑信标台的电源线和电话线应从 3 区外埋入地下。在 2 区内不得有高于 10 m 的金属物体、堤坝、树林和高压输电线等大型反射体存在。

　　仪表着陆系统在第二次世界大战后被国际民航组织规定为飞机引导着陆的标准设备，至今已有 50 多年历史，主要用于提供Ⅰ类和Ⅱ类精密着陆的仪表引导。仪表着陆系统设备简单、使用方便、可靠性高、应用广泛，目前全世界处于运行的 ILS 有几千套。但是，由于仪表着陆系统固有的技术体制原因，存在着许多原理和应用方面的局限：

　　（1）它只能在空间提供一条单一的下滑道，一次只允许一架飞机从单方向降落。

　　（2）提供的下滑角是固定不变的，对飞机类型限制大，不适应特殊类型的飞机进场着陆的要求，如直升机、垂直起降飞机、短距离起落飞机等。

　　（3）系统依靠地面反射形成下滑道，对周围地形要求高，不允许有遮挡物，要求安装场地非常平整和宽阔，增大了平整场地的费用。

　　（4）下滑道会随季节和气候变化而变化，并且容易产生弯曲。

　　（5）工作频率低，天线尺寸大，安装调试不方便。

　　（6）其工作波道只有 40 个，对在地理上分布密集的机场而言数量不够。

　　（7）仪表着陆系统工作在米波频段，与调频广播电台的频率靠近，因此易受广播电台的干扰和影响。

3.8　MLS 微波着陆系统

　　微波着陆系统是一种全天候精密进场着陆系统，采用时间基准波束扫描的原理工作，1978 年国际民航组织批准将时间基准波束扫描体制的微波着陆系统作为新型的飞机着陆引导的标准设备。它通过测量微波波束往复扫描时经过飞机的时间间隔,得到飞机相对于跑道终点的方位角和俯仰角,来引导飞机进近和着陆,可以满足高等级的 CAT Ⅱ、Ⅲ 类着陆标准。

飞机相对于跑道的位置信息由空中导出,这一点与仪表着陆系统完全相同。在空中导出数据系统中,地面设备在其覆盖区内发射时间基准波束扫描的空中信号,在覆盖区内任何一架装有机载设备的飞机,都能收到引导信息以便确定该机的角位置,微波着陆系统发射的空中信号采用时分多路传输(TDM)的信号格式,角引导信息和各种数据信息都在同一频率上发射,不同功能的信号占有自己的发射时间,以时间分割的方式顺序向空中发射。

时间基准波束扫描技术的原理,简单地说,微波着陆系统地面设备向空中辐射一个很窄的扇形波束,在相应的覆盖区内往返扫描。对方位而言是在水平方向上左、右往返扫描,对仰角而言是在垂直方向上上、下往返扫描,机载接收机收到往和返两次扫描的脉冲信号,通过测量往和返脉冲的时间间隔而获得飞机在空中的角位置。

微波着陆系统引导精度高,可用性和完善性强,可大大提高飞机执行任务的全天候能力,并且覆盖区域广,可用于对各类飞机的着陆引导,便于实现曲线或折线进近。

微波着陆系统的工作覆盖区如图 3-46 所示。要求正向方位和仰角的制导区域能覆盖到以跑道为中心线 $\pm60°$ 的扇形区域,其垂向覆盖区为 $0\sim20°$,径向作用距离为 30 n mile。要求方位制导和仰角制导的数据更新率分别为 $13\frac{1}{3}$ Hz 和 40 Hz。反向制导区域(失误进场)应能覆盖以跑道为中心 $\pm40°$ 的扇形区域,径向作用距离不小于 50 n mile,数据更新率为 $6\frac{2}{3}$ Hz。

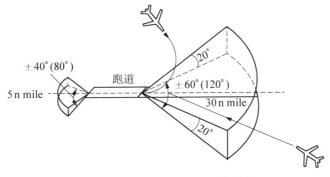

图 3-46 微波着陆系统的工作覆盖区

MLS 可采用的工作频段包括 C 频段中的 $5\,000\sim5\,250$ MHz 和 Ku 频段中的 $15\,400\sim17\,500$ MHz。机上接收到的"往"和"返"脉冲的脉冲宽度,与扇形波束在水

平面内的宽度及波束扫描速度有关。图 3 - 46 中,当扇形波束的扫描角速度不变时,则有

$$\frac{\mathrm{d}\theta}{\mathrm{d}t} = \frac{1}{K} \tag{3-90}$$

式中:K 为常数,称为刻度因子,由波束扫描速度而定。

3.8.1　测角和测距原理

时基波束扫描微波着陆系统 MLS 的航向台和下滑台扇形波束扫描如图 3 - 47 所示。MLS 通过测定飞机在空间的角位置来导引飞机着陆。波束以很高的角速度在既定的工作区域内来回扫描,利用来回扫过着陆飞机时所形成的两个脉冲之间的时间间隔作为测定飞机空间角位置的基本数据,MLS 基于测量时间来得到角度值,因此属于脉冲/时间无线电导航系统。

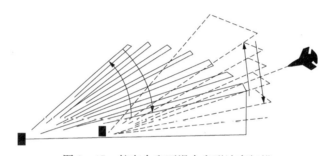

图 3 - 47　航向台和下滑台扇形波束扫描

1) 测角原理

微波着陆系统测角原理如图 3 - 48 所示。图中只画了方位波束左、右往返扫描的情况;而仰角波束只不过是上、下往返扫描而已,其工作原理是相同的。

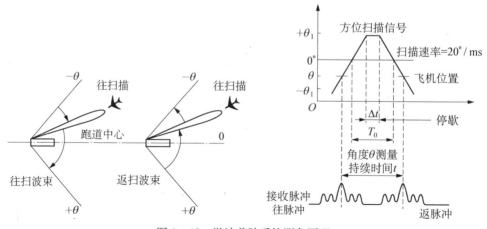

图 3 - 48　微波着陆系统测角原理

当方位波束相对跑道中心线,由左向右往扫描碰到飞机时,飞机接收到一个往脉冲;然后由右向左返扫描又碰到飞机时,飞机接收到一个返脉冲。这样,往返扫描一次,飞机将收到一对往返脉冲,这一对脉冲之间的持续时间 t 与飞机相对于跑道中心线的方位角 θ 之间的关系为

$$\theta = \frac{1}{2}(T_0 - t)K$$

式中:K 为波束的扫描速率,等于 $20000°/s$;T_0 为 $\theta = 0°$ 时,往扫脉冲到返扫脉冲的时间为 $4800\,\mu s$。

因此,由以上公式可知,只要知道 t,就可以计算出方位角 θ。换句话说,当飞机飞到微波着陆系统的作用区时,它将接收到一对往返脉冲,测量这一对脉冲的间隔时间 t,就能得到飞机相对跑道中心线的方位角 θ。方位扫描测角原理如图 $3-49$ 所示。图中 A,B,C 代表 3 个不同方位角进近的飞机,在不同的方位上飞机收到的脉冲间隔分别为 T_A、T_B、T_C。其中,当 $T_B = T_0$ 时,算得 $\theta = 0°$;当 $T_A < T_0$ 时,算得 θ 为正值;而 $T_C > T_0$ 时,算得 θ 为负值。它们分别代表 B 为 $0°$方位角,A 为正方位

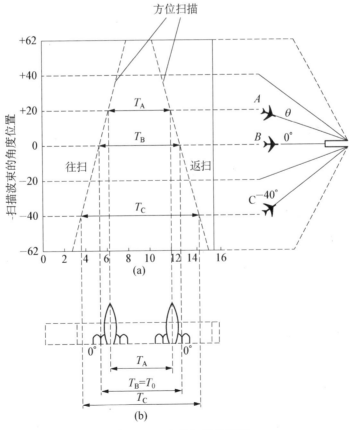

图 $3-49$　方位扫描角原理

角,C 为负方位角。

同理,利用下滑台扇形波束在垂直面内来回扫描,根据机载接收机收到这一辐射波束所产生的往、返脉冲之间的时间间隔,就可以确定出飞机在地平面上的仰角,即着陆飞机的下滑角度。

2)测距原理

飞机相对于跑道的距离由精密测距器测量,其工作原理是:飞机上的询问器向地面发射询问脉冲,地面应答器接收到询问脉冲后,向飞机发射回答脉冲,当飞机接收到回答脉冲后,测量询问脉冲与回答脉冲之间的时间延迟 Δt。这与雷达测距的基本原理有些类似,时间延迟 Δt 乘以电磁波在空间的传播速度 v 就等于询问器与应答器之间的距离 $s = v \cdot \Delta t$,于是得到了飞机相对于跑道的距离。

3.8.2 微波着陆系统地面设备

微波着陆系统地面设备由方位台、仰角台、远地监测控制设备组成。为了测试地面设备性能,还配有便携式测试接收机。

方位台一般架设在跑道终端外 300 m 的跑道中心延长线上,仰角台装在从跑道入口后侧约 250 m、跑道中心线的一侧,远地监测控制设备一般安装在塔台机房内。方位台、仰角台与远地监控设备之间用有线电缆连接,传输同步信号、监测信号和控制信号。方位台和仰角台各有一个外场监测器,置于两台站天线前方一定角度上,外场监测器与台站用有线电缆连接,传输监测信号。图 3 - 50 所示为微波着陆系统地面设备配置和相互关系。

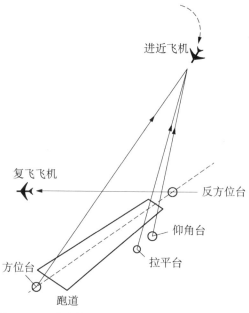

图 3 - 50　微波着陆系统地面设备配置和相关关系

微波着陆系统地面设备的功能如图 3-51 所示,仰角台与方位台的组成和功能完全相同。

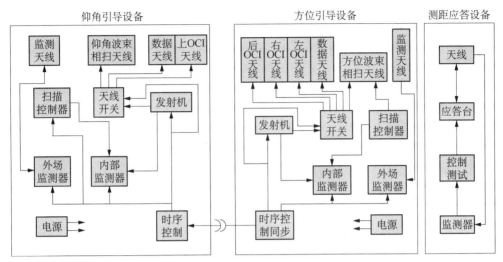

图 3-51 微波着陆系统地面设备功能

3.8.2.1 微波着陆系统地面设备的组成

微波着陆系统地面设备由方位台和仰角台组成。方位台由天线、发射机、本地控制器、监测器、不间断电源、远地监测控制设备、便携式测试接收机组成。

1）天线

微波着陆系统方位台天线包括数据天线、两个 OCI 天线和波束扫描天线,它们分别向空中辐射数据信号(包括前导码)、OCI 信号和波束扫描信号。接在天线输入端的开关按时分多路的方法分别接通发射机,保证发射的信号格式符合要求。

波束扫描天线向空中辐射很窄的扇形波束,并让扇形波束在水平方向上快速而平稳地往返扫描,其扫描速率为 20000°/s,扫描范围为 ±40°(或 ±60°)。波束扫描天线是一维相控阵扫描天线。

在方位相控阵扫描天线旁边安装一个开槽波导管,来自各个辐射单元的信号耦合到波导管内,当扫描波束通过某个特定方向时,在波导管末端形成一对脉冲,脉冲的幅度和时间间隔用于监测辐射信号的质量,称为完好性检测器。

相扫天线用一个特制的天线罩保护起来,这个天线罩不会妨碍微波信号的辐射。

2）发射机

发射机由频率合成器、差分移相键控(DPSK)调制器、电平控制器、功率放大器、天线开关等组成。

频率合成器产生微波着陆系统工作频段 5 031.0～5 090.7 MHz 中 200 个波道的任何一个波道频率,其准确度和稳定度都非常高。

DPSK 调制器在发射机中完成小信号的差分移相键控调制，产生前导码等数字数据信号。数据的准确性由执行监测器检查。

电平控制器对载频信号进行电控，以补偿功率放大器的增益变化，稳定输出功率，同时也可对台站辐射功率进行编程控制，达到减小多路径反射造成的误差。

功率放大器是由砷化镓场效应管做成的固态放大器，为了输出 40 W 连续波功率，采用功率合成的方法。

天线开关将发射信号在数据天线、OCI 天线和相控阵扫描天线之间进行快速转换，它是由大功率 PIN 二极管做成的电子开关，由数字信号控制。

3）本地控制器

本地控制器是在台站内部完成信息和状态的控制和显示的单元，包括发射机的控制、天线波束扫描的控制、射频信号的控制，以及完成双机转换、天线开关控制、人工和自动开关机等。控制由操作面板上的按钮实现，各种状态信息通过面板上的指示灯显示出来。

本地控制器通过通信接口与远地监测控制设备相连，实现远距控制，并将本台站监测信号向远地监测控制设备传送。它还可以通过一个便携式计算机终端在台站本地进行操作，检查台站工作状态和维修本台站设备。

4）监测器

微波着陆系统地面台站配有一个复杂的监测系统，按其任务分为执行监测与维修监测两大类监测。执行监测是指系统的工作能否继续进行下去的一种监测，这种监测使一切关键性的信号特征得到保证。对于无多余度的单套配置的微波着陆系统地面台，当执行参数超过允许值时，系统将执行停机动作；对于有余度的双套配置的微波着陆系统地面台，执行参数超过允许值时，系统由主机转向备用机。

还有许多参数直接与系统有关，这些参数不具备执行参数的关键性质，把它们称为维修参数，并用来预测即将到来的故障，做预防性维修；维修参数还用来进行故障定位，从而缩短维修时间。

5）不间断电源

由交流/直流变换器蓄电池组以及控制转换电路构成不间断电源，保证市电断开时，蓄电池组供电 4 h。

6）远地监测控制设备

远地监测控制设备包括远地控制状态单元、远地状态单元和远地电子设备单元，如图 3 - 52 所示。

远地电子设备单元是一个工业级的带显示器和键盘的微型计算机，置于空中交通管制塔的机房内，用于远距离监测微波着陆系统地面设备工作状态和性能参数、外部环境参数和台站安全性，改变台站工作状态和启动完好性检测和诊断。它还提供方位或仰角台站、远地控制状态单元及远地状态单元之间的通信接口。远地电子设备单元能对台站各种参数的确定、修改进行操作。

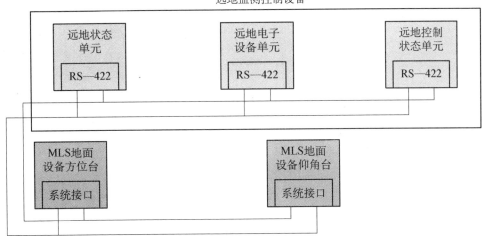

图 3-52　微波着陆系统远地检测控制设备

7）便携式测试接收机

便携式测试接收机是微波着陆系统地面台站配套使用的专用设备,用于在机场校准测试和定期检查微波着陆系统远地检测控制设备的性能。

3.8.2.2　微波着陆系统地面设备的主要性能

微波着陆系统地面设备的性能在 SARPs 中做了规定。

（1）工作频率:5031.0～5090.7MHz,200 个信道。

（2）覆盖范围:方位,跑道中心线±40°;仰角,0.9°～15°。

（3）精度:方位,跑道入口处±6m;仰角,跑道入口处±6m。

（4）天线波束宽度:方位,2°;仰角,1.5°。

（5）辐射功率:40W 连续波。

（6）频率稳定度:50Hz(短期稳定度)。

（7）监测:执行监测,维修监测。

（8）电源功率:220V 交流。方位,1100V・A;仰角,1100V・A;不中断电源,4h 供电。

3.8.3　微波着陆系统机载设备

微波着陆系统机载设备由接收机、处理器、天线及馈线、控制显示器、电源和显示仪表组成,如图 3-53 所示。

为了能使飞机在覆盖区内接收信号,需要安装一副或者两副天线。前向天线是主天线,后向天线在飞机复飞时使用。

接收机的作用是接收、放大微波着陆系统地面台发射的信号,它是一个超外差接收机,在微波着陆系统工作的 200 个信道中任选一个通道工作,当飞机装有两副天线时,接收机的天线开关用来选择前向或后向天线。微波着陆系统数据信号由一

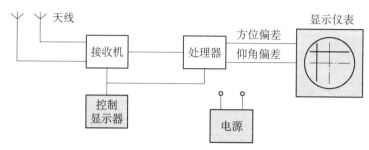

图 3-53 微波着陆系统机载设备

路解调器输出,往返扫描脉冲对信号由另一路检波输出。

数据信号经 DPSK 解调、译码,取出同步信号作为全机的定时信号。

往返扫描脉冲对信号在处理器中要进行包络处理、角度处理、时间闸门跟踪、置信水平判决等。

最后输出的信号分为模拟和数字两部分:模拟输出是相对于选择的下滑线的偏差值,它送往偏差指示器;数字输出符合 ARINC429 标准格式,送往导航计算机或飞行管理计算机;还有用于告警的模拟信号,包括方位告警信号和下滑告警信号。

控制显示器用于控制接收机/处理器选择频道,选择下滑角和航向角,还用来控制微波着陆系统机载设备的开/关机和自检测。

电源部分是将飞机电源变换为微波着陆系统机载设备所需的电源的变换器。

微波着陆系统机载设备工作原理如图 3-54 所示。

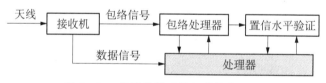

图 3-54 微波着陆系统机载设备原理

1) 包络处理

微波着陆系统测角原理是由机载设备测量飞机接收机收到的往返扫描脉冲之间的时间间隔来确定飞机当前的角度。接收机测量这一对脉冲的时间间隔,就是测量这一对脉冲中心点的时间间隔。如果将这一对脉冲进行预处理,先找出其中心点,再求两个中心点的时间间隔,寻找中心点就是包络处理的目标。

如图 3-55 所示,往或返扫描脉冲的中心点是通过测定脉冲到达和离去的前、后沿与-3 dB 门限电平交叉点的方法求得的。用接收机收到的往或返脉冲峰值电平产生一个-3 dB 的门限电平(此门限电平比包络脉冲低 3 dB),再用此门电平对脉冲包络限幅,得到一个时间闸门脉冲(见图 3-55)。这一对时间闸门脉冲,就可以用来测量往、返扫描脉冲的时间间隔,将这一对时间闸门脉冲称为锁住闸门脉冲。

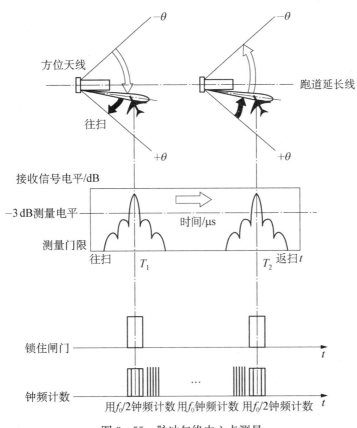

图 3-55 脉冲包络中心点测量

每一个锁住闸门脉冲都有一定的持续时间,关键是如何求得每一个时间闸门脉冲的中点时刻,在微波着陆系统接收机处理器中并不去直接测量闸门脉冲的中点时刻,而是间接地求得中点的时间间隔。

如图 3-55 所示,一对时间闸门脉冲也已经过包络处理器产生,这一对闸门脉冲中心的时间间隔与飞机的角度成正比,关键是如何计算两个脉冲包络中心的时间间隔。如果用往扫描锁住闸门的起始时刻,打开一个计数器,并以 $f_0/2$ 钟频计数,到往扫描锁住闸门结束时停止 $f_0/2$ 钟频计数,同时又令计数器以 f_0 钟频继续计数直到返扫描锁住闸门起始时刻为止,在返扫描起始时刻开始又以 $f_0/2$ 钟频计数,直到返扫描锁住闸门结束时刻而结束计数,那么,计数器累积的钟频脉冲数目 N 与钟频脉冲时间间隔 ΔT 的乘积就等于往返闸门脉冲中心的时间间隔,即

$$t = N \cdot \Delta T$$

得到 t 值,再按微波着陆系统测角公式可以求得角度:

$$\theta = \frac{1}{2}(T_0 - t)K$$

2）置信水平验证

当飞机进入微波着陆系统工作区以后,在理想情况下,接收机接收到扫描天线的一对往返脉冲,处理器进行包络处理,产生锁住闸门,然后进行计数算出角度。但是,如果飞机处在覆盖的边缘,信号很弱,接收机噪声、外部各种干扰、多路径反射信号等可能干扰那一对脉冲,甚至在幅度上可与之比拟或超过它。这时处理器必须进行识别,保证不处理这些干扰信号,不受其干扰而正常工作,这就是置信水平验证要解决的问题。置信水平验证工作包括以下几点:

（1）幅度鉴别。保证跟踪的脉冲是扫描中的最大值。

（2）脉冲对鉴别。处理器保证在一次扫描中只跟踪一对脉冲,多于或少于一对都认为是虚假的信号而放弃。

（3）脉冲对位置鉴别。处理器跟踪的一对脉冲必须相对于往返扫描中点时刻是对称的,否则认为是虚假脉冲而放弃它。

（4）置信水平计数。经过鉴别认可的信号增加置信水平,放弃的信号可以减少置信水平,置信水平的判据是超过 50% 有效信号时才认为是可置信的;否则认为角数据不可信,而发出告警信号。

3）微波着陆系统机载设备的技术性能

（1）工作频率:$5031.0 \sim 5090.7\,\text{MHz}$;200 个通道;频率稳定度 $\pm 25\,\text{kHz}$。

（2）接收机灵敏度:$-104\,\text{dB}$;动态范围 $86\,\text{dB}$。

（3）精度:方位,$0.017°$;仰角,$0.017°$,分辨力,$0.005°$。

（4）覆盖范围:方位,$+60°$;仰角,$1° \sim 20°$。

（5）捕获时间:小于 $1\,\text{s}$。

（6）输出形式:模拟量,角偏差信号、告警信号;数字量,ARINC429 格式;音响,音频莫尔斯码。

3.8.4 精密测距设备

按照国际民航组织的规定,与微波着陆系统配合工作的还有精密测距设备 DME/P。它提供飞机至 DME/P 天线的距离信息,保证微波着陆系统全功能的发挥。其功能如下:

（1）在多折线分段进近中提供航路点的精确距离。

（2）在曲线进近中提供坐标变换中的精确距离。

（3）在标准微波着陆系统进近中提供离散的距离。

DME/P 与常规 DME 的主要区别在于测距精度高,为了使 DME/P 与常规 DME 兼容,国际民航组织规定 DME/P 具有初始进近和最终进近两种工作模式。初始进近工作模式与常规 DME 相同,最终工作模式保证在 $7\,\text{n mile}$ 以内使用,其测距精度可达 $\pm 30\,\text{m}$。

DME/P 与常规 DME 的工作原理相同,由机载询问器和地面应答器组成。机载询问器发出询问脉冲,地面应答机接收到询问脉冲后,发出回答脉冲,在机上测量询问-回答脉冲之间的时间延迟,从而测量出距离。

DME/P 也像常规 DME 一样工作在 L 频段(969~1209 MHz),有 126 个通道可用,为了与微波着陆系统的 200 个通道配对工作,DME/P 采用 X、Y、Z、W 这 4 种模式工作,即可配合得到 200 个通道。

DME/P 实现精密距离测量的关键技术有 3 个,即采取前沿快速上升的脉冲波形,即 $\cos/\cos^2$ 形状的脉冲、延时-衰减比较和导脉冲环,详见 3.5.2 节。

3.8.5 微波着陆系统信号格式

微波着陆系统的方位信号、仰角信号和数据信号在同一频率上时分发播,在空中这些信号以一定的顺序形成信号流,如图 3-56 所示。

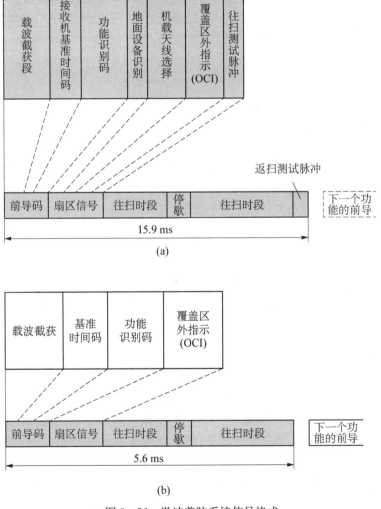

图 3-56 微波着陆系统信号格式

(a)方位台 (b)仰角台

不同功能信号占用不同的时隙,同一功能时隙不会以固定的时间间隔重现。微波着陆系统空间信号由若干个615 ms的时间段构成每个时间段含有4个顺序对,1个顺序对包括1个顺序1和1个顺序2。顺序1和顺序2中排列着各种功能时隙和数据时隙,所以微波着陆系统空中信号格式最基本的单元是方位功能时隙、仰角功能时隙和数据时隙。

方位功能时隙长15.9 ms,仰角功能时隙长5.6 ms,分别由前导码、扇区信号和往返扫描时间段构成。

1）前导码

前导码包括载波捕获周期、同步码和功能识别码三部分:

载波捕获周期发射未经调制的连续波,用于接收机解调时捕获载波相位;同步码用于建立接收机基准时间,采用5位巴克码(11101);功能识别码用于说明接着收到的时隙的功能,由7个码元组成,前5位是信息位,可以提供31种功能识别,后两位是奇偶校验位。

2）扇区信号

对于不同功能,扇区信号不同,方位功能信号的扇区信号包括下述内容(对仰角功能而言,扇区信号仅有覆盖区外指示脉冲):

（1）地面设备识别码实际上是机场台站识别码,由4个字母构成的国际莫尔斯码,字头为M,表示微波着陆系统的意思,后3个字母是机场台站的代号。

（2）机载天线选择脉冲用于选择接收天线。通常飞机上安装两副天线,机载接收机比较两副天线收到信号的大小,选择能收到较强信号的天线工作。

（3）覆盖区外指示(OCI)脉冲用于抑制覆盖区外虚假信号产生的错误引导。

（4）接收机检查脉冲用于检查校准接收机。通过一对固定时间间隔的脉冲模拟往返扫描脉冲让接收机处理器进行测角处理,就可以检查和校准接收机的工作。

3）往返扫描时间段

往返扫描时间段是角功能信号发射的时间段,在此时间段内,地面设备的方位扫描天线(或仰角扫描天线)在空间产生一个很窄的扇形波束,在覆盖区内快速进行往返扫描,从而实现角测。

4）数据信号

微波着陆系统不仅向空中发射方位和仰角信号,还向飞机发射数据信号,数据信号分为基本数据字和辅助数据字。

基本数据字信号格式如图3-57所示,也是由前导码开始,后面是18位数据和2位奇偶校验位。共有6种基本数据字,用前导码中的功能识别码区分。

辅助数据字包括那些更复杂进近方式所用的数据和各种台站位置参数,分为A、B、C 3种。也是由前导码开始,后面是8位地址码,后续62位数据位和4位奇偶校验位。

包括前导码在内的数据码都采用两相差分移相键控调制,每个码位64 us,传递的

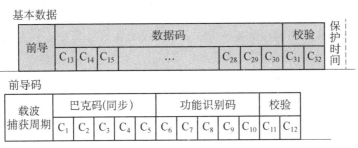

图 3-57　基本数据字信号格式

二进制码元"1",其载波相位相对前一码元的载波相位移相 $180°$,码元"0",相移为"$0°$"。

3.8.6　微波着陆系统在机场的配置和使用

基本的微波着陆系统地面设备包括方位台、仰角台、远地监控设备按照不同的进近着陆方式可以划分不同的地面和机载设备配置方案。

1)直线进近着陆方式

最基本的微波着陆系统进近着陆方式就是类似仪表着陆系统直线进近,如图 3-58 所示。地面设置方位台和仰角台:方位台安装在跑道终端外的中心延长线上,仰角台安装在跑道入口处的一侧。机载设备也按最基本的配置,有微波着陆系统接收机,距离信息由指点信标或 DME/P 或其他设备提供。

在这种最基本的进近方式中,也可以偏置方位台,方位台偏置后的 $0°$ 线与跑道之间的夹角不大于 $3°$,而且决断高度略有增加。

2)计算中心线进近着陆方式

当方位台不能安装在跑道中心延长线上时,可以采用计算中心线进近。这时必须进行坐标变换,由机载计算机根据方位台、仰角台和测距器的安装位置坐标和接收机测得的方位角、仰角和距离数据进行实时计算,计算出中心线,然后实现进近着陆,如图 3-59 所示。

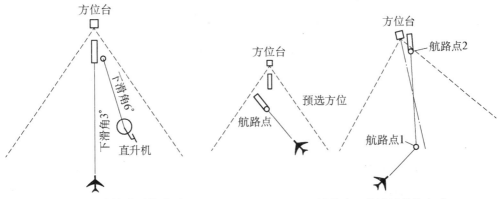

图 3-58　基本微波着陆系统进近　　　　图 3-59　计算中心线进近着陆方式
着陆方式

3）分段进近着陆方式

分段进近着陆方式地面配置十分灵活,机载配置同计算中心线进近。航路点 1 至航路点 3 的航路转变点较少,计算量可以减少,如图 3 - 60 所示。

4）曲线进近着陆方式

曲线进近着陆方式需要更复杂的机载设备和计算程序,坐标变换和实现进近曲线的计算量也较大,其配置如图 3 - 61 所示。

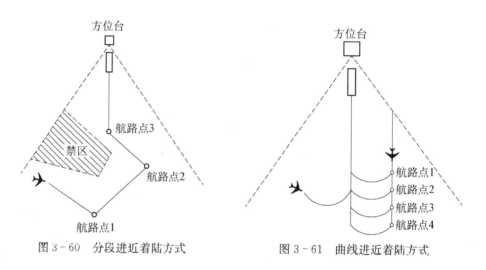

图 3 - 60　分段进近着陆方式　　　　　图 3 - 61　曲线进近着陆方式

3.9　雷达着陆系统

雷达着陆系统是一种地面引导飞机的着陆系统。在复杂气象条件下,当飞机飞到雷达探测范围内时,着陆领航员在雷达显示器上测量飞机的航向角、下滑角和相对着陆点的距离,并且和理想下滑线比较,得出偏差值,指挥飞行员操纵飞机沿着理想下滑线下降到 30~50 m,然后转入目视着陆。这种着陆方法也称为地向控制进近(GCA)。

雷达着陆系统精度较高,抗雨雪干扰,机动性好,不需专用机载设备,可对各种类型飞机实施引导,不必专门训练飞行员,所以一直受到军方的重视,自 20 世纪 40 年代开始沿用至今。

雷达着陆系统的核心是一部着陆雷达,工作在 X 频段(9 370 MHz),按天线扫描方式可分为机械扫描体制、机电扫描体制(压缩波导)和相控阵扫描体制。

野战机场和航空母舰上使用一种放在地面上或甲板上的精密进近雷达(PAR),它通过测量下滑中的飞机方位、仰角、距离等信息,来指示飞机左右或上下调整来实现着陆,其缺点是飞行员处于被动引导状态。

3.9.1　雷达测距和测角原理

1）雷达测距原理

着陆雷达是采用脉冲工作方式的雷达。脉冲雷达由天线将发射机产生的强功率射频脉冲辐射到空中,遇到飞机后产生反射,反射的射频脉冲信号虽然很微弱,但仍然被天线接收,这个微弱的反射回波信号经过接收机放大和检波变成视频脉冲,将视频脉冲送到显示器上显示出回波信号。

无线电波在空中以 300 000 km/s 的速度传播,而距离、速度、时间的基本关系为

$$d = v \times t$$

式中:d 为距离;v 为速度;t 为时间。

雷达测距的基本原理就是测量无线电波在空间的往返时间。在雷达中,同步脉冲是全机的时间基准,通过显示器可以观察到时间基准脉冲与回波脉冲(见图 3 - 62),从而可以测量回波脉冲相对时间基准脉冲的延迟时间 ΔT,即

$$\Delta T = t_1 - t_0$$

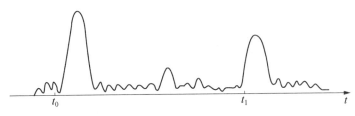

图 3 - 62　时间基准脉冲与回波脉冲的关系

由距离、速度、时间的基本关系式,可以计算出距离,即

$$d = \frac{1}{2} v(t_1 - t_0)$$

这就是雷达测距的基本原理。由基本原理可知,为了精确测量距离,要求脉冲窄而陡峭。

2) 雷达测角原理

雷达由天线波束在空中扫描而测角。如图 3 - 63 所示,雷达天线在空中形成一个无线电波束,这一波束在空中自上而下扫过 A、B 和 C 三点,当天线波束最大值对准 A 点时,A 点受到最强的照射,那么由 A 点返回的回波也最强;B 点受到次强

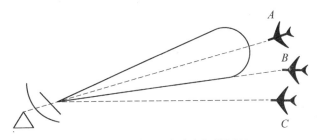

图 3 - 63　雷达天线波束扫描原理

照射,回波次之;C点照射最弱,所以回波最弱。用最大值代表方向,实现测角,称为最大值测向法。

3.9.2　着陆雷达工作原理

着陆雷达由天线(航向天线与下滑天线)、传动机构和同步器、收/发信机(发射机、接收机和控制器)、显示器(操纵员显示器和领航员显示器)、对空电台等几部分组成,如图3-64所示。

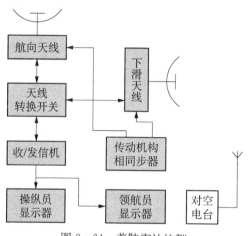

图3-64　着陆雷达原理

雷达天线可分为航向天线和下滑天线,航向天线波束的水平方向宽度为$0.8°$,垂直方向为$2.5°$;下滑天线波束的水平方向宽度为$3°$,垂直方向为$0.7°$。两副天线的波束形状类似扁平状。航向天线在水平方向上左、右扫描,下滑天线在垂直方向上上、下扫描,分别测量飞机的航向角和下滑角。为了使雷达具有一定的覆盖区域,除自动扫描外,还可以人工手动控制扫描,其扫描范围如图3-65所示。

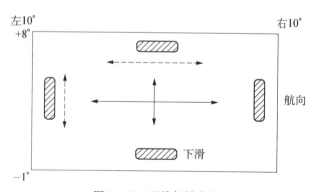

图3-65　天线扫描范围

图3-65中航向天线自动左右扫描范围为$\pm10°$,但是由于航向天线波束垂直宽

度为 2.5°,因此在垂直方向只能覆盖 2.5°的范围。为了能扩大覆盖范围,增加手控扫描功能,使航向天线在垂直方向上扩大到 $-1° \sim 8°$。同样的原理,把下滑天线波束手控扫描扩大到 $\pm 10°$的范围。

传动机构是驱动天线方位扫描(航向)和俯仰扫描(下滑)的关键器件,它还担负着保证雷达整机机电同步的主要任务。天线驱动电动机经减速箱减速后,以 34 r/min 的转速旋转,并分别带动两套偏心轮-曲柄连杆机构使航向天线和下滑天线分别做方位扫描和俯仰扫描。30 r/min 的主轴经过 1∶2 的锥齿轮,带动大线转换开关,以 60 r/min 的速度转动,借助天线转换开关轮流启闭天线波导口,实现每间隔 0.5 s 给航向天线或下滑天线馈电一次。这样,只要一套收/发信机,采用时分的方法每间隔 0.5 s 分别接通航向天线或下滑天线。

在减速机构的主输出轴上还有 4 个凸轮簧片组,随着主轴旋转周期性地接通断开相应的簧片触点,分别产生门波信号、闭塞信号、航向角标信号和下滑角标信号。门波信号用来打开航向通道或下滑通道,闭塞信号用来保证航向和下滑显增示器稳定地工作在各自的探测区,角标信号用来在显示器上分别显示出对应的角度线。为了保证空间波束扫描与显示器扫描同步,航向同步机与下滑同步机分别以 2∶3 和 1∶3 的齿轮与航向和下滑主轴啮合,并分别输出与天线扫描角度成正比的方位信号与俯仰信号,在接收机主控器中形成扫描角电压,用来控制显示器扫描。

由接收机主控器产生的重复频率为 2000 Hz 的同步脉冲作为全机的时间基准。此同步脉冲经发射机的预调制器,调制器产生宽度为 0.6 μs、幅度为 13 kV 的负脉冲,加到磁控管阴极,使磁控管发生振荡,产生宽度为 0.5 μs 的射频脉冲,其载频为 9375 MHz,这个大功率射频脉冲经隔离器、收/发开关和主波导至天线。当发射机发射时,收/发开关的气体放电管点火,将接收机断开,使发射的高频能量不进入接收机。

接收到的微弱反射回波信号经收/发开关到接收机,在接收机里经过混频、中频放大器、检波产生视频脉冲,视频脉冲送至显示器。为了保持不同距离回波的强度大致相同和抗雨雪干扰,采用了对数式中频放大器和时间增益自动控制。着陆雷达有操纵员显示器和领航员显示器两套显示器。两套显示器完全相同,可互为备份。

显示器采用静电聚焦磁偏转长余辉显像管。在显示器的下滑画面上有距离标志线(1 km、5 km),下滑航迹线,角度标志线(0°、3°、6°)。在显示航向的画面上也有距离标志线(1 km、5 km),航向航道线,航向角标线(左 5°、0°、右 5°)。由门波信号将显示区分为航向画面或下滑画面,并轮流显示,角电压控制垂直扫描,以保证空间扫描与显示器扫描同步,同步脉冲控制显示器水平扫描,航迹线由航迹计算电路产生。回波信号经放大后,与距标脉冲、角标脉冲、航迹脉冲等在混合器中混合,一起加到显像管的栅极,得以在显示器的显像管屏幕上显示出来。

人工手控扫描可在控制台上选择不同的航迹线、画面调整等控制功能。

在无线电台可实施领航员的对空指挥。

电源可以用市电或柴油机发电。

3.9.3　着陆雷达的主要性能

着陆雷达是一种地面引导飞机着陆设备,能在云层高 30 m、能见度 500 m 的复杂气象条件下引导飞机安全着陆,它的主要技术性能如下。

(1) 作用距离:一般天气对小飞机而言可达 35 km,中雨时经圆极化反干扰后不小于 15 km。

(2) 角度覆盖范围:方位上 ±10°,下滑 −1°~8°。这样的覆盖范围是利用人工手操纵扫描跟踪的情况下达到的。

(3) 测角精度:按 95% 的概率计算,航向角精度不低于 ±0.5°;下滑角精度不低于 ±0.35°。

(4) 距离测量精度:按 95% 的概率计算,±2% 的距离(但不小于 ±60 m)。

(5) 分辨力:距离分辨力在 10~12 km 处为 200 m;角度分辨力在 10~12 km 处为 1.2°。

(6) 工作频率:(9 730±30)MHz。

(7) 发射脉冲宽度:0.5(1±10%)μs。

(8) 发射脉冲重复频率:2 000(1±50%)Hz。

(9) 发射脉冲功率:不小于 45 kW。

(10) 天线性能:增益 >39 dB。主波束宽度:航向天线,水平 (0.8±0.05)°,垂直 (2.5±0.2)°;下滑天线,水平 (3±0.2)°,垂直 (0.7±0.05)°。副瓣电平低于 −20 dB。

(11) 接收机灵敏度:不低于 98 dBm。

(12) 天线扫描速率:30 次/min。

(13) 电源功耗:2.5 kW。

(14) 总质量:不大于 5 t。

3.9.4　着陆雷达的安装和使用

着陆雷达应当安装在机场跑道一侧,而向飞机着陆方向,其安装位置距跑道入口的后撤距离 D 和偏置跑道中心线的距离 E 应满足

$$\frac{E}{D} \leqslant \tan 10°$$

当天线法线方向与跑道平行时才能保证航向的覆盖区要求,如图 3-66 所示。

安装时,也可以使天线法线方向与跑道不平行,成一夹角,这是在特殊情况下,机场的近空条件限制不允许平行安装时采取的安装方式,如成左侧 5°或右侧 5°等。为了精确地校准方向,可以用一个角反射器 G_1 架设在雷达正前方 0°位置上,用光学经纬仪调准。

当着陆雷达在机场安装完毕,在开始使用之前,先装订航迹线,然后地面领航员按照实际飞行时飞机偏离航迹线的偏差值来引导飞行。

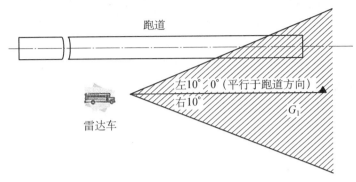

图 3 - 66   着陆雷达在机场的安装位置

3.9.5   雷达着陆的缺点

用着陆雷达引导飞机着陆在第二次世界大战时期兴起,战后的冷战时期得到了飞速发展,它对航空事业特别是军事航空起着重要的作用。但是它的技术体制却限制了进一步发展。

它的主要缺点是飞行员感觉被动,完全依靠地面领航员的指挥,在能见度低的情况下飞行员看不见跑道,也看不见风挡外面的参考物,完全被动地听着"口令":向左飞,向右飞,或者向上飞,向下飞。同仪表着陆体制相比,飞行员更喜欢后者。

着陆雷达在低仰角时地面固定目标回波很强,对飞机回波形成干扰。机械扫描天线的速率低,获得飞机数据的速率低,引导容量有限。这些技术上的问题虽可以用更精密、更复杂的雷达技术来解决,例如,用相控阵天线雷达,但代价太高。也有将地面获得的飞机位置用数据链发送给飞机达到主动引导的目的,这样一方面增加了环节,降低了可靠性;另一方面增加了成本。

着陆雷达作为地面监视飞机着陆过程的辅助手段仍然在许多国家继续使用。

3.10   MMR 多模接收机着陆系统

多模式接收机(MMR)是一种集成了卫星导航、仪表着陆和微波着陆系统接收机的多用途、多功能装置,将为机组人员提供与所有地面导引系统兼容的全天候着陆指引功能。一般 MMR 有几种导航和着陆功能:

(1) ILS 引导与着陆。

(2) MLS 引导与着陆。

(3) GBAS、FLS 和 LAAS 引导与进近。

(4) GPS、WAAS 与 EGNOS 导航。

Rockwell Collins 公司开发的多模接收机(MMR)GLU - 925 集成了 ILS、GNSS、GLS、FLS 功能,装备在 A320、A330、A380 上,提供 CATI GLS、CATⅢb ILS 和 FLS 着陆能力,其高度集成的 GNSS 功能,可以给飞行管理系统、TAWS 和

ADS-B 提供所需的导航位置信息。Rockwell Collins 公司开发 GNLU-930 提供 ILS、附加的 VOR 和 GPS 功能，并提供可扩展的 GLS 和 MLS 功能。

B787 采用的 Honeywell 公司提供的综合导航接收机 INR 集成多模接收机 MMR 及 VOR 功能，包含仪表着陆系统 ILS、指点信标 MB、甚高频全向信标 VOR、全球定位系统 GPS 和 GPS 着陆系统 GLS，上述设备集成在一个机箱内，能提供 CatⅢ ILS 和 CatⅠ GLS 着陆能力，部件的体积和重量大大减小。

4 全球卫星导航系统

4.1 全球卫星导航系统概述

全球定位系统(global positioning system，GPS)是以卫星为基础的无线电通信导航系统，能在全球范围内全天候提供高精度的三维位置、三维速度和时间基准信息，具有静态定位、动态导航以及精密授时的功能。

4.1.1 GPS 的组成

GPS 由空间星座、地面监控站和用户设备这 3 部分组成。空间星座向用户设备提供测距信号和数据电文；地面监控站对空间卫星进行跟踪和维护，监测卫星的健康状况和信号的完好性，维持卫星的轨道布局，定期更新卫星的时钟校正量、星历以及其他许多用以确定用户位置、速度和时间的重要参数；用户接收机设备完成导航、授时和其他有关的功能。

GPS 系统的工作过程可简单地描述如下：首先，空间星座的各颗 GPS 卫星向地面发射信号；其次，地面监控站通过接收、测量各个卫星信号，确定卫星的运行轨道，并将卫星的运行轨道信息发射给卫星，让卫星在其发射的信号上转播这些卫星运行轨道信息；最后，用户设备部分通过接收、测量各颗可见卫星的信号，并从信号中获取卫星的运行轨道信息，进而确定用户接收机自身的空间位置。

4.1.1.1 空间星座部分

GPS 卫星星座由 24 颗工作卫星组成，其中 3 颗为备用卫星，工作卫星分布在 6 个等间隔的轨道面内，GPS 在高度大约为 20 200 km 的中轨道上运行，每天绕地球运行两周。这样的布局，可保证在任何时间、任何地点、任何时刻均至少可同时观测到 4 颗 GPS 卫星。

近几年来，处于正常运行状态的实际卫星数为 31 颗，还有 3～4 颗是在必要时候可重新激活的退役卫星。额外的卫星有助于提升 GPS 的性能，但并不计入核心星座。在 2011 年 6 月，美国空军成功完成了名为"Expandable 24"星座的扩展工作，全球 GPS 覆盖得到提升。图 4-1 为 GPS 工作星座图。

GPS 卫星的基本功能是：接收从地面监控系统发射的信息，执行从地面监控系

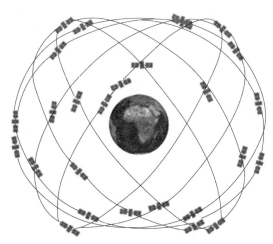

图 4 - 1   GPS 卫星星座图

统发射的控制指令,进行部分必要的数据处理,向地面发送导航信息以及通过推进器调整自身的运行状态。

作为导航卫星,GPS 卫星的硬件主要包括无线电收发装置、原子钟、计算机、太阳能板和推进系统等。自 20 世纪 70 年代中期,控制与空间段的发展已经经历了许多阶段,而且这种发展还在继续。开始是概念验证阶段,然后进展到几个产品阶段,与发展的每个阶段相关联的卫星称为卫星的批号(block),下面具体叙述每一阶段和批号的特征。

Block Ⅰ卫星是初期概念验证卫星,目的在于验证 GPS 的可行性,因此只制造了 11 颗。Block Ⅰ卫星由 Rockwell International 公司制造,设计寿命为 5 年,于 1978—1985 年从加利福尼亚州范登堡空军基地发射,最后一颗 Block Ⅰ卫星已于 1995 年秋被废用。

Block Ⅱ卫星是初期的产品卫星,第一颗 Block Ⅱ卫星是 1989 年 2 月发射的,其后的 6 年间,系统将 28 颗 Block Ⅱ/ⅡA 卫星送入轨道,并在 1995 年 4 月宣告运行。其质量约为 987 kg,宽为 1.5 m,长约为 5.3 m,主体呈圆柱形状,卫星两侧设有太阳能板,能自动对日定向。卫星的设计寿命为 7.5 年,而很多卫星实际寿命可比设计寿命长 6~7 年。

Block ⅡA 是升级的卫星,包含 SVN 编号为 22 到 40 的 19 颗卫星。第一颗 Block ⅡA 卫星于 1990 年 11 月发射,最后一颗卫星于 1997 年 11 月发射,截至 2013 年 8 月,有 8 颗 Block ⅡA 卫星仍然在星座中。

Block ⅡR 卫星是补充卫星,由 Lockheed Martin 公司制造,包含 SVN 编号为 41 到 47,SVN-51,SVN-54,SVN-56 以及 SVN 编号 59 至 61 在内的 13 颗卫星。第一颗 Block ⅡR 于 1997 年 7 月成功发射,最后一颗于 2004 年 11 月发射,截

至 2013 年 8 月,在 GPS 星座中有 12 颗 Block ⅡR 卫星,与ⅡR-M 卫星一起成为当今 GPS 星座的主要组成部分。该卫星宽约为 1.5 m,高约为 1.9 m,太阳能板展开后宽约为 11.6 m,设计寿命为 10 年。

Block ⅡR-M 是ⅡR 卫星的升级版,由 Lockheed Martin 公司制造。包含 SVN 编号为 48 至 50、52、53、55、57 以及 58 的卫星。第一颗ⅡR-M 卫星于 2005 年 9 月发射,最后一颗于 2009 年 8 月发射,截至 2013 年 8 月,GPS 星座中有 7 颗健康的ⅡR-M 卫星。这一代卫星中添加第二个民用信号 L2C 和 M 码。

Block ⅡF 是后续的维持卫星,由波音公司制造,包含 SVN 编号为 62 至 73 的卫星。第一颗 Block ⅡF 卫星于 2010 年 5 月发射,在 2013 年 5 月 15 日,美国空军成功发射了第 4 颗 Block ⅡF 卫星,该卫星于 6 月 21 日进入运行状态,截至 2013 年 8 月,GPS 星座中有 4 颗健康的 Block ⅡF 卫星。这一代卫星的功能进一步增强,包括运算更快的处理器、容量更大的存储器以及延长至 12 年的卫星设计寿命。同时添加第三个民用信号 L5 以及极高精度的原子钟。

Block Ⅲ卫星称为下一代卫星,由 Lockheed Martin 公司进行研发。Block Ⅲ计划的构想是重新评估整个 GPS 的结构,目标是降低政府总的所有权成本和提供足够的结构灵活性,以满足直到 2130 年得不断演进的需求。Block Ⅲ卫星中将增加第四个民用信号 L1C,其设计寿命将增加至 15 年。

当前的卫星星座是各阶段卫星的混合,表 4-1 列出了现有卫星星座的布局。

表 4-1　卫星星座布局(截至 2013 年 8 月 27 日)

轨道编号	SVN	PRN 编号	类型	频率标准
A1	65	24	ⅡF	CS
A2	52	31	ⅡR-M	RB
A3	38	8	ⅡA	CS
A4	48	7	ⅡR-M	RB
A5	39	9	ⅡA	CS
B1	56	16	ⅡR	RB
B2	62	25	ⅡF	RB
B3	44	28	ⅡR	RB
B4	58	12	ⅡR-M	RB
B6	49	30	ⅡR-M	RB
C1	57	29	ⅡR-M	RB
C2	66	27	ⅡF	RB
C3	59	19	ⅡR	RB
C4	53	17	ⅡR-M	RB
C5	33	3	ⅡA	CS

（续表）

轨道编号	SVN	PRN 编号	类型	频率标准
C6	36	6	ⅡA	RB
D1	61	2	ⅡR	RB
D2	63	1	ⅡF	RB
D3	45	21	ⅡR	RB
D4	34	4	ⅡA	RB
D5	46	11	ⅡR	RB
E1	51	20	ⅡR	RB
E2	47	22	ⅡR	RB
E3	50	5	ⅡR-M	RB
E4	54	18	ⅡR	RB
E5	23	32	ⅡA	RB
E6	40	10	ⅡA	CS
F1	41	14	ⅡR	RB
F2	55	15	ⅡR-M	RB
F3	43	13	ⅡR	RB
F4	60	23	ⅡR	RB
F5	26	26	ⅡA	RB

需要说明的是,表 4-1 中几种用于标记在轨道中的卫星的方法。一种命名法是给每个轨道面分配一个字母,即 A,B,C,D,E,F,给在一个平面内的每个卫星分配一个 1～4 的编码,备用卫星用一个大于 4 的数字表示,这样一颗记为 B3 的卫星指的是在轨道面 B 内的第三号卫星。表 4-1 中使用的第二种标记是由美国空军分配的 NAVSTAR 卫星编号 SVN(space vehicle number),比如 SVN60 指的是 NAVSTAR 第 60 号卫星。第三种标记表示星载伪随机 PRN 码发生器的结构,这是由于每颗卫星的 PRN 码发生器结构是独特的,这样才能产生独特的 C/A 码和 P(Y)码,需要注意的是,在卫星服务期内,为给定 SVN 卫星分配的 PRN 可能会改变。

4.1.1.2　地面监控部分

支持整个系统正常运行的地面设施称为地面监控站,负责监测、指挥、控制 GPS 星座,包括一系列的设施来跟踪监控卫星,进行分析、计算并向卫星星座发出指令和传输数据。

当前的地面监控部分有一个主控站(master control station, MCS),一个备用的主控站(alternate MCS),12 个指挥控制天线以及 16 个监测站(monitor station)。这些设施的地理位置如图 4-2 所示。

MCS 位于科罗拉多州科罗拉多泉城的谢里佛尔空军基地(AFB),由空军空间司令部的第二空间作战中队(2nd space operations squadron, 2SOPS)操控。

图 4-2　地面监测部分

2SOPS 支持对 GPS 星座的操作,包括日常给卫星上传导航信息和对星座中所有卫星进行监测、诊断、重新配置和位置保持。作为 GPS 运行的任务控制中心,MCS 提供每周 7 天,每天 24 h 的连续服务。备用 MCS 位于马里兰州盖士堡。

卫星信号由分布在全球经线上的监测站进行跟踪,监测站是无人值守的数据自动采集中心,利用由 MCS 控制的精密接收机收集大气数据、伪距/载波相位观测值以及导航电文,再传送给 MCS。现有的 16 个监测站中,有 6 个来源于美国空军,其余 10 个由美国国防部的国家地球空间信息局(national geospatial-intelligence agency, NGA)运作。

地面天线由主控站遥控操作,用来传送指令、上传导航数据、接收从 MCS 发给卫星的有效载荷控制数据,以及接收卫星发给 MCS 的遥测数据。有 4 个地面天线与以下监测站共址:卡拉维拉尔角(cape Canaveral)、阿松森岛(Ascension island)、狄戈加西亚(Diego Garcia)和卡瓦加兰(Kwajalein)。此外,地面监控站还与 8 个空军卫星控制网络的远程跟踪站结合,以提高可见性和灵活性。

显然,按照上述方式运行时,整个系统将过多地依赖地面监控部分。一旦战争爆发,若地面监控部分被敌方摧毁,虽然卫星中可储存 180 天的广播星历,但随着预报时间的增长,星历的精度迅速下降,致使 GPS 系统无法使用。为了减少对地面监控系统的依赖程度,增强 GPS 系统的自主导航能力,在 Block ⅡR 卫星中增加了在卫星间进行伪距测量和多普勒测量以及卫星间通信的能力。

4.1.1.3　用户设备

GPS 卫星发送的无线电信号到达地面上的接收机约需 67 ms。GPS 系统对用户来说是无源系统,即 GPS 系统只发射信号,而用户只接收信号,所以可以有无数的用户同时使用 GPS 系统。用户设备一般由天线和接收机组成。天线接收由卫星发射的无线电信号,再传输到接收机中;接收机根据天线发来的卫星信号计算位置和时间。在不同的应用中,天线与接收机可以是单独的,也可以是集成在一起的。

GPS接收机由信号处理设备、输入输出设备、电源和微处理器等部件组成,能接收、处理和量测GPS信号以进行导航、定位、定轨授时等各项工作。根据用途的不同,可分为导航型接收机、测地型接收机和授时型接收机。

接收天线是把卫星发射的电磁波信号中的能量转换为电流的一种装置。由于卫星信号十分微弱,因而产生的电流通常需通过前置放大器放大后才进入GPS接收机。GPS接收天线可采用单级天线、微带天线、锥形天线等,其中,微带天线的结构简单且坚固,同时既可用于单频,又可用于双频,天线的高度很低,故被广泛采用。

4.1.2 GPS现代化

早在1995年GPS就获得了完全运行能力。在20世纪90年代末期,美国政府提出了提升军用和民用GPS性能的GPS现代化计划。该计划一方面更好地保护了美军方及其盟友对GPS的优先使用,另一方面试图阻止敌对方对GPS的使用,并同时保证在有威胁地区以外的民用GPS更精确、更安全。

在民用领域,GPS现代化的第一个坚实的行动是在2000年5月2日起终止SA政策。接着,GPS在已被其占用的L2波段上增加播发L2C民用信号,然后再在L5波段上增设第三个民用信号。在军用领域,GPS在L1和L2波段上各增设一个称为M码的新军用信号,使它具有更好的抗破译的保密和安全性能。

发射Block ⅡR-M、Block ⅡF和Block Ⅲ卫星是GPS现代化计划的主要步骤,而地面控制部分也正经历着重大的软件和硬件升级。其中,监控网络的扩充就是为了实时收集和处理数据以及预测星历和时钟参数。此外,用户设备也跟着进行改进,以适应空间部分和控制部分的改进。

4.1.3 GPS应用

自GPS问世以来,已充分显示了其在导航、定位以及授时领域中的霸主地位,而许多其他领域也由于GPS的出现而发生了革命性的变化。目前,几乎全世界所有需要导航、定位的用户都被GPS的高精度、全天候、全球覆盖、方便灵活和质优价廉的特点所吸引,不管在发达国家还是发展中国家,GPS产业目前都呈现出高速增长的趋势。

关于GPS的应用,可谓日新月异。最早应用于军用定位与导航,为车、船、飞机等机动工具提供导航定位信息及精确制导,为野战或机动作战部队提供定位服务,为救援人员指引方向。随着技术的发展与完善,其应用范围逐渐从军用扩展到民用,渗透到国民经济各部门,包括海上和沙漠中的石油开发、交通管理、个人移动电话定位,商业物流管理、渔业、土建工程、考古等。

4.1.4 各国卫星导航系统的概况

开发、建立一个国家自己独立拥有的卫星导航系统,可以彻底摆脱美国对GPS

的控制。因此,尽管开发所需的资金巨大并且周期漫长,一些国家和地区还是积极发展自己的卫星导航系统。GNSS(global navigation satellite system)是现有的以及正在计划的卫星定位系统的总称,除了 GPS 还有:

(1) 俄罗斯的全球导航卫星系统(GLONASS),是苏联在 20 世纪 80 年代初着手建立,现由俄罗斯空间局管理。GLONASS 于 2011 年 1 月 1 日在全球正式运行。根据俄罗斯联邦太空署信息中心 2012 年 10 月 10 日提供的数据,目前有 24 颗卫星正常工作、3 颗维修中、3 颗备用、1 颗测试中。

(2) 中国的北斗(Compass),包括 35 颗卫星,首颗北斗中轨道卫星在 2007 年 4 月发射入轨,于 2012 年起向亚太大部分地区正式提供服务,并计划于 2020 年完成全球系统的构建。

(3) 欧盟的伽利略(Galileo)定位系统,是欧盟与欧洲空间局紧密合作研发的一个正在建造中的卫星定位系统,预计将会于 2014 年开始运作,于 2019 年完工。伽利略系统除具有全球导航定位功能以外,还具有全球搜索救援等功能,并向用户提供公开服务、安全服务、商业服务、政府服务等不同模式的服务。

4.2　全球卫星导航系统的工作原理

4.2.1　GPS 信号

每颗 GPS 卫星可以同时在 L 波段的两个频率上发射信号,分别为 L1(1575.42 MHz)和 L2(1227.60 MHz)。其中,L1 载波信号由同相分量和正交分量组成,其同相分量是由 50 bps 数据码(D 码)和伪随机码 C/A 码双相调制而成,正交分量是由 50 bps 数据码和另一种伪随机码 P 码双相调制而成。需要说明的是,C/A 码包括 1023 个码片,码速率为 1.023 MHz,周期为 1 ms,而 P 码频率为 10.23 MHz,周期为一星期。L1 的数学模型为

$$s(t) = \sqrt{2P_{\mathrm{I}}}\, d(t) c(t) \cos(\omega t + \theta) + \sqrt{2P_{\mathrm{Q}}}\, d(t) p(t) \sin(\omega t + \theta) \qquad (4-1)$$

式中:P_{I} 与 P_{Q} 分别为同相载波分量与正交载波分量的载波功率 P_{Q} 约比 P_{I} 小 3 dB;$d(t)$ 为 50 bps 的数据调制;$c(t)$ 和 $p(t)$ 分别为 C/A 码和 P 码;ω 和 θ 分别是 L1 载波的角频率(单位是 rad/s)和初相(单位是 rad)。

与 L1 相比,L2 信号仅由 50 bps 的数据码和 P 码调制而成,也可选择不发送数据码。L2 的数学模型为

$$s(t) = \sqrt{2P_{\mathrm{Q}}}\, d(t) p(t) \sin(\omega t + \theta) \qquad (4-2)$$

由上可知,GPS 卫星发射的信号由载波、数据码和测距码 3 部分组成。其中,测距码是用于测定卫星与接收机间距离的二进制码,GPS 中所采用的测距码从性质上讲属于伪随机噪声码 PRN(pseudo-random noise)。它们看似是一组杂乱无章的随机噪声码,其实是按照一定规律编排起来的、可以复制的周期性的二进制序列,且具

有类似于随机噪声码的自相关特性。测距码包括 C/A 码、P 码以及 GPS 现代化的 L2C 码、调制在 L5 载波上的民用测距码(简称 L5 码)和军用 M 码。

4.2.2　GPS 信号的组成、用途和特性

4.2.2.1　载波

可运载调制信号的高频振荡波称为载波,在无线电通信中,为了更好地传送信息,往往将要传递的信息调制在高频的载波上,然后再将这些调制波发送出去,而不是直接发送这些信息。GPS 卫星所用的载波有两个,由于两者均位于微波段的 L 频段,因此被分别称为 L1 和 L2 载波。其中,L1 载波是由卫星上的原子钟所产生的基准频率 f_0(10.23 MHz)倍频 154 倍得到,波长为 19.03 cm;L2 载波是由基准频率倍频 120 倍得到,波长为 24.42 cm。卫星导航系统通常都采用 L 波段的无线电信号作为载波,这是因为频率过低(小于 1 GHz),电离层延迟严重,即使改正后残余误差也较大;频率过高,信号受水汽吸收和氧气吸收谐振严重,而 L 波段的信号则较为适中。

在 GPS 中,载波除了担当起传统意义上载波的作用,即传送 C/A 码等测距码和数据码之外,在载波相位测量中,它还当作一种测距信号来使用。其测距精度比伪距测量的精度高 2～3 个数量级,因此,载波相位测量在高精度定位中得到了广泛的应用。

4.2.2.2　数据码

数据码(D 码)即导航电文,是由 GPS 卫星向用户发送的一组反映卫星在空间的运行轨道、星钟改正参数、电离层延迟修正参数及卫星工作状态等信息的二进制代码。50 bps 的数据码流传送的导航信息包括以下内容:

(1)卫星历书数据。每个卫星都会发射叫做"历书"的轨道数据,用户可以用它来计算任何给定时刻 GPS 星座中每颗卫星的大概位置。根据历书数据并不能非常精确地确定位置,但它可以储存在接收机内并保持数月有效。因此,这些数据主要用于确定在地球上特定位置处哪些卫星是可见的,以便接收机开机时可搜索这些卫星。此外,历书数据还可以用于接收机确定卫星信号的近似多普勒变化以辅助 GPS 信号的快速捕获。

(2)卫星星历数据。星历数据与历书数据类似,但它可以更精确地确定卫星位置,从而可以通过信号传播延时进行用户位置的估计。与历书数据相比,某颗卫星的星历数据仅由该卫星发送,且有效期只有几个小时。

(3)信号时间数据。50 bps 的数据码流包含了用于确定 GPS 信号特定点发射时刻的时间标记,可用于计算测距的卫星—用户传播延时。

(4)电离层延时数据。利用数据码流播发的电离层误差估计值,可用来消除一部分电离层测距误差。

(5)卫星健康信息。数据码流中还包含有关卫星的当前健康状态信息,这样接收机可忽略那些运行异常的卫星。

　　如表 4-2 所示,GPS 导航电文在 5 个 300 bits 的子帧中,每个子帧又是由 10 个 30 bits 的字组成,其中,每个字的最后 6 个 bits 用于奇偶校验。子帧 4 和 5 均包含 25 页,子帧 1、2、3 与子帧 4、5 的每一页,均构成完整的一帧。5 个子帧从子帧 1 开始顺序发送,在 5 个子帧的首次循环中广播子帧 4 和 5 的第一页,在下一次循环中,子帧 4 和 5 的第二页被广播,依次类推,导航电文全部播发完毕需要 12.5 min。子帧 1、2、3 的内容每小时更新,而子帧 4、5 的内容仅在卫星注入新的数据后才得以更新。

表 4-2　导航电文格式

子帧 1	TLM	HOW	标识码(GPS 星期序号等),星钟数据龄期 AODC、卫星时钟改正数等
子帧 2	TLM	HOW	GPS 卫星星历(轨道参数等)
子帧 3	TLM	HOW	GPS 卫星星历(轨道参数等)
子帧 4	TLM	HOW	第 25～32 颗卫星的历书和健康信息,电离层延时数据和 UTC 数据
子帧 5	TLM	HOW	第 1～24 颗卫星历书和健康信息

　　每一子帧的前两个字(1～60 bits)是遥测字 TLM(telemetry word)和转换字 HOW(hand over word)。遥测字表明卫星的注入数据状态,作为捕获导航电文的前导;转换字帮助用户在所捕获到 C/A 码解调出导航电文后能尽快捕获到 P(Y)码。

4.2.2.3　C/A 码及其性能

　　每颗卫星都有唯一的 C/A 码,由 1 023 个基码数的循环序列组成,基码的速率为 1.023 MHz,重复周期为 1 ms。序列中某个基码的前缘(称为 C/A 码历元)明确地规定了一个新周期的开始。每个基码或正或负,幅度相同。1 023 个基码的极性看似随机分布,但实际上是由移位寄存器运行的确定性算法产生的。该算法可产生最大长度的 GOLD 码,这种码具有相当小的自相关旁瓣和不同码之间的低互相关特性。

　　C/A 码的自相关函数是

$$y(t) = \frac{1}{T}\int_0^T c(t)c(t-\tau)\mathrm{d}t \tag{4-3}$$

式中:$c(t)$ 为理想的 C/A 码序列,基码值为 ± 1;τ 为测量的相对时延;T 为码周期 1 ms。自相关函数对于 τ 是周期性的,周期也是 1 ms。C/A 码的自相关函数是跟踪和测量用户到卫星之间精确距离的基础,GPS 接收机不断地计算这个函数的值。在接收机中,$c(t)$ 为信号码序列,$c(t-\tau)$ 为接收机内部产生的完全相同的参考码序列(不考虑相对延时 τ)。接收机专门的硬件和软件通过调整参考波形延时,直到 τ 为零,就能够确定接收信号到达的时间了。

　　C/A 码具有如下特性:

　　1) 确保精确的距离测量和对多路径误差的抑制

　　为了确定用户位置的精度在 10～100 m 范围之内,需要进行用户与卫星之间的精确距离估计,这个估计可通过测量卫星到用户的信号传播延迟得到。为了保证测量信号延迟所要求的精度,必须用相对带宽的波形对 GPS 载波进行调制。所需要的带宽由 C/A 码调制提供,由于 C/A 码所产生的信号带宽远大于传输 50 bps 数据码流所需要的带宽,最终得到的信号被称为扩频信号。由于增大信号带宽,可提高反射信号中分离直射信号的能力,因此,使用 C/A 码也可以减少由多路径引起的信号延迟测量误差。

2) 允许同时进行多颗卫星的距离测量

每颗卫星中应用的是完全不同的 C/A 码,因此所有卫星都可以使用相同的 L1 和 L2 频率而不会相互干扰。在接收机中,来自某颗卫星的信号由于与其 C/A 码的复制码进行相关而得到分离,这就使得卫星信号互不干扰,同时也去除了该卫星的 C/A 码调制,这时,信号变成了只包含 50 bps 数据的窄带信号,这个过程叫做信号解扩。由于不同卫星的码是正交的,相关处理并不会使其他卫星信号变成窄带信号。因此,将所需的解扩信号通过窄带滤波器滤除干扰信号的这种频带共用的方法叫做码分多路技术 CDM 或码多分址 CDMA。

3) 提供抗干扰保护

C/A 码还提供了防止人为信号对接收信号有意或无意干扰的保护措施。用于解扩所需信号的相关处理,同时也可扩展其他任何信号,因此,任何干扰信号的功率,即便是窄带信号,其频率带宽都将被大大扩展,故只有位丁窄带滤波器带宽内的那部分功率才会对所需信号产生干扰。对于窄带干扰,C/A 码在抗干扰能力上可以改善 20~30 dB。

4.2.2.4　P 码及其性能

与 C/A 码不同,在 L1 和 L2 载波上都调制了 P 码,其码速率正好是 C/A 码的 10 倍,即 10.23 MHz,码周期为一周。P 码与 C/A 码同步发射,即 C/A 码每个基码的转换总对应 P 码每个基码的转换。由于 P 码的周期非常长,所以在实际应用中其功率谱可看做连续的。而经常见到的表示是 P(Y)码,其实是两个码,P 码是早些年广播的码,美国于 1994 年 1 月 31 日起实施反欺骗技术,将 P 码与完全保密的称为 W 码的加密码进行模二相加形成 Y 码,用于反欺骗以及拒绝未授权用户的使用。W 码是一个看似随机的码序列,基码速率为 511.5 kHz,因此,每一个 W 码基码中会有 20 个 P 码基码。由于 P 码和 W 码的基码值都为±1,所以 Y 码具有与 P 码相同的外部特征,其码速率也是 10.23 MHz。由于 W 码只有授权用户才可得到,因此,接收机中无法复现 W 码与 Y 码的相乘结果,无法将 Y 码解扩。

Y 码的保密性能够防止对 GPS 授权的欺骗。注意欺骗不同于干扰,干扰只是通过强大的带内信号来妨碍 GPS 信号的传输,但是接收机可以检测到干扰,并告知用户无法提供定位服务;而欺骗是发送一个与 GPS 信号类似的信号,目的就是在用户没有察觉的情况下引入一个误差。产生欺骗信号的人并不知道加密 W 码,所以很容易校验这些欺骗信号的真实性。

P 码主要用于军事应用,它具有以下功能:

1) 增强抗干扰保护

由于 P 码带宽是 C/A 码的 10 倍,对于窄带干扰而言,又增加了约 10 dB 的抗干扰保护。

2) 反欺骗干扰能力

由于欺骗干扰方无法了解加密过程,所以不可能产生与真正加密信号相似的干扰信号。通过对 P 码进行加密,接收机就可以无视错误信号,而只对有效信号进行解密。

3) P 码使用的限制

P 码结构已公布在公开的文献上,因此任何人都可以通过产生 P 码作为参考码进行信号的解扩和距离的测量,然而,仅用接收机复现的 P 码无法将 Y 码解扩。

4) 更高的测距精度

在所有其他参数都一样的情况下,测距精度随着信号带宽的增加而提高,因此,与 C/A 码相比,P 码提高了测距精度,若同时使用这两种码进行测量,效果会更好。此外,由于带宽的增加,P 码可更有效地降低多路径误差。

4.2.2.5　GPS 发射的其他信号

GPS 除了发射上述信号外,根据需要,还设置有其他的信号,下面就已经公开的几种信号作简要的介绍。

1) 测控信号

GPS 地面天线采用频率为 1750~1850 MHz 的上行链路不断向卫星注入导航电文和调度指令,卫星则采用频率为 2200~2300 MHz 的下行链路,不断向地面监控站报告自身的工作状态等遥测信息。

2) 用于核爆探测系统 NDS 的 L3

在 GPS 卫星发射的信号中,还有一个由 C/A 码调制的 L 频段载波,即 L3 信号,该信号仅以时间选通模式用于 NDS 系统中,而不用于 GPS 的导航业务。

3) 星际通信链路

每颗 GPS Block ⅡR 卫星均包含两个横向链路应答器数据单元 CTDU,互为备份,CTDU 同时具有数据传输和测距模式,以便进行直接的星际通信。

4.2.3　现代化的 GPS 信号

现代化的 GPS 信号包括两种民用信号:L2 民用信号 L2C 和 L5(1176.45 MHz)信号,以及新的军用信号 M 码,如表 4-3 所示。

4.2.3.1　L2C 码

L2C 码是增设在 2005 年开始发射的 Block ⅡR-M 卫星以及后续卫星中的第二民用码,它使用新的码结构调制,其相关特性比 C/A 码更好,有利于在信号受到遮挡的树林等环境中测距。L2C 码将为民用用户提供以下改进:使双频电离层误差修正成为可能,载波相位模糊度解算得到明显改进,改善捕获和跟踪的稳定性,并提

表 4 - 3　信号的现代化进程

频带	至 2005 年	2005—2009 年 Block ⅡR - M	2010 年之后 Block ⅡF	2013 年之后 Block Ⅲ
L5(1 176.45 MHz)			L5	L5
L2(1 227.60 MHz)	P(Y)	P(Y)　M L2C	P(Y)　M L2C	P(Y)　M L2C
L1(1 575.42 MHz)	P(Y) C/A	P(Y)　M C/A	P(Y)　M C/A	P(Y)　M C/A　L1C

高 C/A 码定位精度。由于 L2 上传送的信号没有避免射频干扰的制度性保护,因此,L2C 信号不太可能作为生命安全应用。但是双频的高端科研和商业用户将会利用此信号,对于小型、低功耗、低成本的消费应用领域来说,L2C 也是很有吸引力的。

4.2.3.2　L5 码

在 2010 年开始发射的 Block ⅡF 卫星中开始播发 L5 信号,即调制在 L5 载波上的民用测距码,将使用新的码结构调制。新载波 L5 是由基准频率倍频 115 倍后形成的,频率为 1 176.45 MHz,波长为 25.28 cm。尽管使用 L1 和 L2 频率可满足大多数民间用户的需求,但是在设计公共安全的应用中,如航空飞行,L2 频率可能遭受不希望的干扰,此外,由于国际电信联盟 ITU 授权这个波段作为无线电定位服务,如高能量的雷达,这也将产生潜在的干扰。根据 FAA 的要求,交通部和国防部决定使用一个新的民用 GPS 频率,即 L5,位于无线电导航系统频段内的 1 176.45 MHz 频点上。由于 L5 码的码速率为 10.23 Mbps,一个码元的宽度只有 29.3 m,测距精度可与 P(Y)相当,可用于“生命安全”等用途。

4.2.3.3　M 码

在 2005 年开始发射的 Block ⅡR - M 卫星中在 L1 和 L2 上播发 M 码。现代化的军用信号 M 码是专为军用而设计的,并用来最终取代 P(Y)码。在用现代化的卫星取代现有 GPS 星座的过渡时期,军用设备接收机组合使用 P(Y)码、M 码和 C/A 码来工作。M 码的设计可使军用用户无须先获取相对更容易被干扰的 C/A 码,即可直接获取 M 码。军用 M 码的生成方法与码的结构不对外公开,据有关文献介绍,M 码有如下好处:信号发射功率更大,因而信号捕获更加快捷稳定;采用新的方式来生成 M 码,在 Block ⅡF 卫星的 L1 和 L2 载波上调制的是两种不同结构的 M 码,抗干扰能力更强。

此外,在 Block Ⅲ 卫星 L1 频率上计划增加一个被称为 L1C 的新民用信号。GPS 地面监控部分也在更新之中。整个系统改造将于 2021 年完成改造并投入运营。届时,用户可以使用新信号。每颗卫星为民用用户传输三种信号,即 L1 上的 C/A 码、L2 上的 L2C 以及 L5 上的宽带信号,为军用用户传输 4 种信号,L1 和 L2 上的 P(Y)码和 M 码。

4.2.4 GPS 时间系统、坐标系统和卫星位置计算

GPS 接收机实现定位不但需要有足够数目的可见卫星,而且还要知道这些卫星在空间中的准确位置。为了确定卫星在某一时刻的空间位置,必须首先了解 GPS 的时间系统和空间坐标系。

4.2.4.1 时间系统

由于 GPS 信号是以光速传播的,必须把信号传播时间的测量误差控制在 3.33 ns 以内,由此引入的测距误差才有可能小于 1 m。时间系统由两部分组成:一部分是时间基准,或者叫时间原点,即起始时间;另一部分是时间尺度,即时间单位。

1) 世界时

世界时(universal time, UT)系统是以地球自转运动为基准的时间系统,也就是根据地球自转、公转确定的 24 小时,一年 365 天,然后再细分到秒。随着科学技术水平的发展及观测精度的提高,人们逐渐发现:

(1) 地极在地球上的位置不是固定不变的,而是在不断移动,即存在极移现象。

(2) 地球自转的速度是不均匀的,它不仅有长期减缓的趋势,而且也有季节性的变化和短周期的变化,情况比较复杂。

这就意味着,世界时不是一个完全均匀的时间系统。为了使世界时尽量均匀,从 1956 年起,在世界时中引入了一个极移改正和地球自转速度的季节性改正。将直接根据天文观测测定的世界时称为 UT0,把经过极移改正后的世界时称为 UT1,把再经过地球自转速度季节性改正后的世界时称为 UT2。UT2 的稳定性有所提高,大约能达到 10^{-8},但仍含有地球自转不均匀中的长周期项、短周期项和一些不规则项,因而仍然不是一个均匀的时间系统,不能用于 GPS 测量等高精度的应用领域。

2) 原子时

当原子中的电子从某一能级跃迁至另一能级时,会发出或吸收电磁波,这种电磁波的频率非常稳定,而且跃迁现象又很容易复现,因此是一种很好的时间基准。原子时是以原子跃迁的稳定频率为时间基准的时间系统,起点为 1958 年 1 月 1 日 0:00:00。

原子时是由原子钟来确定和维持的,但由于电子元件及外部运行环境的差异,同一瞬间并不能保证每台原子钟给出的时间相同。为了避免混乱,有必要建立一种更为可靠、精确、权威的统一的时间系统,即国际原子时(international atomic time, TAI)。TAI 于 1971 年由国际时间局建立,现由国际计量局 BIPM 的时间部门维持。BIPM 是依据全球约 60 个实验室中的大约 240 台自由运转的原子钟给出的数据,经数据统一处理后给出原子时。

3) 协调世界时

稳定性和复现性都很好的原子时能满足高精确度时间间隔测量的要求,因此被很多领域所采用。但有些领域,如天文导航、大地天文学等又与地球自转密切相关,

离不开世界时。由于原子时是一种均匀的时间系统,而地球自转则存在不断变慢的长期趋势,这就意味着原子时和世界时之间的差异将越来越明显。协调世界时(universal time coordinated,UTC)是为了调节两者之间的差异而发明的一种时间系统。

UTC 于 1979 年 12 月取代世界时作为无线电通信的标准时间。UTC 的秒长严格等于原子时的秒长,并规定其与 UT 之间的时刻差需要保持在 0.9 s 以内,否则将采用闰秒的方式进行调整。其中,增加 1 s 称为正闰秒,减少 1 s 称为负闰秒,闰秒一般发生在 6 月 30 日及 12 月 31 日,具体时间将由国际计量局在两个月前通知各国的服务机构。

4)GPS 时

GPS 时,顾名思义,是全球定位系统 GPS 使用的一种时间系统,由 GPS 的地面监控部分和 GPS 卫星中的原子钟建立和维持的一种原子时,其起点为 1980 年 1 月 6 日 0:00:00。在起始时刻,GPS 时与 UTC 对齐,此时这两种时间系统给出的时间是相同的。由于 UTC 存在跳秒,因而,经过一段时间后,这两种时间系统就会相差整数秒,如 1989 年为 5 s,2001 年为 13 s,2013 年为 16 s。

由于 GPS 时的起始时刻为 1980 年 1 月 6 日,与 UTC 的 TAI 已相差 19 s,故 GPS 时与 TAI 之间总会有 19 s 的差异,即 $TAI - GPST = 19$ s。理论上讲,两者都是原子时,且都不跳秒,因而这两种时间系统之间关系严格满足上式。但是由于 TAI(UTC)是由 BIPM 据 240 台原子钟所给出的数据,而 GPST 是由其数十台原子钟来维持的一种局部性的原子时,两者之间除了相差若干整秒之外,还会有微小的差异 C_0,有

$$TAI - GPST = 19 + C_0 \qquad (4-4)$$

$$UTC - GPST = n(整秒) + C_0 \qquad (4-5)$$

国际上有专门单位测定并公布 C_0 值,其数值一般在 10 ns 之内。

4.2.4.2 坐标系统

坐标系统是描述卫星运动、处理观测数据和表达定位结果的数学和物理基础。GPS 领域涉及的空间坐标系统,通常可分为两大类,一类是与地球自转无关的惯性坐标系,它对于描述绕地球质心做圆周运动的卫星运动状态和确定卫星的运行轨道是极其方便的;另一类是固联在地球上与地球一起公转和自转的地球坐标系,称为地固坐标系,它对于描述 GPS 接收机载体在地球表面的运动状态是非常方便的。

1)地心惯性坐标系

在空间静止或做匀速直线运动的坐标系称为惯性坐标系,又可称为空固坐标系。为了根据用于牛顿定律解算卫星绕地运动方程,需要定义一个惯性坐标系,用以表示力、加速度、速度和位置矢量。然而,在实际操作中,要建立一个严格意义上的惯性坐标系,其实相当困难。

地心惯性坐标系(earth-centered inertial，ECI)是原点位于地球质心的地心直角惯性坐标系。该坐标系以指向北极的地球自转轴为 Z 轴，X 轴指向春分点，X、Y 和 Z 三轴一起构成右手直角坐标系，其坐标轴指向相对于恒星而言是固定的。

上述 ECI 坐标系实际上并没有满足能称为惯性坐标系的条件。首先，地球及其质心在围绕太阳做非匀速运动；其次，地球自转轴在空间的方向不是固定不变的，而是存在着分别称为岁差和章动的复杂运动。地球运动的不规则性将导致上面定义的坐标系并非真正是惯性坐标系。解决这个问题的办法是，在特定的时间瞬间或历元上定义各轴的指向。GPS ECI 坐标系用 UTC 时间 2000 年 1 月 1 日 11:58:55.816 的赤道面取向作为基础，记为 J2000 系。由于各轴的取向保持固定，用这个方法定义的 ECI 坐标系对 GPS 来说可以认为是惯性坐标系。

2) 地心地固坐标系

虽然在惯性坐标系中描述卫星运行轨道相当方便，但是由于惯性坐标系与地球自转无关，所以地球上任一固定点在惯性坐标系中的坐标会随着地球的自转而时刻改变，这使得用惯性坐标系来描述地面上物体的位置坐标时极为不便。与惯性坐标系不同，地球坐标系固定在地球上而随地球一起在空间中做公转和自转运动，又可称为地固坐标系。如此一来，地球上任一固定点在地球坐标系的坐标就不会因与地球旋转以及与自转轴方位变化有关的岁差和章动而变化。

地心地固坐标系(earth-centered earth-fixed，ECEF)是以地球质心点为坐标原点的地球坐标系。该坐标系 X 轴指向 0°经度方向，Y 轴指向东经 90°的方向，Z 轴与赤道平面垂直并指向地理北极，X、Y 和 Z 三轴一起构成右手直角坐标系统。各坐标轴指向随着地球一起旋转，在惯性空间中不再指示固定的方向。

事实上，由于存在极移现象，即地球南北两极点在地球表面以每年几米的速度大致沿一个半径约十几米的小圆移动，致使上述坐标系相对地球移动。虽然这个变化看起来不算大，但如果在定位时需要厘米或毫米级的精度，这个变化就不能忽视。考虑到确定极移的困难性，国际天文学联合会和国际大地测量协会于 1967 年建议将 1900—1905 年间的地极实际位置的平均点作为基准点，这个点固定于地壳上的一个位置，称为协议地极。以协议地极为基准点而建立的地球坐标系称为协议地球坐标系。在不引起混淆的情况下，一般省略"协议"两字。此外，国际地球自转服务组织会定期公报经观测推算得到的瞬时地极坐标，供有关人员参考。

3) 世界大地系

建立、实现协议地球坐标系是一个相当复杂且困难的过程，它涉及 ECEF 直角坐标系、地球几何模型、地球重力场和大地基准面等多方面的问题。由美国国防部下设的国防制图局制订的世界大地坐标系(world geodetic system，WGS)是协议地球坐标系的一种近似体现，经过多次的修改和完善，1984 年版的世界大地坐标系 WGS-84 已经是相当精确的协议地心直角坐标系。

从导航电文中获取的 GPS 卫星位置是使用 WGS-84 坐标表示的，计算得到用户位置当然也是 WGS-84 坐标值。WGS-84 采用的椭球是国际大地测量与地球物理联合会第 17 届大会大地测量常数推荐值,其基本参数如下

　　　长半径: $a = 6\,378\,137\,\text{m} \pm 2\,\text{m}$;

　　　地球引力和地球质量的乘积: $GM = (3\,986\,005 \pm 0.6) \times 10^8\,\text{m}^3/\text{s}^2$;

　　　正常化二阶带谐系数: $C_{20} - 484.166\,85 \times 10^{-6} \pm 1.3 \times 10^{-9}$;

　　　地球重力场二阶带球谐系数: $J_2 = 108\,263 \times 10^{-8}$;

　　　地球自转角速度: $\omega = (7\,292\,115 \pm 0.150) \times 10^{-11}\,\text{rad/s}$;

　　　扁率: $f = 0.003\,352\,810\,664$。

4.2.4.3　GPS 卫星位置的计算

GPS 导航定位是把卫星位置作为已知点,通过测量用户接收机到卫星间的距离及距离变化率,来计算用户的位置和速度。因此,要实现导航定位,必须首先计算出卫星的位置。

广播星历由监测站提供的观测数据形成,并实时发布。该星历主要包括参考历元瞬间的开普勒轨道 6 个参数、反映摄动力影响的 9 个参数以及星历数据龄期。这里简单介绍其简略计算方法的主要步骤,首先按照二体问题公式计算轨道根数,然后根据广播星历中轨道摄动参数进行摄动修正,计算修正后的轨道根数,接着利用修正后的轨道根数计算卫星在轨道坐标系中的坐标,最后考虑地球自转的影响,将其转换为 WGS-84 坐标。

4.2.5　GPS 测量

伪距和载波相位是 GPS 定位中最重要的观测量,可单独利用伪距观测量或载波相位观测量或将两者结合进行解算。早期的导航主要依赖于伪距,近年来,即便是单点定位中也有时包含载波相位观测值。载波相位经常应用于要求精度在厘米级的精密测量中。

伪距和载波相位的测量需要先进的电子技术和数字信号处理技术。本节讨论的方程可直接处理由接收机下载的信号,来确定地心位置(单点定位)或与基站的相对位置,这些方程也可用来评估 GPS 中电离层和对流层模型的参数。

符号规定:上标表示卫星,下标表示接收机,一般用小写字母 p、q 表示卫星,k、m 表示接收机。在相对定位中,两个或两个以上接收机同时工作时,有时会出现基座卫星和基站,通常情况下,字母 p 表示基座卫星,k 表示基站。L1 和 L2 载波频率分别用下标 1 和 2 表示。因此,用 $P_{k,1}^p$ 表示在站 k 对卫星 p 的 L1 伪距观测值,用 $\varphi_{k,1}^p$ 表示 L1 周期性的载波相位,用 $\Phi_{k,1}^p$ 表示按距离表示的载波相位。有时,也用 P、φ 和 Φ 表示其他与伪距或载波相位相关的术语,例如,$I_{k,2,P}^p$ 表示在站 k 对卫星 p 的 L2 伪距观测值的电离层延迟。

上下标也可以表示观测量的特定函数,例如,如果将观测时刻记为 t,单差(single difference,SD)和双差(double difference,DD)定义如下

$$\varphi_{km}^p(t) = \varphi_k^p(t) - \varphi_m^p(t) \qquad (4-6)$$

$$\varphi_{km}^{pq}(t) = \varphi_{km}^{p}(t) - \varphi_{km}^{q}(t) \tag{4-7}$$

这种表示法中的下标 k 和 m，上标 p 和 q 之间都没有逗号，分别表示"$k-m$"与"$p-q$"的差分，三次差分表示随时间的差分：

$$\Delta\varphi_{km}^{pq}(t_2, t_1) = \varphi_{km}^{pq}(t_2) - \varphi_{km}^{pq}(t_1) \tag{4-8}$$

卫星之间差分（between satellite difference，BSD）表示如下：

$$\varphi_{k}^{pq}(t) = \varphi_{k}^{p}(t) - \varphi_{k}^{q}(t) \tag{4-9}$$

4.2.5.1 伪距测量值

1）测量方法

在 GPS 信号一节中曾经指出，测距码是用以测定从卫星至地面接收机之间距离的一种二进制码。现简单说明测距码进行距离测量的原理，首先假设卫星钟和接收机钟均无误差，与标准的 GPST 保持严格同步。在某一时刻 t^p，卫星在卫星钟的控制下发出某一结构的测距码，与此同时，接收机在接收机钟的控制下复制出完全相同的测距码（即复制码）。由卫星产生的测距码到达接收机并被接收机接收后，接收机内部的码跟踪环路随时间移动 PRN 码的复制码相位直至出现相关峰值，此时接收机时钟显示时间为 t_k，测量的伪距 $P_k^p(t_k)$ 是标称时间与光速 c 的函数，有

$$P_k^p(t_k) = (t_k - t^p)c \tag{4-10}$$

由于卫星钟和接收机钟实际上均不可避免地存在误差，故用式（4-10）求得的距离会受到这两台钟不同步的影响。此外，卫星信号在电离层和对流层中不是以光速传播，所以求出的距离并不是卫星与地面接收机之间的真实距离，而是伪距。

可以看出，伪距测量的先决条件是接收机必须能产生结构完全相同的复制码。如果用户接收机不能产生复制码，如由于 Y 码的结构是严格保密的，非特许用户的接收机不能产生 Y 码，即便接收机接收到卫星发出的 Y 码，也不能利用它来进行伪距测量。

2）测量方程

首先考虑在真空中，伪距观测值的方程如下：

$$\rho_k^p(\hat{t}^p) = (\hat{t}_k - \hat{t}^p)c = (t_k + dt_k - t^p - dt^p)c \tag{4-11}$$

式中：$\rho_k^p(\hat{t}^p)$ 表示码由卫星 p 发射到接收机 k 接收在真空传播的几何距离，将用于计算接收机位置；$\hat{t}_k$ 表示码到达接收机天线时在接收机处的真实时间，而标称时间，即接收机时钟显示的时间，用 t_k 表示，它们之间的误差用 dt_k 表示；同理，$\hat{t}^p$ 表示码发射的真实时间，而标称时间，即卫星中表示的时间，用 t^p 表示，它们之间的误差用 dt^p 表示。

伪距测量的数学表达式中还应考虑电离层和对流层的影响，以及卫星和接收机的硬件延迟。将载波频率以下标表示，则真实的伪距测量表达式如下：

$$P_{k,1}^p(t_k) = \rho_k^p(\widehat{t^p}) - cdt_k + cdt^p + I_{k,1,P}^p(t_k) + T_k^p(t_k) + \delta_{k,1,P}^p(t_k) + \varepsilon_{1,P}$$

$$(4-12)$$

式中各项含义如下：

式右第一项 $\rho_k^p(\widehat{t^p})$ 是真空中卫星与接收机之间的几何距离，在地心地固坐标系 ECEF 中，卫星坐标为 $\boldsymbol{X}^p$，接收机坐标为 $\boldsymbol{X}_k$，则

$$\rho_k^p(\widehat{t^p}) = \| \boldsymbol{X}^p - \boldsymbol{X}_k \| = \sqrt{(x^p - x_k)^2 + (y^p - y_k)^2 + (z^p - z_k)^2}$$

$$(4-13)$$

已知卫星标称时间 t^p，再加上卫星导航电文中的播报的卫星钟差，可计算估计真实时间 $\widehat{t^p}$，由于星载原子钟被精密监测且非常稳定，$\widehat{t^p}$ 中的残留误差低于 $1\,\mu s$，当站心距离变化率 $|\dot\rho_k^p(t)| < 800\,\mathrm{m/s}$ 时，由 dt 引起的距离计算误差 $d\rho < 1\,\mathrm{mm}$，这个误差是可以忽略的；

第 4 项 $I_{k,1,P}^p$ 是 L1 载波频率上电离层 P(Y)码正值延时，取决于传播路径的电离层环境和载波频率，具体参见 4.2.5.2 节内容；

第 5 项 T_k^p 是对流层正值延时，取决于传播途径中对流层环境，而与载波频率无关；倒数第 2 项可表示为

$$\delta_{k,1,P}^p(t_k) = d_{k,1,P}(t_k) + d_{k,1,P}^p(t_k) + d_{1,P}^p(t_k) \qquad (4-14)$$

式中：$d_{k,1,P}$ 为接收机硬件延时，与观测的卫星无关；$d_{k,1,P}^p$ 为多路径延时，取决于卫星方向；$d_{1,P}^p$ 为卫星硬件延时。

最后一项 $\varepsilon_{1,P}$ 为伪距测量噪声，对于 P(Y)码伪距大致为 $30\,\mathrm{cm}$，C/A 码中更大，具体值取决于所使用的技术。

可以看出，如果传输介质是真空且没有钟差和其他偏置，式（4-12）中伪距 $P_{k,1}^p$ 等于卫星和接收机之间的几何距离 $\rho_k^p(\widehat{t^p})$。

4.2.5.2　载波相位测量值

1) 测量方法

除了伪距之外，GPS 接收机从卫星信号中获得的另一个基本测量值是载波相位，它在分米级、厘米级的 GPS 精密定位中起着关键作用。

伪距测量是以测距码作为量测信号的，测量精度一般为码元宽度的百分之一，而由于测距码的码元宽度较大，因此测量精度不高。对 P(Y)码而言，约为 $\pm 0.3\,\mathrm{m}$，对 C/A 码而言，则为 $\pm 3\,\mathrm{m}$ 左右，只能满足卫星导航和低精度定位的要求。相对而言，载波的波长要短得多，在 GPS 信号一节中曾提到过，$\lambda_1 = 19.03\,\mathrm{cm}$，$\lambda_2 = 24.42\,\mathrm{cm}$，$\lambda_5 = 25.28\,\mathrm{cm}$，若把载波当作测距信号来使用，对载波进行相位测量，就能达到很高的精度。

为了获得从卫星到接收机的距离，接收机需要在同一时刻测量接收机和卫星点处的相位，并计算两者之间的相位差。若卫星发出载波信号后，在某一瞬间，该信号

在接收机处的相位为 φ_k，在卫星处的相位为 φ^p，需要说明的是，此处所说的 φ_k 与 φ^p 是从同一起点开始计算的，包括整周数在内的完整的载波相位。卫星与接收机间的距离为

$$\Phi^p_{k,1}(t_k) = \lambda(\varphi^p - \varphi_k) \qquad (4-15)$$

然而，GPS 卫星并不测量载波相位 φ^p，如果接收机中的振荡器能产生一组与卫星载波的频率及初相完全相同的基准信号，即用接收机来复制载波，问题便迎刃而解。也就是说，只要接收机钟与卫星钟能保持严格同步，且选用同一计算时刻，那么就能用接收机所产生的复制的载波去取代卫星所产生的载波，因为在这种情况下，任一时刻在接收机处的基准振荡信号的相位 φ_K 都等于卫星处的载波相位 φ^p。某一瞬间的载波相位观测值指的是该瞬间由接收机所产生的基准信号的相位 φ_K 与接收到的来自卫星的载波的相位 φ_k 之差（$\varphi_K - \varphi_k$）。则卫星至接收机的精确距离为

$$\Phi^p_{k,1}(t_k) = \lambda(\varphi_K - \varphi_k) \qquad (4-16)$$

由于载波是一种没有任何标记的余弦波，而接收机内的鉴相器量测载波相位时能测定的只是不足一周的部分，因而会产生整周数不确定的问题。此外，整周计数部分还可能产生跳变的问题，故而在数据处理前，还需进行整周跳变的探测和修复工作，使得载波相位测量的数据处理工作比伪距测量更加复杂。

2）测量方程

相位观测包括在标称频率 f_1 下，在标称时间 t_k 到达天线的分数部分和表示整周的未知整常数部分。以周为单位，L1 载波相位方程为

$$\varphi^p_{k,1}(t_k) = \frac{f_1}{c}\rho^p_k(\hat{t}^p) + N^p_k(1) - f_1 \mathrm{d}t_k + f_1 \mathrm{d}t^p + I^p_{k,1,\varphi}(t_k) + \qquad (4-17)$$
$$\frac{f_1}{c}T^p_k(t_k) + \delta^p_{k,1,\varphi}(t_k) + \varepsilon_{1,\varphi}$$

与伪距测量方程不同处在于，载波相位测量的观测方程中增加了一个未知参数 $N^p_k(1)$，为整周模糊度，从观测开始时刻，在一个周期内这个整数不变，接收机积累接收到的相位和内部产生的相位之间的差异，因此，接收机实际上产生了一个累积载波相位反映与卫星的距离。当发生周跳时，引入一个整数跳变，然后观察组以一个新的整数常数继续连续观察。此外，由广播星历求得的星钟改正值也不能认为是已知量了，这是因为由它引起的测距误差可超过 1m，远大于载波相位测量的误差。

式（4-17）中的几项表示如下：

式右第 5 项 $I^p_{k,1,\varphi}(t_k)$ 是载波相位观测值的电离层延迟，与式（4-12）中的符号相反，数值是频率和信号传播路径的电离层环境的函数；

第 7 项 $\delta^p_{k,1,\varphi}(t_k)$ 是 L1 载波频率上的硬件延时和多路径效应延时：

$$\delta^p_{k,1,\varphi}(t_k) = d_{k,1,\varphi}(t_k) + d^p_{k,1,\varphi}(t_k) + d^p_{1,\varphi}(t_k) \qquad (4-18)$$

第 8 项 $\varepsilon_{1,\varphi}$ 是 L1 相位测量噪声,小于 0.01 个周期。

若等式两边乘以 $\lambda_1 = c/f_1$,则式(4-17)可写为

$$
\begin{aligned}
\varPhi_{k,1}^p(t_k) = {} & \rho_k^p(\widehat{t}^p) + \lambda_1 N_k^p(1) - c\mathrm{d}t_k + c\mathrm{d}t^p + I_{k,1,\varPhi}^p(t_k) + \\
& T_k^p(t_k) + \delta_{k,1,\varPhi}^p(t_k) + \varepsilon_{1,\varPhi}
\end{aligned} \tag{4-19}
$$

下标 $\varPhi$ 表示相应值的单位是长度的单位,即有 $I_{k,1,\varPhi}^p = \lambda_1 I_{k,1,\varPhi}^p$。

接收机可同时观测多个卫星的伪距和载波相位,如今的全视野接收机在同一标称时间 t_k 能得到 L1 和 L2 载波频率上所有可见卫星的这些观测量,因此,在同一时刻这些观测量的接收机钟差和硬件延时是相同的。

4.2.5.3 单差、双差、三差观测值

在 GPS 测量中,除直接采用原始的伪距观测值和载波相位观测值外,还大量采用经线性组合后形成的各种虚拟观测值。单差、双差和三差观测值就是被广泛采用的线性组合观测值,其主要目的是为了消除卫星钟差、接收机钟差及整周模糊度等未知参数。需要说明的是,相对差分仅取决于求差的要素,即卫星、观测站和历元以及求差的次数,而与求差次序无关。

以载波相位观测值为例,对于单差,可以是卫星间求差,接收机间求差,或是在不同历元间求差。载波相位测量的一次差还可以继续求差,称为求二次差。所获的结果仍可被当作虚拟观测值,称为载波相位观测值的二次差或双差,常见的求二次差方法也有三种,即在接收机和卫星间求二次差,在接收机和历元间求二次差,在卫星和历元间求二次差。二次差仍可继续求差,称为求三次差,所获结果和求差顺序无关,显然,只有一种求三次差的方法,即在接收机、卫星和历元间求三次差。

考虑到 GPS 定位时的误差源,实际上广为采用的求差法有三种:在接收机间求一次差,在接收机和卫星间求二次差,在接收机、卫星和观测历元间求三次差,下面分别予以介绍。

1) 单差

在观测站 k 和 m,于同一标称时间观测同一卫星 p,可写出两个伪距方程和两个载波相位方程。由于卫星钟非常稳定,假设对于这种几乎同时的传播,卫星钟差和卫星内部硬件延时是相同的,因此,单差相位观测方程为

$$
\begin{aligned}
\varphi_{km,1}^p(t) = {} & \frac{f}{c}\rho_{km}^p(\widehat{t}^p) + N_{km,1}^p(1) - f_1(\mathrm{d}t_k - \mathrm{d}t_m) + \\
& I_{km,1,\varphi}^p(t) + \frac{f}{c}T_{km}^p(t) + d_{km,1,\varphi}(t) + d_{km,1,\varphi}^p(t) + \varepsilon_{km,1,\varphi}^p
\end{aligned} \tag{4-20}
$$

按照差分计算中的符号约定,有

$$
\begin{aligned}
\rho_{km}^p(\widehat{t}^p) &= \rho_k^p(\widehat{t}^p) - \rho_m^p(\widehat{t}^p) \\
N_{km}^p(1) &= N_k^p(1) - N_m^p(1) \\
I_{km,1,\varphi}^p(t) &= I_{k,1,\varphi}^p(t) - I_{m,1,\varphi}^p(t)
\end{aligned}
$$

$$T_{km}^p(t) = T_k^p(t) - T_m^p(t) \tag{4-21}$$

$$d_{km,1,\varphi}(t) = d_{k,1,\varphi}(t) - d_{m,1,\varphi}(t)$$

$$d_{km,1,\varphi}^p(t) = d_{k,1,\varphi}^p(t) - d_{m,1,\varphi}^p(t)$$

$$\varepsilon_{km,1,\varphi}^p(t) = \varepsilon_{k,1,\varphi}^p(t) - \varepsilon_{m,1,\varphi}^p(t)$$

可以看出，在单差中，星钟误差和卫星硬件延时可以消除，但仍然对接收机钟差 $\mathrm{d}t_k$ 和 $\mathrm{d}t_m$ 以及传播路径敏感。

2）双差

如果在两个接收机 k 和 m 在同一标称时间观测两个卫星 p 和 q，则双差相位观测量表达式如下：

$$\varphi_{km,1}^{pq}(t) = \frac{f}{c}\rho_{km}^{pq}(\hat{t}^p) + N_{km,1}^{pq}(1) + I_{km,1,\varphi}^{pq}(t) + \frac{f}{c}T_{km}^{pq}(t) + d_{km,1,\varphi}^{pq}(t) + \varepsilon_{km,1,\varphi}^{pq} \tag{4-22}$$

式中：

$$\rho_{km}^{pq}(\hat{t}^p) = \rho_{km}^p(\hat{t}^p) - \rho_{km}^q(\hat{t}^p)$$

$$N_{km}^{pq}(1) = N_{km}^p(1) - N_{km}^q(1)$$

$$I_{km,\varphi}^{pq}(t) = I_{km,\varphi}^p(t) - I_{km,\varphi}^q(t) \tag{4-23}$$

$$T_{km}^{pq}(t) = T_{km}^p(t) - T_{km}^q(t)$$

$$d_{km,\varphi}^{pq}(t) = d_{km,\varphi}^p(t) - d_{km,\varphi}^q(t)$$

$$\varepsilon_{km,\varphi}^{pq} = \varepsilon_{km,\varphi}^p - \varepsilon_{km,\varphi}^q$$

双差中最重要的特征就是消除了接收机钟差 $\mathrm{d}t_k$ 和 $\mathrm{d}t_m$（除了消除星钟误差和卫星硬件延时之外），而且只要接收机硬件延时对每一个观测的卫星相同，也可以被消除。多路径效应是接收机、卫星和反射物的函数，则不能被双差观测消除。

在利用双差技术进行精密相对定位时，其整周模糊度 N_{km}^{pq} 影响很大，如果模糊度和其他参数的估计值是一个实数，得到的是浮点解，如果是模糊度估计值 $\hat{N}_{km}^{pq}$ 可限制为一个整数，得到的是模糊度确定解，由于残余模型误差的存在，估计值最多只能是接近整数。

3）三差

三差是双差在历元上的差分，可表示为

$$\Delta\varphi_{km,1}^{pq}(t_2, t_1) = \frac{f_1}{c}\left[\Delta\rho_{km}^{pq}(\hat{t}^p, \hat{t}^q)\right] + \Delta I_{km,1,\varphi}^{pq}(t_2, t_1) +$$
$$\frac{f}{c}\Delta T_{km}^{pq}(t_2, t_1) + \Delta d_{km,1,\varphi}^{pq}(t_2, t_1) + \Delta\varepsilon_{km,1,\varphi}^{pq} \tag{4-24}$$

式中：

$$\Delta\rho_{km}^{pq}(\hat{t}^p, \hat{t}^q) = \rho_{km}^{pq}(\hat{t}_2^p, \hat{t}_2^q) - \rho_{km}^{pq}(\hat{t}_1^p, \hat{t}_1^q) \tag{4-25}$$

初始整周模糊度 $N^{p_1p_2}_{k_1k_2}(1)$ 被消除,因此三差观测量的处理是最简单的。至此,载波相位测量中的所有误差和整周模糊度经过三次差分后被全部消除,然而它也带来了负面影响,包括差分测量噪声变强、相互独立的差分测量值数目变少以及差分观测方程式中的精度因子变差等。若综合考虑测量误差、噪声和精度因子这三方面的因素,则由高阶差分定位方程得到的定位结果未必一定高于由低阶差分方程得到的定位结果精度。基于上述原因,在 GPS 测量中广泛采用双差固定解而不采用三差解。三差解通常仅被当作较好的初始值,或用于解决整周跳变的探测与修复、整周模糊度的确定等问题。当基线较长、整周模糊度参数无法固定为整数时,也可采用三差解。

上述求差方法是以载波相位的观测值为例,从原则上讲也可用于伪距观测值。

4.2.6　GPS 定位

GPS 定位中有三种不同的定位方式,即单点定位、相对定位和差分定位。单点定位的优点是,只需要一台接收机即可独立完成,观测的组织与实施简便,数据处理简单,不足是定位精度较低。相对定位由于采用多点同步观测同一组 GPS 卫星进行定位,因此可以有效地消除或减弱许多共性误差的影响,从而获得很高的相对定位精度,但相对定位要求各接收机同步观测同一组卫星,因而其作业组织和实施较为复杂,且两点间的距离受到限制,一般在 1000 km 以内。差分定位是相对定位的一种特殊实现方式,是目前 GPS 实时定位中精度最高的一种定位方法。

按待定点运动状态来区分,GPS 定位可分为静态定位和动态定位两大类。静态定位,如果待定点在地固坐标系中的位置没有可觉察到的变化,确定这些待定点的位置称为静态定位。动态定位,如果在一个时段内,待定点在地固坐标系中的位置有显著变化,每个观测瞬间待定点的位置各不相同,则在进行数据处理时,每个历元的待定点坐标均需作为一组未知参数,确定这些载体在不同时刻的瞬时位置的工作称为动态定位。因此严格地说,静态定位和动态定位的根本区别在于在一个时段中,待定点位置的变化与允许的定位误差相比是否显著。

4.2.6.1　单点定位

根据卫星星历以及一台 GPS 接收机的观测值来独立确定该接收机在地球坐标系中的绝对坐标的方法称为单点定位,也称绝对定位。单点定位的优点是只需用一台接收机即可独立定位,外业观测的组织和实施较为方便自由,数据处理也较为简单。但单点定位的结果受卫星星历误差、卫星钟的钟差以及卫星信号传播过程中大气延迟误差的影响较为显著,故定位精度一般较差。这种定位方法在飞机、船舶和地面车辆的导航以及资源调查、地质勘探、环境监测、防灾减灾及军事等领域中得到了广泛的应用。近年来出现了以精密星历和精密卫星钟差、高精度的载波相位观测值以及更严密的数学模型为特征的精密单点定位技术(precise point positioning,PPP),精密单点定位技术在卫星定轨、测量等领域也有很好的应用前景,也属于单点定位的范畴。

通常情况下,传播媒介对卫星信号的影响是方位角和仰角的函数。举例来说,将电离层延时分为监测站平均部分 $I_{k,P}$ 和卫星方向的函数 $\delta I^{\ell}_{k,P}$:

$$I^{\ell}_{k,P} = I_{k,P} + \delta I^{\ell}_{k,P} \tag{4-26}$$

对流层延时可按类似方法分为两部分,接收机硬件延时也是公共误差源,甚至星钟也包含着共同偏移,即由相对论产生的不完全校正量。将这些共同误差与接收机钟差结合,得到一个新参数 ξ_k,有

$$\xi_k = \mathrm{d}t_k - \frac{I_{k,P}}{c} - \frac{T_k}{c} - \frac{d_{k,P}}{c} \tag{4-27}$$

式中:电离层和对流层符号没有上标 p,表示是误差的公共部分;符号 ξ_k 表示一个新的未知数,除接收机钟差外,还包含其他所有误差的公共部分,伪距方程的相关部分可写为

$$P^{\ell}_k = \rho^{\ell}_k - c\xi_k + c\mathrm{d}t^p + \delta I^{\ell}_{k,P} + \delta T^{\ell}_k \tag{4-28}$$

式中,线性相关的公共部分 ξ_k 不能被单点定位单独估计出来,而是包含在接收机钟差 ξ_k 里。未建模的在某一站点所有观测量的公共误差不影响得到的估计位置,因此,只有当对电离层和对流层的建模可以减小公共部分的变化值时,建模才是有用的。

应当注意,在定位和定时不同应用中对 GPS 的要求也是不同的,如果是为了定时,对接收站公共误差的建模和控制则是非常重要的。

1) 伪距单点定位原理

在 4.2.5 节中,得到了伪距观测方程式(4-12),由于这节需要区分接收机对多个卫星的测量值,将式(4-12)改写成

$$P^{pi}_{k,1}(t_k) = \rho^{pi}_k(\hat{t}^p) - c\mathrm{d}t_k + c\mathrm{d}t^{pi} + I^{pi}_{k,1,P}(t_k) + T^{pi}_k(t_k) + \delta^{pi}_{k,1,P}(t_k) + \varepsilon^i_{1,P} \tag{4-29}$$

不指定接收机和载波频率,式(4-29)简记为

$$P^{(i)} = \rho^{(i)} - c\mathrm{d}t_k + c\mathrm{d}t^{(i)} + I^{(i)} + T^{(i)} + \delta^{(i)} + \varepsilon^{(i)}_{1,P} \tag{4-30}$$

其中,$i=1,2,\cdots,N$,表示 N 颗可见卫星的临时编号,式(4-30)中符号与式(4-29)中一一对应,与上节一致,此处不再赘述。

用户可以用卫星导航电文中给出的误差参数来修正每一个测得的伪距 $P^{(i)}$,主要的修正参数有:相对于 GPST 的卫星时钟偏差,相对论效应,用 Klobuchar 模型参数值得到的电离层延迟。

用 $P^{(i)}_c$ 表示对第 i 颗可见卫星经过误差补偿的伪距,将修正的伪距简写为

$$P^{(i)}_c = \rho^{(i)} - c\mathrm{d}t_k + \varepsilon \tag{4-31}$$

式中:误差项 ε 表示残余误差的综合影响,其标准差范围从小于 $1\sim6\,\mathrm{m}$ 左右。

式(4-30)中的 $\rho^{(i)}$ 是接收机与第 i 颗卫星之间的几何距离:

$$\rho^{(i)} = \sqrt{(X^{(i)} - X)^2 + (Y^{(i)} - Y)^2 + (Z^{(i)} - Z)^2} \tag{4-32}$$

式中:$\boldsymbol{X} = \begin{bmatrix} X & Y & Z \end{bmatrix}^{\mathrm{T}}$ 为未知的接收机坐标,$\boldsymbol{X}^{(i)} = \begin{bmatrix} X^{(i)} & Y^{(i)} & Z^{(i)} \end{bmatrix}^{\mathrm{T}}$ 为第 i 颗卫星坐标。如果先将未知的 ε 从式中省去,那么 GPS 定位、定时算法的本质就是求解以下一个四元非线性方程组:

$$\begin{cases} P_c^{(1)} = \sqrt{(X^{(1)} - X)^2 + (Y^{(1)} - Y)^2 + (Z^{(1)} - Z)^2} + cdt_k \\ P_c^{(2)} = \sqrt{(X^{(2)} - X)^2 + (Y^{(2)} - Y)^2 + (Z^{(2)} - Z)^2} + cdt_k \\ P_c^{(N)} = \sqrt{(X^{(N)} - X)^2 + (Y^{(N)} - Y)^2 + (Z^{(N)} - Z)^2} + cdt_k \end{cases} \tag{4-33}$$

其中,每个方程对应于一颗可见卫星的测量值,如果接收机有 4 颗或 4 颗以上可见卫星的伪距测量值,方程组(4-33)至少由 4 个方程式组成,用户就可以据此求解出方程组的 4 个未知量,即接收机位置的 3 个坐标分量和接收机钟差,从而实现 GPS 的定位和定时。

利用单点定位的方位进行动态定位时,由于每个载体位置只能进行一次观测,故精度较低,但可以通过平滑和滤波等方法来消除、削弱噪声,提高定位精度。利用单点定位方法进行静态定位时,由于点位可反复测定,当观测时间较长时,点位精度可优于 10 m。

2) 精密单点定位

传统 GPS 单点定位利用伪距测量值以及广播星历所提供的卫星星历参数和卫星时钟改正数等进行计算,但由于伪距观测值的精度一般为数分米至数米,广播星历提供的星历误差可达数米至数十米,星钟改正数的误差为 $\pm20\,\mathrm{ns}$ 左右,因此,一般只能用于低精度应用领域中。

精密单点定位指的是利用载波相位观测值以及由 IGS 等组织提供的高精度的卫星星历及卫星钟差,采用双频观测值消除电离层影响来进行高精度单点定位的方法。目前,根据一天的观测值所求得的点位的平面位置精度可达 $2\sim3\,\mathrm{cm}$,高程精度可达 $3\sim4\,\mathrm{cm}$,实时定位的精度可达分米级。

精密单点定位必须先进行剔除粗差、修正周跳和相位平滑伪距等数据预处理工作,以得到高质量的伪距观测值。在进行精密单点定位时,需要利用伪距观测值来确定载波相位观测值的模糊度,当模糊度参数被确定以后,用户通过对精密星历和卫星钟差进行内插,精确地加入各项误差的改正进行定位。由于只需利用一台接收机,作业方式又特别简便自由,故精密单点定位已成为当前 GPS 领域中的一个研究热点。

4.2.6.2　相对定位

确定同步跟踪相同的 GPS 卫星信号的若干台接收机之间的相对位置(坐标差)

的定位方法称为相对定位。两点间的相对位置可以用一条基线向量来表示,故相对定位有时也称为测定基线向量或简称为基线测量。由于用同步观测资料进行相对定位时,两站所受到的许多误差是相同的或大体相同的(如卫星钟差、卫星星历误差、电离层延迟、对流层延迟等),在相对定位的过程中,这些误差可得以消除或大幅度削弱,故可获得很高精度的相对位置,从而使这种方法成为精密定位中的主要作业方式。但进行相对定位时至少需用两台接收机进行同步观测,外业观测的组织实施及数据处理均较为麻烦,此外,实时定位的用户还必须配备数据通信设备。

在相对定位中,两个接收站的公共误差可被双差技术消除。举例来说,对流层校正可分解为接收站公共部分 T_k 和 T_m 以及与卫星相关的部分,表示如下:

$$T_{kmn}^{pq} = [T_{km} + (\delta T_k^p - \delta T_m^p)] - [T_{km} + (\delta T_k^q - \delta T_m^q)] \qquad (4-34)$$
$$= (\delta T_k^p - \delta T_m^p) - (\delta T_k^q - \delta T_m^q)$$

由于相对定位可以取消大部分的传播介质影响、钟差以及硬件延时,其应用越来越广泛。虽然双差中的模糊度参数一开始会比较麻烦,但如果能将它们限制为整数,就可以得到比较好的定位结果。

1) 静态相对定位

静态相对定位中所用的观测值可以是载波相位观测值,也可以是伪距观测值。目前广泛采用的是求差相对定位,通过观测值作差,消除测量值中公共误差部分,即在接收机间求一次差构成单差虚拟观测值,在接收机和卫星间求二次差构成双差虚拟观测值,在接收机、卫星和观测历元间求三次差构成三差虚拟观测值,而从单差、双差到三差这三种组合方式能依次消除更多的测量误差成分,具体内容如 4.2.5.3 节所述。

静态相对定位由于观测时间长,各种误差消除得比较充分,因而定位精度高。目前长距离高精度 GPS 静态相对定位的精度已达 $10^{-8} \sim 10^{-9}$。这种定位方式被广泛用于测定极移、日长变化、板块运动、地壳形变和布设各级控制网以进行高精度的工程测量。

2) 动态相对定位

利用安置在飞机、船舶、地面车辆以及导弹、卫星和其他空间飞行器上的 GPS 接收机来测定运动载体的瞬时位置及运动轨迹的工作称为动态定位。利用安置在基准点和运动载体上的 GPS 接收机所进行的同步观测的数据来确定运动载体相对于基准点的位置,即两者之间的基线向量的工作称为动态相对定位。基准点通常是坐标已被精确确定的地面固定点。动态相对定位通常是按历元解算的,由于观测时间短,误差消除不够充分,故定位精度一般比静态定位差,其典型的定位精度为厘米级或分米级。考虑到载体的运动一般是有规律的,所以在动态定位中虽然不能通过重复观测来提高定位精度,但通常可通过平滑和滤波等技术来消除或削弱噪声,提取信号,从而提高动态定位的精度。这种定位方式被广泛应用于单纯的动态定位、姿态测量、导航、武器制导以及地面车辆管理系统等。

3) RTK

RTK(real time kinematic)是一种利用 GPS 载波相位观测值进行实时动态相对定位的技术。进行 RTK 测量时,位于基准站上的 GPS 接收机通过数据通信链实时地把载波相位观测值以及已知的站坐标等信息播发给在附近工作的流动用户,这些用户就能根据基准站和自身采集的载波相位观测值利用 RTK 数据处理软件进行实时相对定位,进而根据基准站的坐标求得自己的三维坐标。

进行 RTK 测量必不可少的有两台 GPS 接收机、数据通信链和 RTK 软件。利用 RTK 技术,用户可以在很短的时间内获得厘米级精度的定位结果,并能对所获得的结果进行精度评定,因而被广泛用于工程测量以及地形测量等领域。当然,RTK 也存在一些不足之处,流动站与基准站的距离不能太远,一般只能在几十公里以内;此外,由于流动站的坐标只是根据一个基准站来确定的,可靠性较差,因此提出了网络 RTK 技术。

网络 RTK 技术,即在一个较大地区域内稀疏且均匀地布设多个基准站,构成一个基准站网,以消除或消弱各种误差的影响,获得高精度的定位结果。网络 RTK 由参考站网、数据处理中心和数据通信链组成。参考站的三维坐标精度可达到厘米级,配备双频 GPS 接收机、数据通信设备及气象仪器。参考站按一定的采样频率进行连续观测,并通过数据通信链实时地将观测资料传给数据处理中心。在网络 RTK 技术中,线性衰减的单点 GPS 误差模型被区域性的 GPS 网络误差模型所取代,并为网络覆盖地区的用户提供校正数据。

4.3　GPS 的误差分析

GPS 系统的定位误差直接影响着 GPS 定位的精度,只有深入地了解产生这些误差的原因,才能设计合理的 GPS 接收机硬件和软件系统。分析 GPS 的误差特性,主要从 GPS 星座误差、信号传播误差和信号接收这 3 个方面考虑。

GPS 定位中出现的各种误差,按性质可分为系统误差(即偏差)和随机误差两大类。其中,系统误差无论从误差的大小,还是对定位结果的危害性来讲都比随机误差大得多,而且它们又是有规律可循的,可以采取一定的方法和措施来加以消除。对于 GPS 中各类误差,可采取的抑制措施如下:

1) 建立误差改正模型

这些误差改正模型既可以是通过对误差的特性、机制以及产生的原因进行研究分析、推导而建立起来的理论公式,也可以是通过对大量观测数据的分析、拟合而建立起来的经验公式,有时则是同时采用两种方法建立的综合模型。

2) 求差法

仔细分析误差对观测值或平差结果的影响,安排适当的观测纲要和数据处理方法,如同步观测、相对定位等,利用误差在观测值之间的相关性或在定位结果之间的相关性,通过求差来消除或大幅度地削弱其影响的方法称为求差法。

3) 选择较好的硬件和较好的观测条件

有的误差,如多路径误差,既不能采用求差的方法来抵消,也难以建立改正模型。削弱该项误差简单而有效的办法是选用较好的天线,仔细选择测站,使之远离反射物和干扰源。

4.3.1　GPS 星座误差

GPS 星座误差主要包括卫星时钟的误差和卫星星历误差。

4.3.1.1　卫星时钟的误差

尽管卫星上使用的是高精度的原子钟,但它们也不可避免地存在误差。卫星的钟差是指 GPS 卫星时钟与 GPS 时间的差别,由晶振噪声的累积效应引起。为了确保各颗卫星的时钟与 GPS 时间同步,GPS 地面监控部分通过对卫星信号的监测,将卫星时钟时刻 t 的时钟误差表示为

$$\Delta t = a_{f0} + a_{f1}(t - t_{oc}) + a_{f2}(t - t_{oc})^2 + \int_{t0}^{t} y(t)\mathrm{d}t \qquad (4-35)$$

式中:a_{f0} 为参考时间 t_{oc} 时刻该钟的钟差;a_{f1} 为 t_{oc} 时刻该钟的频偏;a_{f2} 为 t_{oc} 时刻该钟的老化率或频漂项,这 3 个系数与参考时间 t_{oc} 均由卫星导航电文播发给用户; $\int_{t0}^{t} y(t)\mathrm{d}t$ 是一项随机项,可由卫星钟的稳定度来描述其统计特性。

需要说明的是,式(4-35)对时间参数 t 的敏感度很弱,因此,虽然在 GPS 定位、定时未完成前精确的 GPS 时间 t 是未知的,但是可用信号发射时间近似 t^p 代入。使用导航电文中信息修正后,GPS 卫星钟可与 GPS 标准时保持 20 ns 以内的同步误差,由此引起的等效误差不超过 6 m。在 L-AⅡ实施后,GPS 星座的平均残余钟差为 1 m。

在某些应用中,如利用载波相位观测值进行精密单点定位(precise point positioning,PPP)时,观测值的精度很高,对定位结果的精度要求也很高,自然对卫星钟差也会提出很高的要求。此时根据卫星导航电文中给出的钟参数求得的卫星钟差已不能满足要求,故需通过其他渠道来获取精确的卫星钟差值,如通过 IGS 来获取精确的卫星钟差。目前 IGS 综合星历中给出的卫星钟差的精度可达 0.1 ns。此外,对于参与相对定位或差分定位的两个测站,星钟误差的相关性很强,基本可以消除。

4.3.1.2　卫星星历的误差

由卫星星历所给出的卫星轨道与卫星的实际轨道之差称为卫星星历误差。从人造卫星轨道理论知:知道了卫星轨道就知道了卫星在空间的位置及运动速度;反之,知道了卫星的位置和运动速度也就知道了卫星的轨道。因此,上述定义也可表述为:由卫星星历所给出的卫星在空间的位置及运动速度与卫星的实际位置及运动速度之差称为卫星星历误差。

星历误差的大小主要取决于卫星定轨系统的质量,如定轨站的数量及其地理分

布,观测值的数量及精度,定轨时所用的数学力学模型和定轨软件的完善程度等。此外,由于 GPS 导航电文中的广播星历是一种外推的预报星历,因此星历误差与星历的外推时间间隔也有直接关系,实测星历的外推时间间隔可视为零。星历误差将严重影响单点定位的精度,由此产生的测距误差为 $1.5 \sim 7.0 \, \mathrm{m}$。

一般说来,卫星单点定位误差的量级大体上与卫星星历误差的量级相同,因而广播星历通常只能满足导航和低精度单点定位的需要。进行厘米级精度的精密单点定位时必须使用高精度的精密星历。此外,若采用相对定位模式,广播星历误差的影响也可以保持在 $1 \, \mathrm{cm}$ 之内。

4.3.2　GPS 信号传播中的主要误差

GPS 信号传播误差主要包括电离层折射误差、对流层折射误差和多路径效应误差。

4.3.2.1　电离层折射误差

从产生误差的角度而言,电离层泛指大约 $60 \sim 1000 \, \mathrm{km}$ 之间的大气层。受太阳辐射作用,高层大气中的部分气体分子被电离,形成带正电的粒子和自由电子。当电磁波穿过充满电子的电离层时,传播速度和方向都会发生变化,这种现象在物理中称为折射。如果某介质的折射率为 n,那么光在这一介质中的传播速度为 c/n,其中,c 为光在真空中的传播速度。电离层折射误差与大气电子密度成正比,与穿过的电磁波频率平方成反比。大气电子密度随太阳及其他天体的辐射强度、季节、时间以及地理位置等因素的变化而变化。

以 m 为单位的电离层延时为

$$I_{k,f,P}^{p} = \frac{40.30}{f^2} TEC \tag{4-36}$$

式中:TEC 为总电子含量(total electron content),它表示底面积为 $1 \mathrm{m}^2$ 而贯穿整个路径的柱体中的自由电子数,通常以 $\mathrm{e/m^2}$ 为单位。

$$TEC = \int_{\mathrm{path}} N_e \mathrm{d}s \tag{4-37}$$

式中:N_e 是电子密度,单位为 $\mathrm{e/m^3}$,电子密度沿传播路径变化。

电离层延时一般为几米左右,当太阳黑子活动增强时,电子密度会升高,这使得电离层延时也随之增加,其值可达十几米甚至几十米,因而在 GPS 测量和定位中不能忽略电离层延时影响。

由式(4-37)知,卫星信号受到的电离层延迟与信号频率 f 的平方成反比。如果卫星能同时用两种频率发射信号,那么这两种不同频率的信号就沿着同一路径传播到达接收机。如果能精确测定这两种不同频率的信号到达接收机的时间差,就能分别反推出它们各自所受到的电离层延迟,这种方法称为双频校正法。GPS 卫星之所以要用两种不同的频率来发射信号,其主要目的也在于此。利用双频校正进行电离层延迟改正时,可获得较好的精度。尤其是采用载波相位观测值时,其误差一般不会超过几个厘米。

单频接收机不能直接测定电离层延时的大小,故只能借助电离层模型和经验改正公式来估算、校正电离层延时。所谓电离层模型,就是表述电离层中的电子密度、离子密度、电子温度、离子温度、离子成分和总电子含量等参数的时空变化规律的一些数学公式。其中,最常用的模型是 Klobuchar 模型,该模型将晚间的电离层时延视为常数,取值为 5 ns,把白天的时延看成是余弦函数中正的部分。广播电文中包含 8 个用来计算信号传播过程中电离层群延迟的模型系数。

4.3.2.2　对流层折射误差

对流层延时泛指电磁波信号在通过未被电离的中性大气层时产生的信号延时,包括对流层和平流层,位于大气层的底部,其顶部距地面约 60 km。由于折射的 80% 发生在对流层,所以通常叫做对流层折射。由于折射的影响增加了传播路径的长度,因此信号延时的大小取决于沿传播路径的大气折射率。对流层折射率与电磁波的频率无关,但随着高度的增加而逐渐减小,同时,它还与大气压力、湿度和温度关系密切。

为方便计,通常将对流层的折射率 n 转换成折射数 N,转换关系为

$$N = (n-1) \times 10^6 \qquad (4-38)$$

大气折射数与气温、气压及湿度等因素有关,经验公式如下:

$$N = N_d + N_w = 77.6 \frac{P}{T} + 77.6 \times 4180 \frac{e}{T^2} \qquad (4-39)$$

式中:对流层的折射数 N 通常被划分为干分量折射数 N_d 和湿分量折射数 N_w,干分量一般指氧气和氮气等干空气,N_d 与总的大气压 P(单位为 mbar)和气温 T(绝对温度)有关,湿分量主要指水蒸气,N_w 与水汽压 e(单位为 mbar)和气温 T 有关。

由式(4-39)可知,要知道信号传播途径上各处的大气折射率 n,实际上就是要知道各处的气象元素。然而一般说来,信号传播路径上各处的气象元素是难以实际测量的,能测量的只是测站上的气温 T、气压 P 和水汽压 e,所以必须建立一个依据测站上的气象元素来计算空中各点的气象元素的数学模型。最常见的模型是霍普菲尔德(Hopfield)模型、萨斯塔莫宁(Saastamoinen)模型以及勃兰克(Black)模型。

有关资料显示,目前采用的各种对流层模型,即使应用实时测量的气象资料,进行对流层延迟修正后,仍然存在 5% 左右的误差。减弱对流层折射改正残差的主要措施有:尽可能充分掌握观测站周围地区的实时气象资料;利用相对定位来减弱对流层延迟影响;完善对流层折射大气模型。

4.3.2.3　多路径误差

GPS 接收机除了直接接收 GPS 卫星发射的信号外,还会收到接收机天线周边建筑物等一次或多次反射的信号,即实际测量中,接收机天线接收到的信号为直射

波和反射波的叠加信号。这种由多路径引起的使 GPS 接收机对信号的测量产生误差和对信号的跟踪造成困难的影响,称为多路径效应。多路径不仅严重影响着接收机对伪距测量值的精度,而且对载波相位的准确测量也有一定程度的干扰,此外,时强时弱的叠加波信号极可能导致接收机对卫星载波信号失锁。由多路径引起的伪距误差一般为 1~5 m,载波相位误差为 1~5 cm。

多路径误差的大小与反射物离测站的距离、卫星信号的传播方向以及反射物的反射系数等因素有关。消除和削弱多路径误差的方法有很多,由于多路径效应本质上是由信号反射引起的,除去或回避信号反射物能从根本上杜绝多路径的发生。若静态接收机的接收天线有选址的自由,则天线最好选在一个视野开阔的地区,其四周能避开建筑物、山脉等各种信号反射体。灌木丛、草地和其他地面植被能较好地吸收微波信号的能量,反射很弱,是较为理想的设站地址,翻耕后的土地和其他粗糙不平的地面,选站时也可选用,但要避免附近有大面积平静的水面,因为平静水面的反射系数几乎为 1。

接收天线在设计上一般通过以下两种方法来抑制多路径:一是利用右旋圆极化天线来拒绝接受经过奇数次反射后的左旋圆极化信号,而经过偶数次反射后的右旋圆极化信号强度希望已经得到很大程度的衰减,于是只剩下直射波被天线接收;二是设计出在地平线附近的低仰角区有着较小增益的天线,例如,扼流圈天线就是一款具有良好多路径抑制性能的天线。此外,利用多个天线的空间多样性技术是消除多路径效应的另一种途径。

4.3.3 与接收机有关的误差

与接收机有关的误差主要包括 GPS 接收机钟差、天线相位中心误差以及接收机的测量噪声。

4.3.3.1 GPS 接收机钟差

与卫星钟一样,接收机钟也有误差。而且由于接收机中大多采用的是石英钟,因而其误差较卫星钟更为显著。该项误差主要取决于钟的质量,与使用时的环境也有一定关系。需要说明的是,它对测码伪距观测值和载波相位观测值的影响是相同的。

可将接收机钟差作为未知参数,通过解算伪距方程式并估计出该项误差,还可通过观测量求差分处理来消除此项误差的影响。当定位精度要求较高时,可以采用外接高精度频标来提高接收机时间标准的精度,如外接铷、铯等原子钟。

4.3.3.2 天线相位中心误差

在 GPS 测量中,观测值都是以接收机天线的相位中心位置为准的,而天线的相位中心与天线的几何中心在实际上是不一致的,这两者之差称为天线相位中心误差。根据天线性能的好坏,与天线相位中心的偏差等效的测距误差可达数毫米至数厘米,这在高精度测量中是不能忽略的。在进行高精度单点定位以及采用不同类型的接收机天线进行相对定位时,应采用归心改正的方法予以改正;在采用同一类型的接收机天线进行相对定位时,则可通过天线指北的方法来予以消除。天线相位中心误差一般均由接收机生产厂家给出。一些著名的 GPS 数据处理软件将各种类型接收机天线的差异值收集在一起,以方便用户使用。

4.3.3.3 接收机的测量噪声

这是指用接收机进行 GPS 测量时,由于仪器设备及外界环境影响而引起的随机测量误差,其值取决于仪器性能及作业环境的优劣。接收机噪声具有随机性,其值的正负、大小通常很难确定,一般而言,接收机噪声引起的伪距误差在 1 m 之内,而载波相位误差约为几个毫米,远小于上述的各种偏差值。适当地增加观测量将会明显地减弱其影响,观测足够长的时间后,测量噪声的影响通常可以忽略不计。

4.3.4 其他误差源

除上述三类主要的误差,GPS 测量中还有其他误差,这里做简单介绍。

1) 时钟的相对论效应

由于卫星在高速运动,狭义相对论效应会使时钟产生时间漂移,卫星原子钟比地面钟走得快,因而须加以校正。此外,由于卫星所处的重力场是变化的,还受太阳和月亮重力场的作用,同时,卫星偏心率并不完全等于零,根据广义相对论,卫星运动的速度会发生变化。

2) 地球自转的影响

在地球坐标系中,如果卫星瞬时位置是根据信号播发瞬时计算的,尚未考虑地球自转的改正,然而当卫星信号传播到观测站时,卫星和地球之间产生了相对转动,此时,利用星历中的卫星位置就会在 GPS 接收机中产生相应的计算误差。

3) 人为或者自然干扰的影响

由于 GPS 卫星导航系统的工作基础是无线电波,而无线电波极其容易受到故意人为干扰,如敌方的设备干扰以及美国军方的 SA 限制等,无意的人为干扰,如广播、电视等无线电波以及自然效应干扰,如太阳剧烈的黑子等活动。因此,增强接收机的抗干扰性是提高 GPS 定位精度的一个重要课题。

最后需要指出的是,在 GPS 定位中,除上述各种误差外,卫星钟和接收机钟振荡器的随机误差,大气折射模型和卫星轨道摄动模型的误差,地球潮汐等,都会对 GPS 的观测量产生影响。

4.4 差分 GPS

为了提高导航精度、可用性和完整性,世界各地发展了各种差分全球定位系统(differential global position system, DGPS)。DGPS 技术的原理是基于这样一个事实:GPS 测量中导航误差的相当部分来自缓慢变化的偏差,包括卫星轨道位置误差以及卫星时钟、电离层、对流层误差的残差导致的相关测距误差,这些偏差随时间和用户位置缓慢变化。因此,如果两个或更多的处于不同位置的接收机同时工作,而且知道其中一个接收机的位置,那么,就可以根据该接收机的位置信息来产生对测量值的实时修正,并将修正应用于其他接收机测量值。要使用这种技术,接收机之间需要有数据链。

4.4.1　差分的种类

DGPS 按用户进行数据处理时间的不同可分为实时差分和事后差分。导航用户和其他一些需立即获得定位结果的用户需采用实时差分模式,此时在系统和用户之间必须建立起数据通信链。不必立即获得定位结果的用户则允许采用事后处理的模式,由于无需实时传送改正信息,故系统和用户间不需要建立实时数据通信链,结构较为简单。

DGPS 按发送的信息方式的不同可分为 3 类:位置差分、伪距差分和载波相位差分。其基本工作原理相同,即都是由基准站发送改正数,用户站接收并用以对其测量结果进行改正,以获得精确的定位结果;所不同的是,发送改正数的具体内容不一样,其定位精度也不一样。而根据实际的需要,位置差分因其精度太低目前已很少使用,最常用的是伪距差分和载波相位差分。其中,伪距差分以伪距作为观测量进行差分处理,能得到米级定位精度;载波相位差分处理两个测站载波相位观测量,可使定位精度达到厘米级,大量应用于需要高精度位置的领域。

DGPS 按其工作原理及数学模型大体可分为 3 种类型:单基准站差分 GPS,即SRDGPS(single reference-station DGPS);具有多个基准站的局部区域差分 GPS,即LADGPS(local area DGPS);广域差分 GPS,即 WADGPS(wide area DGPS)。下面将做一简单介绍。

4.4.1.1　单基准站差分 GPS 技术

仅仅根据一个基准站所提供的差分改正信息进行改正的差分 GPS 技术,称为单基准站差分 GPS 技术,简称单站差分 GPS。单站差分 GPS 的数学模型非常简单,用户只需按通常方法进行单点定位,然后在定位结果上加上改正数即可。

4.4.1.2　局部区域差分 GPS 技术

在某一局部区域中布设若干个基准站,用户根据多个基准站所提供的改正信息经平差计算后求得自己的改正数,这种差分 GPS 定位技术称为具有多个基准站的局部区域差分 GPS 技术,简称局域差分 GPS。由于具有多个基准站而且顾及了位置对差分改正数的影响,所以整个系统的可靠性和用户的定位精度都有较大的提高。

然而,无论是单站差分 GPS,还是局域差分 GPS,在处理过程中都是把各种误差源所造成的影响合并在一起来加以考虑的。而实际上,不同的误差源对差分定位的影响方式是不同的。因此,如果不把各种误差源分离开来,用一个统一的模式对各种误差源所造成的综合影响统一进行处理会影响最终的精度。随着用户至基准站距离的增大,各种误差源的影响将变得越来越大,从而导致差分定位精度的迅速下降。为此,引入了广域差分 GPS。

4.4.1.3　广域差分 GPS 技术

在一个相当大的区域中,较为均匀地布设少量的基准站,组成一个稀疏的差分 GPS 网,各基准站独立进行观测并将求得的距离差分改正数传送给数据处理中心,由数据处理中心进行统一处理,以便将各种误差分离开来,然后再将卫星星历改正数、卫星钟钟差改正数以及大气延迟模型等发送给用户,这种差分系统称为广域差分 GPS 系统。由于对各种误差进行了分离和估计,使用户能利用较准确的卫星星历、卫星钟钟差改正和大气延迟模型进行单点定位,从而不但提高了定位精度,而且使定位误差基本上与用户至基准站的距离无关。广域差分 GPS 校正量的精度在其整个服务区域内的不同地方大致相同,它不再与用户附近是否存在基准站密切相关,不过精度在其服务区域的边缘地带可能会略有下降。

已于 2003 年正式投入运行的广域增强系统(wide area augmentation system, WAAS)中,数据处理中心将差分改正信息送往地球同步卫星。该同步卫星也采用 L1 作为载波,在载波上同样也调制 C/A 码,并将自己的卫星星历和差分改正信息当作导航电文转发给用户。WAAS 是由美国联邦航空管理局(FAA)经营的一个以卫星为基地的增强系统,它为飞行器航行的各阶段提供导航。今天,这种功能已经被广泛运用到其他领域,因为这种类似 GPS 的信号可以由简单的接收机处理,并不需要额外的设备。

WAAS 虽然能使大范围内的用户获得较高的实时定位精度,但这一精度尚无法满足精度要求很高的一些特殊用户的需求,例如,在能见度很差的情况下依靠仪表指引进行飞机的盲着陆。局域增强系统(local area augmentation system, LAAS)的出现能较好地解决上述问题。LAAS 的基本概念如下:在需要进行高精度 GPS 定位的局部区域周围建立若干个基准站,这些站也和 WAAS 中的同步卫星一样发射 C/A 码测距信号和差分改正信号。同样,用户只需利用 GPS 接收机就能接收上述信号,从而极大地改善了定位精度和可靠性。这些基准站被称为地基伪卫星。

WAAS 和 LAAS 技术的出现进一步补充、完善了广域差分 GPS 技术,使其能更好地满足各类用户的需要。目前不少其他国家的政府也正致力于开发类似于美国 WAAS 的卫星定位星基增强系统,如欧洲的对地静止卫星导航重叠系统 EGNOS,印度的 GPS 和地球导航增强系统 GAGAN 以及日本的多功能传送卫星 MTSAT 卫星增强系统 MSAS,所有这些国际的应用都是以 GPS 为基础的。FAA 将改善 WAAS 以用于未来的 GPS 生命安全信号和提供更好的服务,并且还要在全球推广实行这些新的功能。

4.4.2　广域增强系统

4.4.2.1　系统基本组成

GPS 广域增强系统(WAAS)属于星基增强系统,主要由空间部分、地面部分、用户部分以及数据链路组成。系统组成如图 4-3 所示。

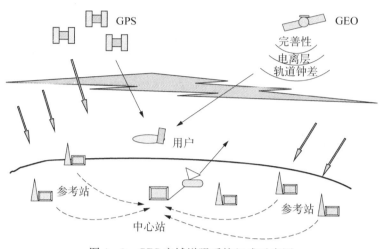

图 4-3　GPS 广域增强系统组成示意图

　　空间部分包括 GPS 卫星和地球同步卫星(GEO)。同步卫星用于转发广域差分改正信息和完好性监测信息,同时它也类似于 GPS 卫星,作为测距源发射 LJ 测距信号。

　　地面部分包括参考站和中心站。参考站布设的基本依据是系统所要完成的任务和达到的性能,即能有效地确定各差分改正数和完成对 GPS 卫星完好性的监测以及对差分改正数的误差确定。参考站的主要任务是采集 GPS 卫星及气象设备的观测数据,并将所采集的数据经过预处理后传送到中心站。中心站由数据收发子系统、数据处理子系统、监控子系统和配套设备组成,担负着全系统的信息收集、处理、加密、广播和工况监测任务。

　　用户部分即用户接收机,主要任务是接收系统广播的差分信息,实现差分定位与导航功能;接收系统广播的完好性信息,为用户提供使用 GPS 及本系统的完好性。

　　数据链路包括两个部分:参考站与中心站之间的数据传输和广域差分改正及完好性信息的广播。参考站与中心站之间的数据传输方式可以选择公共电话网、公用数据传输网或专用通信方式(如建立卫星通信专用网络);广域差分改正及完好性信息的广播采用卫星通信方式,广播的信息按一定格式进行编码。

4.4.2.2　系统工作原理

　　系统工作过程是,分布在覆盖区域内的参考站监测全部可见 GPS 卫星,将监测数据通过地球同步卫星数据链发送至中心站;中心站用这些数据确定 GPS 导航信号的误差,计算 GPS 差分改正数和完好性信息,然后通过地球同步卫星链路广播给用户。用户根据收到的信息和 GPS 观测数据,获悉 GPS 卫星及差分系统的完好性状况,计算得到精确的用户位置及导航参数。其中,差分改正数包括卫星钟差、卫星星历、电离层延迟改正数,完好性信息包括"不可用""未被监测"和 GPS 伪距误差以及差分改正数的误差。

　　GPS 广域差分技术基于多个参考站的监测数据，误差改正采取卫星轨道改正、星钟改正和电离层改正的矢量形式。用户根据收到的差分改正可得到消除卫星钟误差、电离层误差的伪距 ρ_i^j，即

$$\rho_i^j = R_i^j - (B^j - B^{(j, B)}) - I_i^j \qquad (4-40)$$

式中：R_i^j 为接收机 i 至卫星 j 的伪距观测值；B^j 为卫星钟对 GPS 时间的偏差；$B^{(j, B)}$ 为 GPS 导航电文给出的钟偏差；I_i^j 为电离层延迟误差；B^j、I_i^j 由广域差分改正数计算得到。因此伪距可模型化为

$$\rho_i^j = \sqrt{(X_i - X^j)^2 + (Y_i - Y^j)^2 + (Z_i - Z^j)^2} + b_i + \Delta\rho_{\text{trop}} + \varepsilon_i^j \quad (4-41)$$

式中：X_i，Y_i，Z_i 为用户点的坐标；b_i 为用户接收机钟差，为未知参数；$\Delta\rho_{\text{trop}}$ 为对流层误差，可用参考模型计算；ε_i^j 为多路径及接收机噪声误差。

　　设 ΔX^j，ΔY^j，ΔZ^j 是卫星的坐标改正，由广播的星历改正数计算得到，$(X^j$，Y^j，$Z^j)$ 是卫星经过改正后的坐标，由导航电文计算的卫星坐标加改正得到，即

$$\begin{bmatrix} X \\ Y \\ Z \end{bmatrix}^j = \begin{bmatrix} X \\ Y \\ Z \end{bmatrix}^j_B + \begin{bmatrix} \Delta X \\ \Delta Y \\ \Delta Z \end{bmatrix}^j \qquad (4-42)$$

　　用户测得四颗或以上卫星的伪距，依据上面的模型，利用最小二乘法便可解出 4 个未知数 X_i、Y_i、Z_i、b_i，即可得到用户广域差分的定位结果。

　　广域增强系统还向用户提供完好性信息，通过对 GPS 信号的监测，对 GPS 卫星和电离层网格点的完好性进行分析，确定是否发出"不可用"的告警信息。当系统不能确定 GPS 卫星或电离层网点的完好性时，向用户发送"未被监测"信息。

　　监测的基本方法是在每个参考站设置两台接收机，两接收机天线独立且位置已知，接收机采集的数据分别送入中心站的两台处理机中，形成两条独立的数据流，最后把它们的观测值和计算出的差分改正数送到中心站的数据验证处理器，进行误差分离和改正数据的误差确定。对平行处理的两条数据流采用交叉验证结构，能有效监测不同类型的误差，且可以减少不相同的硬件和软件的数量。

　　完好性监测应对与卫星有关的误差和电离层格网点误差分别处理，并直接广播给用户。与卫星有关的误差以用户差分伪距误差 UDRE 表示，电离层格网点垂直延迟误差以 GIVE 表示。当差分改正数（卫星快变改正、卫星长期改正或电离层垂直延迟改正）或误差界限（UDRE 或 GIVE）超出电文结构的表达范围时，则视为达到告警条件，系统向用户送出告警电文。告警信息应在规定的告警时间内发出（如 6 s），误差信息的更新率则按不同类型的误差需要分别设置。

4.4.2.3　参考站数据处理

　　假定在参考站用双频接收机以每秒一次的采样率得到 L_1 和 L_2 的伪距和载波

相位,可以得到伪距观测量 ρ_1 和 ρ_2 及相位观测量 φ_1 和 φ_2。由于相位观测比伪距观测受到多路径及观测噪声的影响要小,可利用双频相位观测量平滑伪距观测量,同时产生电离层延迟的估计值。

平滑后,伪距估值可以模型化为

$$\rho_i^j = (\mid r_i^j \mid - B^j + b_i) + T_i^j + \varepsilon_i^j \tag{4-43}$$

式中:r_i^j 为卫星 j 到测站 i 的距离;B^j 为卫星钟对 GPS 时间的真偏差;b_i 为接收机钟差;T_i^j 为对流层误差;ε_i^j 为多路径及观测噪声影响。从平滑的测量伪距中减去由导航电文数据和已知参考站位置计算的卫星到测站的距离,以进一步消除由导航电文中给出的卫星钟偏差。这样,伪距残差表达为

$$\begin{aligned}
\Delta\rho_i^j &= \mid r_i^j \mid - \mid r_i^{(j,\,B)} \mid + b_i - (B^j - B^{(j,\,B)}) + T_i^j + \varepsilon_i^j \\
&= \Delta r^j \cdot l_i^j + b_i - (B^j - B^{(j,\,B)}) + T_i^j + \varepsilon_i^j \\
&= \Delta r^j \cdot l_i^j + b_i - \Delta B^j + T_i^j + \varepsilon_i^j
\end{aligned} \tag{4-44}$$

式中:Δr^j 为连接卫星真位置 r^j 和导航电文给出的卫星位置 $r^{(j,\,B)}$ 的矢量;l_i^j 代表从卫星 j 到测站 i 的单位矢量;$B^{(j,\,B)}$ 为按照导航电文给出的卫星钟偏差。

根据高度角和气压、温度及湿度的测量值来计算对流层延迟的估值,并从伪距残差中减去。利用简单的平均算法估计参考站钟偏差,即将同一测站所有观测卫星的伪距残差取平均,然后将其从平滑伪距残差中减去,得

$$\Delta\rho_i^j = \Delta r^j \cdot l_i^j + b_i - \Delta B^j + \varepsilon_i^j \tag{4-45}$$

最后,将这些伪距残差同电离层延迟估值一起送到中心站进行进一步处理。图 4-4 给出了参考站数据处理过程的方框图。

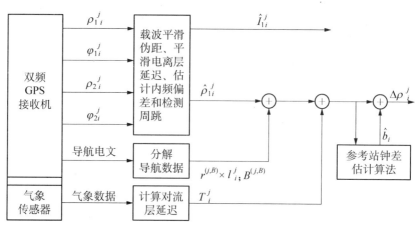

图 4-4　参考站数据处理方框图

4.4.2.4 卫星位置及卫星钟改正处理

在中心站上如何实时确定卫星星历误差和卫星钟差是卫星导航增强系统的核心问题之一。根据卫星轨道误差变化缓慢且具有系统性的事实，可以先用已消去电离层影响的双差观测值，确定并外推卫星轨道。然后把卫星轨道作为已知值，用伪距来确定卫星钟差。这样就可以将外推星历的剩余误差合并到卫星钟差中，保证差分改正信息的一致性。

来自各参考站的平滑伪距观测值中，已加入了对电离层延迟、对流层延迟的改正，可以认为其只含有卫星位置误差、卫星钟差和接收机钟差 3 种未知参数，其模型为

$$\rho_i^j = [\boldsymbol{r}^j + \mathrm{d}\boldsymbol{r}^j - \boldsymbol{r}_i]\boldsymbol{e}_i^j + \mathrm{d}b_i - \mathrm{d}B^j + v_i^j \tag{4-46}$$

式中：$i=1$，$\cdots$，M 为参考站编号，M 为参考站总数；$j=1$，$\cdots$，K_i 为第 i 参考站可见卫星的编号，K_i 为第 i 参考站可见卫星总数；ρ_i^j 为第 i 参考站对第 j 卫星的已经消除电离层延迟和对流层延迟影响的平滑伪距；$\boldsymbol{r}^j$ 为第 j 卫星的广播星历位置矢量；$\boldsymbol{r}_i$ 是第 i 参考站的位置矢量；$\mathrm{d}\boldsymbol{r}^j$ 为第 j 卫星的广播星历位置误差矢量；$\boldsymbol{e}_i^j$ 为第 i 参考站到第 j 卫星的单位方向矢量；$\mathrm{d}b_i$ 为第 i 参考站接收机钟差；$\mathrm{d}B^j$ 为第 j 卫星的钟差；v_i^j 为相应伪距观测量的测量噪声。

式(4-46)的集合形式可写为

$$\left\{\left\{\mathrm{d}\rho_i^j = \rho_i^j - [\boldsymbol{r}^j - \boldsymbol{r}_i]\boldsymbol{e}_i^j = \mathrm{d}\boldsymbol{r}^j \boldsymbol{e}_i^j + \mathrm{d}b_i - \mathrm{d}B^j + v_i^j\right\}_{j=1}^{K_i}\right\}_{i=1}^{M} \tag{4-47}$$

一般的计算方法可以基于几何原理，或逆 GPS 原理，就是将卫星位置误差、卫星钟差和接收机钟差都设为未知参数，利用式(4-46)列方程按最小二乘法一并求解。该算法简单快速，但对观测数据的质量非常敏感，容易引起确定误差估值的不精确性，而且卫星位置误差和卫星钟差的完全分离是很困难的。

对此方法的改进可以利用动态轨道模型法，即用最小范数解来处理不确定情况，用卫星运动的动态模型提供平滑估计。该方法虽然比逆 GPS 原理有所提高，但当卫星升落时，性能仍然较差。

因此考虑可以先用双差组合方法，消去接收机钟差和卫星钟差参数，确定并外推卫星轨道。首先以中心站参考站 M 为基准作单差组合消去卫星钟差 $\mathrm{d}B^j$，得单差观测量为

$$\left\{\left\{\Delta\mathrm{d}\rho_{i,M}^j = \mathrm{d}\boldsymbol{r}^j (\boldsymbol{e}_i^j - \boldsymbol{e}_M^j) + \Delta\mathrm{d}b_{i,M} + v_{i,M}^j\right\}_{j=1}^{K_i-1}\right\}_{i=1}^{M-1} \tag{4-48}$$

式中：Δ 为单差算子，$\Delta\mathrm{d}b_{i,M}$ 为第 i 参考站接收机钟相对于中心站 M 接收机钟的钟差。再以卫星 K_i 作为参考卫星，消去接收机钟差 $\Delta\mathrm{d}b_{i,M}$，形成相应双差观测量为

$$\left\{ \left\{ \Delta \mathrm{d}\rho_{i,\,M}^{j} = \mathrm{d}r^{j}(e_{i}^{j} - e_{M}^{j} - e_{i}^{Ki} + e_{M}^{Ki}) + v_{i,\,M}^{j,\,Ki} \right\}_{j=1}^{Ki-1} \right\}_{i=1}^{M-1} \qquad (4-49)$$

式中：$\nabla\Delta$ 为双差算子。利用式（4-49）进行实时轨道改进，再基于实时定轨结果外推精密星历，并进行 GPS 广播星历的改正。然后把卫星轨道作为已知值，用消去了卫星钟差参数的单差伪距式（4-48）来确定接收机的钟差 $\Delta \mathrm{d}b_{i,\,M}$。最后，用经过卫星星历和接收机钟差改正后的非差伪距观测值，来确定卫星钟差 $\mathrm{d}B^{j}$。这样，就可以保证差分改正信息的一致性。

上述方法应用动力学模型和双差观测量确定卫星位置的误差，既精确地模型化了轨道，又消除了轨道误差和钟误差的耦合，从而可以得到比较精确的星历误差。在得到精密轨道以后，就可以从无大气影响的观测伪距中分离出钟误差。

4.4.2.5　格网法电离层延迟改正处理

电离层延迟是仅次于选择可用性（SA）的第二大测距误差源，是导致差分 GPS 系统的定位精度随用户和参考站间的距离增加而迅速降低的主要原因之一。双频技术可以有效地校正电离层延迟，但单频 GPS 接收机只能用电离层模型进行误差校正。

由于电离层是随时间和地点而动态变化的，因此还没有一种模型能非常准确地反映电离层变化的真实情况。另外由于 GPS 接收机计算速度的限制，电离层模型也不能太复杂。目前，单频 GPS 接收机通过 8 个参数 Klobuchar 模型能修正 60% 的电离层误差，其计算垂直电离层延迟的表达式为

$$I_{v} = A_{1} + A_{2}\left[\frac{2\pi(\tau - A_{3})}{A_{4}}\right] \qquad (4-50)$$

式中：第一项 $A_{1} = 5 \times 10^{-9}\,\mathrm{s}$（夜间值）；幅度项 $A_{2} = \alpha_{1} + \alpha_{2}\phi_{M} + \alpha_{3}\phi_{M}^{2} + \alpha_{4}\phi_{M}^{3}$；时间项 τ 为用户接收机所在的当地时；初始相位项 $A_{3} = 50400\,\mathrm{s}$；周期项 $A_{4} = \beta_{1} + \beta_{2}\phi_{M} + \beta_{3}\phi_{M}^{2} + \beta_{4}\phi_{M}^{3}$；$\phi_{M}$ 为电离层穿透点的地磁纬度；α_{i} 和 $\beta_{i}(i = 1,\,2,\,3,\,4)$ 为卫星广播的电离层参数。

Klobuchar 模型可以利用局部参考站观测的数据计算 8 个参数，向用户广播，以改正区域内单频用户的电离层延迟。这种区域性拟合参数法有较少的参数传递，但不利于较大范围的应用。

当前普遍使用的由美国 MITRE 公司提出的格网改正法，考虑到电离层延迟随时间、地点的改变而变化的事实，分别对各个小区域提供近乎实时的电离层校正，是提高电离层误差校正精度的有效途径，WAAS 系统就是采用了这种方法。

1) 格网改正法基本思想

电离层格网改正技术是基于一种人为规定的球面网格，如图 4-5 和图 4-6 所示。该球面的中心与地心重合，其半径为

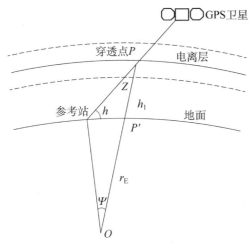

图 4-5　电离层延迟历经路径图

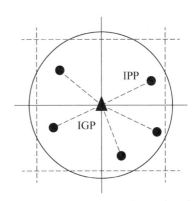

图 4-6　电离层延迟格网图

$$r = r_E + h_1 \tag{4-51}$$

式中：r_E 为地球半径；h_1 为电离层电子密度最大处的平均高度（通常 h_1 为 350～400 km）。在假想球面上也定义了相应的经线和纬线，电离层的网格点就分布在该假想球面上。在北纬 55°和南纬 55°之间，网格点的间隔一般为 5°，高纬度地区网格点的经差一般为 10°或 15°。如果地面监测网能近乎实时地提供各网格点的垂直电离层延迟改正值及相应的误差 GIVE 值，用户就可以利用网格内插法获得非常精确的电离层延迟改正及其误差 UIVE 值。

电离层格网改正法的大致过程如下：

（1）每个广域参考站用双频接收机测量可见卫星（高度角大于 5°）的电离层延迟，并转换为对应的穿透点电离层垂直延迟及误差，并将这些数据实时地传送到广域中心站。穿透点（IPP）是指广域参考站接收机天线至卫星天线的连线与假想电离层球面的交点。

（2）广域中心站利用所有广域参考站的电离层数据估计出每个电离层网格点（IGP）的垂直延迟及网格点电离层垂直改正误差 GIVE 值，GIVE 定义为概率 99.9% 的误差限值（相当于 3.3σ）。

（3）这些网格点电离层改正数据经地面站上行传送给静地轨道卫星（GEO），数据更新周期为 2～5 min，GEO 卫星再将改正数据播发给服务区内的用户。

（4）用户接收到这些网格点电离层改正数据后，利用其电离层穿透点所在网格 4 个顶点的改正数据，用内插法求得用户自己的电离层延迟改正及误差。

2）网格点电离层延迟的确定

在广域增强系统的服务区域内，利用一定数量的地面参考站对一定高度角以上的视界内的 GPS 卫星观测，在格网面上形成许多离散的穿透点。通过参考站的数据处理,能按一定采样间隔给出这些穿透点的垂直延迟值。对于格网面上任一格点 j,利用其周围一定范围的穿透点的延迟数据,可实时计算出其相应的电离层垂直延迟值,同时得到延迟值的误差估计。计算方法通常采用加权插值法。

3）用户电离层改正的内插

用户接收到广域增强系统广播的网格点电离层延迟后,可采用内插法计算用户穿透点的电离层延迟,即利用穿透点所在网格顶点的校正数据进行加权计算。

4.4.2.6　完好性信息处理

1）UDRE 验证算法

卫星星历及卫星钟差处理模块估计的 $UDRE$ 值必须进行验证处理,即由观测伪距和计算伪距的比较值进行统计计算。观测伪距经电离层改正、对流层改正、接收机钟差改正,并由载波平滑以减弱多路径及观测噪声的影响,以 R_m 表示。计算伪距是参考站已知坐标和经改正的卫星坐标计算得到,并用接收的钟差快变和慢变改正数进行改正,以 R_c 表示。对 R_m 和 R_c 取差,其差值为

$$dR = R_m - R_c \tag{4-52}$$

对相同卫星不同参考站的所有差值 dR 进行统计,则可得到相应卫星的 $UDRE$ 值,即

$$UDRE = \overline{dR} + \kappa(P_r)\sigma_{dR} \tag{4-53}$$

式中:dR 为平均值;σ_{dR} 为对应的标准差;$\kappa(P_r)$ 为对应置信度 99.9% 的分位数。算法流程如图 $4-7$ 所示。

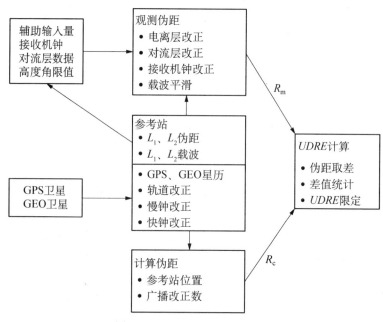

图 4-7　$UDRE$ 验证算法流程

基于直接观测量进行 *UDRE* 估计能限定实际的轨道和钟误差,对异常情况的出现能做出快速反应。当然这种计算也会引入局部误差改正后的残差影响,如多路径、对流层、接收机钟差等,因而降低性能。应以平滑及高度角限制以尽量减小局部误差,计算伪距差时可加入如下限制条件:

（1）卫星至少在两个参考站可视。

（2）如果卫星在两个或两个以上参考站的高度角均大于 15°,则放弃小于 15° 的参考站的观测量。

（3）如果高度角大于 15° 的参考站少于两个,则用高度角最大的两个参考站的观测量；否则,*UDRE* 被宣布为"未被监测"。

（4）*UDRE* 每秒计算一次,按更新率需求(如 6 s)周期性广播给用户,采样数据可用当前历元及之前若干历元的观测数据(如 20 s)。

2) *GIVE* 验证算法

按照严格的完好性要求,*GIVE* 验证值是由一路数据形成的电离层延迟估计值与另一路的观测值之间的残差统计得到。参考站穿透点处的垂直延迟观测值由相应视线方向的倾斜延迟通过倾斜因子转换得到,以 $I_{\mathrm{IPP}}(t)$ 表示。

$I_{\mathrm{IPP}}(t)$ 消除了内频偏差的影响,并经载波平滑。穿透点处的延迟值也可由包围此点的相邻格网点垂直延迟值插值得到,以 $\hat{I}_{\mathrm{IPP}}(t)$ 表示。对 $I_{\mathrm{IPP}}(t)$ 和 $\hat{I}_{\mathrm{IPP}}(t)$ 取差,则在一个更新间隔内可统计计算穿透点垂直延迟的误差限值,由此误差限值可相应确定格网点垂直延迟的误差限值。

具体计算过程如下:

（1）对于任一穿透点,选择包围该点的 4 个 IGP 点内插其延迟计算值 $\hat{I}_{\mathrm{IPP}}(t)$。

（2）将穿透点的延迟观测值与计算值取差,即

$$e_{\mathrm{IPP}}(t) = I_{\mathrm{IPP}}(t) - \hat{I}_{\mathrm{IPP}}(t) \tag{4-54}$$

（3）在一个更新间隔内,用 m 个 $e_{\mathrm{IPP}}(t)$ 构成一垂直误差序列,统计其误差限值,即

$$E_{\mathrm{IPP}} = |\bar{e}_{\mathrm{IPP}}| + \kappa(P_{\mathrm{r}})\sigma_{\mathrm{e}} \tag{4-55}$$

式中:

$$|\bar{e}_{\mathrm{IPP}}| = \frac{1}{m}\sum_{k=1}^{m} e_{\mathrm{IPP}}(t_k) \tag{4-56}$$

$$\sigma_{\mathrm{e}} = \sqrt{\frac{1}{m-1}\sum_{k=1}^{m}\left[e_{\mathrm{IPP}}(t_k) - \bar{e}_{\mathrm{IPP}}\right]^2} \tag{4-57}$$

$\kappa(P_{\mathrm{r}})$ 为 99.9% 的置信分位数。在计算中,它的值确定必须充分考虑误差特性。

（4）若包围 IGP 点的 4 个网格中至少有 3 个含有至少一条垂直误差序列,则可得到该 IGP 点的 *GIVE* 值为

$$GIVE = \max\{E_{\text{IPP}, i}\} + \hat{e}_{\text{IGP}} \qquad\qquad (4-58)$$

式(4-58)中,第一项为所有穿透点误差限值的最大值;第二项为格网点电离层延迟的绝对误差,由穿透点垂直误差序列插值计算得到,在插值计算时,不需加入名义电离层模型,即

$$\hat{e}_{\text{IGP}} = \frac{\sum\limits_{j=1}^{n} W_j \mid e_{\text{IPP}} \mid}{\sum\limits_{i=1}^{n} W_i} \qquad\qquad (4-59)$$

3) 定位域完好性的确定

GPS 广域增强系统通过各参考站的实时观测和中心站的实时完好性监测处理,得到与各个卫星有关的完好性信息 $UDRE$ 和与电离层延迟有关的完好性信息 $GIVE$,并随广域差分改正数一起,广播给用户。

用户接收到这些完好性信息后,结合用户本身的伪距观测误差,一方面利用这些误差信息进行广域差分加权定位解算,另一方面利用这些误差信息给出定位误差保护级(水平方向 HPL 和垂直方向 VPL)的估算。定位误差保护级的估算是将伪距域的完好性通过当前用户与卫星的几何关系转换到定位域,从而在用户级最终给出广域增强系统的完好性,以确定系统是否满足当前不同用户的限值规定。

用户定位域的完好性不仅反映了系统卫星星历、卫星钟及电离层延迟的误差,还反映了当前用户的局部观测误差及空中卫星的几何条件。用户定位域完好性的确定既要顾及系统完好性的需求,又要顾及不同用户的可用性需求。

是否能在用户级准确给出当前定位的完好性,主要决定于系统在伪距域给出的完好性监测信息的准确性,当然,这种完好性信息的转换方法,即定位域完好性的确定方法也将有重要影响。因此,定位域完好性确定方法既要能准确地将伪距域的误差反映到定位域,又不能过于保守,使误差估计偏大,以同时满足用户的完好性和可用性需求。具体转换方法见 4.4.3.3 节。

4.4.3 局域增强系统

4.4.3.1 系统基本组成

GPS 局域增强系统(LAAS)属于地基增强系统,它主要包括 GPS 卫星、机场伪卫星、地面参考站、中心处理站、数据链路及用户六大部分,下面分述其具体内容。

1) 机场伪卫星

服务于机场精密进近的伪卫星称为机场伪卫星(APL),它的引入是局域增强系统不同于局域差分 GPS 的最主要改进。机场伪卫星是基于地面的卫星信号模拟发射器,能发射与 GPS 一样的信号。设置机场伪卫星的目的是要提供附加的伪距信号以增强定位解的卫星几何结构,因而提高导航的定位精度和可用性,以至能满足机场的需求。伪卫星的数量及伪卫星的布置方案决定于机场的跑道设计及机场的

GPS 卫星几何情况。

2）地面参考站

地面参考站接收机能接收 GPS 卫星及伪卫星的信号。接收机的数量决定于进近阶段及可用性的需求，至少应有两个接收机，以使它们产生的改正数能被比较和平均；如为支持Ⅱ、Ⅲ类精密进近的连续性需求，至少需要 3 个接收机。

由于多路径误差是引发参考站接收机和用户接收机之间非共同或相关误差的主要因素，因此必须在参考站被有效抑制，以获得更好的精度。由此，参考站的接收机天线应专门设计，以抑制干扰直接到达信号的地面反射信号，并且天线应放置于不易产生多路径影响的位置，各天线应有一定距离，以避免各个天线多路径影响的相关性。

3）中心处理站

中心处理站接收各参考站传输来的观测数据，经统一处理后，送数据链路发播。处理工作包括计算并组合来自每个接收机的差分改正数，确定广播的差分改正数及卫星空间信号的完好性，执行关键参数的质量控制统计，验证广播给用户的数据正确性等。改正数观测误差值通过多参考站的一致性检查计算得到，并与限值比较以检测和排除受到较大误差影响的观测量。

4）数据链路

包括参考站与中心站的数据传输链路、中心站向用户的数据广播链路。数据传输可以采用数传电缆；数据广播一般采用甚高频（VHF）波段，广播内容包括差分改正及完好性信息，由美国航空无线电技术委员会（RTCA）SC - 159 制定的 VHF 数据广播标准，频率为 $108 \sim 117.95 \, \text{MHz}$，带宽为 $25 \, \text{kHz}$，可为精密进近和着陆提供有效的覆盖。其操作方式为时（TDMA），速率为 2 帧/s，每帧包含 8 个时隙。调制方法为 $31.5 \, \text{kbps}$ 的差分八相移键控方式（D8PSK），差分改正数的更新率为 $2 \, \text{Hz}$。

5）用户

用户主要包括信号接收设备、用户处理器和导航控制器。信号接收设备不仅接收来自 GPS 的信号，还要接收来自伪卫星的信号和地面站广播的差分改正及完好性信息。用户处理器对 GPS 观测数据进行差分定位计算，同时确定垂直及水平定位误差保护级，以决定当前的导航误差是否超限。导航控制器主要用来控制、显示导航参数，进一步与自动驾驶仪连接后可实现飞机的自动进近着陆。

4.4.3.2 LAAS 工作原理

伪距差分是差分 GPS 定位技术中应用最广泛的方法。为提高伪距差分改正数的精度，LAAS 系统还采用了相位平滑技术，这样可使定位精度达到 $1 \, \text{m}$ 左右。

1）伪距差分

在坐标精确已知的基准站上安装 GPS 接收机，连续测量出全部可见卫星的伪距 ρ^i，并收集其星历（A, e, ω, Ω, i, t）。利用已采集到的轨道参数，计算出每一卫星在某一时刻的瞬间位置（X_s, Y_s, Z_s）。由于基准点的坐标精确已知（X_b, Y_b,

Z_b),这样,利用卫星和基准站的坐标就可以计算出卫星到接收点位置的真实距离 R^i 为

$$R^i = \sqrt{(X^i - X_b)^2 + (Y^i - Y_b)^2 + (Z^i - Z_b)^2} \qquad (4-60)$$

式中:上标 i 表示卫星号。

由于轨道误差、SA 影响和电离层效应等,基准站 GPS 接收机直接测量的伪距存在有误差,与真距不同。两者之间的差值就是伪距改正数,即

$$\Delta\rho^i = R^i - \rho^i \qquad (4-61)$$

同时,利用前后历元的伪距改正数可求出其变化率,即

$$\Delta\dot{\rho}^i = \frac{\Delta\rho^i(t) - \Delta\rho^i(t-1)}{\Delta t} \qquad (4-62)$$

基准站将 $\Delta\dot{\rho}^i$ 和 $\Delta\rho^i(t)$ 传送给用户站,用户站将对测量出的伪距进行修正,得到改正后的伪距为

$$\rho^i_{corr}(t) = \rho^i_{meas}(t) + \Delta\rho^i(t) + \Delta\dot{\rho}^i(t - t_0) \qquad (4-63)$$

利用改正后的伪距,则可以计算出用户站的坐标,其观测方程为

$$\rho^i_{corr} = R^i + Cd\tau + \upsilon = \sqrt{(X^i - X)^2 + (Y^i - Y)^2 + (Z^i - Z)^2} + Cd\tau + \upsilon$$

$$(4-64)$$

式中:$d\tau$ 为接收机钟差;υ 为接收机噪声。

利用改正后的伪距计算的用户站坐标,已经消除了卫星轨道误差和 SA 政策引起的卫星钟差,并大大减弱了电离层效应的影响。这种差分方法的优点如下:

(1)这种改正数可以在 WGS-84 坐标系上计算,也可以在当地坐标系上计算,前者用于大范围地区导航,后者则可用于小范围内测量,直接得到当地坐标。

(2)这里同时提供伪距改正数和伪距改正数的变化率,当某些原因导致差分信号短暂丢失时,能够在一定时间内利用伪距改正数的变化率继续进行差分定位。

(3)基准站能够提供全部观测到的卫星的伪距改正数给用户,这样,就能允许用户选用共同的观测卫星进行定位,不必考虑两站观测卫星是否完全相同。

2)相位平滑伪距差分

现在很多 GPS 接收机都能提供原始观测量,即除了位置信息外,还有伪距值和载波相位值。载波相位值的测量精度比码相位值的测量精度高出两个数量级。如果能知道载波频率的整周数,那么就获得了近乎无噪声的伪距值。一般情况下无法获得载波相位的整周数,但能获得载波多普勒频率计数。实际上载波多普勒频率的计数测量反映了载波相位变化信息,即反映了伪距变化率。在 GPS 接收机中,一般利用这一信息作为用户的速度估计。

考虑到载波相位测量的高精度,并且精确反映了伪距的变化,因此,利用这一信

息来辅助进行码伪距测量,就可以获得比单独采用码伪距测量更高的精度。这一思想称为相位平滑伪距测量,又可将其分为载频多普勒计数平滑伪距和载波相位平滑伪距。这是由观测量的量纲不同而分类的,前者是以频率周数为单位,后者是以载波波长为单位,但两者利用平滑技术进行伪距差分的方法是相同的。下面叙述相位平滑伪距的差分原理。

根据式(4-64),伪距和相位的观测方程为

$$\rho^i = R^i + Cd\tau + \upsilon \qquad (4-65)$$

$$\lambda(\phi^i + N^i) = R^i + Cd\tau + \upsilon \qquad (4-66)$$

式中:ρ^i 为经差分改正的用户站到第 i 个卫星的伪距;$d\tau$ 为钟差;ϕ^i 为观测的相位小数;N^i 为相位整周数;λ 为波长;R^i 为用户站到第 i 个卫星的真实距离,其中包括用户站的三维坐标;υ 为接收机测量噪声。

式(4-66)中包括了相位整周数 N,又称为相位整周模糊度,它在一次测量中是未知的,但卫星一旦锁定就保持不变。在动态测量中,基于这一特性利用历元间的相位变化可进行伪距估计。取 t_1 和 t_2 两时刻的相位观测量之差,即

$$\delta\rho^i(t_1, t_2) = \lambda[\varphi^i(t_2) - \varphi^i(t_1)] = R^i(t_2) - R^i(t_1) + C[d\tau(t_2) - d\tau(t_1)] + \upsilon \qquad (4-67)$$

式(4-67)中的整周相位模糊度消除了。若基准站和用户站 GPS 相位测量的噪声误差为毫米级,对伪距而言,可视 $\upsilon=0$。此时,在 t_2 时刻的伪距观测量为

$$\rho^i(t_2) = R^i(t_2) + Cd\tau(t_2) + \upsilon \qquad (4-68)$$

将式(4-67)代入式(4-68)中,得

$$\rho^i(t_2) = R^i(t_1) + Cd\tau(t) + \upsilon + \delta\rho^i(t_1, t_2) \qquad (4-69)$$

考虑到差分伪距观测值的噪声呈高斯白噪声,平均值为零,则由式(4-69)的 t_2 时刻差分伪距观测量经相位变化,可回推出 t_1 时刻的差分伪距观测量,即

$$\rho^i(t_1) = R^i(t_2) + \delta\rho^i(t_1, t_2) \qquad (4-70)$$

由式(4-70)看出,可以由不同时段的相位差回推求出 t_1 时刻的伪距值。假定有 k 个历元的观测值 $\rho^i(t_1)$, $\rho^i(t_2)$, $\cdots$, $\rho^i(t_k)$,则可以利用相位观测量求出从 t_1 到 t_k 的相位差值 $\delta\rho^i(t_1, t_2)$, $\delta\rho^i(t_1, t_3)$, $\cdots$, $\delta\rho^i(t_1, t_k)$,利用式(4-70)的关系,可求出 t_1 时刻 k 个伪距的观测值,即

$$\begin{cases} \rho^i(t_1) = \rho^i(t_1) \\ \rho^i(t_1) = \rho^i(t_2) - \delta\rho^i(t_1, t_2) \\ \cdots\cdots \\ \rho^i(t_1) = \rho^i(t_k) - \delta\rho^i(t_1, t_k) \end{cases} \qquad (4-71)$$

对由同一时刻推求的伪距值取平均,便得到 t_1 时刻的伪距,即

$$\overline{\rho^i(t_1)} = \frac{1}{k}\sum \rho^i(t_1) \qquad (4-72)$$

式(4-72)为相位平滑的伪距观测量,它大大减小了伪距观测量的噪声误差。其平滑后的伪距值的误差方差为

$$\sigma^2(\overline{\rho}) = \frac{1}{k}\sigma^2(\rho) \qquad (4-73)$$

同理,求得 t_1 时刻的伪距平滑值后,就可推求其他时刻的平滑值,即

$$\overline{\rho^i(t_k)} = \overline{\rho^i(t_1)} + \delta\rho^i(t_1, t_k), \ k = 2, 3, \cdots, n \qquad (4-74)$$

在得到平滑的伪距值后,就可利用式(4-64)求解用户站的坐标,得到精度更高的用户定位解。

3) 局域增强系统的处理功能

局域增强系统的处理工作主要包括地面和用户两部分。地面部分被设计用于向航空用户提供广播数据,并确保所有广播数据的完好性和可靠性。下面介绍局域增强系统 6 方面的处理功能。

(1) 空间信号(SIS)的接收和解码。

首先在地面获得伪距和载波相位的观测量,并且对来自 GPS 卫星和 APL 伪卫星的导航电文进行解码。此时,GPS 接收机应有 0.1 m 级的伪距精度(经过载波平滑),并且需要有专门减小多路径误差的手段。对于接收和解码应重复执行 2~4 次,这决定于精密进近类别及可用性的需求。

(2) 载波平滑和差分改正计算。

在地面计算伪距改正数及载波相位的变化量。具体处理包括:用载波相位变化量平滑伪距观测量,以减弱伪距观测量的快变误差(如由于接收机噪声带来的高频误差);用平滑伪距与由参考站和卫星已知坐标得到的计算伪距取差,产生伪距改正数;取消伪距改正数中的参考站接收机钟差的影响;对同一卫星不同参考站的改正数取平均等。

(3) 完好性监测。

在地面确保伪距和载波相位差分改正数不会包含危险的误导信息。具体包括:信号质量监测,即监测由于参考站和用户不同的接收机处理技术引起的不能通过差分改正数取消的 GPS 或伪卫星的信号异常;电文数据检查,即检查是否所有参考站接收到了相同的数据,并比较当前星历数据与以前的一致性;观测量质量检测,即检测伪距和载波相位观测数据是否有较大粗差,如伪距突变、载波周跳等;多参考站一致性检查,即比较每个参考站形成的改正数以检测各参考站可能存在的接收机故障和异常多路径误差。

（4）性能分类。

在地面决定地面子系统的性能级别，它是基于地面站的健康状态（即参考接收机的可用数量），而不是卫星的可用性。

（5）VHF 数据广播。

按一定格式对所有广播数据进行编码（信息＋误差控制）。它应有完好性保证功能，即在数据发射前后监测其正确性。广播的信息类型包括伪距观测量改正数、完好性参数、地面站性能类别等。

（6）用户处理。

这个功能负责在用户终端给出差分定位解，并确定结果的误差限值。即对用户接收机的观测数据和地面站广播的改正数进行差分改正和定位计算，同时，对地面站广播的完好性信息通过完好性方程在定位域计算其垂直及水平保护级，保护级与相应的告警限值 VAL（垂直告警门限）及 LAL（水平告警门限）比较，以决定空间信号是否支持当前的导航，如果超限，应终止导航。

4.4.3.3　完好性信息处理

1）地面参考站伪距改正数及其误差的形成

对于参考站 i 和卫星 j，令伪距观测量为 ρ_i^j，此参考站到卫星的几何距离可由已知坐标计算得到，表示为 R_i^j。将两者取差值并消除接收机钟差估值 $\hat{b}_i$，则得到伪距观测量的误差表达式为

$$\mathrm{d}\rho_i^j = \rho_i^j - R_i^j - \hat{b}_i \tag{4-75}$$

式中，接收机钟差估值可由该接收机得到的 N 颗卫星的伪距差值取平均得到，即

$$\hat{b}_i = \frac{1}{N}\sum_{j=1}^{N}(\rho_i^j - R_i^j) \tag{4-76}$$

正常情况下，伪距观测量误差包含有与用户接收机相同的误差 $\Delta\rho$，如卫星星历、卫星钟电离层及对流层误差等，也有不相同的误差 ε，如多路径、接收机噪声等。可将 $\mathrm{d}\rho_i^j$ 表示为

$$\mathrm{d}\rho_i^j = \Delta\rho^j + \varepsilon_i^j \tag{4-77}$$

相距很近的参考站，可将系统误差部分看做相同，也可用归一计算将各站投影到一个点上。任一卫星 j，将 M 个参考站的伪距误差取平均值，得

$$\mathrm{d}\rho^j = \frac{1}{M}\sum_{i=1}^{M}\mathrm{d}\rho_i^j = \Delta\rho^j + \frac{1}{M}\sum_{i=1}^{M}\varepsilon_i^j \tag{4-78}$$

则 $\mathrm{d}\rho^j$ 主要包含了与用户有相同误差影响的部分，即为伪距误差改正数。

由于各参考站可能受到异常多路径、接收机通道故障、外部干扰等因素的影响，在得到伪距改正数 $\mathrm{d}\rho^j$ 的同时，应针对各站给出这些因素的影响量。令参考站 M 有故障，则包括此站的伪距误差平均值与不包括此站的伪距误差平均值取差，可得到

故障影响所对应的偏差量为

$$B_m^j = \mathrm{d}\rho^j - \frac{1}{M-1}\sum_{\substack{i=1 \\ i \neq m}}^{M} \mathrm{d}\rho_i^j \qquad (4-79)$$

假设共有 3 个参考站,具体到各参考站分别有

$$\begin{cases} B_1^j = \dfrac{\mathrm{d}\rho_1^j}{3} - \dfrac{\mathrm{d}\rho_2^j}{6} - \dfrac{\mathrm{d}\rho_3^j}{6} \\[2mm] B_2^j = \dfrac{\mathrm{d}\rho_2^j}{3} - \dfrac{\mathrm{d}\rho_1^j}{6} - \dfrac{\mathrm{d}\rho_3^j}{6} \\[2mm] B_3^j = \dfrac{\mathrm{d}\rho_3^j}{3} - \dfrac{\mathrm{d}\rho_1^j}{6} - \dfrac{\mathrm{d}\rho_2^j}{6} \end{cases} \qquad (4-80)$$

其中,$B_1^j B_2^j B_3^j$ 之间的关系为

$$B_1^j + B_2^j + B_3^j = 0 \qquad (4-81)$$

即 3 个量中只有两个是独立的。如将伪距观测量随机误差 ε_i^j 看做零均值的高斯噪声,其标准差可由下式得到,即

$$\sigma_{\mathrm{ref}}(\theta_i^j) = a_0 + a_1 e^{-\theta_i^j/\theta_0} \qquad (4-82)$$

式中:a_0,a_1 和 θ_0 可按接收机的性能事先给定;θ_i^j 为实时观测量相应的高度角,由于参考站相距很近,可以认为各站的 θ_i^j 相等,统一以 θ^j 表示。则由 M 个站得到的伪距改正数 $\mathrm{d}\rho^j$ 对应的方差可表示为

$$\sigma_{\mathrm{gnd}}(j) = \frac{1}{M}\sigma_{\mathrm{ref}}(\theta^j) \qquad (4-83)$$

而 B_m^j 相应的方差可表示为

$$\sigma_B(j) = \frac{1}{M-1}\sigma_{\mathrm{gnd}}(j) \qquad (4-84)$$

如顾及伪距改正数残差的影响,伪距改正数的标准差可按下式计算,即

$$\sigma_{\mathrm{gnd}}(\theta^j) = \sqrt{\frac{(a_0 + a_1 e^{-\theta_i^j/\theta_0})^2}{M} + a_2^2 + \left(\frac{a_3}{\sin\theta^j}\right)^2} \qquad (4-85)$$

2) 用户定位误差保护限值确定

参考站所形成的伪距改正数、改正数误差及相应方差发送给用户后,用户依据这些数据及自身的伪距观测值和方差估计,可得到导航定位解,同时得到解的误差置信限值。依据最小二乘原理,用户加权定位解可表示为

$$\hat{x} = (\boldsymbol{H}^{\mathrm{T}}\boldsymbol{W}^{-1}\boldsymbol{H})^{-1}\boldsymbol{H}^{\mathrm{T}}\boldsymbol{W}^{-1}\boldsymbol{\rho} = \boldsymbol{S}\boldsymbol{\rho} \qquad (4-86)$$

式中:H 表示几何矩阵;$\boldsymbol{\rho}$ 为经改正的伪距观测量;$\boldsymbol{S}$ 为伪距域到定位域的转换矩阵，$\boldsymbol{W}^{-1}$ 为权，其定义为

$$\boldsymbol{W} = \begin{bmatrix} \sigma_{\text{tot}}^2(j) & & \\ & \ddots & \\ & & \sigma_{\text{tot}}^2(N) \end{bmatrix} \qquad (4-87)$$

$$\sigma_{\text{tot}}^2(j) = \sigma_{\text{gnd}}^2(j) + \sigma_u^2(\theta^j) \qquad (4-88)$$

式中:$\sigma_u^2(\theta^j)$ 为用户接收机的标准差估计，主要表示伪距噪声及多路径的影响，其计算模型如式(4-82)所示。

依据定位解表达式，用户可按方差传递的方法，将伪距域完好性信息转换到定位域。转换计算时分别作如下假设，即 H_0 代表地面参考站无故障影响，H_1 表示地面参考站存在一个故障影响。

如假设 H_0 成立，则地面参考站提供的伪距改正数误差可以零均值的高斯分布表示，用户垂直方向定位误差限值为

$$VPL_{H_0} = K_{MD|H_0} \sqrt{\sum_{J=1}^n S_{3j}^2 \sigma_{\text{tot}}^2(j)} \qquad (4-89)$$

式中:$K_{MD|H_0}$ 表示无故障时漏检概率对应的分位数;S_{3j} 为伪距域到定位域转换矩阵 $\boldsymbol{S}$ 的第三行。

如假设 H_1 成立，则由地面参考站提供的伪距改正数的误差分布可以表示成 $N\left(B_m^j, \dfrac{M}{M-1}\sigma_{\text{gnd}}^2(j)\right)$，用户垂直方向定位误差限值为

$$VPL[m] = \Big| \sum_{J=1}^n S_{3j} B_m^j \Big| + K_{MD|H_1} \sqrt{\sum_{J=1}^n S_{3j}\left(\frac{M}{M-1}\sigma_{\text{gnd}}^2(j) + \sigma_u^2(\theta^j)\right)} \qquad (4-90)$$

式中:$K_{MD|H_1}$ 表示存在一个故障时漏检概率对应的分位数。取 $VPL[m]$ 的最大值，得

$$VPL_{H_1} = \max\{VPL[m]\} \qquad (4-91)$$

由于 VPL_{H_1} 为一随机量，为检查当前的卫星几何分布，保证连续性，在假设 H_1 成立时，还需要给出垂直方向定位误差限值的预测值，其计算式为

$$VPL_p = K_{FD|M} \sqrt{\sum_{j=1}^N S_{3j}^2 \frac{1}{M-1}\sigma_{\text{gnd}}^2(j)} + K_{MD|H_1} \sqrt{\sum_{j=1}^N S_{3j}\left[\frac{M}{M-1}\sigma_{\text{gnd}}^2(j) + \sigma_u^2(\theta^j)\right]}$$

$$(4-92)$$

式中：$K_{FD|M}$ 表示 M 个站误检概率的分位数。

4.4.3.4 机场伪卫星

早在 GPS 系统的开发阶段，就用一种地面信号发射机来补充在轨工作的 GPS 卫星，进行有关的试验研究。这些地面信号发射机称为伪卫星，英文为 Psedo-Satellite，简写为 Psedolite。此后，有关伪卫星辅助 GPS 导航定位的各种应用方法不断被提出。

最早提出的是一种直接测距的伪卫星，它发射与 GPS 几乎一样的伪距、载波相位和电文数据，用户接收后，采用与来自 GPS 的数据同样的处理方法，差别仅在于它是放在地面。增加伪卫星，使卫星数量得到增加，提高了导航的可用性，特别是对于故障检测和排除，作用更加明显。另外，伪卫星也改善了卫星的几何结构，特别是垂直方向，由于伪卫星放置在地面，使 VDOP 值明显变小。但伪卫星必须与 GPS 时间系统保持一致，需要配备高稳定性的时钟，一般用原子钟，因而较为昂贵。

为用于军事导航的测试，如 GPS 在敌方严重干扰条件下的导航性能测试，移动式伪卫星被提出。它是将伪卫星放在移动目标上，一定数量的地面固定站同时接收来自 GPS 和伪卫星的信号，然后由中心站统一进行差分处理，即可精确确定移动目标的位置，这种应用不需要钟同步。

差分 GPS 系统需要通过数据链广播差分改正信息，如利用伪卫星作为数据链，它的数据编码可以和 GPS 电文格式完全一样，因而不需要改变硬件对信号的接收和处理，使用户接收机更加简单。

对于高精度的用户，需利用载波相位进行差分定位，而载波相位观测量处理的关键问题是整周模糊度。利用伪卫星可以更加快速方便地进行整周模糊度的初始化，这是因为伪卫星离用户更近，因而几何位置变化很大。这一应用被广泛研究，美国 Stanford 大学对布置在进近路线两侧各一个伪卫星所组成的完好性信标着陆系统（IBLS）进行了实验，并取得了可以满足Ⅲ类精密进近要求的结果。

另外，对于来自 GPS 的信号，伪卫星接收后可以实时转发给用户，用户接收后将转发信号与直接观测的 GPS 信号进行组差处理，即可消除相关性误差，因而也实现了差分定位。这种伪卫星称为同步伪卫星，它取代了差分参考站及数据链，并且也能对载波相位进行初始化。如果在地面部署有多个同步伪卫星，即使一颗 GPS 卫星也能进行导航定位，目前这一方法正在研究中。

最后，关于伪卫星（APL）的信号设计问题，需考虑频率的选择、码的选择、两种信号的干扰以及多路径的影响等问题。

用机场伪卫星 APL 构建 LAAS，必须解决 APL 怎样设置的问题，即用多少个和怎样放置。APL 的设置方法对 LAAS 的性能有直接影响，必须保证用户导航性能需求的满足。APL 的设置还必须考虑到机场范围的限制、用户的可视性以及多路径影响等因素。

关于伪卫星的时间同步问题,把 APL 钟同步到 GPS 时间有两种方法:其一,APL 与 LDGPS 基准接收机(RR)共置,RR 与 APL 共享收发天线,APL 也进行自身的校准;其二,APL 远离 RR,RR 跟踪 APL 的发射信号,RR 发送校正到远离的副 APL,供其自动校正,并将电文数据(如基于码和/或载波的 DGPS 校正)发送出去。

5 基于性能的导航

5.1 概述

随着航空器机载设备能力的提高以及卫星导航等先进技术的不断发展,国际民航组织(ICAO)提出了"基于性能的导航(performance based navigation,PBN)"概念。PBN 的引入体现了航行方式从基于传感器导航到基于性能导航的转变。

基于性能导航(PBN)是 ICAO 在整合各国区域导航(area navigation,RNAV)和所需导航性能(required navigation performance,RNP)运行实践和技术标准的基础上,提出的一种新型运行概念,是在相应的导航基础设施条件下,航空器在指定的空域内或者沿航路、仪表飞行程序飞行时,对导航系统精度、完好性、可用性、连续性以及功能等方面的性能要求。PBN 是飞行运行方式的重大变革,是建设新一代航空运输系统的核心技术,ICAO 已经将 PBN 作为未来全球导航技术的主要发展方向。中国民航局已决定按照 ICAO 的有关要求和亚太地区的实施规划,加快这项技术的建设与应用,并将在 2017—2025 年航路、终端区和进近等所有飞行阶段逐步从传统运行过渡到完全的 PBN 运行。航路运行中,将根据导航能力分隔交通流,对导航性能较好的航空器提供优先航路权;使用 PBN 技术重新规划整体航路结构,将传统航路全面过渡到 PBN 航路;终端区将全面推广 PBN 运行,预计卫星导航(GNSS 和北斗卫星导航系统)及其增强系统将具备精密进近能力,中国民航计划根据运行价值和商业效益推广使用卫星导航着陆系统(GLS)进近,卫星导航系统将成为 PBN 运行的主要导航设施。

然而,尽管卫星导航系统具有导航定位精度高、使用范围广等优点,但由于其自身传输信号弱、易受干扰、传输可视要求和卫星寿命不长(或故障)的特点,单一的卫星导航在今后较长时期内还很难满足 PBN 运行的完好性、连续性和可用性的要求,而机载惯性导航系统(IRS 或 INS)具有短期导航定位性能稳定且输出导航信息齐全的显著特点,因此通过导航信息的融合技术将惯性/卫星组合可实现优势互补,是一种理想的机载唯一导航系统。PBN 自由飞行的导航是导航系统的发展方向,而惯性/卫星组合导航系统是实现这一目标的理想途径。随着卫星导航技术的深入发展,特别是我国惯性技术能力的大幅提升和北斗二代卫星导航系统的实施与使用,基于性能导航(PBN)的机载惯性/卫星作为唯一导航系统必将有效促进飞行持续安全,增加空域容量,减少地面导航设施的投入,节省维护成本,提高节能减排效果。

PBN 包含 3 个方面:导航设施、导航规范和导航应用。其中,导航规范规定了导航系统的功能、性能、传感器等方面的要求,是 PBN 实施的关键,它包括所需导航性能(RNP)规范和区域导航(RNAV)规范。

5.2 区域导航系统

区域导航(RNAV)是一种导航方式,它可以使航空器在导航系统信号覆盖范围之内,或在机载导航设备的工作能力范围之内,或两者的组合,沿任意期望的路径飞行。区域导航 RNAV 不必飞越地基导航台,可应用于航路、终端、仪表进近程序。

区域导航与传统导航的主要区别:

(1) 传统的导航方式是采用导航台对导航台的方式,即飞行路线只能是在以导航台为中心的辐射线或弧线上,向台或背台飞行,区域导航则可以在信号覆盖范围内沿任意路线飞行。

(2) 传统导航确定航空器相对于导航台的相对位置,区域导航是用无线电定位或其他定位方法可以定出飞机的绝对位置(以地理坐标表示)。

(3) 传统导航的导航精度远远低于区域导航。

(4) 传统导航由地面导航台和机载接收机即可完成,而区域导航除了接收机还必须依靠飞行管理系统,区域导航接收多种导航源,由飞行管理系统(简称"飞管系统")自动选择合适的导航源。

(5) 区域导航利用多个导航源的信号,通过机载计算机连续计算航空器的地理位置,从而得到实时的导航信息。目前可用于区域导航的信号源主要有以下几种:

a. VOR/DME(甚高频全向信标台和测距仪);

b. DME/DME(测距仪/测距仪);

c. GNSS(全球导航卫星系统):包括美国的宽区域增强型系统(WAAS)、欧洲的欧洲全球导航卫星覆盖业务(WBSA)、日本的多功能传输卫星(MFSAT)、苏联的GLONASS 以及由 70 多个签约国组成的条约组织操纵的通信卫星;

d. LORAN C(远程导航设备);

e. INS/IRS(惯性导航系统/惯性基准系统)。

GNSS 是目前导航精度最高的导航源,DME/DME 信号源导航精度低于GNSS,高于 VOR/DME,实施条件是空域内必须合理分布足够的 DME 台(至少为两个或以上的 DME)。在 DME 台分布不理想的地区,可以考虑采用 VOR/DME 方式。惯性导航不依赖任何外界导航信号,缺点是必须定时校正积累误差。导航信号源的选择由飞行管理系统(FMS)自动进行,系统优先选择精度较高的信号源。

区域导航的基本原理:传统的飞行航线都是在 VOR/DME 或 VORTAC 地面导航台之间的连线上。两机场之间的航线通过的区域和航线的条数都取决于 VOR/DME 等地面导航台的配置情况及其配置数目。而区域导航 RNAV 与之不同,在 RNAV 中,所希望的飞行航路是任意设定的航路点(waypoint),而航路点的设置可根据地面助航设备的信号覆盖范围设定,从而可以根据预定的飞行计划选取最短的航线,如图 5-1 所示,虚线为传统航线,实线则为 RNAV 航线。

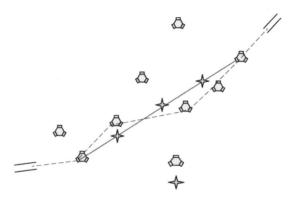

图 5-1　航线对比图

区域导航有以下主要优点:

1) 区域导航可以灵活设置飞行路线,可以更加有效利用空域,可设计更加直接的、较短的飞行路线,解决复杂地形的飞行程序设计,回避混杂空域的航线,设定减少噪声影响的回避航路。利用这一特点,可以将雷达管制中最常用的飞行路线用飞行程序的方式固定下来,减少陆空通话,减轻管制员、飞行员的工作负荷,同时也使管制工作更加规范。

2) 优化导航台的布局,区域导航的导航台布局只需要考虑信号的覆盖,不需要考虑航线设置情况,可以大大减少导航台数量。

3) 飞行轨迹精确,更接近标称航迹:区域导航的导航精度高,使飞行轨迹比传统导航更接近标称航迹。

4) 除公布的固定航路外,还可以采用非公布的随机航路,即在指定区域内由飞行计划自行确定的航路,增大了选择航路的灵活性。

5) 允许建立平行或双线航路(见图 5-2),提高空域利用率和交通流量;结合提高导

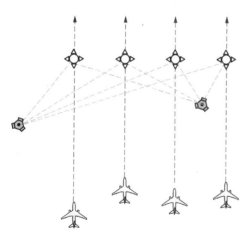

图 5-2　基于 RNAV 的平行航路

航精度和飞行自动化,可以缩减飞行中飞机间的纵向间隔和侧向间隔,提高空域利用率和航路上的飞机交通流量。

6) 在没有仪表着陆系统(ILS)的跑道上,或者在 ILS 不工作的情况下使用垂直制导的新进近程序,有计划的或临时性的替代航路或应急航路。

7) 简化驾驶员操作,通过飞行管理系统,飞行员只需要选择航线,由自动驾驶仪即可完成飞行,需要改变行线时只要在通过飞行管理系统增加或减去航路点即可,简化操作。

5.3 RNP 导航

鉴于 ICAO 认识到对现存的空中导航系统大幅度改进/改善的需求,ICAO 未来空中导航系统(FANS)特别委员会提出了关于通信、导航、监视和空中交通管理(CNS/ATM)的新概念,以作为促进改善全球空中导航系统的革命性途径,最终实现自由导航。为了实现 CNS/ATM 的价值,要求飞机必须具备精确、可重复和可预估的导航性能,即所需导航性能(required navigation performance,RNP)。

RNP 是近年来 ICAO 规定的关于在规定空域内必须具备的导航性能,RTCA DO-236B 针对区域导航的 RNP 规定了航空系统最低性能标准。规定 RNP 的目的在于使空域中的每架飞机的导航性能与空域要求相一致。在 RNP 规范中,使用了隧道概念(tunnel concept)来定量描述飞机自起飞、爬升、巡航、下降、进场和着陆的所有飞行阶段的具体要求,即每个飞行阶段都有一个虚设的隧道,它规定了该飞行阶段飞行路径周界的包容面,飞机及其导航性能、飞行技术必须满足该飞行阶段所需的导航性能。

RNP 概念是定义航空器在一定空域内运行的导航性能需求,因此,RNP 对航空器和空域都有相应的要求。RNP 是通过对导航精度的描述来确定在某一空域内运行需要的导航性能精度值(RNP 类型)。因此,*RNP* 不仅对航空器机载导航设备有相关要求,对支持相应 RNP 类型空域的导航设施的精度也有一定的要求。RNP 类型是用相应的精度值来表示的。

从航空器方面来看,精度值是基于导航源误差、机载接收误差、显示误差,而对于侧向导航,还有飞行技术误差(FTE),任何一个飞行在其 95% 的飞行时间内在各个侧向和纵向两维空间内允许的总的系统误差(TSE)必须小于规定的 RNP 精度值。

从空域方面来看,一定空域为达到导航性能精度值(RNP 类型)要求提供相应的导航设施。虽然 RNP 值本身不能作为确定间隔标准的基础,但空域规划人员可以使用 RNP 值帮助确定空域的使用规定、航路宽度和间隔要求。在实际应用中,航空器导航精度不符合某空域 RNP 精度值要求时,通常不允许在空域内飞行,或者会对其提供较大间隔标准才能允许其运行。对于导航性能精度比某一空域的 RNP 值高的航空器,通常可以允许其在该空域内运行,例如,*RNP1* 许可的航空器可以在

RNP4 的空域内运行,但也有例外。例如,若航空器的导航性能精度是基于某些导航设施而言的,那么该航空器可能并不符合精度值相对较差的空域的要求,因为该空域可能不一定提供同样的导航设施。RNP 的概念是 1991—1992 年间由 FANS 委员会向 ICAO 提出的,1994 年,ICAO 正式颁布《RNP 手册》。其中给出其定义:RNP 为飞机在一个确定的航路、空域或区域运行时所需的导航性能水平。RNP 规定了给定区域、空域、航路、飞行程序对导航的精度、完好性、连续性和可用性的要求。

不同的 RNP 要求可用 RNP - X 的形式来表示,其中 X 表示一个以海里为单位的包容距离。含义为要求飞机在 95% 的概率下跟踪预期航迹的侧向和纵向误差不超过 X 海里。目前国际民航组织共针对具体的飞行阶段和程序的导航性能要求定义了一些 RNP 类型:*RNP10*, *RNP5*, *RNP2*, *RNP1*, *RNP APCH* 和 *RNP AR APCH*。

5.3.1 RNP 导航特点

传统航路、RNAV 和 RNP RNAV 的区别如图 5 - 3 所示。由此图可看出传统航路和程序的设计受地面导航台的限制,航路只能局限于台到台的形式;而 RNAV 在 GNSS 的辅助下可不受地面导航台的位置限制,可设定固定经纬度作为航路点,提高航路的自由度和空域实验的效率;RNP RNAV 则可进一步提供机载的导航性能监控和告警,减小保护区,并给飞机提供垂直引导。RNP RNAV 利用机载导航系

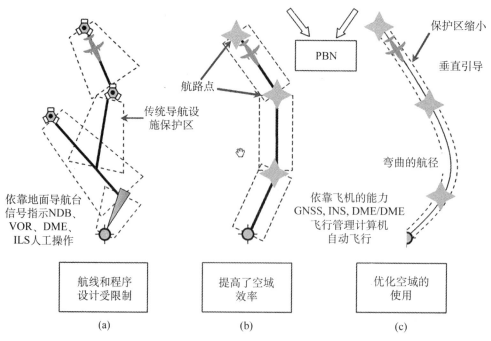

图 5 - 3 传统导航,区域导航和 RNP RNAV 比较

(a) 传统程序和导航 (b) RNAV (c) RNP

统对导航性能进行监控,并在不能满足运行要求时向机组发出预警,具备了偏航告警能力,RNAV 则由管制员提供偏航告警,不包含监视及报警要求。

RNP 对空域和航空器均有相应的运行要求。在空域方面,要求为航路设置合适的所需导航性能精度,必须提供相应的导航设施。在航空器方面要求导航系统精度在总飞行时间的至少 95% 的概率内不会出现飞机偏离预期航迹的距离超过某一特定数值的情况;具有沿预定航迹(包括曲线航迹)飞行的能力;具有机载性能检测和告警功能。

由此可知,机载的导航性能监控和告警是 RNP 导航所特有的。下面将对其进行较为详细地说明。

5.3.2 RNP 参数

导航性能主要包含 4 个主要方面:导航精度、完整性、连续性和可用性。导航精度表示定位和真实位置的偏差;完整性表示当系统不适用于导航时,及时向用户报警的能力;连续性表示在预期的运行中,系统连续不间断地提供满足精度、完整性要求的能力;可用性表示预期运行时,系统提供满足精度、完整性和连续性要求的能力。

5.3.2.1 RNP 的精度

RNP 精度是 95% 概率的位置误差范围界限,它表示了导航系统正常运行的误差特性。在描述导航性能精度时所用术语如下:

期望航迹:是指飞行机组人员和空中交通控制人员所期望的飞机飞行航迹,以特定航段类型和转弯的形式给出。在飞行计划中由空中交通管制(ATC)部门批准的沿地面上的意向飞行航径。

实际航迹:飞机实时飞行中沿地面上的实际路径。一般说,其精确值是不可知的。

实际飞机位置:飞机飞行中在某一给定时间在实际航迹上表示飞机位置的一个点,一般说,其精确值是不可知的。

估计航径:飞机按希望航径飞行中由 FMS 算出的航迹。

飞机估计位置:由导航系统或 FMS 根据导航传感器信息算出的飞机位置。

航径定义误差(PDE):希望航迹和 FMS 根据导航数据库中的飞行计划计算得到的航径之间的差别。航径定义误差是三者中最小的,与导航数据库和计算航径模块有关,当机载系统采用和设计者相同的坐标系统和计算定义航径时,通常这个误差可以忽略。对于 fly-over 转弯和 fly-by 转弯,就无法为之定义一条可重复不变的航迹,像这样不可重复的航路段,航迹定义误差和飞行技术误差都是没有定义的,由此可知这两种误差定义的前提是存在可重复确定的航迹。而对于 RF 航段和固定半径过渡段,就可以定义航迹定义误差了。另外,对于以偏航角定义的航路也不能定义 PDE 和 FTE。

位置估计误差(PEE):由机载导航传感器误差、外部助航设备误差和计算误差等所造成的实际飞机位置和飞机估计位置之间的差值,也就是实时的导航系统误差(NSE)。

飞行技术误差(FTE):飞行控制系统或驾驶员操纵飞机航迹跟踪能力的一种衡量,一般包括侧向偏离和垂直偏离,在人工驾驶时为飞行员的判读和操纵误差,在自动驾驶时为自动飞行控制系统的全回路误差,又称航径操纵误差(path steering error, PSE)。

导航系统总误差:飞机实际位置与期望位置之间的差值为系统总误差,它是导航系统误差(NSE)、飞行技术误差(FTE)和航径定义误差(PDE)之和,可用于表征飞机的实际导航性能(ANP)。但飞机实际位置一般是不可知的,只能对误差进行估测后得到飞机实际位置与期望位置之间的估测差值。

根据 RTCA-Do9613 的说明,导航误差可分成两个部分:横侧向误差和纵向误差。

飞机的横测向误差由 3 个部分组成:航迹定义误差、飞行技术误差和导航系统误差(见图 5-4)。可认为这 3 个误差都是零均值的高斯分布,那么系统总误差也应该是零均值的高斯分布。

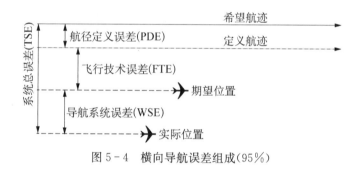

图 5-4　横向导航误差组成(95%)

纵向导航性能考虑的是飞机沿航迹的跟踪能力,即对飞行时间的控制能力。但是目前的规范中并不要求飞机的 4D 控制,所以纵向没有飞行技术误差。

一般忽略航迹定义误差,所以这里系统总误差就是导航系统误差(NSE)。又因为 NSE 通常按照圆概率来考虑,所以在系统实现中可只监控横侧向的导航性能,而不再单独监控纵向的性能。关于 NSE 圆概率的计算方法会在本章的最后一节给出。

5.3.2.2　*RNP* 的完好性

完好性是用一个以 FMC 计算的位置为中心的水平包容度半径门限(位置误差范围界限)和一个包容度概率水平(实际位置超出包容度半径门限的概率)来表示。如果实际计算的位置超过包容半径门限,就导致 *RNP* 超值。

RNP 的完好性包括下列误差源:

(1) 由辅助导航设施或 GPS 星座引起的位置误差。

（2）机载导航传感器引起的位置误差。

（3）由导航系统（FMC）引起的位置误差。

（4）航径定义误差。

（5）飞行技术误差。

对于一个给定的 RNP，包容度半径门限＝2RNP，包容度概率水平将根据运行要求而变化。对于航路和终端区域的航路分隔，包容度概率水平要求到达 $10^{-5}/h$；对于终端和进场超障过程，包容度概率水平要求到达 $10^{-7}/次$（假设每次进场时间大约 6 min，相当于 $10^{-6}/h$）。

RNP 的精度和完好性与飞行技术误差有关。如果知道不同飞行方式下的飞行技术误差特性，则可确定各种飞行方式下的最小 RNP 值。

5.3.2.3 RNP 导航信号的可用性

导航信号的可用性是指在按预定的飞行计划运行期间，可提供所选 RNP 要求的精度和完好性水平的外部导航信号准时出现的概率。

对于有 GPS 更新的导航信号的可用性是由 GPS 星座的卫星数量和提供满足对所选 RNP 精度和完好性水平所需的 GPS 信号的能力所决定的。对于无线电更新的导航信号的可用性是由运行区域辅助导航系统的覆盖情况和提供满足选定的 RNP 精度和完好性水平所需的无线电信号的能力所决定的。

5.3.2.4 RNP-导航设备的可用性

导航设备的可用性是指为了完成所需的导航能力，在飞行计划运行期间，机上所需导航设备可正常运行的概率。

通过提供冗余的导航系统和导航部件的可靠性以达到导航设备的可用性要求。

通过分析机载导航系统冗余结构和各种导航运行所需设备的故障率就可以估计出导航设备的可用性。

5.3.3 导航性能要求

5.3.3.1 区域导航或航路飞行的导航性能要求

（1）导航精度（95%）：依据 ICAO 颁布的最新 RNP 要求，海洋与边远陆地导航精度满足 $RNP4$，其他航路巡航阶段满足 $RNP1 \sim RNP2$，起飞、下降及终端区域满足 $RNP0.3 \sim RNP1.0$，进近阶段满足 $RNP0.1 \sim RNP0.3$。

（2）完好性：导航精度超过规定的容值（2RNP）而不能被检测的概率小于 $10^{-5}/h$（飞行小时）。

（3）连续性：飞行过程导航精度超出规定的 2RNP，即出现丧失规定的 RNP 导航能力的概率应小于 $10^{-4}/h$（飞行小时）。

5.3.3.2 最后进近着陆阶段的导航性能要求

1）CAT I RNP

CAT I RNP 如图 5-5 所示，具体要求如表 5-1 所示。

表 5 - 1　（精度相对 3°下滑线的中心线）CAT I RNP 要求

高度/ft	200	250	300	400	500	750	1000	1250	1500
横向（外隧道）	396	420	447	498	561	783	1083	1389	1695
横向（内隧道）	132	140	149	166	187	261	361	463	565
垂直（外隧道）	120	120	120	144	177	255	357	471	585
垂直（内隧道）	40	40	40	48	59	85	119	157	195

完好性（integrity）	连续性（continuity）	可用性（availability）
• $1 \sim 3.3 \times 10^{-7}$/每次进近（从 FAF 到 200 ft 高度） • 告警时间：6 s	• $1 \sim 1 \times 10^{-4}$/每次进近（从 FAF 到 200 ft 高度）	• 0.9975 在 FAF 点

2）CAT II/III RNP

CAT II/III RNP 如图 5 - 5 所示，具体要求如表 5 - 2 所示。

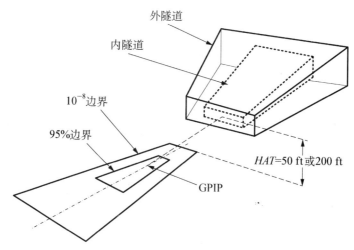

图 5 - 5　CAT I/II/III RNP 示意图

表 5 - 2　CAT II/III RNP 要求

高度/ft	50	100	200	250	300	400	500	750	1000	1250	1500
横向（外隧道）	150	210	240	270	300	363	426	585	744	903	1062
横向（内隧道）	50	70	80	90	100	121	142	195	248	301	354
垂直（外隧道）	15	45	90	102	117	144	174	243	312	381	450
垂直（内隧道）	5	15	30	34	39	48	58	81	104	127	150

着陆精度：横向（相对跑道中心线）±27 ft（95%）

纵向−500 ft～+1000 ft［相对下滑线接地点（GPIP）］（95%）

滑出跑道的概率：1×10^{-8}

（续表）

CAT	完好性（integrity）	连续性（continuity）	可用性	阶段
II	$1\sim3.3\times10^{-8}$（告警时间：2 s）	$1\sim4.4\times10^{-5}$ 每次进近	0.9985	从 FAF 到 100 ft 高度（165 s）
III	$1\sim3.3\times10^{-9}$（告警时间：1 s）	$1\sim4.0\times10^{-6}$ per approach	0.999	从 100 ft 高度到接地（30 s）

5.3.4 RNP 飞行程序结构

一条 RNP 飞行路径（或飞行计划）通常由一系列的定位点构成，这些定位点来自下列类型的航线：

（1）航段（如途中航路、海洋航迹）；

（2）用户选定的轨迹；

（3）标准仪表离场（SID）/离场程序（DP）；

（4）标准终端到达（STAR）程序；

（5）仪表近进程序。

飞行路径由构成水平航线（垂直路径和时间约束可选）的诸要素组成，这些要素包括：航段类型、定位点和路径的属性（如高度、速度、位置、时间等）。

RNP 飞行程序的设计包括如下内容。

1）基于导航数据库飞行路径航段

（1）终端区域程序。

为导航数据库程序（如 SIDs，STARS，近进程序，复飞程序等）定义的 RNP RNAV 飞行路径允许的航段类型有如下几种，如表 5-3 所示。

表 5-3　RNP RNAV 飞行路径允许的航段类型

许可的航段类型	对应的 ARINC424 航段类型
定位点到定位点大圆航迹	TF
从已知定位点到定位点以固定半径转弯	RF
初始定位点	IF
等待航段	HM，HA 和 HF
定位点到特定高度	FA
当前位置直飞定位点	DF
沿航线到定位点	CF

注：定义 RNP RNAV 程序时优选 IF、TF 和 RF 航段。

（2）途中导航程序。

导航系统将使用导航数据库中的航路点运用 ARINC424 TF 航段构建途中导航程序。

2）基于用户定义数据的飞行路径航段

（1）人工设入航路点的航线：按 TF 航段构建。

（2）沿航迹插入参考点：插入航路点不改变原有的飞行路径，且其只能在 CF、DF、RF 或 TF 航段上插入。

3）航段定义

（1）初始定位点（initial fix，IF）：一个 IF 航段就是明确一个定位点，IF 航段仅仅用于规定某一航段或程序的起始点。它通常与其他航段（如 TF）配合使用，以达到规定希望路径的目的。

垂直导航时，程序要求在导航数据库中应提供相应的高度与速度约束。

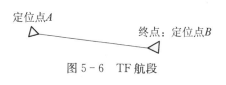

图 5-6　TF 航段

（2）到已知定位点航迹（track to fix，TF）：TF 航段规定为两定位点之间的最短路径。起始定位点或是前一航段的终点或是一 IF 航段，终点通常由导航数据库提供，也可以是一用户定义的定位点。

垂直导航时程序要求在导航数据库中提供高度与速度约束及爬升角。

（3）到定位点的固定半径（radius to fix，RF）：RF 航段规定为一绕旋转中心、转弯半径为常值并在定位点终结的圆弧路径。航段终点、转弯方向与中心点（即圆心）由导航数据库提供。导航计算机根据圆心与航段终点的距离计算圆弧半径。该航段的起始点规定为前一航段的终点，当然该点也应在本航段的圆弧上。

垂直导航时程序要求在导航数据库中提供高度与速度约束及爬升角。

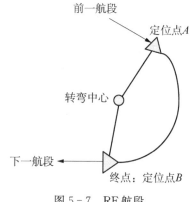

图 5-7　RF 航段

（4）高度保持（hold to altitude，HA）：HA 航段是一种保持图形，保持图形的构建须满足保持区域最大空间的约束要求（详见保持图形一节）。HA 航段终结于当飞机到达规定的高度后再次通过该保持点。保持高度由导航数据库提供。

（5）保持，人工终止（hold for clearance，HM）：HM 航段是一种保持图形，保持图形的构建须满足保持区域最大空间的约束要求（详见保持图形一节）。HM 航段只有在飞行机组响应后才终结。此外程序要求导航数据库提供速度约束。

（6）保持盘旋一圈后在固定点终止（hold to fix，HF）：HF 航段是一种保持图形，保持图形的构建须满足保持区域最大空间的约束要求（详见保持图形一节）。HF 航段终结于当归入航迹建立后首次通过该保持点。这是一种典型的进入程序过程。导航数据库提供速度约束。

（7）从定位点按指定航向飞至指定高度（fix to altitude，FA）：FA 航段定义为起始于一定位点并以规定的航迹出发、终结于飞机到达规定的高度的最短路径。导航数据库提供起始定位点、离开该定位点的出航角和终止高度。由于爬升率的不同,FA 航段终点具有不确定性,通常在 FA 航段之后紧随着 DF 航段。对于高爬升率的飞机,FA 航段可用作特定离场程序的初始阶段。

程序要求导航数据库提供速度约束。

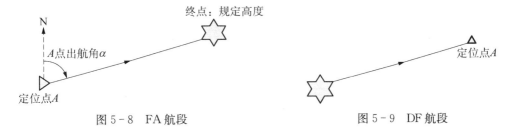

图 5-8　FA 航段　　　　　　　　　　　图 5-9　DF 航段

（8）直飞至指定的定位点（direct to fix，DF）:DF 航段起始于当前位置终止于一定位点的最短路径。垂直导航时,程序要求导航数据库提供高度和速度约束。

（9）按指定航向飞向指定的定位点（course to fix，CF）:CF 航段定义为以规定的航迹终止于一定位点的最短路径。导航数据库提供终止点及终止点的归入航迹角。以前的 ARINC424 规定 CF 航段作为唯一的最后进近航段,新的 ARINC424 补充条款 12 允许 TF 航段作为另一选择。

垂直导航时,程序要求导航数据库提供高度、速度约束和爬升角。

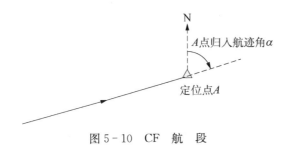

图 5-10　CF　航　段

4）特殊路径

（1）保持（或等待）图形。

a. RNP 保持（等待）区域空间:

在 RNP RNAV 空域内对 HF、HA、HM 保持图形,导航系统需确定保持区域的边界,以规定这一 RNP RNAV 保持图形的最大尺寸。RNP 保持区域的位置和尺寸由以下参数确定:

◆ 保持定位点;

◆ 保持高度（相对平均海平面,单位为 ft）;

◆ 保持点的归入航迹角[相对真北,单位（°）];

◆ 保持点归入航迹的最大长度（d_1）,单位 n mile;

◆ 指定的 RNP 类型;

◆ 最大指示空速(IAS),单位 kn;

◆ 允许的最大风速。

前 5 个参数由导航数据库提供或飞行员设入,后两个参数由导航系统提供。

在进入保持和保持过程中,当实际空速≤最大指示空速且实际风速≤允许的最大风速时,导航系统应使飞机在规定的保持区域内飞行,但并不要求其实际的飞行轨迹与保持区域的边界相一致。

在保持图形的进入过程,允许导航系统使用保持图形的宽度(d_2)替代数据库或飞行员设入的归入航迹航段长度(d_1)。

保持图形的平面图尺寸定义如图 5 - 11 所示。

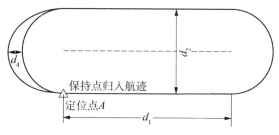

图 5 - 11　保持(或等待)图形定义

其最大的保持图形宽度(d_2)和当从第四扇区进入时的保护区宽度(d_4)计算如下:

$$d_2 = (TAS + W)^2/(34\,313 \times \tan\gamma)(\text{n mile})$$
$$d_4 = d_2(1 - \sin 20°)/(2\cos 20°)(\text{n mile})$$

其中最大转弯倾斜角 γ:

$$\begin{cases} \gamma = 23°,\text{当 } FL < 245 \\ \gamma = 15°,\text{当 } FL \geqslant 245 \end{cases}$$

b. RNP 保持区域进入程序:

导航系统将按飞机在保持区域当前所处不同的扇区位置(见图 5 - 12)执行进入程序(见图 5 - 13~图 5 - 16),穿入保持区后维持飞机在该区域内飞行。在进入过程不要求飞机飞过保持点(定位点 A),一旦保持路径建立,则要求飞机沿规定的归入航迹角飞过该保持点。

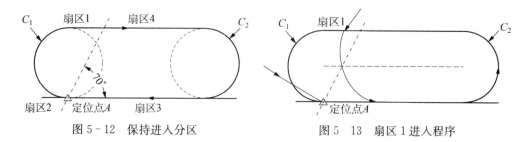

图 5 - 12　保持进入分区　　　　　　　　图 5　13　扇区 1 进入程序

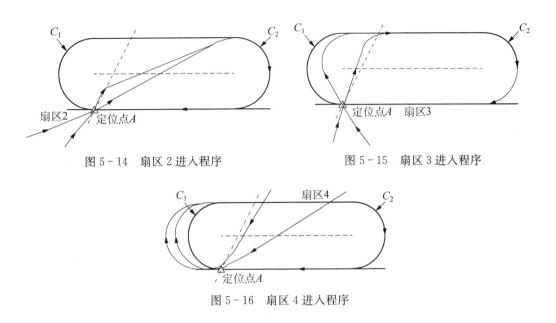

图 5-14　扇区 2 进入程序　　　　　　　　图 5-15　扇区 3 进入程序

图 5-16　扇区 4 进入程序

c. RNP 保持区域退出程序：

保持退出的保护区域由保持图形和保持点的过渡航段组成。无特殊规定则退出程序使用保持点的归入航迹和到下一航段的航迹以飞越过渡方式退出保持区。

（2）直接到达功能。

需要时直接到达功能可以随时由机组激活。选定后，导航系统产生到到点的最短路径，飞机将无须"S 转弯"和延时直接沿此路径飞向到点。

（3）平行偏置路径。

偏置功能可以使飞机保持原有航线的所有特征平行偏离原航线飞行（见图 5-17），通常用来气象规避和空中交通冲突规避。偏置距离的增量为 ±1n mile，偏置导航在遇到航线不连续、不合理的几何路径或越过初始近进点时便告终止，偏置导航终止前应向机组发出告警，并留有足够的时间以回到原航线。偏置导航的过渡阶段

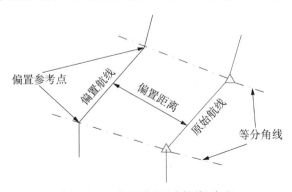

图 5-17　偏置路径（或航线）定义

RNP 不作要求。

偏置导航的实施过程必须遵循下列规则：

a. 当飞行员激活偏置航线时，退出原航线，原有的 RNP RNAV 航线结束，开始从 RNP RNAV 航线到偏置航线的过渡；

b. 当飞行员激活新的偏置航线时，退出当前偏置航线，并开始向新的偏置航线过渡；

c. 当飞行员终止偏置导航时，退出偏置航线，开始从偏置航线重新回到原有的 RNP RNAV 航线；

d. 当飞机建立偏置航线时，开始 RNP RNAV；

e. 当终止偏置导航且飞机重新回到原始航线时，开始原始航线的 RNP RNAV；

f. 过渡过程中禁止任何有关航迹偏差的告警，直到飞机的航迹偏差小于 1/2 RNP 值。

5) 路径定义误差项

在某一特定点导航系统总误差(TSE)由路径定义误差(定义路径与希望路径之差)、路径驾驶误差[估计位置与定义路径间的距离，它包含飞行技术误差(FTE)、显示误差和位置估计误差(PSE)(飞机真实位置与估计位置的差)这三部分]，影响路径定义误差的因素如表 5-4 所示。

表 5-4   影响路径定义误差的因素

误差项	TF/DF	FA/CF	RF	HM/HF/HA
地球模型	×	×	×	×
磁差		×		×
坐标分辨率	×	×	×	×
转弯半径分辨率			×	
航迹分辨率		×		×
高度分辨率	×	×	×	×

(1) 地球模型。

WGS-84 作为参考地球模型，如使用其他参考模型，则模型误差应归入路径定义误差。此外导航系统计算的高度数据以平均海平面(MSL)和标准气压模型为参考。

(2) 航段间的过渡转换。

导航系统将自动提供从一个航段到另一航段的过渡转换，过渡转换有以下两种：

a. 飞越过渡：

$$R - 1.458 \times (V \mid W)^2 \arctan \Phi \cdot 10^{-5} \text{n mile}$$

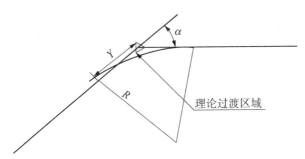

图 5-18　飞越过度理论区域

$$Y = R\tan(0.5\mathrm{atctan}\,\alpha)$$

式中:$V+W$ 为飞越过渡中最大地速;$\alpha=$航迹变化角,单位(°);Φ 为飞机最大倾角。

对于低高度飞越过渡:

$$(V+W) = 500\,\mathrm{kn}$$
$$\Phi = \min(0.5\alpha, 23°)$$

对于高高度飞越过渡:

$$(V+W) = 750\,\mathrm{kn}$$
$$\Phi = 5°(缺省)$$

如果缺省条件下 $Y \geqslant 20\,\mathrm{n\ mile}$,则 $Y = 20\,\mathrm{n\ mile}$ 且 $R = 20 \cdot \mathrm{arctan}(0.5\alpha)$。

对于飞越过渡,由于其最佳路径随空速和转弯倾斜角而变,故其路径不具有可预估性和重复性,因此仅定义其过渡区域的可预估性和可重复性边界,其路径定义误差规定为其定义的路径与理论过渡区的差值。如果路径在理论过渡区内,就认为无路径定义误差。飞越过渡是一种缺省的航段过渡方式。飞越过渡要求在低高度($FL<195$)飞行时,前后航段的航迹角变化不超过 120°;高高度($FL>195$)飞行时,前后航段的航迹角变化不超过 70°。

　　b. 固定半径过渡:

固定半径过渡有两种转弯半径,高高度为 22.5 n mile,低高度为 15 n mile。

　　6) 适用的 RNP RNAV 类型

　　(1) 飞行计划航段的 RNP RNAV 种类。

采用三种方式进行 RNP 的选择,按优先级顺序依次为:人工选择输入 RNP 值、飞行计划中根据导航数据库对各航段设定的 RNP 值、缺省 RNP 值。

　　a. 人工设入 RNP 值:

机组人员可通过 EFIS 人机界面手动输入 RNP 值。

人工输入 RNP 值后,对其进行判断,当人工输入的 RNP 值大于所覆盖的当前

有效的 RNP 值时,系统向操作人员发出告警提示信息。

当机组人员确认输入的 RNP 值后,采用输入的 RNP 值替换当前有效的飞行计划中的航路、程序、航段所设定的 RNP 值或缺省 RNP 值。

b. 导航数据库 RNP 值:

飞管系统可以通过导航数据库中特定航段、程序对 RNP 的预先设定得到 RNP 值。

c. 缺省 RNP 值:

在飞管系统的程序中,存储对应越洋飞行、途中航路飞行、终端区域飞行、进近等不同导航环境的缺省 RNP 值,在既未人工输入 RNP 又未在导航数据库中规定 RNP 值时,将根据即时的飞行环境选择使用缺省的 RNP 值。

(2) 航段过渡转换中的 RNP。

航段过渡转换过程中的 RNP 以前后两航段所规定的 RNP 值大者为其值。

7) 垂直路径定义

(1) 高度限制。

垂直导航将从导航数据库或通过飞行员设入在整个飞行阶段提供"AT""AT 或 ABOVE""AT 或 BELOW"和"AT 或 ABOVE 和 AT 或 BELOW"等高度约束。

(2) 速度限制。

垂直导航将从导航数据库或空域运行要求在某一高度或航路点处提供速度约束。

(3) 爬升。

RTCA DO - 236B 中,对爬升过程没有路径定义要求。

(4) 下降与近进。

一个具有垂直导航能力的 RNP 区域导航系统将利用与已定义的横向飞行计划有关的垂直和纵向约束参数确定下降/进近路径。一条下降/进近路径连接系列三维空间点,形成从"下降顶点"到"下降结束"的一条路径。

下降路径结构有:

a. 几何点到点(GPP)路径;

b. 飞行路径角定义的路径。

8) 飞行计划

为了保证飞行安全和任务的圆满完成,同时提高空域的运营效率,在每次飞行前都要根据具体的任务剖面、地面导航设施的布局、气象条件、机场和飞机及飞机系统的设备状况,按照有关的限制和规定选定飞行剖面中各段的速度和高度约束条件,规划航线,包括航路点的位置、经纬度、导航助航设备的电台频率、各航路点的代号、起飞离场程序、进近程序、转弯方式、着陆机场的航图信息等。

(1) 飞行计划管理。

飞管系统的飞行计划包括:主飞行计划(当前有效的飞行计划)、备份飞行计划和临时飞行计划。每个飞行计划中最多可包含 100 个航路点信息。

飞行计划管理包括飞行计划的创建、修改及选择主飞行计划和备份飞行计划等。

飞行计划管理通过座舱显控界面人工进行,或通过机载数据加载/卸载设备、数据链自动进行。

飞行计划的数据可以通过导航数据库提取预先设定的航线飞行计划、无线电辅助导航台、航路、航路点、离场程序、到达进场程序、进近程序等数据,也可人工输入航路点信息。

(2) 飞行计划的状态控制。

当输入或选定一条航路信息作为主飞行计划后,飞管系统即以此为基准进行制导功能和监测告警功能。

备份飞行计划可用于与主飞行计划相同或不同的目的,因此所采用的航路点可与主飞行计划相同或不同。

在飞行过程中,机组人员可对主飞行计划进行修改。修改时,系统将主飞行计划复制到临时飞行计划中,在临时飞行计划中保存修改的信息。在修改过程中,系统仍以当前有效的主飞行计划进行所有的制导和监测告警功能。系统能够对修改后的临时飞行计划进行性能和航迹预测。

通过飞管系统对飞行计划的修改也可采用备份飞行计划进行,并对修改后的备份飞行计划进行性能和航迹预测。

机组人员可通过显示器同时查看当前有效的主飞行计划与修改中的临时飞行计划或修改中的备份飞行计划,以了解飞行计划修改前的差异。

当采用临时飞行计划进行飞行计划修改时,完成所有修改后,机组人员通过调用修改的临时飞行计划替代主飞行计划完成飞行计划的切换,之后系统以新调用的飞行计划作为主飞行计划进行所有的制导和监测告警功能。

当采用备份飞行计划进行飞行计划修改时,完成所有修改后,机组人员将备份飞行计划复制到主飞行计划,之后系统以新调用的飞行计划作为主飞行计划进行所有的制导和监测告警功能。

(3) 飞行计划结构。

水平飞行计划可以由以下多种方式构成:导航数据库规定的程序、航路、预先设定的航路、航路点、无线电辅助导航台、跑道、增补/临时航路点等。

可使用的导航数据库的程序包括:标准仪表离场程序(SID)、发动机失效标准离场程序、标准终端进场航路(STAR)、区域导航(RNAV)、GNSS 导航、ILS/MLS 导航。

某些程序中可包含 RNP 值,用于采用该程序规定性能的导航功能。

(4) 飞行计划编辑。

飞行计划可由导航数据库中直接选择、人工编辑或通过数据链加载。

　　飞行计划的人工编辑可通过键盘或指点设备界面进行,实现对计划中的航路点、无线电辅助导航台、程序等要素进行增加、修改、删除、查询操作,也可将预定飞行计划中选定的部分航段航路点信息链接到当前飞行计划中的特定位置。

　　进行航线中的程序删除可从导航数据库中选择新程序替换当前选择的程序。若当前航段的目标航路点是欲删除程序中的一部分,则在飞行计划中保留此航路点。

　　飞行计划中的等待模式和程序转弯可从导航数据库中选择,或通过手动指定当前即时位置或任意的航路点来作为起始点,并输入航向角,航段时间或长度参数。

　　编辑完成的飞行计划可作为主飞行计划用于导航引导解算,也可存储在导航数据库中再以后调用。

　　当通过数据链接收到飞行计划后,飞管系统向机组人员发出提示信息,由机组人员对接收到的飞行计划查看后决定接受或拒绝采用该飞行计划。

5.3.5　实际导航性能(ANP)

　　实际导航性能(ANP)就是导航系统对当前 FMC 位置的计算精度及其相应的完好性表示。ANP 的精度和完好性以海里表示,是飞机实际位置在以 FMC 计算的位置为中心的包容圆内的半径大小和包容度概率水平。包容度概率水平是飞机的导航位置精度在 ANP 范围内的概率。ANP 精度的包容度概率水平是 95%;ANP 完好性的包容度概率水平是根据具体的飞行阶段和运行情况而定。

　　ANP 的精度和完好性如图 5 - 19 所示。

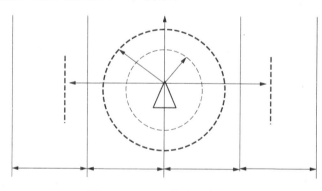

图 5 - 19　ANP 精度和完好性

注:

　　1. ANP 就是向飞行员显示的导航系统 95% 概率水平的径向导航性能;

　　2. Racc 是从 ANP 稳妥方面考虑的 95% 概率水平的实际径向导航性能;

　　3. ANP CT 是 ANP 包容度门限值,反映了导航系统航迹偏离的门限水平,ANP CT 常用于最小 RNP 值的分析确定。

　　ANP 的完好性是为了确保用于计算当前 FMC 位置的数据和 ANP 都有可信性,如果用于更新当前 FMC 位置的传感器数据是完好的,则所计算的当前 FMC 位置和 ANP 就具有完好性。一般当主、副 FMC 位置之差超过 0.4 n mile 且持续时间达 5 s,或 FMC 位置与辅助导航传感器(GPS、无线电或惯性系统)位置之差持续 5 s 超过 12 n mile,向机组发出"确认位置"信息;当 ANP 大于 RNP 且飞机在非进近状态,则向机组发出"RNP 导航不能工作"的 EICAS 提示信息;当 ANP 大于 RNP 且飞机在进近状态,则向机组发出"RNP 导航不能工作"的 EICAS 告警信息。

　　FMC 的 ANP 计算不包括下列误差源:

　　(1) 在 FMC 或传感器上软件误差。

　　(2) 飞行技术误差(FTE)。这包括为在复杂多变风的环境下,沿预定航迹飞行时,由指引系统本身特性所引起的位置误差;或在使用飞行导航 LANV 时,为使飞机保持在计划航迹上飞行时,人工操作所引起的位置误差,或由飞行指引仪和航显地图所引起的误差。

　　(3) 时间源误差。当使用自动相关监视系统(ADS)功能来报告飞机位置时所用时钟(飞行仪表板的 UTC 时钟、GPS UTC)误差引起的位置误差。

　　(4) 导航数据库中的数据或不正确的手动航路点进入所引起的过失误差。

　　(5) 当地基准点坐标数据未统一于 WGS-84 坐标系统所引起的误差。

　　由上述定义可以看出 ANP 和 RNP 的最大区别在于 ANP 的计算不包含飞行技术误差(FTE),也就是说 ANP 更直接地反映了导航系统的性能而与飞机性能(驾驶性能)无关,而 RNP 则是导航系统性能和飞机驾驶性能的综合反映。

　　飞行管理系统(FMS)导航性能管理的目的就是通过对不同飞行阶段可用导航信息的有效管理与融合,给出飞机最佳位置估值及其精度估计。

　　飞管计算机(FMC)将接收到的惯性导航、卫星导航、无线电导航等各导航子系统的信息,通过故障诊断、隔离、重构和信息融合,有效提升整机导航信息的精度、完好性、可用性和连续性,保证飞管导航功能的精确实施。

　　由于在导航定位过程中飞机位置的真值通常是不可知的,只能通过导航设备解算飞机位置的估算值。实际的导航性能(ANP)的预估根据当前导航解算所采用的传感器的配置、预先设定的传感器的误差特性等进行计算确定。

　　导航性能评估实际上是对 FMS 位置偏移量的预测,它随系统所使用的导航状态的改变而改变。

　　在使用无线电导航台参与导航解算前,需对导航台的合理性进行检测。当接收到 DME、VOR 的距离、方位超过合理的 DME、VOR 作用距离和合理的方位时,对应的无线电导航信息不再参与导航解算。

5.3.5.1　无线电导航性能评估

1) VOR/DME 辅助导航的位置性能评估

VOR/DME 无线电位置计算区域为飞向导航台距离小于 40 n mile、飞离导航台大于 25 n mile 的范围,在以导航台为顶点的锥顶角 60°的圆锥和以导航台为中心的 1 n mile 圆柱之外区域。在这个区域内,FMC 假定 VOR 地面系统误差呈正态分布,其值大小为 1.9°(95%);DME 地面系统测量误差呈正态分布,误差大小为 0.1 n mile (95%),机载 DME 和空间信号的测量误差为正态分布,其大小为 0.2 n mile(95%)。

图 5-20 表示了当 VOR、DME 地面台位于同一台址时的 VOR/DME 导航定位的计算过程。

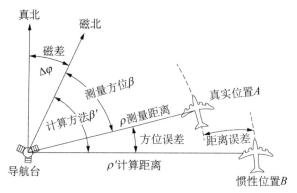

图 5-20　VOR/DME 位置计算原理

已知导航台的位置(λ_t、φ_t、h_t),根据 VOR/DME 测得的方位角和距离可计算得出飞机真实位置的经纬度(λ、φ):

$$\lambda = \lambda_t + \sqrt{\rho^2 - (h_b - h_t)^2} \sin(\beta + \Delta\psi)/\{(R_M + h_t)\cos\varphi_t\}$$

$$\varphi = \varphi_t + \sqrt{\rho^2 - (h_b - h_t)^2} \cos(\beta + \Delta\psi)/(R_N + h_t) \qquad (5-1)$$

式中:h_t 为飞机的气压高度。

VOR 定位的性能特性如表 5-5 所示。

表 5-5　VOR 定位精度与距离的关系

精度范围	可用最大距离
$RNP-0.3RNAV \sim RNP-0.9RNAV$	20 n mile
$RNP-RNAV \sim RNP-1.9RNAV$	40 n mile
$\geqslant RNP-2RNAV$	100 n mile

$$\sigma_{VOR}^2 = (0.0122D)^2 + (0.0175D)^2 \qquad (5-2)$$

DME 定位的性能特性如表 5-6 所示。

表 5 - 6 DME 定位精度与距离的关系

精度范围	可用最大距离
$RNP-0.3RNAV \sim RNP-0.9RNAV$	25 n mile
$RNP-RNAV \sim RNP-1.9RNAV$	55 n mile
$\geqslant RNP-2RNAV$	140 n mile

$$\sigma_{\text{DME}}^2 = (0.05 \text{ n mile})^2 + \text{MAX}\{(0.085 \text{ n mile})^2, (0.0125D)^2\} \quad (5-3)$$

VOR/DME 位置估计误差：

$$\sigma_{\text{PEE}}^2 = \sigma_{\text{VOR}}^2 + \sigma_{\text{DME}}^2 \quad (5-4)$$

由此，当导航系统利用 VOR/DME 进行位置更新时，就可根据当前飞机相对地面导航台的距离，用式(5-2)～式(5-4)计算 1σ 概率水平下的位置精度，据此值再折算到 95% 的概率水平，便得到了当前导航系统的 ANP 估值。

2) DME/DME 辅助导航的位置性能评估

DME/DME 无线电位置计算区域为飞机与两个地面导航台的连线的夹角大于 30° 和小于 150° 之间部分，对于每个 DME 导航台在视线之内和顶点在导航台的 60° 圆锥之外。在这个区域，FMC 假定 DME 地面系统的测量误差呈正态分布，其误差大小为 0.1 n mile(95%)，而机载 DME 和空间信号误差也为正态分布特性，其误差为 0.2 n mile(95%)。

图 5-21 表示了 DME/DME 进行导航定位计算的过程。

已知导航台 DME1 的位置(λ_{t1}、φ_{t1}、h_{t1})和导航台 DME2 的位置(λ_{t2}、φ_{t2}、h_{t2})(从导航数据库获得)，建立以 DME1 为坐标中心并以两导航台的连线为水平坐标系 x 轴的坐标系，且该轴与北向的夹角为 α(可根据两点的经纬度值求得，公式略)，根据载机测得的对 DME1 和 DME2 的距离 ρ_1、ρ_2 可计算得出飞机真实位置的经纬度(λ、φ)。

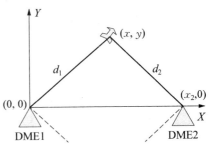

图 5-21 DME/DME 导航定位示意图

$$
\begin{aligned}
d_1 &= \sqrt{\rho_1^2 - (h_b - h_{t1})^2} \\
d_2 &= \sqrt{\rho_2^2 - (h_b - h_{t2})^2} \\
x^2 + y^2 &= d_1^2 \\
(x_2 - x)^2 + y^2 &= d_2^2
\end{aligned}
\quad (5-5)
$$

解得

$$x = \frac{x_2^2 + (d_1^2 - d_2^2)}{2x_2}$$

$$y = \pm\sqrt{d_1^2 - x^2}$$

可用条件判别：

(1) ρ_1、ρ_2 应在一定距离范围内，如均$\leqslant 50\,\mathrm{km}$。

(2) $x > 0$。

(3) ρ_1、ρ_2 的交会角应在 $30° \sim 150°$ 范围内。

判定合格后计算：

$$\beta = \tan^{-1}\left(\frac{y}{x}\right) \tag{5-6}$$

$$\lambda_1 = \lambda_{t1} + d_1\sin(\alpha + \beta)/\{(R_M + h_{t1})\cos\varphi_{t1}\}$$
$$\varphi_1 = \varphi_{t1} + d_1\cos(\alpha + \beta)/(R_N + h_{t1}) \tag{5-7}$$

或

$$\lambda_2 = \lambda_{t1} + d_1\sin(\alpha - \beta)/\{(R_M + h_{t1})\cos\varphi_{t1}\}$$
$$\varphi_2 = \varphi_{t1} + d_1\cos(\alpha - \beta)/(R_N + h_{t1}) \tag{5-8}$$

最后根据计算的两组位置，选与目前载机计算位置靠近的一个。

DME/DME 位置估计误差：

$$\sigma_{\mathrm{PEE}}^2 = (\sigma_{\mathrm{DME1}}^2 + \sigma_{\mathrm{DME2}}^2)/\sin\alpha \tag{5-9}$$

式中：α 为载机与两个 DME 站连线构成的夹角。由此，当导航系统利用 DME/DME 进行位置更新时，就可根据当前飞机相对地面导航台的距离和交会角，用式(5-9)计算 1σ 概率水平下的位置精度，据此值再折算到 95% 的概率水平，便得到了当前导航系统的 ANP 估值。

5.3.5.2　GPS 导航性能评估

GPS 定位的主要误差来源于以下几个方面。

(1) 空间部分(时钟误差)：主要指卫星时钟误差。

(2) 控制部分(星历误差)：星历数据是地面站测算后注入卫星的，预报的星历中不可避免地存在误差。

(3) 用户部分：主要指用户接收机的跟踪误差和测量噪声。

(4) 外界条件：包含电波传输过程中的电离层延时，对流层延时，多路径效应等。

上述误差中，空间部分和控制部分是固有的，即使 P 码接收机也无法改善，只能通过接收机间求差分运算消除。

用户部分误差主要与接收机钟漂、跟踪环路带宽、载体机动情况、信噪比等有关。

外界条件部分误差主要来自电离层延时,通过双波段接收可补偿70%以上的电离层延时影响。剩余的对流层延时和多路径效应等均可视为随机噪声。

为满足更高定位精度的需求,开发了 DGPS。DGPS 由地面基准站(静态)、数据通信链路和移动站(用户 GPS 接收机＋数据链接收机)组成,由 GPS 伪距进行实时修正的移动站定位,修正量由基准站确定后传输到用户移动站。由于基准站接收机和用户移动站接收机所处地域临近,可见星基本相同,因此 DGPS 可以消除 GPS 定位的大部分误差。

标准 GPS 定位服务(C/A 码接收机)与 DGPS 定位的精度预计如表5-7所示。

表 5-7 GPS 定位误差分布概况

误差源		标准 GPS(1σ)/m	差分 GPS(1σ)/m
空间部分	星钟误差	1.5	0
控制部分	星历误差	2.5	0
用户部分	接收机噪声	0.3	0.3
外界条件	电离层延时	5.0	0.4
	对流层延时	0.5	0.2
	多路径效应	0.6	0.6
	其他	0.5	0.25
测距误差总计		5.9	0.8

根据表5-7的测距误差(1σ)估计值和卫星接收机提供的当前可见星水平几何分布因子(HDOP)值就可估算水平位置定位精度(1σ)＝测距误差(1σ)× $HDOP$ × 保守系数,据此值再折算到95%的概率水平,便得到了有 GPS 导航校正时当前导航系统的 ANP 估值。

5.3.5.3 IRS(或 INS)导航性能评估

当机载惯性系统的性能等级(主要是陀螺与加速度计的误差特性)确定后,便可根据上述误差方程解算惯性导航的定位误差。从仿真分析可得出:惯性系统的定位误差具有84.4分的舒拉振荡且累积发散,但其发散趋势又受傅科周期(近似地球转动周期)调制的特性。考虑以上特性,对于精度为 1 n mile/h(CEP)的惯性系统,当其失去其他辅助导航系统位置校正时,纯惯性模式下的 ANP 估计如下(以波音 B777 的导航系统为例):

0.0~0.5h:ADIRU 95% 误差 ＝ 8.0T n mile;

0.5~1.5h:ADIRU 95% 误差 ＝ 4.0 n mile;

1.5~2.0h:ADIRU 95% 误差 ＝ 4.0(T－1.5)＋4.0 n mile;

2.0~3.0h:ADIRU 95% 误差 ＝ 6.0 n mile;

3.0~10.0h 内:ADIRU 95% 误差 ＝ 2.0(T－3.0)＋6.0 n mile;

超过 10.0h:ADIRU 95% 误差 ＝ 20.0 n mile。

即从上一校正时刻起到纯惯性导航 30 min,这段时间位置误差以 8 n mile/h 的速率增长,此后 1 h 误差保持不变;90 min(约一个舒拉周期)后到 120 min 误差,再以 4 n mile/h 的速率增长,此后 1 h 误差保持不变;3.0～10.0 h 内误差以 2 n mile/h 的速率增长,10 h 后考虑到傅科调制效应,位置误差不再累积增长。

5.3.5.4 仪表着陆系统(ILS)的导航性能评估

从上述 ILS 引导进近过程的原理可以得出,引导的位置精度取决于航向信标台的航向精度和机载接收机的精度以及飞机到航向信标台的距离,假定航向信标台的航向精度为 0.3°,机载接收机的精度同 VOR 即 1°,则位置精度为

$$\sigma_{LOC}^2 = (0.005D)^2 + (0.0175D)^2 \tag{5-10}$$

据此值再折算到 95% 的概率水平,便得到了进近过程有航向信标台引导时当前导航系统的 ANP 估值。

微波着陆系统(MLS)是一种全天候精密进近着陆系统,依时间基准波束扫描原理工作,即 MLS 地面设备向空中在方位(水平)方向和俯仰方向各辐射一个很窄的扇形波束,并在相应的覆盖区内围绕跑道中心线左右或绕下滑道中心线上下往返扫描,机载接收机收到往和返两次扫描的脉冲信号,通过测量往和返脉冲的时间间隔获得飞机相对跑道中心线和下滑道的角位置。微波着陆系统相对跑道的距离测量由高精度 DME 测量完成。利用微波着陆系统的飞机相对于跑道的位置信息也由空中导出,其定位计算除了精度更高外,其计算过程或步骤与仪表着陆系统相同。

5.3.6 飞机性能对导航性能的影响评估

5.3.6.1 飞行技术误差(FTE)

导航性能由三部分构成:飞行路径定义误差(PDE)、飞行技术误差或飞行控制误差(FTE)、位置估计误差(PEE)[或导航系统误差(NSE)]。PDE 为由于路径规划输入参数的分辨率限制及相关模型参数不准确引起的与期望路径不一致的路径定义误差。一般来说,导航数据库的参数决定了其误差的大小,也可以称为 FMS 的导航数据库误差。通常 PDE 相对较小,可以忽略,PEE(或 NSE、ANP)前面已有交待,飞行技术误差(FTE)是指飞行员或航空电子设备沿所选路径的飞行能力。FTE 的大小与飞机的性能(尤其是飞控系统及飞机参数)和飞行环境相关,不同飞行阶段与不同的驾驶手段其值也不同,如在进近着陆阶段与航路或终端区域飞行段对 FTE 的要求是不同的,不同的驾驶方式(自动或人工)FTE 也不同。

根据飞行技术误差定义可知,想实时估计飞机的 FTE 非常困难,因为影响它的因素太多了,比如导航设备、空间信号、风况,还有很多人为的不可预测的因素。所以一个相对容易实现和使用的办法是根据飞机的飞行模式和飞行阶段,将 FTE 设定为一个固定的值。其具体的做法就是针对飞机进行足够多的飞行试验,从试验数据中统计出飞机 FTE 和飞行模式和飞行阶段的关系,并制成相应的表格,使用时直接查询即可。

表 5 - 8 所示为各种飞行模式下水平路径的工业标准飞行技术误差值。

表 5 - 8　工业标准的水平路径飞行技术误差

飞行模式	飞行技术误差(95%)	
	航路/n mile	终端/进近/n mile
按自动驾驶仪的水平导航	0.125	0.125
按飞行指引仪的水平导航	0.250	0.250
按导航显示地图的人工飞行	1.000	0.500

注:按导航显示器上地图的人工飞行的航路飞行技术误差为 1n mile 是以波音 B747 - 400 飞行技术误差研究为依据的,因为该值在 DO - 208 中没有提供。

表 5 - 9　波音 B747 - 400 的水平导航飞行技术误差值

飞行模式	飞行技术误差(95%)	
	航路/n mile	终端/进近/n mile
自动驾驶仪的水平导航	0.109	0.088
飞行指引仪的水平导航	0.232	0.206
导航显示地图的人工飞行	0.918	0.402

表 5 - 10　波音 B777 水平路径飞行技术误差

飞行模式	飞行技术误差(95%)	
	航路/n mile	终端/进近/n mile
利用自动驾驶仪的水平导航	0.109	0.088
利用飞行指引仪的水平导航	0.232	0.206
导航显示地图的人工飞行	1.00	0.50

表 5 - 11　波音 B777 垂直路径飞行技术误差

飞行模式	飞行技术误差(99.7%)	
	航路/ft	终端/进近/ft
自动驾驶仪的垂直导航	40	70
飞行指引仪的垂直导航	88	73

利用导航显示地图进行人工飞行时,用飞机符号(如三角形)描述飞机偏离预定轨迹的偏航指示,因此地图的尺度和飞机符号的宽度决定了人工飞行的水平飞行技术误差,表 5 - 12 提供了每种地图尺度的飞机符号宽度,飞行技术误差的门限(FTE LIMIT)是 1/2 的符号宽度。

表 5 - 12　波音 B777 地图飞行管理计算机符号宽度

地图范围/n mile	MAP(符号宽度)/n mile
5	0.40
10	0.80
20	1.60
40	3.21
80	6.41
160	12.82
320	25.64
640	51.28

飞行技术误差的门限(FTE LIMIT)通常用于利用地图导航的人工飞行中对最小 RNP 的分析。

5.3.6.2　飞行技术误差(FTE)对最小 RNP 的影响

假设

(1) 飞行技术误差服从正态分布。

(2) 实际导航性能服从瑞利分布。

(3) 飞行技术误差和实际导航性能是独立的。

(4) 航迹定义误差为 0(这种假设是基于航迹是可靠的、可重复的和可预测的)。

$$RNP\ CT = 2RNP = ((ANP\ CT)^2 + (FTE\ CT)^2)^{1/2}$$

式中:$RNP\ CT$ 是正态分布的水平 RNP 包容度界限。在要求的包容度界限概率下,RNP 包容度界限是 $2RNP$;$ANP\ CT$ 是瑞利分布的 ANP 包容度半径,其值等于瑞利分布下的 1σ 统计值转换到要求的包容度界限概率下的正态分布水平 ANP 包容度界限;$FTE\ CT$ 是在要求的包容度界限概率下正态分布下的飞行技术误差包容度界限。

1) 航路/终端区域 FTE 对 RNP 的影响分析

具有 RNP 功能的飞机能够按较小的横向间隔航线飞行,航路间隔的降低将增加航线的容量。这将给空中交通管制(ATC)和航空公司带来好处:利用更直接的和最佳的航线安排改善准时到达性能;增加有效航线数量来减少现有的空中航线结构的道路拥塞;增加能安全飞越特定航路、航线或空域的飞机数量。

航路分隔的要求是飞机横向超过 $2RNP$ 的水平包容度界限的概率小于 $10^{-5}/h$。

(1) 有 GPS 更新的情况。

对于有 GPS 更新的情况,可以确定下面两种情况下的最小 RNP 值。

第一种情况:无卫星失效的 GPS 更新。

对于特定的 RNP,GPS 接收机自主完好性监测卫星失效检测的最大门限

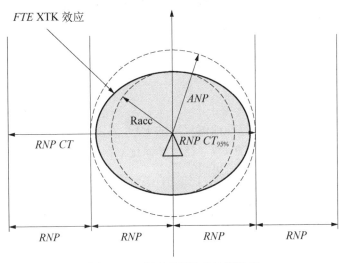

图 5 - 22 最小 RNP 的计算举例

注：

1. ANP 是向飞行人员显示的 95％的导航系统径向性能。

2. Racc 是 95％的实际径向导航系统性能，用来确定最小 RNP。

3. $RNP\ CT_{95\%}$（RNP 包容度界限）是考虑了 Racc 和 FTE 的 95％的导航系统水平包容度。

4. $RNP\ CT$ 是在 Racc 和 FTE 包容度概率要求为 2RNP 下的导航系统水平包容度。

HIL，以可用度为 99.9％的概率必须小于或等于 RNP。当没有卫星失效时，$HFOM$ 被用作 ANP。对于 HIL 为 0.15 n mile 或更大，$HFOM$ 小于 0.36HIL。

95％ $ANPCT = HFOM < 0.36HIL \leqslant 0.36RNP$ ，显示的 $ANP = 1.25HFOM = 0.45RNP$。因此当 GPS 更新时，对于正常的飞行将不会出现"NAV UNABLE RNP"EICAS 信息。

a. 对于所有飞行模式：

$ANP\ CT$ 概率为 99.999％

$ANP\ CT = (4.42/2.45)(0.36RNP)$

$ANP\ CT = 0.65RNP$

$FTE\ CT$ 概率为 99.999％

$FTE\ CT = (4.42/1.96)FTE$

$FTE\ CT = 2.25FTE$

而 $RNP\ CT = 2RNP = ((ANP\ CT)^2 + (FTE\ CT)^2)^{1/2}$

故

最小 $RNP = 2.25FTE/(4 - 0.65^2)^{1/2}$

最小 $RNP = 1.18FTE$

注：1.96 为 95％概率下的标准正态分布方差值；2.45 为 95％概率下的瑞利分

布方差值;4.42 为 99.999% 概率下的标准正态分布方差值。

　　b. 使用地图的人工飞行：

$ANP\ CT$ 概率为 99.999%

$ANP\ CT = (4.42/2.45)(0.36RNP)$

$ANP\ CT - 0.65RNP$

$FTE\ CT$ 概率为 99.999%

$FTE\ CT = FTE$ 界限(每种地图尺度的 FTE 界限,见表 5-12)

$2RNP = ANP\ CT + FTE\ CT$ (经数学简化)

$2RNP = 0.65RNP + FTE$ 界限

故：

　　最小 $RNP = 0.74\ FTE$ 界限

　　第二种情况:有卫星失效下的 GPS 更新。

　　对于特定的 RNP,GPS 接收机自主完好性监测卫星失效检测的最大门限 HIL,以可用度为 99.9% 的概率必须少于或等于 RNP。当某一卫星失效时,HIL 被用作 ANP。此时,只要 HIL 小于 RNP 就不会出现"NAV UNABLE RNP" EICAS 信息,$ANP\ CT$ 将小于 HIL。

　　a. 对所有飞行模式：

$ANP\ CT$ 概率为 90%(假定卫星失效率为 10^{-4}/h 的条件下 $ANP\ CT$ 为 10^{-5})

$ANP\ CT = RNP$ (HIL 实际上是 99.9% 的概率门限,这里保守假设一颗卫星失效后 HIL 为 90% 的 GPS 位置误差分布)

$FTE\ CT$ 概率为 90%

$FTE\ CT = (1.64/1.96)FTE$

$FTE\ CT = 0.84FTE$

$2RNP = ANP\ CT + FTE\ CT$ (经数学简化)

$2RNP = RNP + 0.84FTE$

故：

　　最小 $RNP = 0.84FTE$

　　b. 对使用地图尺度的人工飞行：

$ANP\ CT$ 概率为 90%(假定在卫星失效率为 10^{-4}/h 的条件下,$ANP\ CT$ 为 10^{-5})

$ANP\ CT = RNP$ (HIL 实际上是 99.9% 的概率门限,这里保守假设一颗卫星失效后 HIL 为 90% 的 GPS 位置误差分布)

$FTE\ CT$ 概率为 90%

$FTE\ CT = FTE$ 界限(每种地图尺度的 FTE 界限,见表 5-12)

$2RNP = ANP\ CT + FTE\ CT$ (经数学简化)

$2RNP = RNP + FTE$ 界限

故：

　　最小 $RNP = FTE$ 界限

　　以波音 B777 飞机为例,表 5 - 13 给出了有 GPS 更新时 FTE 对航路/终端区域航路分隔的最小 RNP 影响。

表 5 - 13　有 GPS 更新时 FTE 对航路/终端区域航路分隔的最小 RNP 影响

飞行模式	情况一　最小 RNP/n mile	情况二　最小 RNP/n mile	最小 RNP/n mile
使用自动驾驶仪的水平导航	0.13	0.09	0.13
用飞行指引仪的水平导航	0.28	0.19	0.28
用地图显示的人工飞行	1.19	0.84	1.19
用尺度为 10 n mile 地图显示的人工飞行	0.30	0.40	0.40
用尺度为 20 n mile 地图显示的人工飞行	0.59	0.80	0.80

　　(2) 有无线电导航更新的情况。

　　对于有无线电导航更新的导航模式:

　　a. 对所有飞行模式:

　　$ANP\ CT$ 概率为 99.999%

　　$ANP\ CT = (4.42/2.45)(0.86RNP)$

　　$ANP\ CT = 1.55RNP$

　　$FTE\ CT$ 概率为 99.999%

　　$FTE\ CT = (4.42/1.96)FTE$

　　$FTE\ CT = 2.25FTE$

故：

　　最小 $RNP = 2.25FTE/(4 - 1.55^2)^{1/2}$

　　最小 $RNP = 1.78FTE$

　　b. 利用地图尺度的人工飞行:

　　$ANP\ CT$ 概率为 99.999%

　　$ANP\ CT = (4.42/2.45)(0.86RNP)$

　　$ANP\ CT = 1.55RNP$

　　$FTE\ CT$ 概率为 99.999%

　　$FTE\ CT = FTE$ 界限(每种地图尺度的 FTE 界限,见表 5 - 12)

　　$2RNP = ANP\ CT + FTE\ CT$ (经数学简化)

　　$2RNP = 1.55RNP + FTE$ 界限

故：

最小 $RNP = 2.22FTE$ 界限

各种飞行模式下 FTE 对最小 RNP 的影响如表 5-14 所示。

表 5-14 有无线电导航更新时 FTE 对航路/终端区域航路分隔的最小 RNP 影响

飞行模式	最小 RNP/n mile
使用自动驾驶仪的水平导航	0.19
用飞行指引仪的水平导航	0.41
用地图显示的人工飞行	1.79
用尺度为 10 n mile 地图显示的人工飞行	0.92
用尺度为 20 n mile 地图显示的人工飞行	1.78

没有 GPS,不会使用 RNP 0.19,因为 DME/DME 在最优的角度下位置误差最小为 0.28 n mile,因此对于仅有无线电导航的最小 RNP 应不小于 0.28 n mile。

2) 终端/进场超障过程 FTE 对 RNP 的影响分析

具有 RNP 能力的飞机利用改善的超障要求能够飞行离场、终端进场过渡和进场程序。最小的 RNP 是指飞机横向超过 $2RNP$ 的水平包容度界限的概率小于 10^{-7}/每次进近,无故障运行的即时概率为 10^{-6}。

(1) 有 GPS 更新的情况。

对于有 GPS 更新的情况,可以确定下面两种情况下的最小 RNP 值:

第一种情况:无卫星失效的 GPS 更新。

对于特定的 RNP,GPS 接收机自主完好性监测卫星失效检测的最大门限 HIL,以可用度为 99.9% 的概率必须小于或等于 RNP。当没有卫星失效时,$HFOM$ 被用作 ANP。对于 HIL 为 0.15 n mile 或更大,$HFOM$ 小于 $0.36HIL$。

$95\% \ ANP \ CT = HFOM < 0.36HIL \leqslant 0.36RNP$,显示的 $ANP = 1.25HFOM = 0.45RNP$,因此当 GPS 更新时,对于正常的飞行将不会出现"NAV UNABLE RNP"EICAS 信息。

a. 对于所有飞行模式:

$ANP \ CT$ 概率为 99.9999%

$ANP \ CT = (4.89/2.45)(0.36RNP)$

$ANP \ CT = 0.72RNP$

$FTE \ CT$ 概率为 99.9999%

$FTE \ CT = (4.89/1.96)FTE$

$FTE \ CT = 2.49FTE$

故:

最小 $RNP = 2.49FTE/(4 - 0.72^2)^{1/2}$

最小 $RNP = 1.33FTE$

b. 利用地图尺度的人工飞行:

$ANP\ CT$ 概率为 99.9999%

$ANP\ CT = (4.89/2.45)(0.36RNP)$

$ANP\ CT = 0.72RNP$

$FTE\ CT$ 概率为 99.9999%

$FTE\ CT = FTE$ 界限（每种地图尺度的 FTE 界限，见表 $5-12$）

$2RNP = ANP\ CT + FTE\ CT$（经数学简化）

$2RNP = 0.72RNP + FTE$ 界限

故：

最小 $RNP = 0.78FTE$ 界限

第二种情况：有卫星失效下的 GPS 更新。

对于特定的 RNP，GPS 接收机自主完好性监测卫星失效检测的最大门限 HIL，以可用度为 99.9% 的概率必须少于或等于 RNP。当某一卫星失效时，HIL 被用作 ANP。此时，只要 HIL 小于 RNP 就不会出现"NAV UNABLE RNP" EICAS 信息，$ANP\ CT$ 将小于 HIL。

a. 对所有飞行模式：

$ANP\ CT$ 概率为 99%（假定在卫星失效率为 $10^{-4}/h$ 的条件下，$ANP\ CT$ 为 10^{-5}）

$ANP\ CT = RNP$（HIL 实际上是 99.9% 的概率门限，这里保守假设一颗卫星失效后 HIL 为 99% 的 GPS 位置误差分布）

$FTE\ CT$ 概率为 99%

$FTE\ CT = (2.58/1.96)FTE$

$FTE\ CT = 1.31FTE$

$2RNP = ANP\ CT + FTE\ CT$（经数学简化）

$2RNP = RNP + 1.31FTE$

故：

最小 $RNP = 1.31FTE$

b. 对使用地图尺度的人工飞行：

$ANP\ CT$ 概率为 99%（假定在卫星失效率为 $10^{-4}/h$ 的条件下，$ANP\ CT$ 为 10^{-5}）

$ANP\ CT = RNP$（HIL 实际上是 99.9% 的概率门限，这里保守假设一颗卫星失效后 HIL 为 99% 的 GPS 位置误差分布）

$FTE\ CT$ 概率为 99%

$FTE\ CT = FTE$ 界限

（每种地图尺度的 FTE 界限，见表 $5-12$）

$2RNP = ANP\ CT + FTE\ CT$（经数学简化）

$2RNP = RNP + FTE$ 界限

故：

最小 $RNP = FTE$ 界限

有 GPS 更新时的各种飞行模式下 FTE 对进近/终端区域最小 RNP 的影响如表 5 - 15 所示。

表 5 - 15   有 GPS 更新时 FTE 对进近/终端区域最小 RNP 的影响

飞行模式	情况一 最小 RNP/n mile	情况二 最小 RNP/n mile	最小 RNP/n mile
使用自动驾驶仪的水平导航	0.12	0.12	0.12
用飞行指引仪的水平导航	0.28	0.27	0.28
用地图显示的人工飞行	0.67	0.66	0.67
用尺度为 10 n mile 地图显示的人工飞行	0.31	0.40	0.40
用尺度为 20 n mile 地图显示的人工飞行	0.62	0.80	0.80

(2) 有无线电导航更新的情况。

对于有无线电导航更新的导航模式：

a. 对所有飞行模式：

$ANP\ CT$ 概率为 99.999 9%

$ANP\ CT = (4.89/2.45)(0.89RNP)$

$ANP\ CT = 1.78RNP$

$FTE\ CT$ 概率为 99.999 9%

$FTE\ CT = (4.89/1.96)FTE$

$FTE\ CT = 2.49FTE$

故：

最小 $RNP = 2.49FTE/(4 - 1.78^2)^{1/2}$

最小 $RNP = 2.73FTE$

b. 利用地图尺度的人工飞行：

$ANP\ CT$ 概率为 99.999 9%

$ANP\ CT = (4.89/2.45)(0.89RNP)$

$ANP\ CT = 1.78RNP$

$FTE\ CT$ 概率为 99.999 9%

$FTE\ CT = FTE$ 界限（每种地图尺度的 FTE 界限，见表 5 - 12）

$2RNP = ANP\ CT + FTE\ CT$（经数学简化）

$2RNP = 1.78RNP + FTE$ 界限

故：

最小 $RNP = 4.55FTE$ 界限

以波音 B777 飞机为例,进近/终端区域各种飞行模式下 *FTE* 对最小 *RNP* 的影响如表 5 - 16 所示。

表 5 - 16 无线电导航更新时 FTE 对进近/终端区域飞行的最小 RNP 影响

飞行模式	最小 *RNP*/n mile
使用自动驾驶仪的水平导航	0.24
用飞行指引仪的水平导航	0.56
用地图显示的人工飞行	1.37
用尺度为 10 n mile 地图显示的人工飞行	1.82
用尺度为 20 n mile 地图显示的人工飞行	3.64

从以上的分析可以得出:飞行技术误差(FTE)的大小对航线分隔和进近线路的划分有决定性的影响,尤其是进近过程,为高精度 *RNP* 的使用,必须尽可能减小飞行技术误差。

3) FTE 对垂直导航性能的影响分析

在 AC 20 - 129 中对垂直精度的要求如下:

海拔区域	总的垂直精度(99.7%)
$<5\,000\,\text{ft}$	224 ft
$>5\,000\,\text{ft}$ 且 $<10\,000\,\text{ft}$	335 ft
$>10\,000\,\text{ft}$	372 ft

对于进近过程,可适用的垂直精度要求为 224 ft。

总的垂直系统误差(99.7%)定义为

$$(VERT\ TOT) = [(VERT\ HC)^2 + (VERT\ ANP)^2 + (VERT\ FTE)^2]^{1/2}$$

式中:*VERT TOT* 为总的垂直误差;*VERT HC* 为水平耦合误差;*VERT ANP* 为终端区域垂直位置误差 60 ft;*VERT FTE* 为终端区域垂直飞行技术误差 73 ft。

水平耦合误差来自水平径向 *RNP*(n mile, 95%)按垂直包容度(99.7%)通过飞行路径角(FPA)沿航迹方向耦合到垂直方向的垂直误差。

$$VERT\ HC = Racc \times (3/2.45) \times 6076 \times \tan(FPA)$$

式中:*Racc* 由 *ANP* = *RNP* 算出,在报警前表现为最大的 *ANP*;*Racc* = 0.36*RNP*,对于有 GPS 更新;*Racc* = 0.89*RNP*,对于有无线电更新。

给出 *RNP*,*VERT ANP*,*VERT FTE*,和 AC 20 - 129 中 *VERT TOT* 的界限,可计算出最大的飞行路径角:

$$(FPA)_{\max} = \operatorname{atan}((VERT\ TOT)^2 - (VERT\ ANP)^2 - (VERT\ FTE)^2)^{1/2}/$$
$$(Racc \cdot (3/2.45) \cdot 6076))$$

注:6076 ft = 1 n mile

表 5-17 给出了垂直精度 224 ft 要求下的进近过程最大的飞行路径角（FPA）。

表 5-17　与 *RNP* 对应的最大 *FPA*

RNP/n mile	GPS 更新最大的 FPA/(°)	无线电更新最大 FPA/(°)
0.10	>5.0	>5.0
0.20	>5.0	>5.0
0.30	>5.0	>5.0
0.40	>5.0	4.4
0.50	>5.0	3.5
0.60	>5.0	2.9

由上式也可得出，在飞机起飞或进近过程，如果垂直飞行技术误差越大，则要求飞行路径角越小，这就限制了飞机的垂直机动性能。

5.3.7　航路和飞行程序空域规划中的 PEE 影响

不应当拟定导航基础架构不支持的 RNP RNAV 飞行程序。因此，国家应当评估当前导航基础架构是否能够支持某一特定的 RNP-$(x)RNAV$ 类型。评估过程包括以下步骤：

（1）确定支持该种 RNP-$(x)RNAV$ 类型的最大 σ_{PEE}。

（2）评估哪些导航设备能够满足最大 σ_{PEE} 的要求，并选定至少一种这些导航设备的组合方式。

应当在飞行程序的涉及范围之内检验这些导航设备。因为空中设备所需要的空间信号要遵循本附录中提及的信号特性。同时，在评估导航基础架构是否能够支持特定类型的 RNP-$(x)RNAV$ 时，也需要拟定空中信号具有本附录中所述的特性。

鉴于提供的导航设备和可能进行的飞行操作，国家和政府可能会选择采用多冗余的设备配置来满足空中交通条例的可用性要求。如果确实需要多套装备来满足空中交通服务条例，那么就应当采用最差条件可操作性配置。

例如，如果一条 RNP RNAV 飞行程序基于 DME/DME 导航环境。实际上只需要两个 DME 就能够完成导航需求，然而该国政府也许需要使用 3 个 DME 来保证期望的导航可用性以及用于验证 DME 地面设施是否正常运转。在这种情况下，几何位置最差的两个 DME 将被用于验证（第三个 DME 不提供服务）。

5.4　导航性能的指标分配

关于 RNP-x 与 PDE/FTE/NSE 的相互关系或指标分配问题，RTCA DO-236B 的附录 C 中要求如下。

对于给定的 RNP-x：

$$\mathrm{MAX}\{\sigma_{\mathrm{PEE}}\} = 0.3RNP - x \qquad (5-11)$$

忽略 PDE,认为

$$\sigma_{\mathrm{TSE}}^2 = \sigma_{\mathrm{PEE}}^2 + \sigma_{\mathrm{FTE}}^2 \qquad (5-12)$$

则

$$\sigma_{\mathrm{FTE}} = 0.4RNP - x \qquad (5-13)$$

注：$(RNP-x)^2 = (2\sigma_{\mathrm{TSE}})^2 = (2\times 0.3RNP-x)^2 + (2\times 0.4RNP-x)^2$

（因为 $RNP-x$ 是指 95% 概率下的值,即 2σ 的值。）

对于 $RNP1$,则对导航系统的定位精度应优于 0.3 n mile(1σ),对飞机的飞行技术误差应不大于 0.4 n mile(1σ)。

5.5 导航综合与管理

5.5.1 概述

导航系统的功能是确定飞机当前所在的位置、飞行方向,确定相对飞行目标点的距离、方位、时间,计算应飞航向、速度等参数,引导飞机按预定航线飞达目的地。

依据先进飞行管理计算机系统(ARINC702A-2)4.3 节飞行管理功能有关多传感导航的要求,导航系统应能连续地、实时地、三维地向机组提供如下导航参数：

(1) 估计的飞机位置(经、纬、高)；

(2) 飞机速度；

(3) 偏流角(可选)；

(4) 航迹角；

(5) 磁差(可选)；

(6) 风速、风向；

(7) 时间；

(8) 所需导航性能(RNP)和实际性能估计。

注：偏流角和磁差也可直接由惯性参考系统提供,而不需 FMS 计算。

飞行管理系统的导航功能将依据导航传感器的精度特性、原始数据及当前状态的信息,自动选取有效的导航传感器(GNSS、IRU、DME、VOR 等)组合以提供飞机位置、速度的最优估值。

导航综合与管理需完成的具体功能如图 5-23 所示。

在众多导航传感器可利用的情况下,导航数据融合的目的就是给出导航过程中有效导航传感器的选择方法和飞机位置、速度最优估值的获取方法及算法。

飞管计算机将接收到的惯性导航、卫星导航、无线电导航、大气计算机等各导航子系统的信息,通过故障诊断、隔离、重构和信息融合,有效提升整机导航信息的精

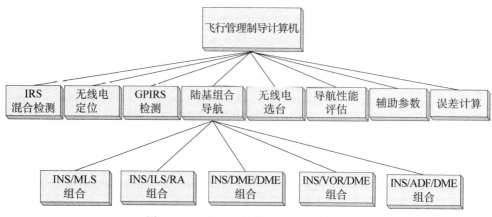

图 5-23　FMS 导航信息管理功能划分

度、完好性、可用性和连续性,保证飞管导航功能的精确实施。导航信息的融合管理与计算如图 5-24 所示。

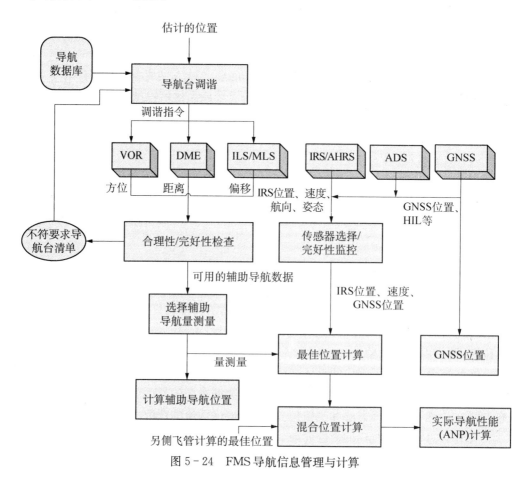

图 5-24　FMS 导航信息管理与计算

5.5.2 无线电导航台站调谐

飞管系统根据导航数据库存储的地面无线电导航台的位置数据及当前估算的导航位置数据,选择最佳的无线电导航台,接收无线电导航数据。对于地面无线电导航台选择按照以下顺序优先进行:DME/DME、DME/VOR(ADF)。

当飞行计划中规定了特定的无线电导航台,则飞管系统根据需要选择特定的无线电导航台参与导航解算。

无线电导航台的自动调谐选择按 3.6 节所述执行,应尽量避免频繁的导航台切换。

可手工选择接收特定 DME/VOR 台站的导航数据。

5.5.3 无线电台站合理性检测

在使用无线电导航台参与导航解算前,需对导航台的合理性进行检测。为使 DME/DME、VOR/DME 定位满足在规定 RNP 值航段的导航精度,选台时不仅要控制与台站的距离、方位,对于 DME/DME,还要控制与两台站连线的夹角,应使 α 至少在 30°~150°范围内。

当接收到 DME、VOR 的距离、方位超过合理的 DME、VOR 作用距离和合理的方位时,对应的无线电导航信息不再参与导航解算。

5.5.4 选择辅助导航量测量

进近阶段按顺序优先选择 MLS、ILS、DGPS、GNSS、DME/DME、VOR/DME;航路阶段按顺序优先选择 DGPS、GNSS、DME/DME、VOR/DME。

5.5.5 辅助导航的位置计算

5.3.5.1 节中式(5-1)和式(5-7)与式(5-8)分别给出了 VOR/DME 和 DME/DME 辅助导航定位的计算过程。

在 FMS 中同时存在多种位置信息,即最优的 FMS 位置、INS/GNSS 位置或 INS/其他辅助导航位置、惯性混合位置、纯惯性位置等,FMS 根据上述优选条件与逻辑最终完成最佳 FMS 位置的计算。

5.5.6 IRS 与 VOR/DME/ADF、GNSS、ADS 的组合方案

5.5.6.1 卡尔曼滤波器

从前面的导航子系统介绍可以看到:在所有的导航子系统中,惯性系统能提供的信息最全,且自主性、连续性、短期稳定性好,因此在整个区域或航路导航中始终以惯性导航系统作为基本导航手段,其他导航子系统作为辅助手段以改善惯性系统的长期稳定性,保证导航性能符合所需导航性能要求。

导航系统的组合一般有两种基本方法:

(1)回路反馈法。即采用经典的反馈控制方法,抑制系统误差,并使子系统间性能互补。

（2）最优估计法。即采用现代控制理论中的最优估计法（卡尔曼滤波算法），从概率统计最优的角度估计出系统误差并消除之。

由于各子系统的误差源和量测中引入的误差都是随机的，所以第二种方法远优于第一种方法，卡尔曼滤波器也成为组合导航系统中最常用的算法。

当设计组合导航系统的卡尔曼滤波器时，必须列写出描述系统动态特性的系统方程和反映测量与状态关系的量测方程。

设随机线性离散系统的状态方程和量测方程为

$$\begin{cases} \boldsymbol{X}_k = \boldsymbol{\Phi}_{k/k-1}\boldsymbol{X}_{k-1} + \boldsymbol{\Gamma}_{k/k-1}\boldsymbol{W}_{k-1} \\ \boldsymbol{Z}_k = \boldsymbol{H}_k\boldsymbol{X}_k + \boldsymbol{V}_k \end{cases} \tag{5-14}$$

式中：$\boldsymbol{X}_k$ 为 k 时刻系统的 n 维状态向量，即被估计量；$\boldsymbol{Z}_k$ 为 k 时刻的 m 维量测向量；$\boldsymbol{\Phi}_{k/k-1}$ 为 $k-1$ 时刻到 k 时刻的系统 $n\times n$ 维一步状态转移矩阵；$\boldsymbol{W}_{k-1}$ 为 $k-1$ 时刻系统 p 维过程噪声向量；$\boldsymbol{\Gamma}_{k/k-1}$ 为 $n\times p$ 维系统噪声输入矩阵；$\boldsymbol{H}_k$ 为 k 时刻 $m\times n$ 维量测矩阵；$\boldsymbol{V}_k$ 为 k 时刻的 m 维量测噪声。

关于系统的过程噪声和量测噪声的统计特性假定如下：

$$\begin{cases} E[\boldsymbol{W}_k] = \boldsymbol{0} \\ E[\boldsymbol{V}_k] = \boldsymbol{0} \\ E[\boldsymbol{W}_k\boldsymbol{W}_j^{\mathrm{T}}] = \boldsymbol{Q}_k\boldsymbol{\delta}_{ij} \\ E[\boldsymbol{V}_k\boldsymbol{V}_j^{\mathrm{T}}] = \boldsymbol{R}_k\boldsymbol{\delta}_{ij} \\ E[\boldsymbol{W}_k\boldsymbol{V}_j^{\mathrm{T}}] = \boldsymbol{0} \end{cases} \tag{5-15}$$

式中：Q_k 为系统噪声的 $p\times p$ 维对称非负定方差矩阵；R_k 为系统测量噪声 $m\times m$ 维对称正定方差矩阵。

如果被估计状态 $\boldsymbol{X}_k$ 和对 $\boldsymbol{X}_k$ 的观测量 $\boldsymbol{Z}_k$ 满足式（5-14）的约束，系统过程噪声 $\boldsymbol{W}_{k-1}$ 和观测噪声 $\boldsymbol{V}_k$ 满足式（5-15）的假设，系统过程噪声方差阵 $\boldsymbol{Q}_k$ 非负定、系统观测噪声方差阵正定，k 时刻的观测为 $\boldsymbol{Z}_k$，则 $\boldsymbol{X}_k$ 的估计 $\hat{\boldsymbol{X}}_k$ 可按图 5-25 所列方程流程求解。

从图 5-25 可见，卡尔曼滤波算法具有两个更新过程：时间更新过程和量测更新过程，在同一滤波周期内具有两个回路：滤波计算回路和增益计算回路。

5.5.6.2　IRS(或 INS)状态方程

捷联惯导系统的误差状态选取速度误差 δV、姿态误差 ϕ、位置误差（$\delta\lambda$，$\delta\varphi$，δh）、陀螺漂移误差 ε 和加计零偏误差 ∇，综合考虑模型精度和计算量，各状态量误差方程简化如下。

1）速度误差方程

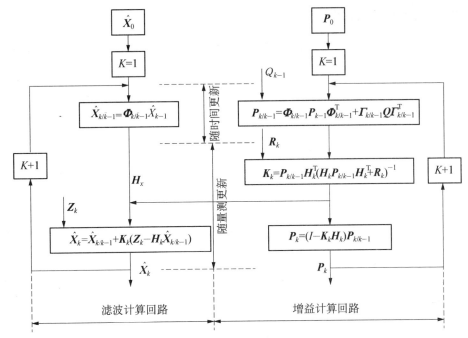

图 5-25 卡尔曼滤波算法流程图

$$\begin{cases} \dot{\delta V_E} = \left(\dfrac{V_N}{R_N+h}\tan L\right)\delta V_E + \left(2\Omega_U + \dfrac{V_E}{R_N+h}\tan L\right)\delta V_N - f_U\phi_N + f_N\phi_U + \nabla_E \\[3mm] \dot{\delta V_N} = -2\left(\Omega_U + \dfrac{V_E}{R_N+h}\tan L\right)\delta V_E + f_U\phi_E - f_E\phi_U + \nabla_N \\[3mm] \dot{\delta V_U} = -f_N\phi_E + f_E\phi_N + \nabla_U \end{cases}$$

$$(5-16)$$

2) 姿态误差方程

$$\begin{cases} \dot{\phi_E} = -\dfrac{1}{R_M+h}\delta V_N + \left(\Omega_U + \dfrac{V_E}{R_N+h}\tan L\right)\phi_N - \left(\Omega_N + \dfrac{V_E}{R_N+h}\right)\phi_U - \varepsilon_E \\[3mm] \dot{\phi_N} = -\dfrac{1}{R_N+h}\delta V_E + \left(\Omega_U + \dfrac{V_E}{R_N+h}\tan L\right)\phi_E - \dfrac{V_N}{R_M+h}\phi_U - \varepsilon_N \\[3mm] \dot{\phi_U} = \dfrac{\tan L}{R_N+h}\delta V_E + \left(\Omega_N + \dfrac{V_E}{R_N+h}\right)\phi_E + \dfrac{V_N}{R_M+h}\phi_N - \varepsilon_U \end{cases}$$

$$(5-17)$$

3) 位置误差方程

$$\begin{cases} \dot{\delta_\lambda} = \dfrac{1}{(R_M+h)\cos L}\delta V_E \\[3mm] \dot{\delta_L} = \dfrac{1}{R_N+h}\delta V_N \\[3mm] \dot{\delta_h} = \delta V_U \end{cases}$$

$$(5-18)$$

4）陀螺漂移误差方程

$$\begin{cases} \dot{\varepsilon}_x = 0 \\ \dot{\varepsilon}_y = 0 \\ \dot{\varepsilon}_z = 0 \end{cases} \qquad (5-19)$$

5）加计零偏误差方程

$$\begin{cases} \dot{\nabla}_x = 0 \\ \dot{\nabla}_y = 0 \\ \dot{\nabla}_z = 0 \end{cases} \qquad (5-20)$$

综合上述误差模型,取状态变量

$$\boldsymbol{X}(t) = \begin{bmatrix} \delta V_E & \delta V_N & \delta V_U & \phi_E & \phi_N & \phi_U & \delta\lambda & \delta L & \delta h & \varepsilon_x & \varepsilon_y & \varepsilon_z & \nabla_x & \nabla_y & \nabla_z \end{bmatrix}^T$$
$$(5-21)$$

根据状态变量 $\boldsymbol{X}(t)$ 和系统误差模型式(5-16)～式(5-20),可以得到惯导系统的状态方程:

$$\boldsymbol{X}(t) = \boldsymbol{F}(t)\boldsymbol{X}(t) + \boldsymbol{W}(t) \qquad (5-22)$$

式中:

$$\boldsymbol{F}(t)_{(15\times15)} = \begin{bmatrix} \boldsymbol{F}_{N(6\times6)} & \boldsymbol{0}_{6\times3} & \begin{matrix} \boldsymbol{0}_{3\times3} & \boldsymbol{C}_{b(3\times3)}^n \\ -\boldsymbol{C}_{b(3\times3)}^n & \boldsymbol{0}_{3\times3} \end{matrix} \\ \boldsymbol{F}_{P(3\times3)} & \boldsymbol{0}_{3\times12} & \\ & \boldsymbol{0}_{6\times15} & \end{bmatrix}$$

$$\boldsymbol{F}_{P(3\times3)} = \mathrm{diag}\left[\frac{1}{(R_N+h)\cos L} \quad \frac{1}{R_M+h} \quad 1 \right]$$

$$\boldsymbol{F}_{N(6\times6)} = \begin{bmatrix} \dfrac{V_N\tan L}{R_N+h} & 2\Omega_U+\dfrac{V_E\tan L}{R_N+h} & 0 & 0 & -f_U & f_N \\[2mm] -2\left(\Omega_U+\dfrac{V_E\tan L}{R_N+h}\right) & 0 & 0 & f_U & 0 & -f_E \\[2mm] 0 & 0 & 0 & -f_N & f_E & 0 \\[2mm] 0 & \dfrac{1}{R_M+h} & 0 & 0 & \Omega_U+\dfrac{V_E\tan L}{R_N+h} & -\Omega_N\dfrac{V_E}{R_N+h} \\[2mm] \dfrac{1}{R_N+h} & 0 & 0 & -\Omega_U-\dfrac{V_E\tan L}{R_N+h} & 0 & -\dfrac{V_N}{R_M+h} \\[2mm] \dfrac{\tan L}{R_N+h} & 0 & 0 & \Omega_N+\dfrac{V_E}{R_N+h} & \dfrac{V_N}{R_M+h} & 0 \end{bmatrix}$$

连续状态矩阵 $F(t)$ 的计算周期 T_s 可大于惯性导航解算周期 Δt，对矩阵 $F(t)$ 进行离散化，即可得离散状态转移矩阵

$$\boldsymbol{\Phi}_{k/k-1} = e^{FT_s} \approx \boldsymbol{I} + \boldsymbol{F}T_s \tag{5-23}$$

5.5.6.3 IRS/VOR/DME 组合方案

IRS/VOR/DME 组合处理方式采用斜距/方位角组合，允许 VOR 和 DME 不在同一位置，尽管多数情况下 VOR/DME 地面台站是布置在同一位置的。将 VOR、DME 的方位和斜距测量误差看做由偏置误差和测量噪声误差构成，而 DME 的偏置误差与被测距离的远近有关，因此用刻度因子误差来描述。其状态变量扩充为

$$\boldsymbol{X}(t) = [\delta V_E \quad \delta V_N \quad \delta V_U \quad \phi_E \quad \phi_N \quad \phi_U \quad \delta\lambda \quad \delta\varphi \quad \delta h \quad \varepsilon_x$$
$$\varepsilon_y \quad \varepsilon_z \quad \nabla_x \quad \nabla_y \quad \nabla_z \quad \delta k_D \quad \delta\theta_V]^T \tag{5-24}$$

1) 量测值构成

将惯导计算的载机即时位置 (λ, φ, h)、DME 台站位置 $(\lambda_D, \varphi_D, h_D)$、VOR 台站位置 $(\lambda_V, \varphi_V, h_V)$ 代入式（1-32）转换至地球直角坐标系，并分别计算飞机即时位置坐标至 DME 台站和 VOR 台站间的差值向量：

$$\boldsymbol{r}_{d/v}^e = \begin{bmatrix} r_{x(d/v)}^e \\ r_{y(d/v)}^e \\ r_{z(d/v)}^e \end{bmatrix} = \begin{bmatrix} x - x_{d/v} \\ y - y_{d/v} \\ z - z_{d/v} \end{bmatrix} \tag{5-25}$$

根据式（1-42）计算台站点的转换矩阵 $\boldsymbol{C}_e^n$，并将差值向量转换至 n 系。

$$\boldsymbol{r}_{d/v}^n = \begin{bmatrix} r_{x(d/v)}^n \\ r_{y(d/v)}^n \\ r_{z(d/v)}^n \end{bmatrix} = \boldsymbol{C}_e^n(d/v) \cdot \boldsymbol{r}_{d/v}^e \tag{5-26}$$

计算斜距 ρ、方位角 θ：

$$\rho = \sqrt{(r_{xd}^n)^2 + (r_{yd}^n)^2 + (r_{zd}^n)^2} \tag{5-27}$$

$$\theta = a\tan 2\left(\frac{r_{xv}^n}{r_{yv}^n}\right) \tag{5-28}$$

由式（5-27）和式（5-28），可求得计算斜距 ρ_I 和计算方位角 θ_I。设 DME 测量斜距为 ρ_D，VOR 测量方位角为 θ_V，则量测值可表示为

$$\boldsymbol{Z}_T = \begin{bmatrix} \delta\rho \\ \delta\theta \end{bmatrix} = \begin{bmatrix} \rho_I - \rho_D \\ \theta_I - \theta_V \end{bmatrix} \tag{5-29}$$

2) 量测方程

计算 DME 在 n 系差值向量为 $[r_{xD}^n \quad r_{yD}^n \quad r_{zD}^n]^T$，距离为 ρ，VOR 的差值向量为

$[r_{xV}^n \quad r_{yV}^n \quad r_{zV}^n]^{\mathrm{T}}$，可得惯导位置计算的斜距和方位角可表示为

$$
\begin{cases}
\rho_{\mathrm{I}} \approx \rho + \left[\dfrac{r_{xD}^n}{\rho_D} \quad \dfrac{r_{yD}^n}{\rho_D} \quad \dfrac{r_{zD}^n}{\rho_D}\right]\delta \boldsymbol{r}^n \\[3mm]
\theta_{\mathrm{I}} \approx \theta + \left[\dfrac{r_{yV}^n}{(r_{xV}^n)^2 + (r_{yV}^n)^2} \quad \dfrac{-r_{xV}^n}{(r_{xV}^n)^2 + (r_{yV}^n)^2} \quad 0\right]\delta \boldsymbol{r}^n
\end{cases}
\tag{5-30}
$$

VOR/DME 测量的伪距和方位角可表示为

$$
\begin{cases}
\rho_{\mathrm{D}} = \rho + \rho \delta k_{\mathrm{D}} + V_\rho \\
\theta_{\mathrm{V}} = \theta + \delta \theta_{\mathrm{V}} + V_\theta
\end{cases}
\tag{5-31}
$$

将式(5-30)和式(5-31)代入式(5-29)，可得

$$
\boldsymbol{Z}_{\mathrm{T}} = \begin{bmatrix} \rho_{\mathrm{I}} - \rho_{\mathrm{D}} \\ \theta_{\mathrm{I}} - \theta_{\mathrm{V}} \end{bmatrix} = \begin{bmatrix} A_{\mathrm{D}} \\ A_{\mathrm{V}} \end{bmatrix}\delta \boldsymbol{r}^n - \begin{bmatrix} \rho \delta k_{\mathrm{D}} \\ \delta \theta_{\mathrm{V}} \end{bmatrix} - \begin{bmatrix} V_\rho \\ V_\theta \end{bmatrix}
\tag{5-32}
$$

$$
\begin{cases}
\boldsymbol{A}_{\mathrm{D}} = \left[\dfrac{r_{xD}^n}{\rho_D} \quad \dfrac{r_{yD}^n}{\rho_D} \quad \dfrac{r_{zD}^n}{\rho_D}\right] \\[3mm]
\boldsymbol{A}_{\mathrm{V}} = \left[\dfrac{r_{yV}^n}{(r_{xV}^n)^2 + (r_{yV}^n)^2} \quad \dfrac{-r_{xV}^n}{(r_{xV}^n)^2 + (r_{yV}^n)^2} \quad 0\right]
\end{cases}
\tag{5-33}
$$

设 DME 台站处的转换矩阵为 $\boldsymbol{C}_{e\mathrm{D}}^n$，VOR 台站处的转换矩阵为 $\boldsymbol{C}_{e\mathrm{V}}^n$，并根据状态变量选择，可以得到量测矩阵为

$$
\boldsymbol{H}(t) = \begin{bmatrix} \boldsymbol{0}_{2\times6} & A_{\mathrm{D}}\boldsymbol{C}_{e\mathrm{D}}^n\boldsymbol{B} & \boldsymbol{0}_{2\times6} & -\rho_{\mathrm{D}} & 0 \\ & A_{\mathrm{V}}\boldsymbol{C}_{e\mathrm{V}}^n\boldsymbol{B} & & 0 & -1 \end{bmatrix}
\tag{5-34}
$$

计算量测矩阵时用到的 $[r_x^n \quad r_y^n \quad r_z^n]^{\mathrm{T}}$、$\rho$、$(\lambda, \varphi, h)$ 均可由惯导计算值代替，$\boldsymbol{C}_e^n$ 为由台站位置计算得到的转换矩阵。

5.5.6.4　IRS/DME/DME 组合

IRS/DME/DME 组合采用双斜距组合方式，将 DME 斜距的测量误差看做由偏置误差和测量噪声误差构成，偏置误差 δD_1、δD_2 与被测距离的远近有关，因此用刻度因子误差来描述。扩充后的状态变量为

$$
\begin{aligned}
\boldsymbol{X}(t) = [\delta V_{\mathrm{E}} \quad & \delta V_{\mathrm{N}} \quad \delta V_{\mathrm{U}} \quad \phi_{\mathrm{E}} \quad \phi_{\mathrm{N}} \quad \phi_{\mathrm{U}} \quad \delta \lambda \quad \delta \varphi \quad \delta h \quad \varepsilon_x \\
& \varepsilon_y \quad \varepsilon_z \quad \nabla_x \quad \nabla_y \quad \nabla_z \quad \delta k_{\mathrm{D1}} \quad \delta k_{\mathrm{D2}}]^{\mathrm{T}}
\end{aligned}
\tag{5-35}
$$

1) 量测值构成

将惯导计算的载机即时位置 (λ, φ, h) 和由 DME 台站位置 $(\lambda_{t1}, \varphi_{t1}, h_{t1})$ 和 $(\lambda_{t2}, \varphi_{t2}, h_{t2})$ 及测得的代入式(5-25)～式(5-27)，可求得计算斜距 ρ_{I1} 和 ρ_{I2}。设 DME 测量斜距为 ρ_{D1} 和 ρ_{D2}，则量测值可表示为

$$
\boldsymbol{Z}_{\mathrm{D}} = \begin{bmatrix} \delta \rho_1 \\ \delta \rho_2 \end{bmatrix} = \begin{bmatrix} \rho_{\mathrm{I1}} - \rho_{\mathrm{D1}} \\ \rho_{\mathrm{I2}} - \rho_{\mathrm{D2}} \end{bmatrix}
\tag{5-36}
$$

2) 量测方程

计算 DME1 在 n 系差值向量为 $[\begin{matrix} r_{x1}^n & r_{y1}^n & r_{z1}^n \end{matrix}]^{\mathrm{T}}$，距离为 ρ_1，DME2 的差值向量为 $[\begin{matrix} r_{x2}^n & r_{y2}^n & r_{z2}^n \end{matrix}]^{\mathrm{T}}$，距离为 ρ_2。

$$\begin{cases} \rho_{I1} \approx \rho_1 + \begin{bmatrix} \dfrac{r_{x1}^n}{\rho_1} & \dfrac{r_{y1}^n}{\rho_1} & \dfrac{r_{z1}^n}{\rho_1} \end{bmatrix} \delta \boldsymbol{r}^n \\ \rho_{I2} \approx \rho_2 + \begin{bmatrix} \dfrac{r_{x2}^n}{\rho_2} & \dfrac{r_{y2}^n}{\rho_2} & \dfrac{r_{z2}^n}{\rho_2} \end{bmatrix} \delta \boldsymbol{r}^n \end{cases} \tag{5-37}$$

DME 测量的距离可表示为

$$\begin{cases} \rho_{D1} = \rho_1 + \rho_1 \delta k_{D1} + V_{\rho 1} \\ \rho_{D2} = \rho_2 + \rho_2 \delta k_{D2} + V_{\rho 2} \end{cases} \tag{5-38}$$

将式(5-37)和式(5-38)代入式(5-36)，可得

$$\boldsymbol{Z}_{\mathrm{T}} = \begin{bmatrix} \rho_{I1} - \rho_{D1} \\ \rho_{I2} - \rho_{D2} \end{bmatrix} = \boldsymbol{A} \delta \boldsymbol{r}^n - \begin{bmatrix} \rho_1 \delta k_{D1} \\ \rho_2 \delta k_{D2} \end{bmatrix} - \begin{bmatrix} V_{\rho 1} \\ V_{\rho 2} \end{bmatrix} \tag{5-39}$$

式中：$\boldsymbol{A} = \begin{bmatrix} \dfrac{r_{x1}^n}{\rho_1} & \dfrac{r_{y1}^n}{\rho_1} & \dfrac{r_{z1}^n}{\rho_1} \\ \dfrac{r_{x2}^n}{\rho_2} & \dfrac{r_{y2}^n}{\rho_2} & \dfrac{r_{z2}^n}{\rho_2} \end{bmatrix} \tag{5-40}$

可得

$$\begin{cases} \boldsymbol{A}_1 = \begin{bmatrix} \dfrac{r_{x1}^n}{\rho_1} & \dfrac{r_{y1}^n}{\rho_1} & \dfrac{r_{z1}^n}{\rho_1} \end{bmatrix} \\ \boldsymbol{A}_2 = \begin{bmatrix} \dfrac{r_{x2}^n}{\rho_2} & \dfrac{r_{y2}^n}{\rho_2} & \dfrac{r_{z2}^n}{\rho_2} \end{bmatrix} \end{cases} \tag{5-41}$$

设 DME1 台站处的转换矩阵为 $\boldsymbol{C}_{e1}^n$，DME2 台站处的转换矩阵为 $\boldsymbol{C}_{e2}^n$，并根据式 (5-35)确定的状态变量选择，可以得到量测方程 $\boldsymbol{Z}(t) = \boldsymbol{H}(t)\boldsymbol{X}(t) + \boldsymbol{V}(t)$ 中的量测矩阵为

$$\boldsymbol{H}(t) = \begin{bmatrix} \boldsymbol{0}_{2 \times 6} & \begin{matrix} \boldsymbol{A}_1 \boldsymbol{C}_{e1}^n \boldsymbol{B} \\ \boldsymbol{A}_2 \boldsymbol{C}_{e2}^n \boldsymbol{B} \end{matrix} & \boldsymbol{0}_{2 \times 6} & \begin{matrix} -\rho_1 & 0 \\ 0 & -\rho_2 \end{matrix} \end{bmatrix} \tag{5-42}$$

矩阵 $\boldsymbol{B}$ 为式(1-32)对 (λ, φ, h) 求微分。

$$\boldsymbol{B} = \begin{bmatrix} -(R_N + h)\cos\varphi\sin\lambda & -(R_N + h)\sin\varphi\cos\lambda & \cos\varphi\cos\lambda \\ (R_N + h)\cos\varphi\cos\lambda & -(R_N + h)\sin\varphi\sin\lambda & \cos\varphi\sin\lambda \\ 0 & [R_N(1-e)^2 + h]\cos\varphi & \sin\varphi \end{bmatrix} \tag{5-43}$$

在 IRS/DME/DME 组合状态，在构造量测前还需进行交会角判断。利用两套 DME 系统来确定飞机位置的定位误差，却因飞机与两个地面台相对位置的不同而

有较大的差异。其定位误差与测距误差的关系为 $\sigma_\rho^2 = (\sigma_{\rho 1}^2 + \sigma_{\rho 2}^2)/\sin\theta_{12}$。

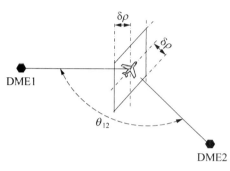

图 5-26 DME 交会角对定位误差的影响

如图 5-26 所示，DME1 和 DME2 为两个地面台，θ_{12} 为飞机对应地面点与两个地面台位置线的夹角，称为交会角。

当 θ_{12} 为 90°时，测距误差 $\delta\rho$ 造成的定位误差区最小，为正方形；图中 $\theta_{12}>90°$，定位误差为菱形，误差区比 $\theta_{12}=90°$时的误差区大；若 θ_{12} 接近 180°，则定位误差最大。因此，在 IRS/DME/DME 组合状态，除距离限制外还应增加交会角的限制 30°<θ_{12}<150°。

水平交会角可采用三角形余弦定理计算，具体步骤如下：

(1) 将 DME1 台站位置(λ_1，φ_1，h_1)代入式(1-32)求得 DME1 台站在地球直角坐标系下的坐标$[x_{D1} \quad y_{D1} \quad z_{D1}]^T$，将 DME2 台站位置($\lambda_2$，$\varphi_2$，$h_2$)代入式(1-32)，求得 DME2 台站在地球直角坐标系下的坐标$[x_{D2} \quad y_{D2} \quad z_{D2}]^T$。

(2)差值计算。

$$\boldsymbol{r}^e = \begin{bmatrix} r_x^e \\ r_y^e \\ r_z^e \end{bmatrix} = \begin{bmatrix} \boldsymbol{x}_{D2} - \boldsymbol{x}_{D1} \\ \boldsymbol{y}_{D2} - \boldsymbol{y}_{D1} \\ \boldsymbol{z}_{D2} - \boldsymbol{z}_{D1} \end{bmatrix} \tag{5-44}$$

(3) 计算两个 DME 台站间的直线距离：

$$\rho_T = \sqrt{(r_x^e)^2 + (r_y^e)^2 + (r_z^e)^2} \tag{5-45}$$

(4) 根据 DME1 输出斜距 ρ_1、DME2 输出斜距 ρ_2、台站间距离 ρ_T 和载机高度 h_b 计算三点间的水平距离：

$$\begin{cases} d_1 = \sqrt{\rho_1^2 - (h_b - h_1)^2} \\ d_2 = \sqrt{\rho_2^2 - (h_b - h_2)^2} \\ d_3 = \sqrt{\rho_T^2 - (h_1 - h_2)^2} \end{cases} \tag{5-46}$$

(5) 两个地面台相对飞机位置的水平交会角为

$$\theta_{12} = \arccos\left(\frac{d_1^2 + d_2^2 - d_3^2}{2d_1 d_2}\right) \tag{5-47}$$

5.5.6.5　惯性/GNSS 组合方案

IRS/GPS 组合导航包括输出校正、位置组合和伪距组合 3 种方式。

1) 输出校正

这是一种最为简单的综合方式，其主要特点：GPS 和惯导独立工作，组合工作仅表现在用 GPS 校正惯导的位置输出。

当 GPS 定位信息有效时,更新惯导位置$(\lambda_{ins}, \varphi_{ins})$和 GPS 接收机输出位置$(\lambda_{gps}, \varphi_{gps})$之差并保存。

$$\begin{bmatrix} \delta\lambda \\ \delta\varphi \end{bmatrix} = \begin{bmatrix} \lambda_{ins} - \lambda_{gps} \\ \varphi_{ins} - \varphi_{gps} \end{bmatrix} \tag{5-48}$$

对外输出位置信息时,用惯导位置$(\lambda_{ins}, \varphi_{ins})$基础上减去最新计算的差值。

$$\begin{bmatrix} \lambda_{OUT} \\ \varphi_{OUT} \end{bmatrix} = \begin{bmatrix} \lambda_{ins} - \delta\lambda \\ \varphi_{ins} - \delta\varphi \end{bmatrix} \tag{5-49}$$

由于惯导高度发散,在该方式中使用 GPS 高度对惯导高度 h_{ins} 进行阻尼。

2) 位置组合

这是一种常用的组合模式。用惯导和 GPS 输出的位置之差作为量测值,经卡尔曼滤波器估计惯导系统的各项误差,然后对惯导系统进行校正。

系统状态变量的选择与式(5-21)一致,将 GPS 定位误差看做量测噪声,故状态方程和式(5-22)一致。

(1) 量测值构成。

位置组合的量测值为惯导位置$(\lambda_{ins}, \varphi_{ins}, h_{ins})$和 GPS 接收机输出位置$(\lambda_{gps}, \varphi_{gps}, h_{gps})$之差:

$$\boldsymbol{Z} = \begin{bmatrix} \delta\lambda \\ \delta\varphi \\ \delta h \end{bmatrix} = \begin{bmatrix} \lambda_{ins} - \lambda_{gps} \\ \varphi_{ins} - \varphi_{gps} \\ h_{ins} - h_{gps} \end{bmatrix} \tag{5-50}$$

(2) 位置量测方程。

根据量测值构成式(5-50)和状态变量的选择,可构成量测方程:

$$\boldsymbol{Z} = \boldsymbol{H}(t)\boldsymbol{X}(t) + \boldsymbol{V}(t) = \begin{bmatrix} \boldsymbol{0}_{3\times6} & \boldsymbol{I}_{3\times3} & \boldsymbol{0}_{3\times6} \end{bmatrix} \boldsymbol{X}(t) + \boldsymbol{V}(t) \tag{5-51}$$

3) 伪距组合

伪距组合是一种复杂、紧密的信息综合,伪距组合原理框图如图 5-27 所示。惯导输出位置结合 GPS 可见卫星位置,可以求出相应的计算距离 ρ_I。将计算得到的 ρ_I 与 GPS 测量得到的 ρ_G 之差 $\delta\rho$ 作为量测值,通过卡尔曼滤波器估计惯导系统和 GPS 的误差量,然后进行反馈校正。

与位置组合相比,伪距组合具有如下优点:

(1) 直接采用了的原始观测量伪距,无量测相关问题,可以获得更高的组合精度。

(2) 当 GPS 有效星数小于 4 时,仍可提供一定的导航精度,具有可靠性和容错性;当有效星数大于 4 时,通过数据冗余可以进一步提高精度。

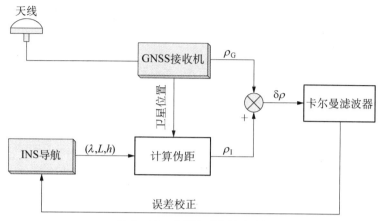

图 5-27　伪距组合原理框图

　　由于 GPS 输出的测量伪距 ρ_G 中包含了接收机钟差,故应将接收机钟差等效距离 δt_u 列入状态方程一起进行估计。系统状态方程扩充为 16 维:

$$\boldsymbol{X}(t) = \begin{bmatrix} \delta V_E & \delta V_N & \delta V_U & \phi_E & \phi_N & \phi_U & \delta\lambda & \delta\varphi \\ \delta h & \varepsilon_x & \varepsilon_y & \varepsilon_z & \nabla_x & \nabla_y & \nabla_z & \delta t_u \end{bmatrix}^T \qquad (5-52)$$

（1）量测值构成。

　　已知惯导系统解算的地理位置信息 (λ, φ, h),根据式（1-32）可求得地球直角坐标系下的位置 (x_I, y_I, z_I)。

　　根据 GPS 输出的第 i 颗可见卫星位置 (x_{si}, y_{si}, z_{si}),计算出惯导位置相对于卫星 i 的伪距:

$$\rho_{Ii} = \sqrt{(x_I - x_{si})^2 + (y_I - y_{si})^2 + (z_I - z_{si})^2} \qquad (5-53)$$

　　伪距组合就是把计算伪距 ρ_{Ii} 和 GPS 接收机输出的测量伪距 ρ_{Gi} 之差作为量测值:

$$\delta\rho_i = \rho_{Ii} - \rho_{Gi} \qquad (5-54)$$

（2）伪距量测方程。

　　式（5-53）为非线性模型,需进行线性近似。设 $(\delta_x, \delta_y, \delta_z)$ 为惯导输出的位置误差在地球直角坐标系中的分量,(x, y, z) 为真实位置,则有

$$\begin{cases} x_I = x + \delta x \\ y_I = y + \delta y \\ z_I = z + \delta z \end{cases} \qquad (5-55)$$

　　将 ρ_{Ii} 在 (x, y, z) 处进行泰勒展开,并忽略二阶以上的高次项,可以得到

$$\rho_{\mathrm{li}} \approx r_i + \frac{\partial \rho_{\mathrm{li}}}{\partial x}\delta x + \frac{\partial \rho_{\mathrm{li}}}{\partial y}\delta y + \frac{\partial \rho_{\mathrm{li}}}{\partial z}\delta z = r_i + \frac{x - x_{\mathrm{si}}}{r_i}\delta x + \frac{y - y_{\mathrm{si}}}{r_i}\delta y + \frac{z - z_{\mathrm{si}}}{r_i}\delta z$$

式中：r_i 为载体位置处的真实距离。

$$r_i = \rho_i = \sqrt{(x - x_{\mathrm{si}})^2 + (y - y_{\mathrm{si}})^2 + (z - z_{\mathrm{si}})^2} \tag{5-56}$$

令

$$\begin{cases} e_{i1} = \dfrac{x - x_{\mathrm{si}}}{r_i} \approx \dfrac{x_{\mathrm{I}} - x_{\mathrm{si}}}{\sqrt{(x_{\mathrm{I}} - x_{\mathrm{si}})^2 + (y_{\mathrm{I}} - y_{\mathrm{si}})^2 + (z_{\mathrm{I}} - z_{\mathrm{si}})^2}} \\[3mm] e_{i2} = \dfrac{y - y_{\mathrm{si}}}{r_i} \approx \dfrac{y_{\mathrm{I}} - y_{\mathrm{si}}}{\sqrt{(x_{\mathrm{I}} - x_{\mathrm{si}})^2 + (y_{\mathrm{I}} - y_{\mathrm{si}})^2 + (z_{\mathrm{I}} - z_{\mathrm{si}})^2}} \\[3mm] e_{i3} = \dfrac{z - z_{\mathrm{si}}}{r_i} \approx \dfrac{z_{\mathrm{I}} - z_{\mathrm{si}}}{\sqrt{(x_{\mathrm{I}} - x_{\mathrm{si}})^2 + (y_{\mathrm{I}} - y_{\mathrm{si}})^2 + (z_{\mathrm{I}} - z_{\mathrm{si}})^2}} \end{cases} \tag{5-57}$$

则有

$$\rho_{\mathrm{li}} = r_i + e_{i1}\delta x + e_{i2}\delta y + e_{i3}\delta z \tag{5-58}$$

GPS 测量得到的伪距为

$$\rho_{\mathrm{G}i} = r_i + \delta t_u + v_{\rho i} \tag{5-59}$$

则相应卫星 i 的伪距量测值可写成

$$\delta \rho_i = \rho_{\mathrm{li}} - \rho_{\mathrm{G}i} = \begin{bmatrix} e_{i1} & e_{i2} & e_{i3} & -1 \end{bmatrix} \begin{bmatrix} \delta x \\ \delta y \\ \delta z \\ \delta t_u \end{bmatrix} - v_{\rho i} \tag{5-60}$$

假定有 4 颗有效卫星，即 $i = 1, 2, 3, 4$，伪距量测方程为

$$\delta \boldsymbol{\rho} = \boldsymbol{e}\begin{bmatrix} \delta x \\ \delta y \\ \delta z \\ \delta t_u \end{bmatrix} + v_\rho = \begin{bmatrix} e_{11} & e_{12} & e_{13} & -1 \\ e_{21} & e_{22} & e_{23} & -1 \\ e_{31} & e_{32} & e_{33} & -1 \\ e_{41} & e_{42} & e_{43} & -1 \end{bmatrix} \begin{bmatrix} \delta x \\ \delta y \\ \delta z \\ \delta t_u \end{bmatrix} + \begin{bmatrix} -v_{\rho 1} \\ -v_{\rho 2} \\ -v_{\rho 3} \\ -v_{\rho 4} \end{bmatrix} \tag{5-61}$$

δx、δy、δz 不在状态变量中，可根据导航坐标和地球坐标的关系进行转换：

$$\begin{bmatrix} \delta x \\ \delta y \\ \delta z \end{bmatrix} = \begin{bmatrix} -(R_{\mathrm{N}} + h)\cos\varphi\sin\lambda & -(R_{\mathrm{N}} + h)\sin\varphi\cos\lambda & \cos\varphi\cos\lambda \\ (R_{\mathrm{N}} + h)\cos\varphi\cos\lambda & -(R_{\mathrm{N}} + h)\sin\varphi\sin\lambda & \cos\varphi\sin\lambda \\ 0 & [R_{\mathrm{N}}(1 - e)^2 + h]\cos\varphi & \sin\varphi \end{bmatrix} \begin{bmatrix} \delta\lambda \\ \delta\varphi \\ \delta h \end{bmatrix} = \boldsymbol{D}_{\mathrm{a}} \begin{bmatrix} \delta\lambda \\ \delta\varphi \\ \delta h \end{bmatrix}$$
$$\tag{5-62}$$

综合上述分析，伪距量测方程为

$$Z_\rho(t) = H_\rho(t)X(t) + V_\rho(t) \qquad (5-63)$$

式中：

$$H_\rho(t)_{(4\times20)} = \begin{bmatrix} \mathbf{0}_{4\times6} & H_{\rho1(4\times3)} & \mathbf{0}_{4\times6} & H_{\rho2(4\times1)} \end{bmatrix}$$

$$V_\rho(t)_{(4\times1)} = \begin{bmatrix} -v_{\rho1} \\ -v_{\rho2} \\ -v_{\rho3} \\ -v_{\rho4} \end{bmatrix}$$

$$H_{\rho1(4\times3)} = e \cdot D_a$$

$$H_{\rho2(4\times2)} = \begin{bmatrix} -1 \\ -1 \\ -1 \\ -1 \end{bmatrix}$$

由卡尔曼滤波基本方程式可知,如果量测向量 Z_k 的维数很大,即量测噪声 R_k 的阶数很高,则求取最佳增益阵 K_k 时,矩阵求逆的阶数就很高,而求逆计算量与矩阵阶数的三次方近似成正比。例如,当有 9 颗卫星有效时,滤波计算时需要进行 9 阶矩阵求逆。另外应注意到,量测维数还不是固定的,随接收到的可见星的数量而改变,采用普通的滤波计算方式也不便于软件编程。

为了降低计算量,并避开量测维数不固定带来的不便,可采用序贯处理方法。序贯处理是将量测更新中对 Z_k 的集中处理分散为对各分量组的顺序处理,使对高阶矩阵的求逆转变为对低阶矩阵的求逆。尤其当量测噪声方差阵为对角阵时,分散后的求逆可转换为简单除法,可显著降低运算量。

5.5.6.6　惯性/ADS 组合方案

大气数据系统(ADS)提供的导航信息为真空速和气压高度。由于真空速与惯性系统的地速在空间矢量不一致,它们之间的矢量差为风速矢量,因此常利用大气数据系统的真空速和惯性系统的地速计算、估计风速与风向、航迹角与偏流角等。而气压高度则常被用于以经典反馈控制的方式直接进入惯性高度回路,对惯性高度回路进行二阶或三阶阻尼。

1) 航迹角和偏流角计算

水平地速：

$$G_s = \sqrt{V_E^2 + V_N^2} \qquad (5-64)$$

航迹角：

当地速小于一定值时,航迹角取值为真航向角,即 $T_{rk} = \psi$;

当地速大于一定值时,按式(5-65)计算。

$$T_{rk} = \text{atan2}(V_E, V_N) \qquad (5-65)$$

并将计算结果转换为(0~2π)范围内。

偏流角：

$$D_a = T_{rk} - \psi \tag{5-66}$$

并将计算结果转换为(−π~π)范围内。当 $D_a > 0$ 时，为正偏流；当 $D_a < 0$ 时，为负偏流。

2）风速和风向计算

当地速大于一定值时，按如下过程计算风速和风向信息。

惯性攻角：

$$\alpha_I = \text{atan2}(V_z^b, V_y^b) \tag{5-67}$$

惯性侧滑角：

$$\beta_I = \text{atan2}(-V_x^b, V_y^b) \tag{5-68}$$

水平真空速：

$$V_T = V_t \cos\theta \cos\alpha_I \cos\beta_I \tag{5-69}$$

式中：V_t 为 ADS 输出的真空速；θ 为导航模型输出的俯仰角。

风速：

$$W_s = \sqrt{G_s^2 + V_T^2 - 2G_s V_T \cos D_a} \tag{5-70}$$

风向：

$$W_d = \text{atan2}(G_s \sin T_{rk} - V_T \sin\psi, \ G_s \cos T_{rk} - V_T \cos\psi) \tag{5-71}$$

并将计算结果转换为(0~2π)范围内。

3）高度阻尼控制

纯惯性导航的高度通道是发散的，常引入其他系统提供的高度信息（常采用气压高度）使惯性高度通道具有阻尼，这可通过两种途径实现。

（1）采用回路反馈法，此时系统阻尼系数是固定不变的。

（2）采用卡尔曼滤波法，此时系统阻尼系数是时变的，根据外来高度参考信息误差特征实时确定。

a. 回路反馈法：

当导航工作状态为 IRS/GPS 输出校正、IRS/DME/DME 组合导航、IRS/VOR/DME 组合导航时，采用回路反馈法实现高度阻尼。

在 IRS/GPS 输出校正状态，"基准高度"取值为 GPS 高度；其余导航状态下，取值为 ADS 气压高度。

b. 卡尔曼滤波法：

当导航工作状态为 IRS/GPS 位置组合或 IRS/GPS 伪距组合，IRS/DGPS，

IRS/ILS(或 MLS)/RA 组合状态,高度通道采用卡尔曼滤波法阻尼。

5.5.7　最佳位置计算

5.5.7.1　最佳位置优选逻辑

飞管系统的导航模式包括:自动模式和人工选择模式。系统缺省时,采用自动导航模式。

可采用人工模式根据机组人员选定的导航设备定位信息进行校正或采用飞越已知固定点进行校正。机组人员可分别选择 GPS、GLONASS/BD、VOR/LOC/ILS/MLS、DME 是否参与导航综合解算。

飞越校正可选用的已知固定点包括:飞越已知固定地标点、飞越 LOC 信标台、滑行中已知的跑道端点及跑道交叉点等。

进行飞越位置校正时,由机组人员操作选定飞越固定点后,通过显示系统当前导航解算位置与固定点的位置差值,由人工选择是否进行校正操作,经确认后系统导航解算输出时对该差值进行修正。

自动模式采用当前可用导航信息源数据,根据综合处理逻辑和算法进行导航参数的最优求解。

FMS 位置优选按以下顺序进行:

- ◆ 惯导/微波着陆系统(近进着陆);
- ◆ 惯导/仪表着陆系统(近进着陆);
- ◆ 惯导/DGPS;
- ◆ 惯导/GNSS;
- ◆ 惯导/双 DME(有条件进入);
- ◆ 惯导/VOR(ADF)/DME(有条件进入);
- ◆ 三惯导混合;
- ◆ 单惯导输出。

(1) 在卫星导航有效的前提下,途中导航将以惯性/卫星组合导航数据作为飞机主导航信息,无线电等其他导航信息源的数据仅作为监控。

(2) 大气计算机高度信息在惯导内部实现对惯导高度通道的阻尼。

(3) 在 GNSS 失效的前提下,途中导航惯导与 DME/DME、VOR/DME 无线电导航信息进行组合计算。

(4) 进近阶段,以惯导/GNSS 组合信息完成对 ILS/MLS 信号的捕获,着陆段以 IRS/MLS(ILS)组合为主, IRS/GNSS 组合数据进行监控,完成对着陆段的导引;着陆设备失效,进行 IRS/GNSS 或 INS/DGNSS 组合引导。

(5) 所有辅助导航信息源无效状态下(有持续时间约束),三套惯导完成三重混合计算。

(6) 在卫星导航完好或其他无线电导航有效的条件下,可定期对纯惯性混合位置的偏置进行估计和校正,避免误差累积过大。

5.5.7.2　最佳导航位置算法

1）惯性/GNSS 组合位置

惯性/卫星的组合导航计算如驻留在惯导内部,则 FMS 内不再进行最优估计,即经 FMS 综合检测后的惯性/卫星组合提供的位置就是最佳导航位置。

2）惯性及惯性/其他辅助导航组合位置

惯性与其他辅助导航系统的组合用 Kalman 滤波器进行最优位置估计,即当无 GNSS 或从 INS/GNSS 组合状态退出时,用此后的 FMS 位置误差作状态量,用 FMS 位置和其他辅助导航系统的位置作量测进行滤波计算,其滤波器状态方程如下:

$$\delta \dot{V}_{\mathrm{E}} = \left(2\Omega_{\mathrm{N}}V_{\mathrm{N}} + \frac{1}{R_e+h}V_{\mathrm{N}}V_{\mathrm{E}}\sec^2\varphi\right)\delta\varphi + \frac{1}{R_e+h}V_{\mathrm{N}}\tan\varphi\,\delta V_{\mathrm{E}} + \cdots + \left(2\Omega_Z + \frac{V_{\mathrm{E}}}{R_e+h}\tan\varphi\right)\delta V_{\mathrm{N}} - f_Z\phi_{\mathrm{N}} + f_{\mathrm{N}}\phi_{\mathrm{U}} + \nabla_{\mathrm{E}}$$

$$\delta \dot{V}_{\mathrm{N}} = -\left(2\Omega_{\mathrm{N}} + \frac{V_{\mathrm{E}}}{R_e+h}\sec^2\varphi\right)V_{\mathrm{E}}\delta\varphi - 2\left(\Omega_Z + \frac{V_{\mathrm{E}}}{R_e+h}\tan\varphi\right)\delta V_{\mathrm{E}} + f_Z\phi_{\mathrm{E}} - f_{\mathrm{E}}\phi_{\mathrm{U}} + \nabla_{\mathrm{N}}$$

$$\dot{\phi}_{\mathrm{E}} = -\frac{1}{R_e+h}\delta V_{\mathrm{N}} + \left(\Omega_Z + \frac{V_{\mathrm{E}}}{R_e+h}\tan\varphi\right)\phi_{\mathrm{N}} - \left(\Omega_{\mathrm{N}} + \frac{V_{\mathrm{E}}}{R_e+h}\right)\phi_{\mathrm{U}} + \varepsilon_{\mathrm{E}}$$

$$\dot{\phi}_{\mathrm{N}} = -\Omega_Z\delta\varphi + \frac{1}{R_e+h}\delta V_{\mathrm{E}} - \left(\Omega_Z + \frac{V_{\mathrm{E}}}{R_e+h}\tan\varphi\right)\phi_{\mathrm{E}} - \frac{V_{\mathrm{N}}}{R_e+h}\phi_{\mathrm{U}} + \varepsilon_{\mathrm{N}}$$

$$\dot{\phi}_{\mathrm{U}} = \left(\Omega_{\mathrm{N}} + \frac{V_{\mathrm{E}}}{R_e+h}\sec^2\varphi\right)\delta\varphi + \frac{\tan^{-1}\varphi}{R_e+h}\delta V_{\mathrm{E}} + \left(\Omega_{\mathrm{N}} + \frac{V_{\mathrm{E}}}{R_e+h}\right)\phi_{\mathrm{E}} + \frac{V_{\mathrm{N}}}{R_e+h}\phi_{\mathrm{N}} + \varepsilon_{\mathrm{U}}$$

$$\delta\dot{\varphi} = \frac{1}{R_e+h}\delta V_{\mathrm{N}}$$

$$\delta\dot{\lambda} = \frac{V_{\mathrm{E}}}{R_e+h}\sec\varphi\tan\varphi\,\delta\varphi + \frac{\sec\varphi}{R_e+h}\delta V_{\mathrm{E}}$$

$$\dot{\varepsilon}_{\mathrm{E}} = -\frac{1}{\tau_{\mathrm{g}}}\varepsilon_{\mathrm{E}} + \zeta_{\mathrm{E}}$$

$$\dot{\varepsilon}_{\mathrm{N}} = -\frac{1}{\tau_{\mathrm{g}}}\varepsilon_{\mathrm{N}} + \zeta_{\mathrm{N}}$$

$$\dot{\varepsilon}_{\mathrm{U}} = -\frac{1}{\tau_{\mathrm{g}}}\varepsilon_{\mathrm{U}} + \zeta_{\mathrm{U}}$$

$$\dot{\nabla}_{\mathrm{E}} = 0$$

$$\dot{\nabla}_{\mathrm{N}} = 0$$

量测方程为

$$\boldsymbol{Z} = \begin{bmatrix} \varphi_{\mathrm{M}} - \varphi_{\mathrm{G}} \\ \lambda_{\mathrm{M}} - \lambda_{\mathrm{G}} \end{bmatrix} = \begin{bmatrix} \delta\varphi \\ \delta\lambda \end{bmatrix} + \begin{bmatrix} \upsilon_{\varphi} \\ \upsilon_{\lambda} \end{bmatrix} = \boldsymbol{HX} + \boldsymbol{V}$$

上式中(λ_M, φ_M)和(λ_G, φ_G)分别为混合位置和辅助导航估计的位置。

用上述滤波器只对 FMS 的位置进行校正,其他参数(虚构)不作修正。

此外,还可通过惯性气压高度与卫星导航高度的滤波组合估计惯性气压高度偏差,在 FMS 中对惯性气压高度进行修正。

3) 航位推算

进入此状态,首先获得初始经纬度。初始经纬度利用的优先级别为:GNSS 位置,辅助导航位置,FMS 经纬度。

然后根据初始经纬度、真空速以及备份航姿系统提供的航向姿态数据,每 20 ms 递推计算和输出载机的位置、速度及航路导航参数。期间如果有辅助导航信息,则用上述滤波器校正 FMS 的经纬度。

如果 GNSS 有效,则在此状态根据 GNSS 和备份航姿数据每 20 ms 递推计算和输出导航参数。当前时刻无 GNSS 数据,则用前一时刻的速度进行递推。

5.5.8 混合位置计算

设 L_1、L_2、L_3 分别代表 1 号系统、2 号系统、3 号系统测出的即时纬度;λ_1、λ_2、λ_3 分别为 1 号系统、2 号系统、3 号系统测出的即时经度。

又设

$$D = (L_2 - L_3)^2 + (L_1 - L_3)^2 + (L_1 - L_2)^2$$

或

$$D' = (\lambda_2 - \lambda_3)^2 + (\lambda_1 - \lambda_3)^2 + (\lambda_1 - \lambda_2)^2$$

$$
\begin{aligned}
W_1 &= (L_2 - L_3)^2/D, \quad W_1' = (\lambda_2 - \lambda_3)^2/D \\
W_2 &= (L_1 - L_3)^2/D, \quad W_2' = (\lambda_1 - \lambda_3)^2/D \\
W_3 &= (L_1 - L_2)^2/D, \quad W_3' = (\lambda_1 - \lambda_2)^2/D
\end{aligned}
\tag{5-72}
$$

则混合方程为

$$
\begin{aligned}
L_M &= W_1 L_1 + W_2 L_2 + W_3 L_3 \\
\lambda_M &= W_1' \lambda_1 + W_2' \lambda_2 + W_3' \lambda_3
\end{aligned}
\tag{5-73}
$$

计算出 L_M、λ_M 后,即可计算出相对每套系统的经度、纬度误差:

$$
\begin{aligned}
\delta L_1 &= (R_e + h)(L_1 - L_M)\cos L_M, \quad \delta\lambda_1 = (R_e + h)(\lambda_1 - \lambda_M) \\
\delta L_2 &= (R_e + h)(L_2 - L_M)\cos L_M, \quad \delta\lambda_2 = (R_e + h)(\lambda_2 - \lambda_M) \\
\delta L_3 &= (R_e + h)(L_3 - L_M)\cos L_M, \quad \delta\lambda_3 = (R_e + h)(\lambda_3 - \lambda_M)
\end{aligned}
\tag{5-74}
$$

利用这些差值或检测或校正或累积一段时间内差值的统计特性进行性能评估。

当其中一差值超出预先设定的合理范围后,混合计算立即停止。

5.5.9 导航融合精度计算

飞机上有两种方法实施导航。基于模式的导航(mode based systems),某时刻使用一种导航源进行位置估计,其他导航源辅助;混合系统(blended system)导航,组合使用可用的导航源进行位置估计。所采用的导航方法会对机载系统的导航性能(ANP 或 EPU)计算产生影响,采用单一"模式"导航的系统性能计算严格基于所使用的模式。在某一种导航模式下的导航系统误差(NSE)只反映当前所使用的传感器。例如,当采用 GPS 模式时,系统按照 GPS 的性能参数(HDP,horizontal dilution of precision,HDOP 或 Hroizontal Integrity Limit,HIL)。当不同导航模式进行切换时,NSE 的计算方法和数值会转变,反映出新导航模式,所以其数值会出现瞬间跳跃(step)而成为新数值的情况。而混合系统会包含动态连续的导航状态模型,状态模型的协方差矩阵携带了导航精度的估计信息,可用来计算圆概率形式的 NSE。本节重点讨论组合导航系统下圆概率的计算方法。

飞机的组合导航系统通常利用卡尔曼滤波器来实现各种不同的导航系统的组合,因此卡尔曼滤波器的协方差矩阵表达了导航系统的随机误差估计值。基于这个协方差矩阵和误差的概率模型(一般假设为正态分布),可以计算出 95% 概率下的飞机位置不确定度(EPU)。

根据多元正态分布的特性,将组合导航卡尔曼滤波器的协方差矩阵进行分割,获得组合导航系统的位置估计误差矩阵。从卡尔曼滤波器中分割的位置估计误差矩阵和协方差矩阵定位如下:

$$\boldsymbol{E}_{\mathrm{pos}} = \begin{bmatrix} \varphi & \lambda \end{bmatrix}$$

$$\boldsymbol{P}_{\mathrm{pos}} = Cov[\boldsymbol{E}_{\mathrm{pos}}] = \begin{bmatrix} \sigma_\varphi^2 & \sigma_\varphi^2\lambda \\ \sigma_\varphi^2\lambda & \sigma_\lambda^2 \end{bmatrix}$$

组合导航系统的位置估计误差在水平面内,包括经度误差和纬度误差,用非水平面直角坐标表示,而 RNP 值用 n mile(海里)表示,因此需要将经纬度误差转化为水平面直角坐标内的误差(x, y):

$$\begin{cases} \sigma_x = \sigma_\lambda \cdot R\cos\varphi \\ \sigma_y = \sigma_\varphi \cdot R \end{cases}$$

式中:σ_λ 为经度误差;σ_φ 为纬度误差;R 为地球半径;λ 为飞机所在经度;ϕ 为飞机所在纬度。因此,位置误差的协方差矩阵可转换为

$$\boldsymbol{E}_{\mathrm{pos}} = \begin{bmatrix} x & y \end{bmatrix}$$

$$\boldsymbol{P}_{\mathrm{pos}} = \begin{bmatrix} \sigma_x^2 & \sigma_{xy}^2 \\ \sigma_{xy}^2 & \sigma_y^2 \end{bmatrix} = R^2 \begin{bmatrix} \cos^2\varphi\sigma_\lambda^2 & \cos\varphi\sigma_\varphi^2\lambda \\ \cos\varphi\sigma_\varphi^2 & \sigma_\varphi^2 \end{bmatrix}$$

通常位置估计的水平随机误差服从二元正态分布。假设位置估计 $\boldsymbol{E}_{\mathrm{pos}}$ 的二元正态分布概率密度函数可以写为

$$f(x, y) = \frac{1}{2\pi\sqrt{\det(\boldsymbol{P}_{\mathrm{pos}})}}\exp[-1/2(\boldsymbol{E}_{\mathrm{pos}}^{\mathrm{T}}\boldsymbol{P}_{\mathrm{pos}}^{-1}\boldsymbol{E}_{\mathrm{pos}})]$$

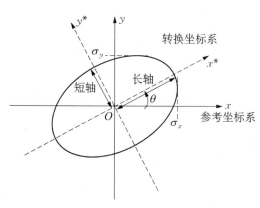

图 5 - 28　原参考系和旋转后的参考系中的误差椭圆关系

由于飞机经纬度误差的不同,位置估计误差水平面内的二元正态分布等概率误差面是一个误差椭圆。通过坐标系旋转将协方差矩阵对角化,可得到误差椭圆的长短半轴,并简化误差分布函数,使得标准差 σ 对应椭圆的长短半轴 σ_{minor} 和 σ_{major}(注意:在为转换坐标系之前,σ_x 和 σ_y 并不对应误差椭圆的长短半轴),如图 5 - 28 所示。

由图 5 - 28 和公式(5 - 75)可以看出,协方差矩阵的两个特征值对应误差椭圆长短半轴的平方,协方差矩阵的两个特征值如下:

$$\lambda_{1,2} = \frac{(\sigma_{\mathrm{major}}^2 + \sigma_{\mathrm{minor}}^2) \pm \sqrt{(\sigma_{\mathrm{major}}^2 - \sigma_{\mathrm{minor}}^2)^2 + 4\sigma_{\mathrm{major\ minor}}^4}}{2} \qquad (5-75)$$

$\lambda_{1,2}$分别为 1σ 误差椭圆的长、短半轴:

$$\text{``}1\sigma\text{''}axis_{\mathrm{major}} = \sigma_{\mathrm{major}} = \max(+\sqrt{\lambda_1}, +\sqrt{\lambda_2})$$

$$\text{``}1\sigma\text{''}axis_{\mathrm{minor}} = \sigma_{\mathrm{minor}} = \min(+\sqrt{\lambda_1}, +\sqrt{\lambda_2})$$

由于位置不确定度 EPU 用的是 95% 概率的误差圆边界值,因此需要根据旋转后简化的坐标系下的概率分布函数(为二元正态分布)求取 95% 概率圆半径。通常用一个误差椭圆到误差圆的转换因子 k 来表示误差椭圆半长轴 σ_{major} 和位置不确定度 $EPU_{95\%}$ 之间的关系($EPU_{95\%} = k\sigma_{\mathrm{major}}$)。积分区间定义在一个圆形区间,半径设为 $k\sigma_{\mathrm{major}}$。

$$P = \iint\limits_{\left\{x,\ y:\ \frac{x^2}{(k\sigma_{\mathrm{major}})^2} + \frac{y^2}{(k\sigma_{\mathrm{major}})^2} < 1\right\}} \frac{1}{2\pi\sigma_{\mathrm{minor}}\sigma_{\mathrm{major}}} e^{-\left(\frac{x^2}{2\sigma_{\mathrm{major}}^2} + \frac{y^2}{2\sigma_{\mathrm{minor}}^2}\right)} \mathrm{d}x\mathrm{d}y$$

令 $x = r\cos\theta, y = r\sin\theta$,则上式转化为

$$P = \int_0^{2\pi}\int_0^{k\sigma_{\mathrm{major}}} \frac{1}{2\pi\sigma_{\mathrm{minor}}\sigma_{\mathrm{major}}} e^{-\left(\frac{r^2\cos^2\theta}{2\sigma_{\mathrm{major}}^2} + \frac{r^2\sin^2\theta}{2\sigma_{\mathrm{minor}}^2}\right)} r\mathrm{d}r\mathrm{d}\theta$$

由此可看出,对于特定的概率($P = 95\%$),由于长短半轴的比率 $ratio = \sigma_{\mathrm{major}}/\sigma_{\mathrm{minor}}$ 的不同,转换因子 k 逐渐变化,由于难以获得解析解,一般采用数值近似。

　　在实际工程应用中,考虑到实时性的要求,有两大类方法来确定转换因子k,实现导航位置不确定度的实时计算:对不同长短轴比率$ratio$采用对应不同的k的精确方法,例如较精确地查表和利用经验公式计算方法;对不同长短轴比率都采用固定转换因子k的保守方法,例如限制界限法(circumscribed bounded technique)和误差椭圆的长短半轴平方根和(root-sum-square, RSS)的限界方法(bounded method)。这些方法都是根据某种准则求取1σ误差椭圆到95%概率位置不确定度的转换因子k,乘以所选用的参数得到95%概率下的位置不确定度。

　　根据位置估计协方差矩阵的迹乘以一个固定的转换因子k,计算得到位置不确定度:

$$RSS_k = \sqrt{(k \cdot \sigma_x)^2 + (k \cdot \sigma_y)^2} = k \sqrt{\sigma_x^2 + \sigma_y^2}$$
$$= k \sqrt{\lambda_1 + \lambda_2} = k \sqrt{\sigma_{\text{major}}^2 + \sigma_{\text{minor}}^2}$$

例如,取$k=2$,则不同长短轴比率下的不确定圆概率如图5-29所示。

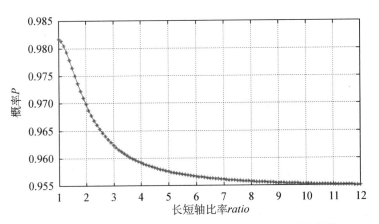

图5-29　$k=2$时,RSS法不确定圆概率随长短轴的变化

　　限制界限法(circumscribed bounded technique)则只根据主轴σ_{major}乘以一个固定的转换因子k得到位置不确定度$EPU_k = k\sigma_{\text{major}}$,保证当$\sigma_{\text{minor}}$和$\sigma_{\text{major}}$的比率变化时,飞机实际位置在以估计位置为圆心、$k\sigma_{\text{major}}$为半径的圆内的概率在95%以上。这种方法要取的$k$需取得大一些,较小时可能使得概率圆不满足95%的要求,例如,取$k=1.9625$。不同长短轴比率下的概率如图5-30所示。

　　由图5-30可以看出当$ratio \leqslant 5$时,所得的不确定圆概率已经小于95%了。而取较大的$k=2.4477$,则不同长短轴比率下均可满足95%要求,如图5-31所示。

　　由上可知,这两种保守的方法取不同的长短轴比率$ratio = \sigma_{\text{major}}/\sigma_{\text{minor}}$时,所获得的概率圆并不是严格的95%,考虑到最坏的情况,一般会取一个较大的k,例如,取$k=2.4477$,这将导致有些情况下实际得到的不确定圆的概率大于95%。

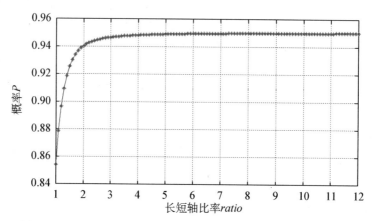

图 5 - 30　　$k = 1.9625$ 时限制界线法不确定圆概率随长短轴变化

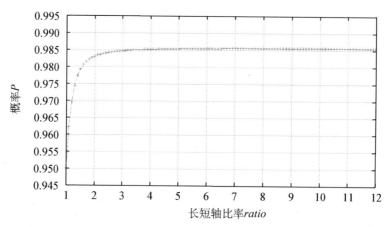

图 5 - 31　　$k = 2.4477$ 时限制界线法不确定圆概率随长短轴变化

5.5.10　导航性能监控和告警

5.5.10.1　传感器的选择与完好性检测

1）三套惯性导故障检测与隔离

利用三套惯导 IMU 输出的三轴机体角速率和加速度（或姿态航向与速度）数据运用混合算法进行传感器级故障检测，当某值与混合值的差值连续三次超出合理范围时，判定该轴所在系统故障，并将其隔离且告警（考虑到传感器相对各自系统的安装基准存在的差异以及复杂的杆臂补偿问题，一般不作传感器的重构）。

当一次检测判定多于一套系统故障且自检结果无异常，即判定此次检测失败（认为非常小概率事件发生），此时不作隔离，但记录并寻求进一步验证。

应尽可能在起飞前利用飞机相对静止的特点，通过更加严厉、全面的条件判据对三套惯导系统的工作性能做出预估。

(1) 对准结束计算并判断。

对准结束判断三套惯导的等效北向陀螺漂移估值和三套惯导的姿态、航向与混合值差值:[假定惯导精度为 1 n mile/h(CEP)]:

当等效北向陀螺漂移估值超过某值[如 0.06°/h(飞行小时)]时,发出告警提示;超过某值[如 0.09°/h(飞行小时)]时,即判定该套系统故障;

当某套惯导的姿态与混合值差值超过某值(如 0.05°)或航向差值超过某值(如 0.3°)时,发出告警提示;姿态差值超过某值(如 0.1°)或航向差值超过某值(如 0.5°)时,即判定该套系统故障。

(2) 导航过程计算并判断。

导航过程由于输出时延差异及安装位置的不同,尤其是在转弯、爬升和下降的机动过程,每套惯导系统输出的速度、姿态、航向会有显著差异。因此,为避免误检,导航过程的故障检测应在平稳飞行阶段进行。惯导系统的故障检测与隔离流程如图 5-32 所示。

导航过程每秒计算三套惯导纯惯性的姿态、航向、东北向速度及其对应混合值的差值:

当某套惯导的姿态与其各自的混合值差值连续三次超过某值(如 0.15°)且混合值与 INS/GNSS 对应值之差小于该值,或航向差值连续三次超过某值(如 0.6°)且混合值与 INS/GNSS 对应值之差小于该值时,发出告警提示;姿态或航向差值连续三次超过两倍的告警门限且其混合值与 INS/GNSS 对应值之差小于告警门限,即判定该套系统故障。

当姿态航向的混合值与 INS/GNSS 对应值之差不满足上述条件时,有待进一步判断(隐含着有可能两套惯导或组合不正常)。

当某套惯导的东北向速度与其各自的混合值差值连续三次超过某门限值(如 5 m/s)且混合值与 INS/GNSS 对应值之差小于该值时,发出告警提示;东北向速度差值连续三次超过两倍的告警门限且其混合值与 INS/GNSS 对应值之差小于该门限值,即判定该套系统故障。

当东北向速度的混合值与 INS/GNSS 对应值之差不满足上述条件时(即超过 5 m/s),有待进一步判断(隐含着有可能二套惯导或组合不正常)。

每 5 min 计算三套惯导输出的纯惯性经纬度位置与其对应混合值的差值,当其差值大于 ANP 的估值且其混合值与 INS/GNSS 的对应值之差小于某值(如 1 n mile)时,发出告警提示;当其差值大于两倍的 ANP 估值且其混合值与 INS/GNSS 的对应值之差小于 1 n mile,即判定超值所属系统故障。

当其混合值与 INS/GNSS 的对应值之差大于 1 n mile,且该段时间内有相应的东向或北向速度或姿态、航向的混合值与 INS/GNSS 对应值之差超过告警门限,但 GNSS 自身检测完好且其位置与其他无线电导航给定的位置差值小于 0.5 n mile,则判定与混合值相近的两套惯导故障。

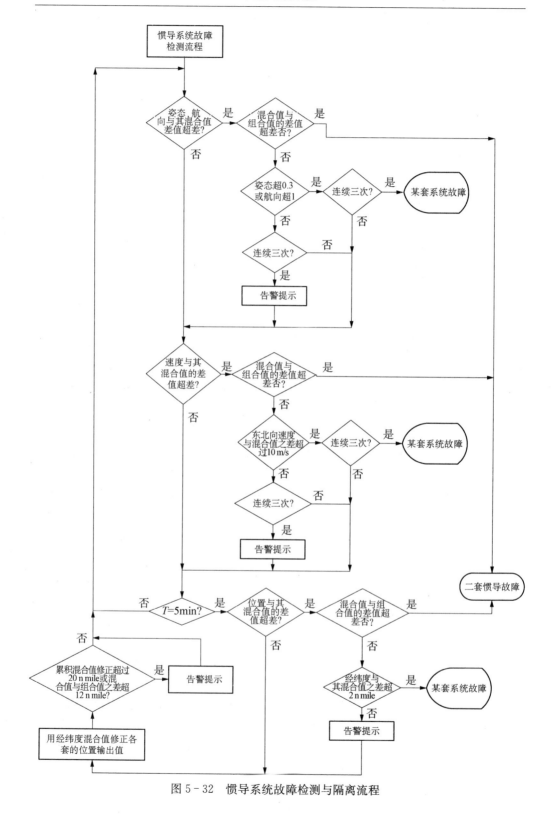

图 5-32　惯导系统故障检测与隔离流程

当通过上述检测,得出该5min内无惯导系统的故障隔离产生,用三套惯导纯惯性产生的混合位置校正各自的位置输出。同时,计算混合值偏置。

2) 大气系统故障检测与隔离

利用三套大气系统输出的真空速和气压高度,运用混合算法进行系统级故障检测,当某值与混合值的差值连续三次超出合理范围(如,真空速的差值应小于8m/s,气压高度的差值应小于50m)时,即判定该系统故障并将其隔离且告警。

当系统级检测一次判定多于一套系统故障时,即判定此次检测失败,此时不作隔离,但记录并告警。

当一套系统被隔离后,剩下的两套系统不作混合计算,但利用两套系统的差值进行合理性比对,超值则告警。

3) 卫星导航完好性检测

自由飞行的导航是导航系统的发展方向,而惯性/卫星组合导航系统是实现这一目标的主要途径,但能否成功的关键是如何确保卫星导航信息的完好性,即准确预计卫星导航提供的精确导航位置的真实性。为此,目前的卫星导航接收机大都采用了接收机自主完好性监控(RAIM)技术,通过对多于四颗星的伪距残差等估计技术,检测或隔离故障星,避免故障星对导航定位精度的污染;此外,在惯性/卫星导航系统中,通常通过对卫星导航 GDOP 或 HDOP 的限制,以保障提供组合导航的卫星导航定位精度。有资料显示,美国 Northrop Grumman 公司的 LTN - 101 FLAGSHIP 激光、LTN - 101E 光纤惯性/GPS 组合导航系统,采用惯性与 GPS 多重滤波组合的方式实现了对卫星导航的自主完好性监控外推技术(AIME),在全球范围全天候提供 RNP - 0.1 的导航精度,以满足基于 RNP 的途中导航与进近要求;通常利用卫星导航水平完好性门限(horizontal integrity limit, HIL)来保障其定位精度,即评估当前卫星导航给出的定位精度是否满足预先设定的 HIL 值,它不同于利用 HDOP 估计定位误差,HDOP 误差估计法只与卫星的几何位置有关,而与卫星信号的实际传输路径及接收机的特性无关。

上述卫星导航完好性监控方法的基本前提是可见星多于四颗,且故障星为自然故障,两颗以上同时发生故障的概率极低。而实际使用中会面临因敌方人为施加干扰产生局部卫星定位误差不确定因素,此时最为直接有效的方法是在使用范围内布设差分数据链路以实现对卫星导航的完好性监控,可这一方面增加了使用成本,另一方面,在某些使用场合,如沙漠、海洋、山区、境外等是不可实现的。

对此,可考虑利用卫星导航接收机自身提供的完好性监控(如 RAIM、HIL 等)信息评估其导航定位的精度等级,即品质因数,后再利用惯性导航速度不发散及短期稳定性好的特点,用稳定飞行阶段一段时间内(如 1min)多套纯惯性导航的速度混合值与卫星导航速度的差值的统计特性对卫星导航数据进行故障检测,此外在无线电导航定位数据有效的条件下,进一步对卫星导航的位置数据进行故障检测,如果差值超越预定的门限,则判定卫星导航数据无效,即发送控制指令给对应的惯性/

卫星组合导航系统,终止其惯性/卫星组合计算并告警。

5.5.10.2 告警

当 ANP 大于 RNP 时,EICAS 系统向飞行员发出"RNP 导航不能工作"提示信号。在非进近状态,如果 $ANP > RNP$,则"RNP 导航不能工作"信号是一个提醒信号,会在 EICAS 显示器上方显示为一个琥珀色的信号;在进近状态,如果 $ANP > RNP$,则"RNP 导航不能工作"信号是一个警告信号,在 EICAS 显示器上方显示为一个琥珀色的信号并伴随主告警灯点亮和音响警报。

在海洋、巡航、终端区域、进近和起飞等各飞行阶段通常选择默认的 RNP 值和告警时间,以发出"RNP 导航不能工作"信号。默认的 RNP 和报警的持续时间是根据对现有空域的运行要求确定的。FANS1 最初的默认值如表 5-18 所示。

表 5-18 默认的 RNP 值及告警

飞行阶段	默认的 RNP	"RNP 不能工作"在 EICAS 的显示等级	发出"RNP 不能工作" 信号的时间/s
海洋/偏远地区	4.0	提醒,C	80
航路/国内区域	2.0	提醒,C	80
终端区域	1.0	提醒,C	60
起飞	1.0	提醒,C	10
进近中	0.5	警告,B	10

表中各飞行阶段的定义如下:

海洋/偏远地区——由于覆盖的辅助导航设施非常有限或根本没有,因此无法进行无线电校正;

航路/国内区域——飞机在 15 500 ft 上空而非标准离场状态,或在 15 500 ft 以上,飞过标准离场程序的最后一个航路点,或海洋飞行阶段,但可实施无线电导航校正;

终端区域——飞机在 15 000 ft 以下飞行,或飞机在进近中,但在进场上空高度超过 3 000 ft,或飞机在起飞中,但离机场高度超过 3 000 ft,且不是在飞 SID 程序;

起飞——地面已加载飞行计划,且 ADIRU 在导航状态;

进近——从进近的第一个航路点或进近过渡段起,或飞机在到达机场高度 2 000 ft 下起始,按目视飞行规则(VFR)进近,将不再启动进近飞行阶段。

5.5.11 导航数据库

导航数据库(NDB)包括了航线、终端区以及一些用于支持飞行管理功能的航空公司自定义的数据。这些数据应该用一种能够高效率利用内存,并快速读写的格式来存放。这些数据的原始信息在 ARINC424 里面有定义。供货商应明确数据的供货商、压缩格式和数据维护信息。

每个导航数据库只在一个特定的期间有效,并且每 28 天更新一次。有效数据日期应该在系统配置定义页面显示。有效时间必须自动和当前时间进行对比,如果发现不符,应该及时报告。

系统应该按下面列出的标准 ARINC424 的路径终端定义飞行路径:

AF	飞往某定位点的一段 DME 圆弧
CA	按指定航向飞至指定高度
CD	按指定航向飞至距离指定 DME 指定距离处
CF*	按指定航向飞向指定的定位点
CI	以指定航向截获下一航段
CR	以指定航向截获一条半径
DF*	直飞至指定的定位点
FA*	从定位点按指定航向飞至指定高度
FC	从定位点按指定航向飞一段距离
FD	从定位点按指定航向飞一段 DME 距离
FM	从定位点按指定航向飞,直到人工终止航段
HA*	高度保持
HF*	保持,盘旋一圈后在固定点终止
HM*	保持,人工终止
IF*	初始定位点
PI	程序转弯
RF*	到定位点的固定半径
TF*	到已知定位点航迹
VA	飞至指定高度的航向
VD	飞至一段距离处的航向
VI	到截获下一航段的航向
VM	人工终止航段的航向
VR	到截获半径的航向

注:在不远的将来,这些航路点的使用范围会有所限制,但是现在最先进的航电设备还是会继续支持这些航路规则的。

1) NDB 的创建和管理

除了数据库中的航路点和导航信息以外,还应该有一些其他的方式来建立飞行计划中新的航路点。新的航路点应该可以用点方位/距离航路点(PBD)、点方位/点方位(PB/PB)、沿航迹航路点(ATO)、纬度/经度航路点、交叉航路点、航线交叉点、跑道延长航路点和正切航路点的方式来建立,并且这些航路点要存放在一个临时的导航数据库中。

一个可选的功能是允许机组使用补充导航数据来直接创建航路点、导航台和机场。补充 NDB 中的数据将一直保留到被删除为止。临时 NDB 保留到飞行结束(在接地后自动删除)。要为机组提供检查、回顾补充和临时导航数据库,并从中选择数据的手段。

(1) PBD 航路点。

通过到已知的航路点、导航台或者机场的距离、方位生成的航路点。

(2) PB/PB 航路点。

通过到不同的两个航路点的不同方位生成的航路点。

(3) 沿航迹航路点(ATO)。

沿航迹根据对飞行计划原有航路点的偏置(ATO)产生的航路点。ATO 航路点沿着当前飞行计划路径到原有航路点(作为定位点)的距离是由机组人员输入的。距离为正表示在飞行计划中航路点在定位点之后,距离为负表示航路点在定位点之前。

(4) 纬/经度航路点。

根据输入的纬度、经度坐标创建的航路点。

(5) 纬/经度交叉航路点。

指定一个纬度或经度,航路点为主飞行计划穿越那条纬度或经度线的点。还可以指定纬度或经度增量,当飞行计划越过那纬度或经度的指定增量时可以确定多个航路点。

(6) 航线交叉点。

根据两条空中航线的交叉点确定的航路点。

(7) 定位航路点。

使用基准定位点 MCDU 页面产生的航路点。基准信息包括正侧方(与飞机机身成直角)航路点生成以及过"定位点"以指定半径或距离与当前飞行计划相交的那些点为航路点。

(8) 跑道延长航路点。

指定一个到给定跑道的距离。新的航路点在跑道方向上,距跑道入口为指定距离的地方。

(9) 正切航路点。

如果执行直飞,那么应该保留插入航路点的信息(比如速度/高度限制,航路点风的数据等)。如果选择了正侧切入的方法,那么航路点就在直飞路径正侧向的位置上产生。与初始航路点有关的信息被转移到新产生的航路点上。

注:在实现正切航路点功能时,应该注意因为在直飞路径中有不合适的航向变化以及在某些数据链中内含了正切航路点,所以可能无法决定的航路点列表。

(10) FIR/SUA 交叉航路点。

系统应能定义当前飞行计划与导航数据库中存储的飞行信息区(FIR)边界或特别的使用区(SUA)边界相交的点为航路点。

(11) 航路点命名习惯建议。

使用上述方法创建的飞行计划航路点的标识符应符合下面的习惯：

点/方位/距离	wptnn
点—方位/点—方位	wptnn
沿航迹航路点	wptnn
纬度/经度	wxxyzzz 或 xxwzzzy
交叉定位点	wxx 或 yzzz
航线交叉点	Xawy
正切航路点	wptnn
半径或正切交叉点	wptnn
跑道延长线	RXrwyhdg
FIR/SUA 交叉点	FIRnn 或 SUAnn

2）水平飞行计划

（1）飞行计划构建

飞行计划可由多种方式构建：

NDB 程序；

航线；

预存储的公司航路；

航路点；

导航台；

跑道；

补充/临时航路点；

以上各项的组合。

这些方式应都可以通过菜单选择从 NDB 中选择或者通过特定的编辑功能连接在一起，飞行计划也可以通过数据链接的功能来创建和编辑。

通过内置磁差模型来计算飞行计划中的磁方位。

（2）NDB 程序

应支持以下的导航数据库飞行程序：

标准仪表离场（SID）；

单发熄火 SID；

标准终端到达航路（STAR）；

FMS/区域导航（RNAV）；

全球定位系统（GPS）/GNSS；

ILS/MLS。

个别系统或根据客户的需要，将支持如下类型的进近程序：

VOR；

无方向信标；

着陆航向信标方向辅助设施(LDA);

仪表引导系统(IGS)。

注:随着广泛使用基于 RNP 导航概念的精密 FMS 和 GPS/GNSS 进近程序,希望减少传统的非精密进近。

这些程序中有些指定了在飞行这些程序时,导航功能使用时相关的 RNP 值。

(3) 飞行计划编辑

飞行计划功能提供多种方式让机组按要求修改飞行计划。

a. 直飞/切入选项:

直飞/切入特性允许机组成员选择任意一个定位点作为当前航路点,对于切入选项,则是选择了进入这个航路点的期望航向。如果"直飞"的选项被选中,该航路点变成当前航路点,飞行计划就指示从现在的飞机位置飞到该航路点。在飞行计划中该航路点之前的任何航路点从飞行计划中被删除。无论何时,在给定定位点航路点上选择了切入选项,那么可以选择到那个航路点的直飞航向或者选择输入航向。

b. 插入航路点:

可以在计划的任何点插入航路点。这些航路点可能来自导航数据库、补充数据库或临时数据库。可能会出现有多个航路点有相同标识符的情况。因此一定要能显示所选择的航路点的坐标,允许机组做出选择,或者提供自动选择的逻辑。

c. 飞行计划连接:

系统应该提供连接功能,选择飞行计划中的部分,将该部分与飞行计划中的其他部分重新连接起来。

d. 飞行计划删除:

系统应该提供删除功能,从飞行计划中删去不必要的部分。

e. 程序选择:

从数据库中选择程序将会代替一个早先的程序选择,如果当前航路点是早先选择程序中的航路点,那么要保留。

f. 等待模式和程序转弯:

等待模式和可选的程序转弯既可以在数据库中定义,也可以根据当前位置和任何选择的航路点人工指定。所有的等待模式和程序转弯参数都是可编辑的,包括进入方位角、航路时间/长度等。

注:将来,随着广泛使用基于 RNP 导航概念的精密 FMS 和 GPS/GNSS 进近程序,希望减少属于传统非精密进近的那部分的程序转弯的使用。

g. 使用数据链编辑飞行计划:

系统应该提供使用 AOC 和 ATC 构建与编辑飞行计划的功能。如果收到一个飞行计划数据链,那么一个信息请求将会显示在机组成员面前。系统应该提供查询,接受或拒绝数据链的功能。

3) 错失进近程序

飞行计划功能还允许飞行计划中包括错失进近程序。这些错失进近程序可以来自导航数据库,它作为公布数据的一部分自动包含在飞行计划中,也可以通过MCDU人工输入。无论哪种情况,都可根据激活的错失进近程序进行自动引导。使用基于RNP的FMS和GPS/GNSS进近程序时,不允许人工创建错失进近程序。

4) 水平偏置构建

飞行计划功能能根据方向(路径的右边或左边)和距离(最多99 n mile)产生"平行"飞行计划。还可以提供可选的功能,即允许从现行飞行计划中选择开始和结束的航路点。要生成完整的水平偏置航路,以确保引导和建议符合RNP航行的需求和RTA功能。

注:设计者应保证创建的是可以飞行的偏置路径。应该避免偏置航路点序列的方位角逆转或者是不可飞行的路径。

5) 垂直飞行计划

垂直飞行计划由在航路点的速度和高度限制(在、在或之上、在或之下,或者窗口限制),分段爬升,(可选的)分段下降,(可选的)巡航爬升,速度和高度的战术变化和在航路点或者下降阶段的风组成。

应该向机组提供选择和输入各种性能限制的便利:

(1) 爬升模式;

(2) 巡航模式;

(3) 下降模式;

(4) 等待航段时间/距离/速度;

(5) 机场速度限制;

(6) 推力减少高度;

(7) 爬升加速高度;

(8) 性能校正因素如阻力因素和燃油流因素;

(9) 成本指数;

(10) RTA航路点,时间和时间公差;

(11) 爬升和下降风;

(12) 巡航航路点风;

(13) 温度;

(14) 对流层高度。

在生成垂直航迹和性能功能计算时要考虑以上因素。另外,以下参数在垂直航迹的规划中也要考虑:

(1) 机动限制;

(2) 最小巡航时间;

(3) 最小爬升速率(Clb);

(4) 最小巡航速率(Crz)；

(5) 最小熄火爬升速率；

(6) 防冰带；

(7) 分段爬升大小和可输入的缺省值。

6) 风和大气模型

可以通过 MCDU 或者数据链输入风和温度。爬升阶段风的模型是一组不同高度的风的大小和方向，根据这些值和传感器测得的当前风计算任一高度的风值。

巡航阶段使用的风模型应该允许输入在航路点上的风值(大小和方向)，可以是一个也可以是多个风/高度的组合。系统应该将这些输入的值和传感器测得的当前风值加权混合，靠近飞机的传感器测得的风应该权重较大。

下降阶段使用的风模型应该允许输入不同高度上的风值(大小和方向)，根据这些值和传感器测得的当前的风值计算任一高度的风值。

FMC 中一个更先进的风数据描述方式是网格风模型，它是一个多达四维的风定义。网格风在飞行计划中不与航路点绑定，它像磁差一样和经纬度区域有关。网格风只能通过数据链输入，而不是手动输入。

温度应该基于飞行员输入的 ISA(国际标准大气)的偏移量或者实际测得的值。温度数据可以按照航路点输入，或者适合于整个飞行的单一的一个值。同样，对流层高度(在那个高度上，温度开始成为常量)也可以由飞行员输入(缺省值是 36 089ft)。

5.6 水平导航

飞机的水平导航(LNAV)通过使用由导航功能得到的位置数据和由水平引导功能得到的一条引导路径来完成。水平操纵功能产生一个基于以上数据的横滚指令，引导飞机沿着输入的航路点之间的航段和航段相交处的过渡路径飞行。生成的横滚指令要满足 ATC 提出的限制、飞行计划、自动飞行控制系统和飞机的飞行特性。飞机自动地沿着特殊程序的路径，如等待模式、程序等待、程序转弯、错失进近程序和水平偏置以及进入和退出这些程序的过渡路径飞行。

要连续监视飞机沿着每段航段的飞行进程，以便决定何时初始化过渡路径，并且提供直飞引导，将飞机按照切入方位从即时位置引导到任一航路点，以满足 ATC 修改的许可要求。

LNAV 引导提供了航线、终端区和进近区域的操作，包括 SID、STAR、进近、等待模式、水平偏置、程序转弯、直飞到一个航路点和错失进近等。

1) 水平基准路径构建

水平功能为所有已生成的飞行计划计算独立的、连续的水平路径。因为转弯曲线应该基于航段过渡时的预测速度，所以这个计算要综合考虑垂直航迹。系统要生成并飞行所有 ARINC 424 定义的航路点/航段类型和它们之间相应的过渡路径。

注：高度终止航段的特殊性在于它的终止判断基于高度而不是水平位置，这表

示在构建这些航段类型的路径时,和垂直剖面有更深的关联。

2) 水平航段过渡

应该提供航段到航段的过渡,这样在航段之间就有一个连续的路径,一般它是根据航段间的航向变化、下一个航段的类型、过点飞越与否、坡度角的限制和过渡段的速度预测来计算的。为了在 RNP 空域内飞行,航段过渡路径的构建必须在 RNP MASPS 规定的空域限制值之内。在 RNP MASPS 中有 3 种转弯:

(1) 非过点转弯:分成两类,高高度($>FL195$)和低高度($<FL195$)。

(2) 过点转弯:NDB 航段定义中的一部分,低高度($<FL195$)。

(3) 固定半径过渡。

注:RNP MASPS 假定在低高度($<FL195$)时,航向改变不会超过 120°;在高高度($>FL195$)时,航向改变不会超过 70°。虽然对于单个的程序和航线定义这个假定是合理的,但机组进行程序连接和编辑后会造成不满足这个假定。下面是如果出现超过假定的情况下的原则:

(1) 如果非过点转弯的航迹变化小于 135°,应该构建一个和当前及下一航段相切的圆形的过渡路径。航段过渡在等分线那里发生,如果非过点转弯的空域限制要求不能达到,那么就要告知机组人员。如果非过点转弯的航迹变化大于 135°,则过渡路径与当前航段以及过航路点和当前航段正交的射线相切。这条路径与下一航段有一个 40~50°的交角。如果非过点转弯的空域限制要求不能达到,那么就要告知机组人员。

(2) 对于过点航路点,下一航段应该定义过渡路径,所有的航段过渡应该在飞越下一航段过渡前的定位点开始。如果过点转弯的空域限制要求不能达到,那么就要告知机组人员。

(3) 只有构建了所有情况下的转弯过渡曲线,飞机才能有可飞行的航行路径。

3) 特殊水平路径构建

所有程序路径如等待模式、程序转弯、程序等待均应该是连续的路径,这样完整的飞行计划就可以有正确的参考路径,这些构建的路径要满足空域限制和 RNP MASPS 中规定的路径地理情况要求。

对于等待模式进入,这些路径包含所有进入的直的和弯曲的航段(包括从前一段开始的过渡),在进入操作前或进行中这些都可以被选择显示到 EFIS 上。在完成进入以后,后续的路径更新会引起空速、风速和飞机高度的变化。等待的进入路径必须满足 RNP MASPS 中规定的空域限制。

对于要求后续等待定位点的等待模式的退出,水平路径的更新应该包括到下一航段的适当非过点过渡,且路径必须满足 RNP MASPS 中规定的等待退出的空域限制。因而对于其他等待模式的退出(如直飞),水平路径的更新应该不用返回等待定位点,还应满足 RNP MASPS 中对于那些操作规定的空域限制。

作为飞行计划的一部分的程序转弯和程序等待使用相似的路径构建和路径预

测技术。

4) 自动飞行横滚指令

水平引导根据导航功能提供的飞机当前位置和存储的参考路径,向自动飞行仪发送一个既有大小,又有速度限制的横滚操纵指令。这个横滚指令用于引导飞机沿着 EFIS 上显示的由直线和曲线航段组成的参考路径飞行。

5) 水平路径基准显示

除了产生横滚指令,水平引导/水平操纵功能还应该提供和各飞行计划有关的信息,显示到 MCDU 和 EFIS 上。这些输出包括:

待飞距离(到当前航路点)

在飞航段的指令航向

下面航段的距离和航向

航迹角和航迹角误差

交叉航迹误差

到各航路点的方位

水平航迹变化告警指示

这个功能还应向 EFIS 提供完整的水平路径,这样可以完整显示第 7 节中定义的飞行计划。

6) 水平截获路径构建

在接通时,应该构建截获路径,引导飞机飞向当前航段。截获路径应该截获当前的引导航段,这样会获得光滑的路径,而没有过度的横滚操作或错误方向的转弯。

7) LOC/MLS 截获

假如所选择的进近有 LOC/MLS,水平功能在进近期间应该提供引导,以便获得最好的 LOC/MLS 信号。有时候可以提供特殊的截获角引导,便于截获 LOC/MLS。

5.7　垂直导航

通信、导航、监视/空中交通管理的运行环境应能支持由飞行高度层/高度约束条件、速度和/或垂直角确定的垂直剖面。应用垂直导航(VNAV)的目的是要给垂直导航性能增加可信度。

国际民航组织全气象飞行专门小组设计了一个运行类程序,名叫带垂直制导的仪表程序(IPV)。这个程序对垂直性能是这样规定的:125 ft,95%,垂直保控度250 ft,完好性为 10^{-5}。这一点同 MASPS 是有区别的,MASPS 从气压垂直性能角度对飞机系统做出规定,只要求气压垂直性能达到 99.7% 的精度等级。

垂直导航功能应提供对所有飞行阶段计算的飞机轨迹的垂直导航。在飞机沿着飞行计划定义的水平路径飞行时,向机组提供监视和控制飞机垂直飞行必需的信息,且(在选择管理的垂直导航方式时)为飞行控制计算机提供垂直引导控制目标和指令,使飞行控制计算机能控制飞机沿着飞行管理计算机计算的轨迹飞行。

1) 轨迹预测

系统应该计算一个沿着指定水平路径完整的飞机飞行轨迹。轨迹应该包括起飞段、爬升段、巡航段(包括巡航高度变化)和进近到跑道(如果飞行计划中包括了)的下降段。轨迹从起飞机场(或者在空中的即时位置)到目的机场应该是连续的。轨迹应该满足飞行计划中指定的所有的高度限制、速度限制和指定的坡度限制。如果因为飞机性能的原因不能满足这些限制值,或者限制值之间有冲突,应该就此问题向机组提供适当的建议。在轨迹计算中应该遵循这样一条基本原则:在爬升阶段不要试图进行下降操作,在下降阶段不要试图进行上升操作。

计算的上升或下降轨迹应满足飞机包线的要求,所有的轨迹应该考虑飞机性能、选择的速度安排和过渡速度、场压修正、飞机缝翼配置变化、环境因素、控制模式和其他机组垂直飞行计划选择,比如减推力操作等因素。最后得出的轨迹必须是飞机能够飞行的。

垂直轨迹应该和水平路径综合起来,这样用于计算垂直参数的水平航路点间的距离就要对水平航段间的光滑过渡负责。

轨迹应周期更新,当飞行计划或者性能有改变时就要更新。

对于飞行计划中的每个航路点,计算并显示以下垂直轨迹参数:

(1) 高度。

(2) 速度。

(3) 估计到达时间(ETA)和/或者端到端时间(ETE)。

(4) 机上燃油。

进一步,显示变化的垂直轨迹点的位置。这些点包括:

(1) 速度变化点。

(2) 爬升顶点。

(3) 分段爬升。

(4) 下降顶点。

(5) 最后进近段的垂直切入点(滑行着陆或者伪滑行着陆)。

性能预测应该基于以下因素:

(1) 水平和垂直飞行计划元素。

(2) 飞行计划航段,包括航段之间的过渡,等待进入和水平偏置。

(3) 输入的和测量到的风。

(4) 输入的和测量到的温度。

(5) 飞机升力和阻力特性模型。

(6) 发动机推力和燃油流量特性模型。

(7) 飞机速度和高度限制(失速和抖振边界,VMO,MMO 等)。

(8) 飞机重量和重心。

（9）飞机和发动机模型调整因素（如阻力和燃油流量因素）。

（10）机组选择的和预选的制导模式。

2）垂直引导

当选择了垂直引导的管理模式，飞行管理系统应该提供俯仰指令、俯仰速率指令和相应于目标速度、目标推力、目标高度和目标垂直速度（当选择了垂直引导选择模式时，只提供基于此模式的目标值）的推力控制参数。垂直引导应该为飞行控制计算机和推力管理功能提供方式指令和自动的飞行阶段切换功能。垂直剖面是垂直引导的基础，应该根据上面的定义进行轨迹预测。

在飞行中，垂直引导功能应该提供飞行阶段的自动切换。飞行阶段应用于选择速度和推力目标的基础，应该提供给飞行控制计算机。至少，系统应该提供飞行阶段飞行前、爬升、巡航和下降之间转换的逻辑。飞行前阶段应该用于飞机在地面上的时候，可以访问和输入所有的飞行管理初始化数据。在起飞后，飞行阶段转换到爬升，爬升阶段一直持续到飞机达到爬升顶点，在这个点，飞机应转换到巡航阶段。当飞机到达最高下降点时，巡航阶段转换为下降阶段。飞行的剩余一直保持为下降阶段。

通常，系统会提供更多的阶段，便于为飞机操作的特殊阶段定义特殊功能。一些增加的阶段应该为起飞、进近、复飞和完成飞行。因为转换的条件是应用所特有的，是关于飞行控制系统模式、飞机气动和性能特性以及飞机操作的函数，所以在飞行阶段之间转换的逻辑留待实现时考虑。

3）爬升阶段操作

系统按所选的适合于爬升轨迹的性能速度模式提供引导，应该提供合适的速度目标和推力指令（或目标），以按照预定的爬升轨迹飞行。另外，还要为垂直轨迹的下一目标高度提供高度指令（或目标）。目标高度是飞行计划高度限制和机组选择（许可）高度的函数。ETA 和到下一飞行计划高度限制的距离作为告知信息显示在显示器上。如果选择了 RTA 性能模式，还要显示时间差。在地图上显示爬升顶点。剖面受限于由飞行员通过在 AFS 控制器上选择的高度或者航路点上的高度。

4）巡航阶段操作

系统按飞行的巡航阶段所选的性能速度模式提供引导，应该提供合适的速度目标和高度指令（或目标）。目标高度应该是巡航高度或分段高度。ETA 和到下降顶点的距离作为建议信息显示。如果选择了 RTA 性能模式，会显示一个时间差异。进入一个更高或更低的巡航高度，就是指相应的分段爬升或分段下降，系统应提供符合选择操作模式的引导指令。

当 ATC 给了一个障碍高度许可或者在一个没有高度限制的自由飞行环境中飞行时，系统应该为巡航爬升模式提供垂直引导。

5）下降阶段操作

系统按下降轨迹所选的性能模式速度计划提供引导，应该通过同时使用路径和速度(airmass)控制模式提供合适的速度目标,推力指令(或目标)、俯仰指令或者垂直速度指令(或目标),使飞机按照相应的飞行轨迹飞行。另外,应该为垂直轨迹的下一个目标高度提供一个高度指令(或目标)。目标高度是飞行计划高度限制值和机组选择(或许可)高度值的函数。对于经济性能模式,垂直轨迹得到优化,是经过计算的路径(高度和速度剖面是到目的地距离的函数),在垂直模式反转逻辑中,应该提供过速保护功能,使得在高度和速度不能同时保持时,引导模式由路径控制切换到速度控制。在预测到过速或者速度/高度限制冲突,进行模式反转前先向机组提供提示信息。

如果机组在到达计划的下降顶点前初始化下降,系统默认它原先的下降方案。一般,系统引导飞机平缓下降直到切入飞行计划的下降路径,那时就恢复到原来计划的下降剖面。

系统在某个位置应该将目标速度切换到进近速度,这个位置点要么由航迹构建得到并在显示器上显示,要么由机组作为进近配置选择得到。

在整个下降阶段的飞行中都要提供的垂直偏差信息,是计算的垂直下降轨迹和真实的飞机高度之间的差。同样,在三维的进近引导时,系统用适于显示的方式提供垂直偏差,即与伪下滑道之间的偏差。

6) 符合选择高度

处于垂直引导控制下的飞机不允许在爬升或下降阶段穿越一个选定的高度。在进近操作中,可以不遵守此规则,允许机组预选一个高度许可来执行一个错失进近程序。选择高度也可以用来执行下降阶段的自动过渡或者巡航阶段的分阶段爬升和下降。

7) 终端区域操作的气压高度修正

一般,因为大气系统存在局部气压偏差,所以在终端区域操作中要使用气压高度校准,使得大气压力高度有一个更精确的地面参考值。垂直功能不能因为气压修正值的调整,而产生垂直偏差或者截获相关路径的行为。因此由于气压参考调整产生的高度参考值不连续性应该在指定的高度限制和极限值范围内得到光滑处理。

此外,局部高度参考可以是修正海平面气压(QNH),也可以是跑道的气压(QFE)(相应于 QNH,海平面气压调整高度表数值为零;相应于 QFE,跑道高为 0)。垂直引导应该被告知何种参考正在使用的信息,以便作适当的调整。

8) 速度和高度限制

垂直功能要一直观察在爬升中遇到的速度和高度限制,直到相关的限制点过去,以免飞机加速或上升时超过这些限制值。从这点开始启用下一个限制。在下降阶段遇到的限制也做同样处理,除了速度限制,为了在飞越限制点前满足速度限制的要求,必须提供足够的下降距离。

9) 期望到达时间(RTA)

系统应该提供控制飞机在一个指定时间到达任意一指定点的控制模式。按照

RTCA Task 3，Final Report on Free Flight Implementation 的要求，这个功能的精确度应该为航路±30 s，终端区域±5 s。如果预测发现不能满足 RTA，就要向机组提供有此问题的提示。要连续重新评估制导，以满足 RTA 的需求。在地面上时，系统要计算能满足 RTA 航路点要求的起飞时间窗口，所有的 RTA 计算应该考虑速度包线限制以及飞行计划所有的限制。设计 RTA 控制范围来减少油门的活动。

这个功能必须满足符合 RTCA DO-219 的 ATC 数据链传输的 RTA 限制，包括在、之前、之后和之间（AT，Before，After 和 Between）。

系统可以做 RTA 预测，提供飞机到达一个航路点（一个 RTA 窗）最早和最晚的时间。当然在预测 RTA 的可行性时还要考虑燃油备份。

5.8 未来民机导航系统

实现"自由飞行"是未来民机导航系统的发展目标，空中交通密度和节省燃油的压力将有力推进"自由飞行"的逐步成熟。卫星导航的应用，使得覆盖范围和导航精度这两者不可调和的矛盾有了解决的可能。然而，尽管卫星导航系统具有导航定位精度高、使用范围广等优点，但由于其自身传输信号弱、易受干扰、传输可视要求和卫星寿命不长（或故障）的特点，单一的卫星导航在今后较长时期内还很难满足 PBN 运行的完好性、连续性和可用性的要求，而机载惯性导航系统（IRS 或 INS）具有短期导航定位性能稳定且输出导航信息齐全的显著特点，因此通过导航信息的融合技术使惯性/卫星组合可实现优势互补，是实现自由飞行目标的一种理想机载主导航系统[主导航系统：可在大于 99.999% 的时间内提供 ANP 小于 RNP 的导航综合系统。主导航系统的定义等价于 ICAO 的唯一导航系统（对于给定的运行条件或飞行阶段，导航系统的性能应满足精度、完好性、可用性和服务的连续性要求。）]。

表 5-19 和表 5-20 给出了依据全球定位系统性能分析报告（D244W018-3，1994 年 10 月 11 日）得到的 FMC/GPS/惯性 RNP 可用性和所选 RNP 对应的 FMC/GPS/惯性导航能力。

表 5-19 所选 RNP FMC/GPS/惯性全球导航可用性

GPS 星座的数量	所选 RNP FMC/GPS/惯性全球导航信号可用性						
	RNP12.0	RNP4.0	RNP2.0	RNP1.0	RNP0.5	RNP0.3	RNP0.15
24	>99.999%	>99.999%	>99.999%	>99.999%	99.99%	99.98%	99.64%
23	>99.999%	>99.999%	99.99%	99.98%	99.89%	99.71%	97.83%
22	>99.999%	99.98%	99.94%	99.81%	99.48%	98.80%	94.50%
21	>99.999%	99.93%	99.77%	99.34%	98.45%	96.99%	89.42%

表 5 - 20　　与所选 RNP 对应的 FMC/GPS/惯性导航能力

GPS 星座的数量	所选 RNP FMC/GPS/惯性的导航能力						
	RNP12.0	RNP4.0	RNP2.0	RNP1.0	RNP0.5	RNP0.3	RNP0.15
24	PRIM	PRIM	PRIM	PRIM	SUPP*+	SUPP+	SUPP+
23	PRIM	PRIM	SUPP*+	SUPP*+	SUPP*+	SUPP+	SUPP+
22	PRIM	SUPP*+	SUPP*+	SUPP*+	SUPP*+	SUPP+	SUPP+
21	PRIM	SUPP*+	SUPP*+	SUPP*+	SUPP*+	SUPP+	SUPP+

注:PRIM——主导航方式;

　　SUPP——辅助导航方式(提供 ANP 小于 RNP 的导航时间小于 99.999% 的导航综合系统);

　　*——如果在 DME/DME 无线电导航覆盖范围内,说明了所选的 RNP 可以作为主导航方式;

　　+——如果在 RNP 飞行期间的时间段和飞行区间经过预测显示有足够的 GPS 精度和完好性,那么所选的 RNP 可以作为主导航方式。

　　从表 5 - 19 和表 5 - 20 可以得出,采用标准定位服务的 GPS/惯性组合导航系统还不能满足较高精度 RNP 的可用性要求,还不具备全面承担主导航系统的能力,尤其是在进近着陆阶段。

　　随着广域增强型差分 GPS(WAAS,精度可达到 7 m,满足 Ⅰ 类进近要求)和局域增强型差分 GPS(LAAS,精度可达到亚米级,满足 Ⅱ 类和 Ⅲ 类精密进近)的开发与应用,GLONASS 和北斗卫星导航系统的普及,通信、卫星健康及气象雷达与增强型防撞告警等监视技术、驾驶舱导航信息的三维/四维立体显示技术的齐头并进,使卫星导航系统终将成为 PBN 运行的主要导航设施,机载卫星/惯性作为主导航系统必将有效促进飞行持续安全,增加空域容量,实现直飞航路和高精度进近,减少地面导航设施的投入,节省维护成本,显著提高飞行效率和节能减排效果。

参 考 文 献

［1］陈志勇.飞行管理系统与基于性能的导航的历史与发展［J］.中国民航飞行学院学报,2010
(3):14-18.

［2］吴德平,袁信,郭锁凤.飞行管理系统导航功能分析［J］.航空学报,1992(5):339-343.

［3］陈高平,邓勇.航空无线电导航原理［M］.北京:国防工业出版社,2008:276.

［4］何光桥.区域导航(RNAV)与传统导航对比分析［J］.科技创新导报,2010(2):182.

［5］浦玉良.区域导航 RNAV［J］.航空电子技术,1988(3):15-23.

［6］ICAO.国际民用航空公约附件 11［S］.2001.

［7］赵国庆.如何有效推进繁忙机场终端区区域导航实施——以广州深圳等机场区域导航实施
为例［J］.中国民用航空,2010(120):3.

［8］吴德伟.航空无线电导航系统,第 1 版［M］.北京:电子工业出版社,2010:214.

［9］吴苗,朱涛,李方能,等.无线电导航原理及应用［M］.北京:国防工业出版社,2008:192.

［10］李跃.导航与定位［M］.第 2 版.北京:国防工业出版社,2008:7.

［11］马存宝.民机通信导航与雷达［M］.第 1 版.西安:西北工业大学出版社,2004:12.

［12］范秋丽等译.民用航空电子系统［M］.第 1 版.北京:航空工业出版社,2009.4

［13］卫宇.考虑地球曲率情况下两点距离问题的求解［J］.航空兵器,2008(3):7-12.

［14］彭光宇.海上无线电定位基本公式的改进［J］.测绘学报,1996(4):76-81.

［15］Boeing. Boeing 747-400 Operations Manual［S］. 2006.

［16］Ruhnow W B, Goemaat M L. VOR/DME Automated Station Selection ［J］. NAVIGATION:
Journal of Institute of Navigation, 1982,29(4):289-300.

［17］Peters M, Sorensen J. Multi-Modal Digital Avionics for Commercial Applications ［J］.
NASA Glenn Research Center, 2003.

［18］Bobick J C, Jr A E B. Updating Inertial Navigation Systems with VOR/DME Information
［J］. AIAA JOURNAL, 1973.

［19］黄智刚.无线电导航原理与系统,第 1 版［M］.北京:北京航空航天大学出版社,2007:3.

［20］孙淑光,戴博,张鹏.机载组合导航系统实际导航性能计算方法［J］.控制工程,2011(2):
262-266.

［21］NASA. A Comparison of Two Position Estimate Algorithms That Use ILS Localizer and
DME Information ［S］. National Aeronautics and Space Administration, Washington DC:
NASA, 1984.

[22] 隋东,王炜,左凌.基于 DME/DME 的区域导航航路导航性能评估方法[J].交通运输系统工程与信息,2006(4):24-28.

[23] Minimum Aviation System Performance Standards:Required Navigation Performance for Area Navigation [S]. RTCA DO-236B, October 28, 2003.

[24] ARINC Characteristic 702A-2 Advanced Flight Management Computer System [S]. June 30,2005.

[25] AC120-29A　批准Ⅰ类和Ⅱ类最小进场气象标准[S].2002.

[26] AC120-28D　批准Ⅲ类最小起飞、着陆和滚出气象标准[S].2002.

[27] CCAR-97-FS-R1　航空器机场运行最低标准的制定与实施规定[S].2001.

[28] 飞行综合驾驶系统导论[M].北京:航空工业出版社,2009.9.

[29] 中国民用航空仪表着陆系统Ⅱ类运行规定[S].

[30] ARINC710　仪表着陆系统(ILS)[S].1997.

[31] ARINC729　微波着陆系统(MLS)[S].1997.

[32] ARINC738　大气数据和惯性基准系统(ADIRS)[S].1997.

[33] ARINC725　电子飞行仪表系统(EFIS)[S].1997.

[34] B777 RNP Navigation Capabilities, Generation 1, August [S]. 2003

[35] 陆元九.惯性器件[M].北京:宇航出版社,1993.

[36] 秦永元.惯性导航[M].北京:科学出版社,2006.

[37] 刘建业,曾庆化,赵伟,等.导航系统理论与应用[M].西安:西北工业大学出版社,2010.

[38] 袁信,俞济祥,陈哲.导航系统[M].北京:航空工业出版社,1993.

[39] 章燕申.高精度导航系统[M].北京:中国宇航出版社,2005.

[40] 严恭敏,李四海,秦永元.惯性仪器测试与数据分析[M].国防工业出版社,2012.

[41] 陆志东,王磊.捷联惯导系统的空中标定方法[J].中国惯性技术学报,2007,15(2):136-138.

[42] 《惯性技术手册》编辑委员会.惯性技术手册[M].北京:宇航出版社,1995.

[43] White E, Rios J A. FAA certification of a MEMS attitude and heading reference System [J]. California Crossbow Technology, 2001.

[44] Sherry L, Brown C, Motazed B, et al. Automotive-grade MEMS sensors used for general aviation [J]. Aerospace and Electronic Systems Magazine, 2004,19(10):13-16.

[45] 王巍.光纤陀螺惯性系统[M].北京:宇航出版社,2010.

[46] 汪芳,朱少华,雷宏杰.基于卡尔曼滤波器的数字式捷联航姿系统算法设计[J].中国惯性技术学报,2008,16(2):208-211.

[47] 邓自立.卡尔曼滤波与维纳滤波[M].哈尔滨:哈尔滨工业大学出版社,2001.

[48] 刘胜,孙尧.最优估计[M].哈尔滨:哈尔滨工程大学出版社,1995:71-184.

[49] 秦永元,张洪钺,汪叔华.卡尔曼滤波与组合导航原理[M].西安:西北工业大学出版社,1998.

[50] 刘越,王涌天,胡晓明.测量运动物体姿态的三自由度度算法的研究[J].计算计测量,2002,10(6):363-366.

[51] 陈清文.基于磁阻传感器的载体姿态测量系统的设计[D].南京:南京理工大学硕士论文,2004.

[52] 崔中兴. 惯性导航系统[M]. 北京:国防工业出版社,1982.

[53] 王文. 20 世纪地磁长期变化场分析[J]. 地球物理学报,2004,47(3).

[54] 蔡俊武,王卫国,董绪荣. 低轨卫星空间地磁场的计算与仿真[J]. 航天与装备仿真,2005,10(2):589 - 591.

[55] 李秉玺,赵忠,孙照鑫. 磁阻传感器的捷联式磁航向仪及其误差补偿[J]. 传感器技术学报,2003,6(2):191 - 194.

[56] 傅建国,王孝通. 自主姿态测量最优算法研究[J]. 航空学报,2005,26(5):594 - 597.

[57] 梅春波. 基于 MEMS 惯性器件的应急地平仪研究[D]. 西安:西北工业大学硕士论文,2011.

[58] Shin E H. Estimation Techniques for Low-Cost Inertial Navigation [D]. University of Calgary, 2005.

[59] 付强文. 光纤陀螺捷联惯性系统中的误差分析与补偿[D]. 西安:西北工业大学硕士论文,2005.

索　引

大飞机出版工程
书　　目

一期书目(已出版)

《超声速飞机空气动力学和飞行力学》(俄译中)

《大型客机计算流体力学应用与发展》

《民用飞机总体设计》

《飞机飞行手册》(英译中)

《运输类飞机的空气动力设计》(英译中)

《雅克-42M和雅克-242飞机草图设计》(俄译中)

《飞机气动弹性力学和载荷导论》(英译中)

《飞机推进》(英译中)

《飞机燃油系统》(英译中)

《全球航空业》(英译中)

《航空发展的历程与真相》(英译中)

二期书目(已出版)

《大型客机设计制造与使用经济性研究》

《飞机电气和电子系统——原理、维护和使用》(英译中)

《民用飞机航空电子系统》

《非线性有限元及其在飞机结构设计中的应用》

《民用飞机复合材料结构设计与验证》

《飞机复合材料结构设计与分析》(英译中)

《飞机复合材料结构强度分析》

《复合材料飞机结构强度设计与验证概论》

《复合材料连接》

《飞机结构设计与强度计算》

三期书目(已出版)

《适航理念与原则》

《适航性:航空器合格审定导论》(译著)

《民用飞机系统安全性设计与评估技术概论》

《民用航空器噪声合格审定概论》

《机载软件研制流程最佳实践》

《民用飞机金属结构耐久性与损伤容限设计》

《机载软件适航标准 DO‐178B/C 研究》

《运输类飞机合格审定飞行试验指南》(编译)

《民用飞机复合材料结构适航验证概论》

《民用运输类飞机驾驶舱人为因素设计原则》

四期书目(已出版)

《航空燃气涡轮发动机工作原理及性能》

《航空发动机结构强度设计问题》

《航空燃气轮机涡轮气体动力学:流动机理及气动设计》

《先进燃气轮机燃烧室设计研发》

《航空燃气涡轮发动机控制》

《航空涡轮风扇发动机试验技术与方法》

《航空压气机气动热力学理论与应用》

《燃气涡轮发动机性能》(译著)

《航空发动机进排气系统气动热力学》

《燃气涡轮推进系统》(译著)

五期书目

《民机飞行控制系统设计的理论与方法》

《现代飞机飞行控制系统工程》

《民机导航系统》

《民机液压系统》

《民机供电系统》

《民机传感器系统》

《飞行仿真技术》

《民机飞控系统适航性设计与验证》

《大型运输机飞行控制系统试验技术》

《飞控系统设计和实现中的问题》(译著)

六期书目

《民用飞机构件先进成形技术》

《航空材料连接与技术》

《民用飞机全生命周期构型管理》

《民用飞机特种工艺技术》

《飞机材料与结构检测技术》

《民用飞机大型复杂薄壁铸件精密成型技术》

《先进复合材料制造工艺》(译著)

《民用飞机复合材料构件制造技术》

《民用飞机构件数控加工技术》

《民用飞机自动化装配系统与装备》

《聚合物基复合材料——材料性能》(译著)

《复合材料夹层结构》(译著)

《ARJ21 飞机技术管理》

《新支线飞机设计流程》

《ARJ21 飞机技术创新之路》

《驾驶舱人素工程》

《支线飞机的健康监控系统》

《支线飞机的市场工程》

七期书目

《民机航空电子系统综合化原理与技术》

《民用飞机飞行管理系统》

《民用飞机驾驶舱显示与控制系统》

《民用飞机机载总线与网络》

《航空电子软件工程》

《航空电子硬件工程技术》

《民用飞机无线电通信导航监视系统》

《综合环境监视系统》

《民用飞机维护与健康管理系统》

《航空电子适航性设计技术与管理》

《民用飞机客舱与信息系统》